Premiere Pro 2022视频制作案例实战

金伟 著

清華大學出版社
北京

内 容 简 介

本书从Premiere视频编辑的实际案例应用出发，采用“基础入门”“技能提高”“实战应用”这一循序渐进的学习方法，带领读者全面学习Premiere制作视频的方法与技巧。本书配套素材、PPT课件与同步教学视频。

全书分3篇，共12章。第1篇为基础篇，内容包括Premiere的工作界面与常用操作、视频编辑、音频编辑、添加字幕；第2篇为提高篇，内容包括视频过渡效果、视频调色、视频抠像、关键帧动画的制作；第3篇为应用篇，内容包括制作短视频、制作片头动画、制作广告动画、制作电子相册。

本书适合作为高等职业院校数字媒体艺术、影视与短视频等相关专业的实用教材，也适合想要在短时间提高自己视频编辑与制作水平的Premiere爱好者或初学者学习。

图书在版编目（CIP）数据

Premiere Pro 2022视频制作案例实战 / 金伟著. —北京：清华大学出版社，2022.9
ISBN 978-7-302-61771-6

Ⅰ.①P… Ⅱ.①金… Ⅲ.①视频编辑软件 Ⅳ.①TN94

中国版本图书馆CIP数据核字（2022）第161851号

责任编辑：夏毓彦
封面设计：王　翔
责任校对：闫秀华
责任印制：朱雨萌
出版发行：清华大学出版社
　　网　　址：http://www.tup.com.cn，http://www.wqbook.com
　　地　　址：北京清华大学学研大厦A座　　**邮　　编：**100084
　　社 总 机：010-83470000　　**邮　　购：**010-62786544
　　投稿与读者服务：010-62776969，c-service@tup.tsinghua.edu.cn
　　质量反馈：010-62772015，zhiliang@tup.tsinghua.edu.cn
印 装 者：三河市铭诚印务有限公司
经　　销：全国新华书店
开　　本：190mm×260mm　　**印　　张：**19.5　　**字　　数：**526千字
版　　次：2022年11月第1版　　**印　　次：**2022年11月第1次印刷
定　　价：119.00元

产品编号：092703-01

前　言

本书适合哪些人学习

- Premiere 初学者。
- Premiere 爱好者。
- 缺少 Premiere 影视制作行业经验和实战经验的读者。
- 想提高短视频制作技能和设计水平的读者。
- 想学习电子相册后期处理的摄影爱好者。

本书特色

Premiere Pro 2022 是由 Adobe 公司推出的新版本影视制作软件，它被广泛应用于电视台、广告制作、电影剪辑、短视频制作、电子相册制作等众多领域，并且在每个领域都发挥着不可替代的作用。经过多年的发展，其功能也越来越强大。本书以 Premiere Pro 2022 版本为蓝本进行讲解。

内容全面，结构科学

本书内容全面，注重学习规律，由浅入深，边学边练。全书分 3 篇，共 12 章。第 1 篇为基础篇，主要讲解 Premiere Pro 2022 的工具和命令使用方法， 以及视频编辑、音频编辑、添加字幕 3 大编辑技巧；第 2 篇为提高篇，主要讲解使用 Premiere Pro 2022 的过渡效果、视频调色、视频抠像、关键帧动画 4 大核心技能，制作高质量、高点击率、酷炫特效视频的方法与技巧；第 3 篇为应用篇，主要讲解 Premiere Pro 2022 在短视频、片头动画、广告动画、电子相册 4 大场景中的应用实战，旨在提高读者对 Premiere Pro 2022 的综合应用能力。

案例丰富，实操性强

全书总共讲解 67 个实战案例，包括 56 个“知识实战案例”和 11 个“行业应用实战案例”。读者在学习时结合书中的案例同步练习，既能熟悉软件功能，又能掌握 Premiere 的实战技能。

任务驱动 + 图解操作，一看即懂，一学就会

为了让读者更易学习和理解，本书采用“任务驱动 + 图解操作”的写作方式，将知识点融合到相关案例中进行讲解。而且，在步骤讲述中以“❶、❷、❸……”的方式分解出操作小步骤，并在图上进行对应标识，非常方便读者学习掌握。只要按照书中讲述的步骤方

法去操作练习，就可以做出与书中同样的效果。另外，为了解决读者在自学过程中可能遇到的问题，在书中设置了“技术看板”栏目板块，解释在讲解中出现的或者在操作过程中可能会遇到的一些疑难问题；还设置了“技能拓展”栏目板块，其目的是教会大家通过其他方法来解决同样的问题，从而达到举一反三的效果。

除了本书外，你还可以获得什么

本书还配套赠送相关的学习资源，包括同步学习文件、PPT课件、设计资源、视频教程等，内容丰富、实用，全是干货，让读者花一本书的钱，得到超值而丰富的学习套餐。内容包括以下几个方面：

（1）同步学习文件。提供全书所有案例相关的同步素材文件及结果文件，方便读者学习和参考。

（2）同步视频讲解。本书为读者提供了长达30小时的与书同步的视频教程。读者按所学习的章节内容播放讲解视频，可以像看电视一样轻松学习。

（3）精美的PPT课件。赠送与书中内容全部同步的PPT教学课件，非常方便老师教学使用。

（4）Premiere设计资源。书中提供多个设计资源，读者不必再花时间和心血去搜集设计资料，拿来即用。

所有配套的资源，请用微信扫描下面的二维码获取。若下载有问题，请把问题发送至电子邮箱booksaga@163.com，邮件主题写“Premiere Pro 2022 视频制作案例实战”。

鸣谢与建议

本书由具有实战经验和教学经验的高等院校教师编写。全书案例由Premiere设计经验丰富的设计师提供，并由Premiere教育专家执笔编写，他们具有丰富的Premiere应用技巧和设计实战经验，对于他们的辛勤付出在此表示衷心的感谢！同时，由于计算机技术发展非常迅速，书中的疏漏和不足之处在所难免，敬请广大读者及专家指正。

若你在学习过程中产生疑问或有任何建议，可以通过E-Mail与我们联系。

金 伟

2022年6月

目 录

基础篇

应 用 篇

Premiere Pro

2022

视频制作案例实战

基础篇

Premiere Pro 2022 软件主要用于对影视视频文件进行编辑，但在编辑之前需要掌握软件的工作界面、常用操作、视频编辑和音频编辑等知识。本篇主要详细讲解 Premiere Pro 中技能入门的基础知识，包含以下章节内容：

第 1 章

Premiere 的工作界面与常用操作

- Premiere Pro 2022能做什么？
- Premiere Pro 2022应该怎么安装？
- Premiere Pro 2022的工作界面由哪些部分组成？
- Premiere Pro 2022的常用面板有哪些？

Premiere Pro 2022 软件为视频编辑人员提供了在创建复杂数字视频作品时所需的功能，使用该软件可以直接从台式机或笔记本电脑中创建数字电影、纪录片、销售演示和音频视频等。在使用 Premiere Pro 2022 软件制作视频之前，要先掌握好 Premiere Pro 2022 软件的入门知识，如工作界面组成、常用面板等，还需要掌握好 Premiere Pro 2022 的常用操作。学完这一章的内容，你就能初步掌握 Premiere Pro 的使用了。

1.1 认识 Premiere

在利用 Premiere 制作视频之前，需要先认识 Premiere 软件的功能、安装与编辑术语，才能快速地熟悉 Premiere 软件。本节将详细讲解 Premiere 的基础内容。

1.1.1 Premiere 能做什么

Premiere 是一款可以进行视频剪辑和影视特效处理的软件，其功能非常强大，适用于多个领域。使用 Premiere 软件可以制作出电视栏目包装、影视片头、自媒体微视频、宣传片、影视特效、广告、MG 动画等。

1. 电视栏目包装

电视栏目包装是对电视节目、栏目、频道、电视台整体形象进行的一种特色化、个性化的包装宣传，其目的是突出节目、栏目、频道的个性特征和特色。使用 Premiere 软件制作电视栏目包装，可以对整个节目、栏目、频道保持统一的风格，为观众展示更精美的视觉效果。如图 1-1 所示为电视栏目包装视频效果。

图1-1

2. 影视片头

每部电影、电视剧、微视频等作品都会有片头及片尾，使用 Premiere 软件制作出极具特色的片头、片尾动画效果，能够呈现出很好的视觉体验，还能展示出视频的特色镜头、剧情和风格等。如图 1-2 所示为影视片头视频效果。

图1-2

3. 自媒体微视频制作

微视频以“短”“精”为主要特点，一般广泛应用于淘宝广告视频、抖音和快手等公众号的自媒体中。通过 Premiere 软件可以快速完成微视频中的简单合成、动画制作，是微视频制作的常用软件。如图 1-3 所示为抖音微视频效果。

图1-3

4. 宣传片

Premiere 在婚礼宣传片、企业宣传片、活动宣传片等宣传片中发挥着巨大的作用。如图 1-4 所示为企业宣传片视频效果。

图1-4

5. 影视特效合成

Premiere 中最大的功能就是特效。使用 Premiere 软件可以很容易实现电影中各种不能拍摄的镜头效果，如爆破、在高楼之间跳跃、火海等，还可以对拍摄画面的瑕疵进行调整，并可以进行后期的合成、配乐、调色等，如图 1-5 所示为影视特效合成效果。

图1-5

6. 广告设计

使用 Premiere 软件制作带有新颖构图、炫酷动画和虚幻特效的广告效果，从而达到宣传商品、活动或主题等效果。如图 1-6 所示为广告设计效果。

图1-6

7. MG 动画

MG动画是一种潮流的动画，具有扁平化、点线面、抽象简洁等特点。使用 Premiere 软件还可以制作出动态图形或图形动画。

1.1.2 安装 Premiere Pro 2022

安装 Premiere Pro 2022 软件的方法很简单，用户只需要先下载软件，再根据提示进行安装操作即可。其具体的操作方法如下：

Step01：打开 Premiere Pro 2022 的安装文件夹，选择【Set-up】文件，右击，在弹出的快捷菜单中选择【打开】命令，如图 1-7 所示。

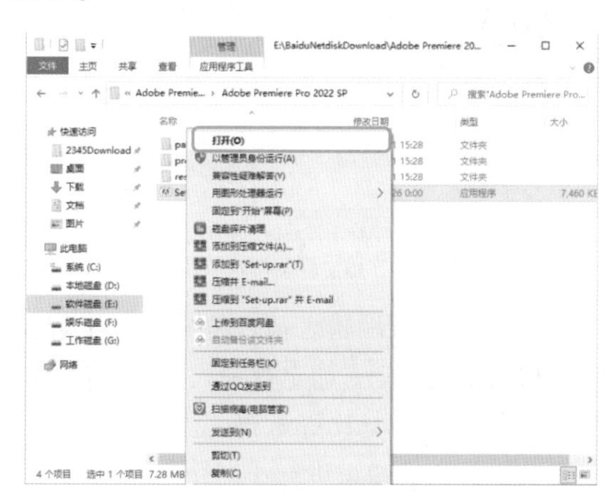

图1-7

> **技术看板**
>
> 除了通过快捷菜单运行 Premiere Pro 2022 软件程序外，还可以直接双击 Set-up 文件运行 Premiere Pro 2022 软件程序。

Step02：打开【Premiere Pro 2022 安装程序】对话框，❶在【位置】选项区中，单击【文件夹】按钮，❷展开列表框，选择【更改位置】命令，如图 1-8 所示。

图1-8

Step03：打开【浏览文件夹】对话框，❶在列表框中选择【premiere】文件夹，❷然后单击【确定】按钮，如图 1-9 所示。

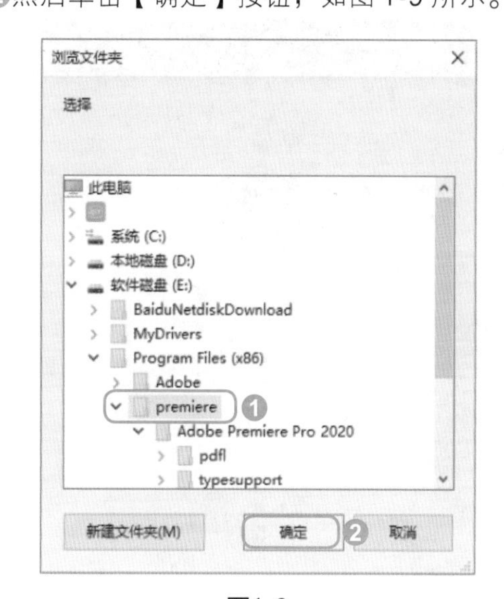

图1-9

Step04：❶完成安装路径的更改，❷然后单击【继续】按钮，如图 1-10 所示。

图1-10

Step05：开始安装 Premiere Pro 2022 软件，并显示软件的安装进度，如图 1-11 所示。

图1-11

Step06：稍后将打开【安装完成】对话框，单击【关闭】按钮，如图 1-12 所示，完成 Premiere Pro 2022 软件的安装。

图1-12

1.1.3 常用视频编辑术语

在进行视频编辑之前，首先需要了解视频的相关编辑术语，如电视制式、帧、帧率、分辨率、像素长宽比等术语。本节将对视频编辑术语的相关知识进行详细介绍。

1. 电视制式

电视制式是用来实现电视图像信号、伴音信号或其他信号传输的方法。通过电视制式遵循一样的技术标准，才能够实现电视机正常接收电视信号，进而播放电视节目。

目前各国的电视制式各不相同，制式的区别主要在于其帧频（场频）、分辨率、信号带宽及载频、色彩空间转换的不同等。电视制式主要包含 NTSC 制式、PAL 制式和 SECAM 制式 3 种，下面将一一进行介绍。

- PAL制式

PAL 制式是逐行倒相正交平衡幅制，

其彩色副载波频率为4.43MHz，场频为50Hz，一般用于中国、英国、新加坡、澳大利亚、新西兰等国家。PAL制式的帧速率为25fps，每帧625行312线，标准分辨率为720×576。如图1-13所示为在Premiere软件中执行【新建序列】命令时，新建序列中PAL制式的类型。

图1-13

- NTSC制式

NTSC制式是正交平衡调幅制，其载波频率为3.58MHz，场频为60Hz。在美国、加拿大等大部分西半球国家，以及中国的台湾、日本、韩国、菲律宾等均采用这种制式，该制式的帧速率为29.97 fps，每帧525行262线，标准分辨率为720×480。如图1-14所示为在Premiere软件中执行【新建序列】命令时，新建序列中NTSC制式的类型。

- SECAM制式

SECAM制式是一种顺序传送彩色信号与存储恢复彩色信号的制式，一般用于英国、法国等国家。

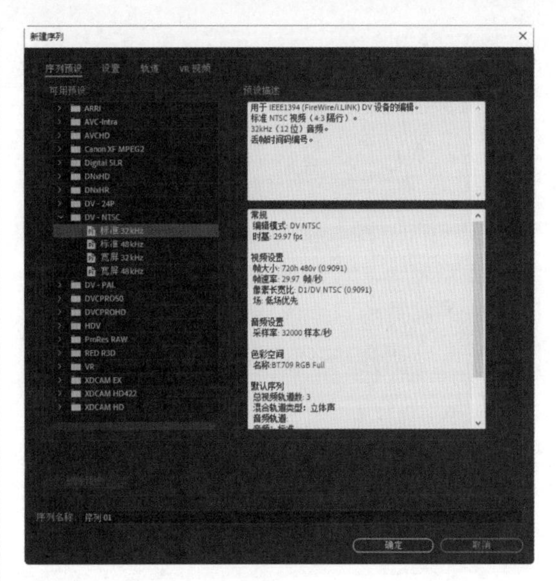

图1-14

2. 帧和帧速率

- 帧

帧是传统影视和数字视频中的基本信息单元，就是影像动画中最小单位的单幅影像画面。帧相当于电影胶片上的每一格镜头。任何视频在本质上都是由若干个静态画面构成的，每一幅静态画面即为一个单独帧。如果按时间顺序放映这些连续的静态画面，图像就会动起来。

- 帧速率

帧速率是指每秒被捕获的帧数或每秒播放的视频或动画序列的帧数。

3. 分辨率

分辨率是指用于度量图像内数据量多少的一个参数，通常用【水平方向像素数量×垂直方向像素数量】的方式来表示，如720×480、1280×720、1920×1080等，每幅视频画面的分辨率越大、像素数量越多，整个视频的清晰度也就越高；反之，视频画面便会模糊不清。如图1-15所示为

1920×1080和720×480分辨率的图像效果。

图1-15

在打开Premiere软件后，在【新建序列】对话框中的【设置】选项卡的【编辑模式】列表框中，可以选择多种分辨率的预设类型，如图1-16所示。

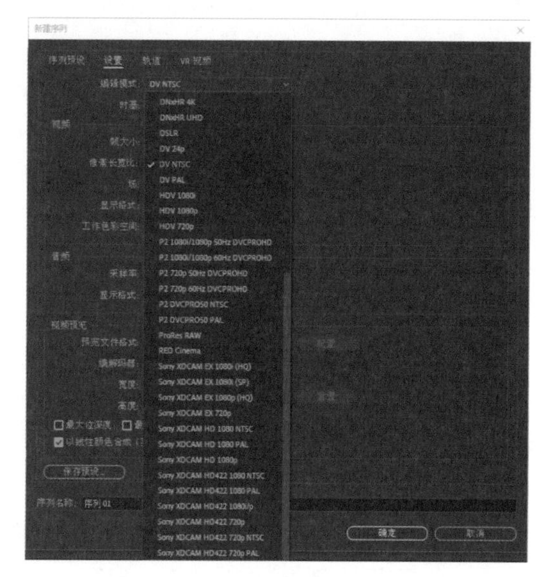

图1-16

4. 像素长宽比

像素长宽比是指在放大作品到极限时看到的每一个像素的宽度和长度的比例。由于电视等播放设备本身的像素长宽比不是1:1，因此在电视等设备中播放视频时需要修改【像素长宽比】参数值。

在Premiere中设置【像素长宽比】参数时，需要先将【设置】选项卡中的【编辑模式】设置为【自定义】，才能显示出全部的【像素长宽比】选项，如图1-17所示。

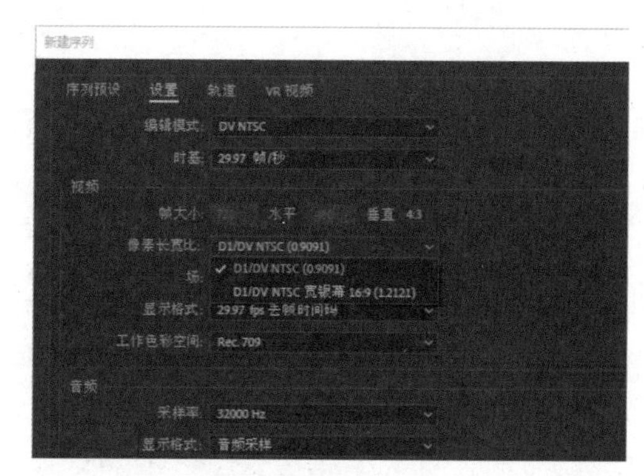

图1-17

1.2 自定义 Premiere Pro 2022 的工作界面

Premiere Pro 2022 是一款具有强大编辑功能的视频编辑软件，其简单的操作步骤、简明的操作界面、多样化的特效受到广大用户的青睐。本节将对 Premiere Pro 2022 的工作界面进行介绍。

1.2.1 认识 Premiere Pro 2022 的工作界面

Premiere Pro 2022 的工作界面主要由标题栏、菜单栏、【工具】面板、【项目】面板、【源监视器】面板、【节目监视器】面板、【时间轴】面板、【效果控件】面板、【效果】面板、【信息】面板等部分组成，如图 1-18 所示。

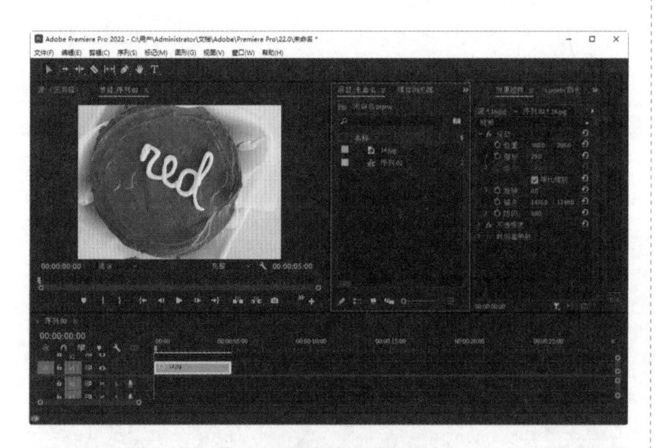

图1-18

在 Premiere Pro 2022 软件中，有多种模式的工作区，用户可以根据平时的操作习惯来选择不同的工作区界面。下面将逐一进行介绍。

1. 【编辑】模式

在菜单栏中单击【窗口】菜单，在弹出的下拉菜单中选择【工作区】选项中的【编辑】命令，如图 1-19 所示。将进入【编辑】模式的工作界面，该模式的界面主要适用于视频编辑，如图 1-20 所示。

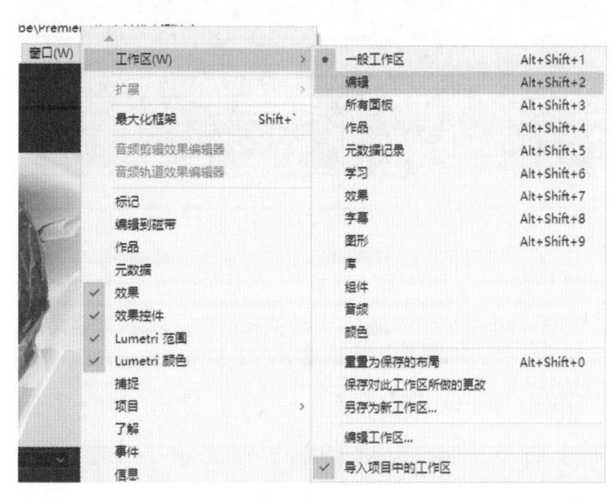

图1-19

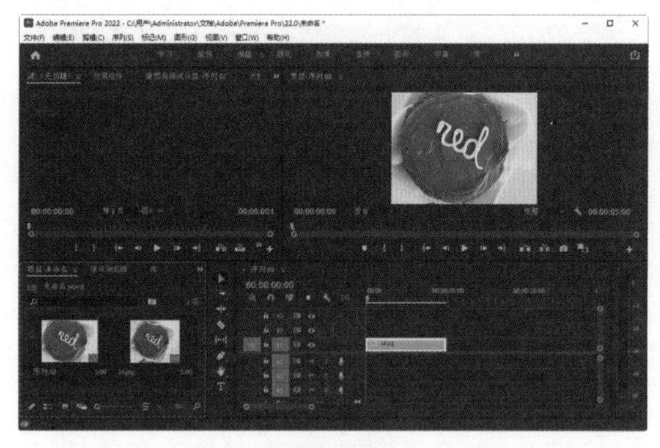

图1-20

2. 【所有面板】模式

在菜单栏中单击【窗口】菜单，在弹出的下拉菜单中选择【工作区】选项中的【所有面板】命令，将进入【所有面板】模式的工作界面，如图 1-21 所示。

图1-21

3. 【作品】模式

在菜单栏中单击【窗口】菜单，在弹出的下拉菜单中选择【工作区】选项中的【作品】命令，将进入【作品】模式的工作界面，如图 1-22 所示。

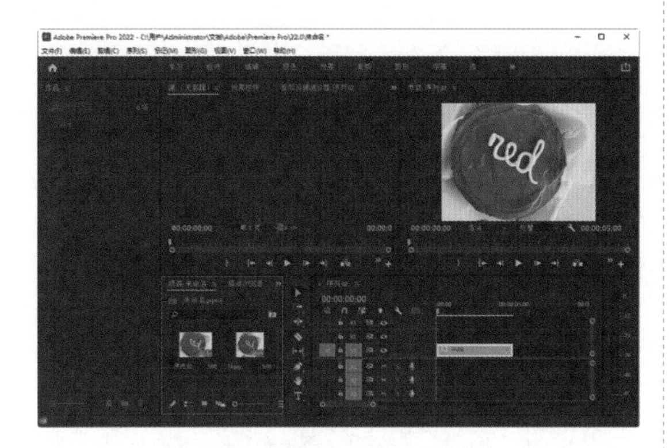

图1-22

4. 【元数据记录】模式

在菜单栏中单击【窗口】菜单，在弹出的下拉菜单中选择【工作区】选项中的【元数据记录】命令，将进入【元数据记录】模式的工作界面，如图 1-23 所示。

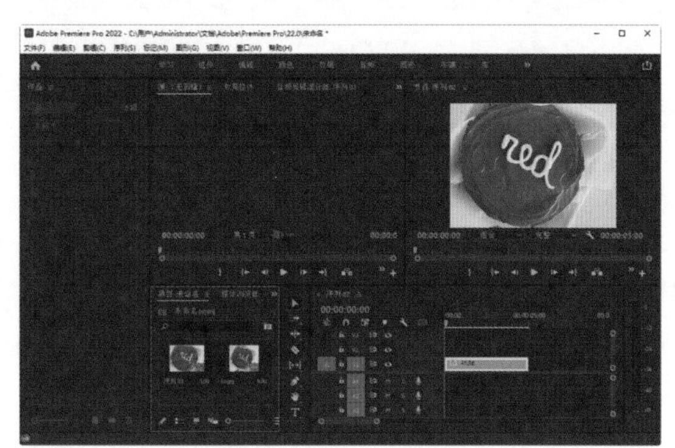

图1-23

5. 【学习】模式

在菜单栏中单击【窗口】菜单，在弹出的下拉菜单中选择【工作区】选项中的【学习】命令，将进入【学习】模式的工作界面，如图 1-24 所示。

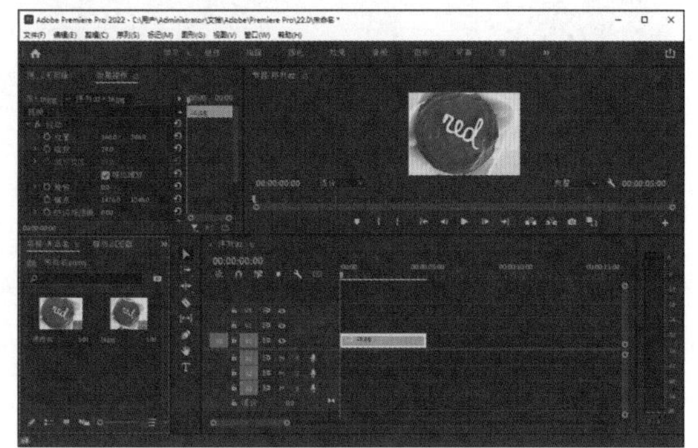

图1-24

6. 【效果】模式

在菜单栏中单击【窗口】菜单，在弹出的下拉菜单中选择【工作区】选项中的【效果】命令，将进入【效果】模式的工作界面，如图 1-25 所示。

图1-25

7.【字幕】模式

在菜单栏中单击【窗口】菜单，在弹出的下拉菜单中选择【工作区】选项中的【字幕】命令，将进入【字幕】模式的工作界面，如图 1-26 所示。

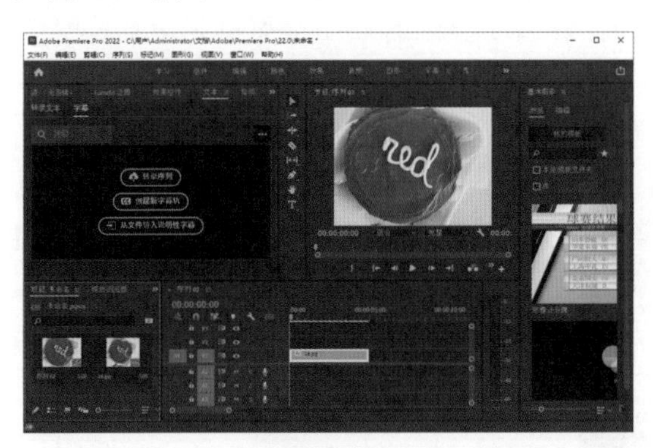

图1-26

8.【图形】模式

在菜单栏中单击【窗口】菜单，在弹出的下拉菜单中选择【工作区】选项中的【图形】命令，将进入【图形】模式的工作界面，如图 1-27 所示。

图1-27

9.【库】模式

在菜单栏中单击【窗口】菜单，在弹出的下拉菜单中选择【工作区】选项中的【库】命令，将进入【库】模式的工作界面，如图 1-28 所示。

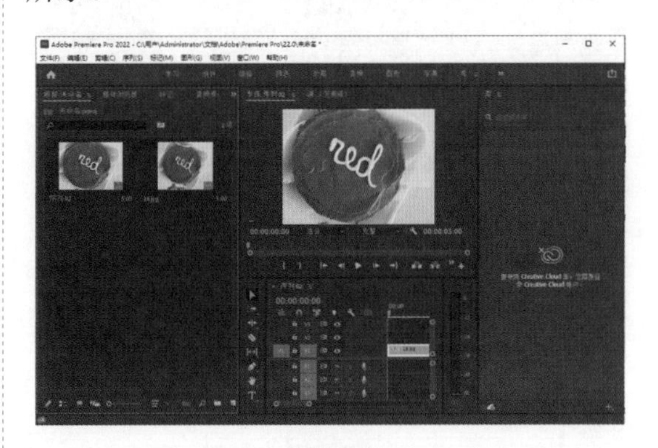

图1-28

10.【组件】模式

在菜单栏中单击【窗口】菜单，在弹出的下拉菜单中选择【工作区】选项中的【组件】命令，将进入【组件】模式的工作界面，如图 1-29 所示。

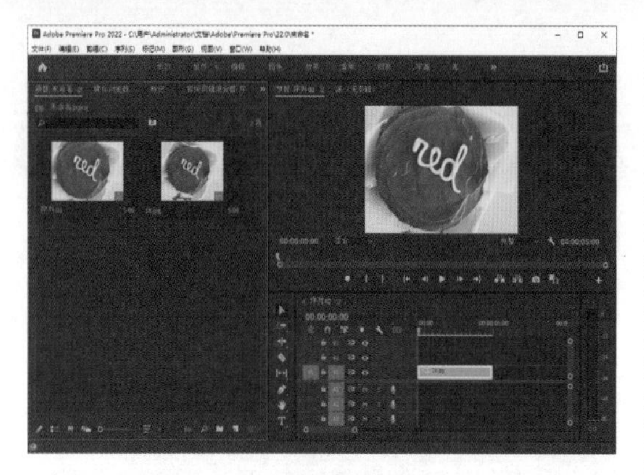

图1-29

11. 【音频】模式

在菜单栏中单击【窗口】菜单，在弹出的下拉菜单中选择【工作区】选项中的【音频】命令，将进入【音频】模式的工作界面，如图 1-30 所示。

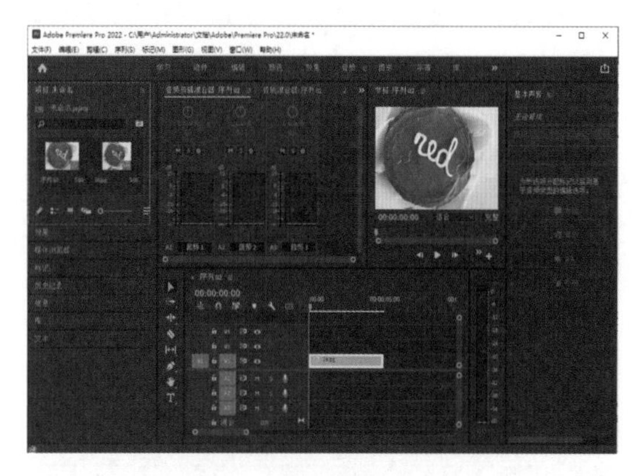

图1-30

12. 【颜色】模式

在菜单栏中单击【窗口】菜单，在弹出的下拉菜单中选择【工作区】选项中的【颜色】命令，将进入【颜色】模式的工作界面，如图 1-31 所示。

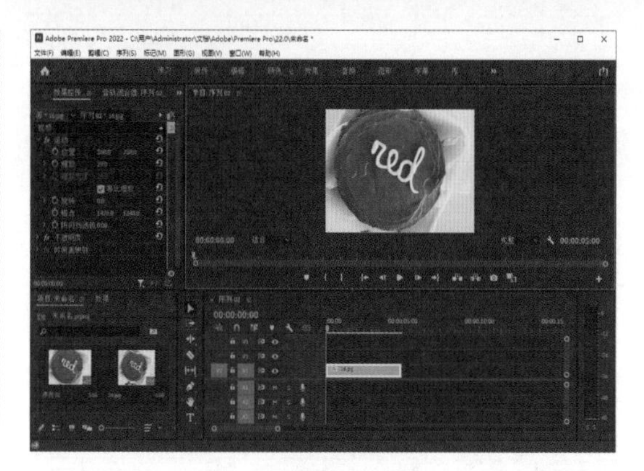

图1-31

1.2.2 自定义工作区

Premiere Pro 2022 提供了可自定义的工作区，在默认工作区状态下包含面板组和独立面板，用户可以根据自己的工作需要和使用习惯对工作区中的面板进行重新排列。

1. 修改工作区顺序

修改工作区的顺序很简单，用户只需要在【编辑工作区】窗口中拖曳各面板的顺序即可。

修改工作区顺序的具体方法是：单击【窗口】菜单，在弹出的下拉菜单中选择【工作区】|【编辑工作区】命令，如图 1-32 所示。

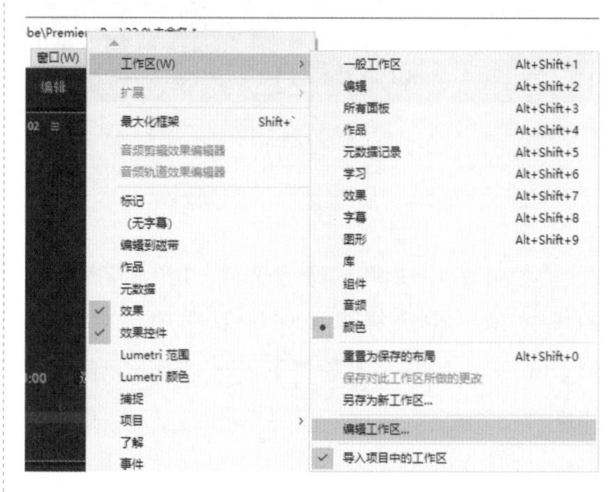

图1-32

或者单击工作区菜单右侧的»按钮，在弹出的菜单中单击【编辑工作区】命令，如图 1-33 所示。

图1-33

执行以上任意一种方法，均可以打开【编辑工作区】窗口，在窗口的列表框中选择需要移动的面板选项，然后按住鼠标左键并拖曳，如图 1-34 所示，至合适位置后，释放鼠标左键，即可完成移动，然后单击【确定】按钮，完成工作区界面的修改。

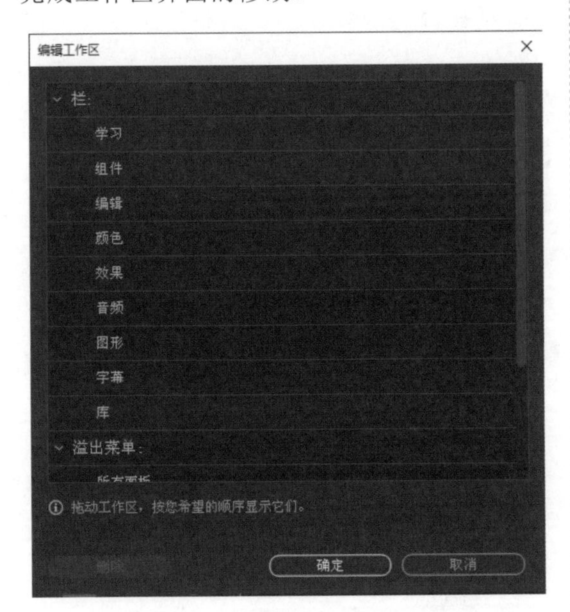

图1-34

2. 调整工作区中面板的大小

将鼠标放置在相邻面板组之间的隔条上时，鼠标会变成双向箭头形状，按住鼠标左键并拖曳，即可调整面板的大小，如图1-35所示。

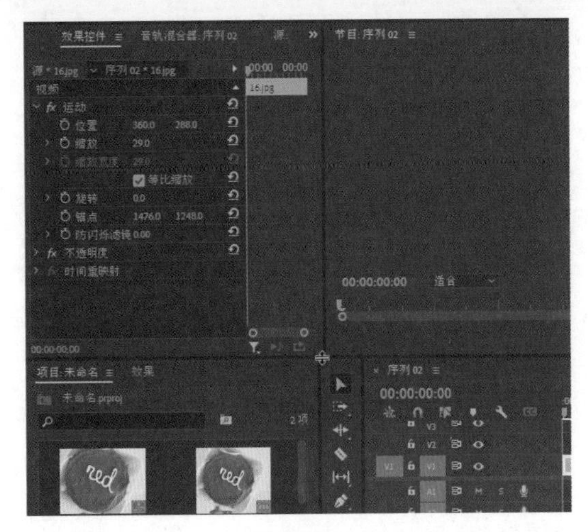

图1-35

如果想同时调整多个面板的大小，则可以将鼠标放置在多个面板之间的交叉位置，当鼠标变成相应的双向箭头形状时，按住鼠标左键并拖曳，即可调整多个面板的大小，如图 1-36 所示。

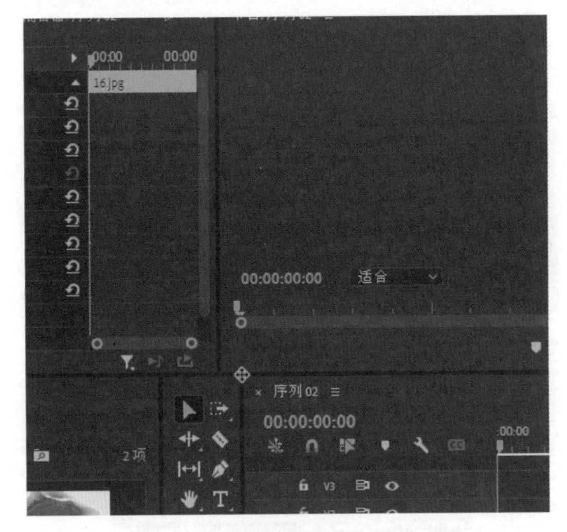

图1-36

3. 浮动工作区中的面板

浮动面板的具体方法是：在拖曳面板的同时按住 Ctrl 键，即可使面自动浮动，如图 1-37 所示。

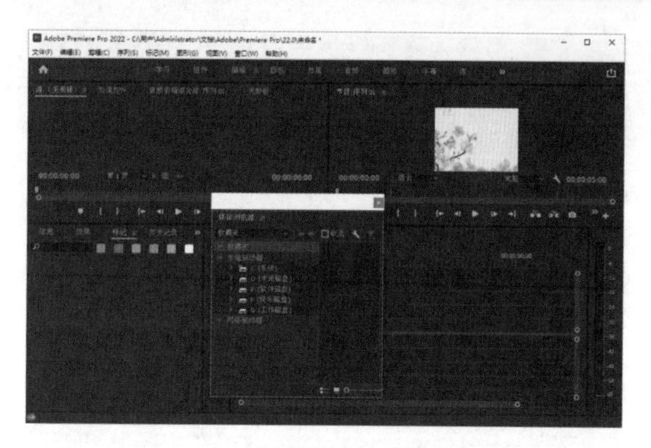

图1-37

1.2.3 保存和重置工作区

在对工作区进行自定义调整操作后，可以将自定义后的工作区进行保存，还可以对工作区进行重置。下面将详细讲解保存和重置工作区的基础知识与操作。

1. 保存工作区

在自定义工作区后，工作区界面也会随之发生变化。为了方便自定义工作区的持续使用，可以对自定义的工作区进行保存操作，方便以后调用。

保存工作区的具体方法是：单击【窗口】菜单，在弹出的下拉菜单中选择【工作区】|【另存为新工作区】命令，打开【新建工作区】对话框，修改新工作区名称，如图 1-38 所示，单击【确定】按钮，即可保存工作区。

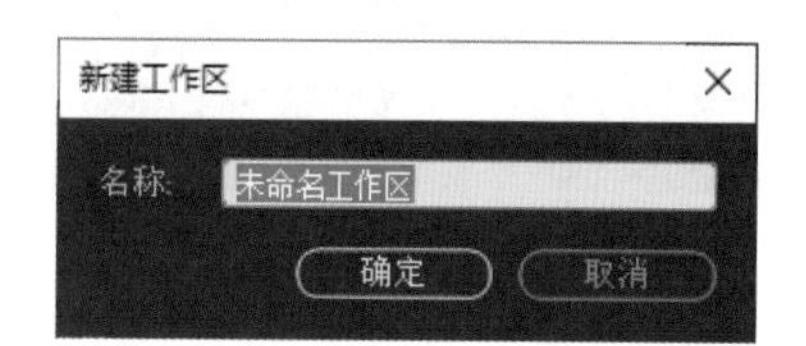

图1-38

2. 重置工作区

当需要将工作区恢复到默认的界面布局时，可以通过【重置为保存的工作区】命令实现。

重置工作区的具体方法是：单击【窗口】菜单，在弹出的下拉菜单中选择【工作区】|【重置为保存的工作区】命令，如图 1-39 所示，即可重置工作区。

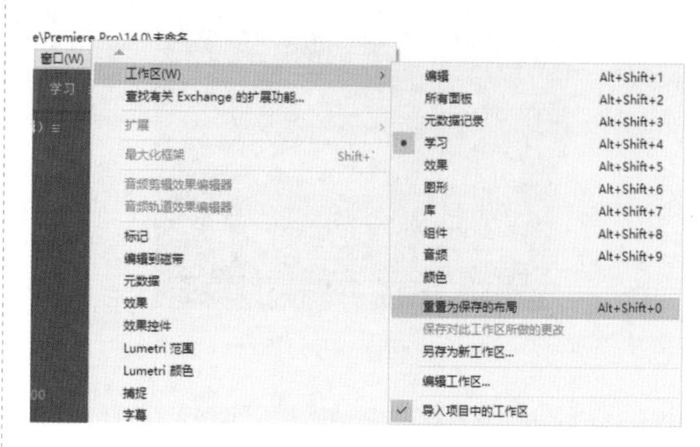

图1-39

1.2.4 自定义快捷键

在 Premiere 软件中使用快捷键可以使重复性的工作更轻松，并提高制作速度。下面将详细讲解自定义快捷键的操作方法。

Step01：❶单击【编辑】菜单，❷在弹出的下拉菜单中选择【快捷键】命令，如图 1-40 所示。

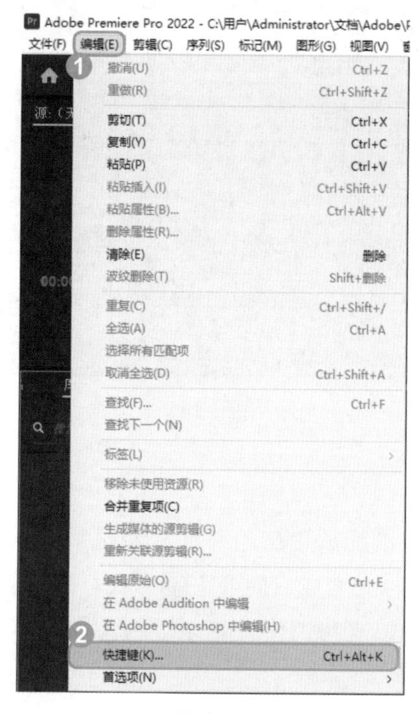

图1-40

Step02：打开【键盘快捷键】对话框，在键盘区中单击【选择相机 7】图标，如图 1-41 所示。

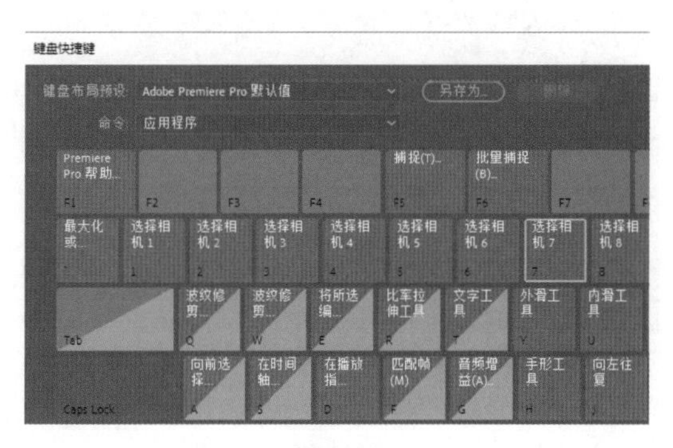

图1-41

Step03：在【键盘快捷键】对话框中的【键】选项区中，❶选择需要清除的键盘命令，❷然后单击【清除】按钮，清除命令的快捷键，如图 1-42 所示。

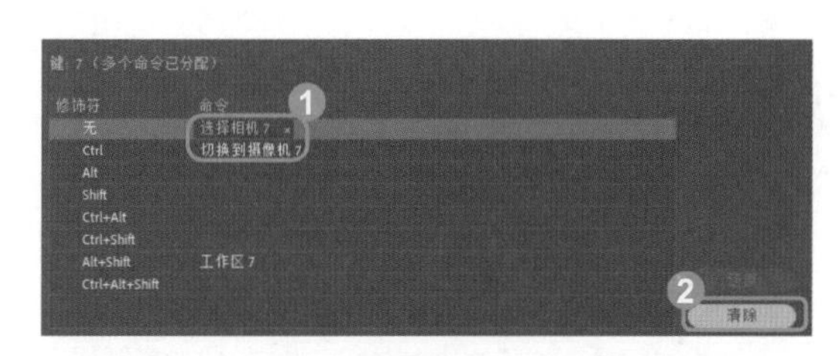

图1-42

Step04：清除命令快捷键后，在【键盘快捷键】对话框中单击【另存为】按钮，如图 1-43 所示。

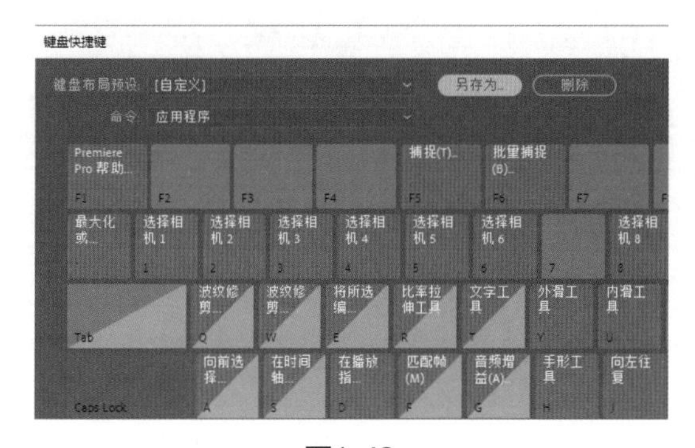

图1-43

Step05：打开【键盘布局设置】对话框，❶修改【键盘布局预设名称】为【删除快捷键】，❷单击【确定】按钮，如图 1-44 所示，完成键盘快捷键的设置操作。

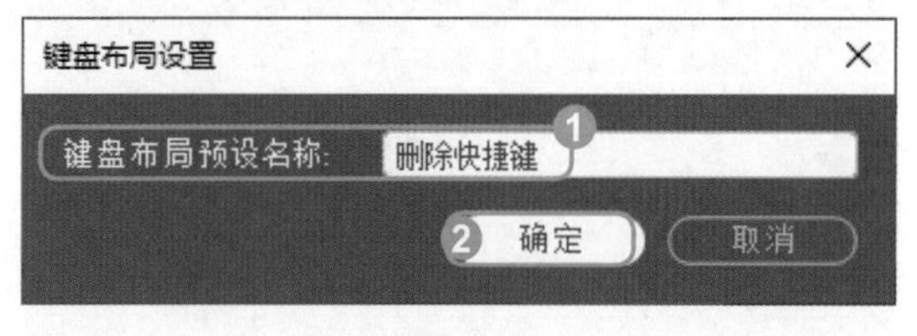

图1-44

1.2.5 设置外观颜色

Premiere 软件默认的界面为暗黑色，通过【外观】功能可以将软件界面的外观颜色调整为亮灰色。下面将详细讲解设置外观颜色的操作方法。

Step01：❶单击【编辑】菜单，❷在弹出的下拉菜单中选择【首选项】命令，❸再次展开子菜单，选择【外观】命令，如图 1-45 所示。

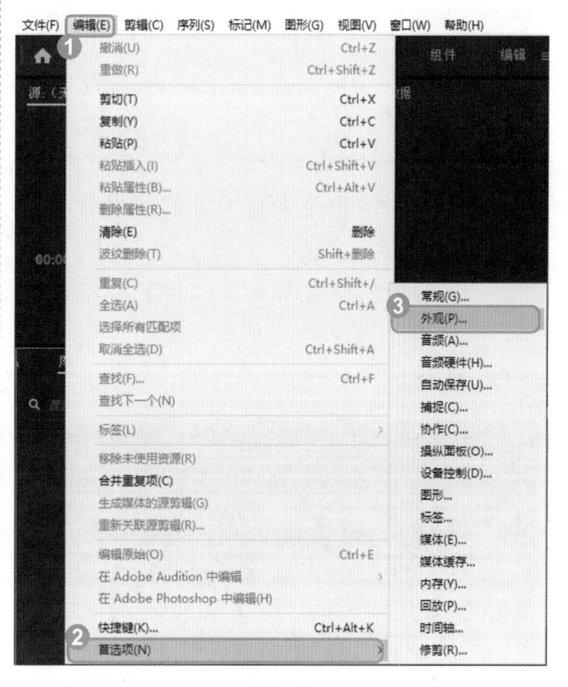

图1-45

Step02：打开【首选项】对话框，❶在【亮度】选项区中，将滑块拖曳至右侧的末端处，❷单击【确定】按钮，如图 1-46 所示。

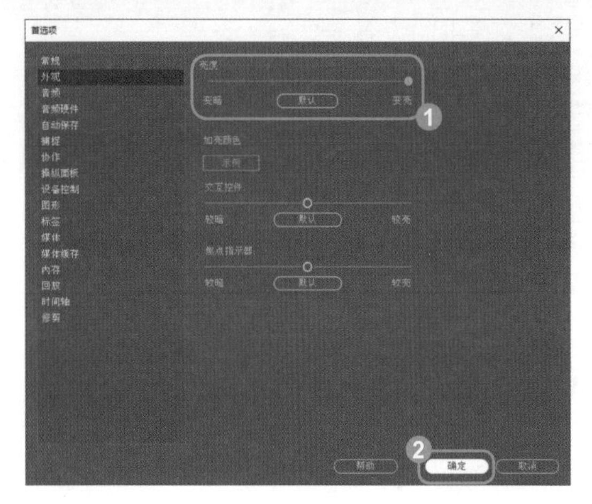

图1-46

Step03：即可将软件界面的外观设置外亮灰色，其界面效果如图 1-47 所示。

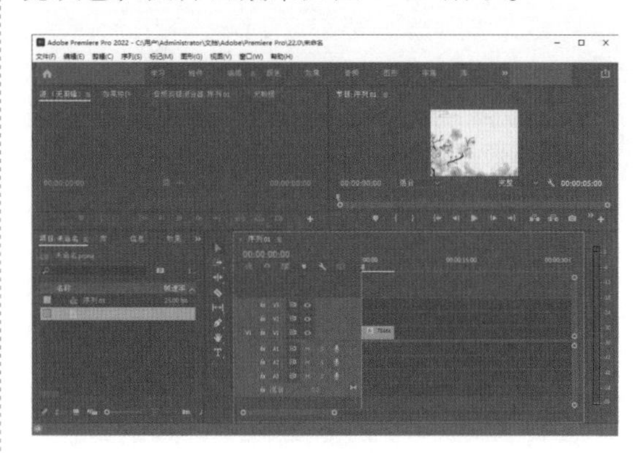

图1-47

1.3 Premiere Pro 2022 的常用面板

了解和掌握 Premiere 的面板是学好 Premiere 的基础，通过各面板之间的贯通即可轻松畅快地制作出完整的视频。本节将对 Premiere Pro 2022 中的各个常用面板进行详细讲解。

1.3.1 【项目】面板

【项目】面板是素材文件的管理器，主要用于显示、存放和导入素材文件，如图 1-48 所示。在将素材文件导入【项目】面板后，将会在其中显示文件的名称、类型、长度、大小等信息。

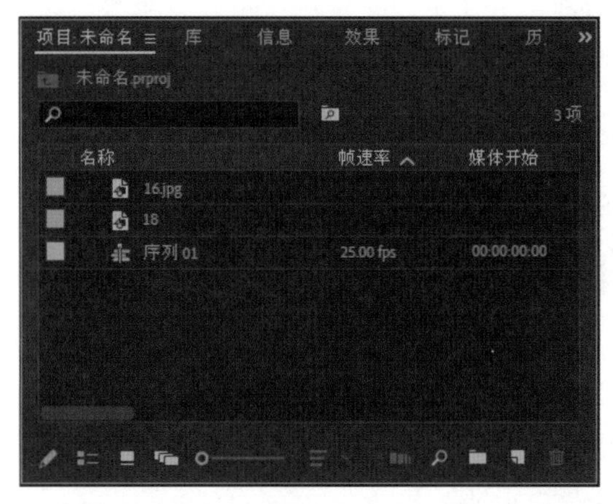

图1-48

在【项目】面板中包含多个选项和按钮，下面将介绍其含义。

- 素材显示区：用于存放素材文件和序列。同时【项目】面板底部包括多个工具按钮。
  - 【项目可写】按钮：单击该按钮，可以在只读与读/写之间切换项目。
  - 【列表视图】按钮：单击该按钮，可以从当前视图切换到列表视图。
  - 【图标视图】按钮：单击该按钮，可以从当前视图切换到图标视图。
  - 【自由变换视图】按钮：单击该按钮，可以从当前视图切换到自由视图。
  - 【调整图标和缩览图的大小】按钮：单击该按钮上的滑块，可以放大或缩小显示。
  - 【排列图标】按钮：单击该按

钮，可以在展开的列表框中选择排列选项，如图1-49所示。

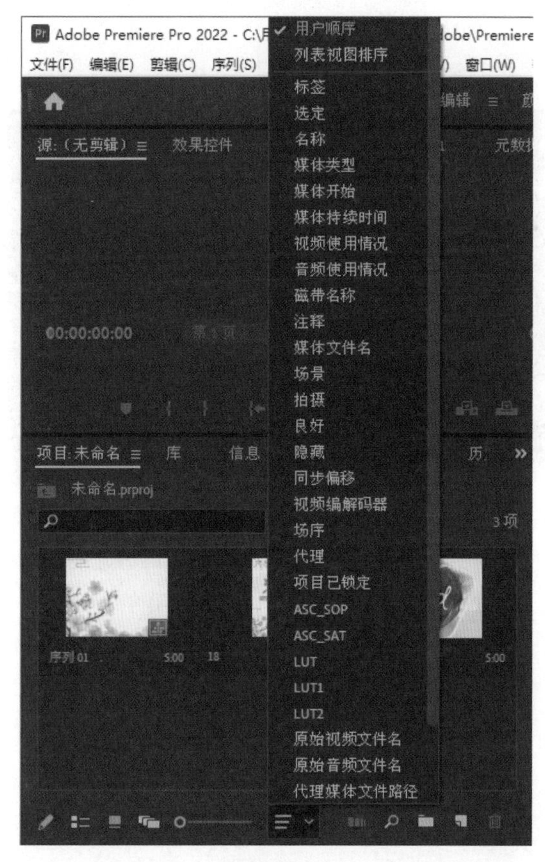

图1-49

- 【自动匹配序列】按钮：单击该按钮，可以将文件存放区中选择的素材按顺序排列。
- 【查找】按钮：单击该按钮，将弹出【查找】窗口，如图1-50所示，在该窗口中可以查找所需的素材文件。

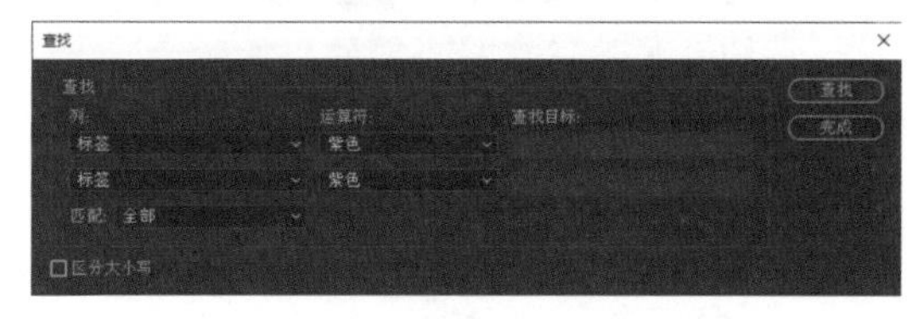

图1-50

- 【新建素材箱】按钮：单击该按钮，可以在文件存放区中新建一个文件夹，将素材文件移至文件夹中，方便素材的整理。
- 【新建项】按钮：单击该按钮，可以打开一个下拉菜单，通过该菜单可以建立不同的对象，如时间线、离线文件、字幕、彩条、黑场、颜色遮罩或倒计时文件等，如图1-51所示。

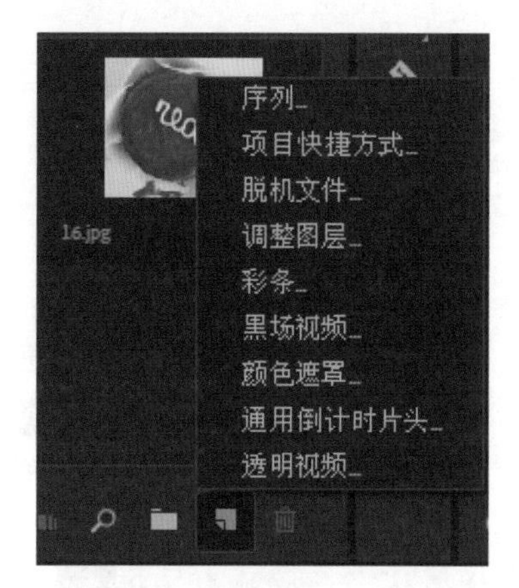

图1-51

- 【清除】按钮：单击该按钮，可以删除【项目】面板中不需要的素材。可以将素材直接拖曳到该按钮上将其删除，也可以先选中要删除的素材，然后单击该按钮将其删除。

1.3.2 【监视器】面板

【监视器】面板主要用来播放素材和监控节目内容的面板，主要分为【源监视器】面板和【节目监视器】面板，如图 1-52 所示。【监视器】面板不仅用来播放和预览，还可以进行一些基本的编辑操作。

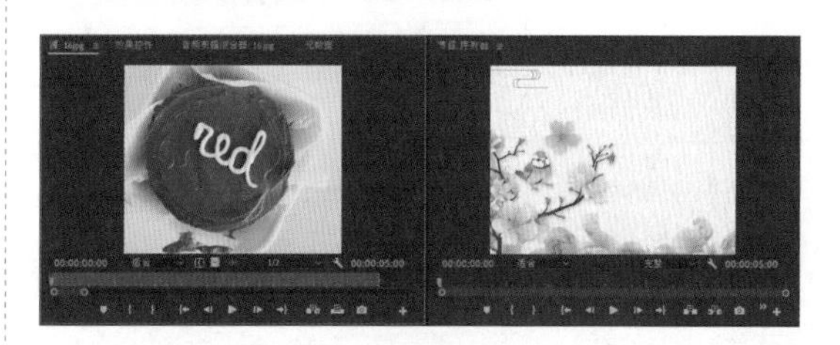

图1-52

【监视器】面板有多种表现形式，它可以是单面板显示，也可以是双面板显示，还可以是修整模式下的面板。下面将以常见的双面板显示方式介绍面板中各按钮的功能。

- 【添加标记】按钮：单击该按钮，可以在素材文件需要编辑的位置添加标记。
- 【标记入点】按钮：单击该按钮，可以定义媒体素材的起始位置。
- 【标记出点】按钮：单击该按钮，可以定义媒体素材的结束位置。
- 【转到入点】按钮：单击该按钮，可以将时间线快速移到入点位置。
- 【后退一帧（左侧）】按钮：单击该按钮，可以使时间线向左侧移动一帧。
- 【播放-停止切换】按钮：单击该按钮，可以播放或停止播放媒体素材。
- 【前进一帧（右侧）】按钮：单击该按钮，可以使时间线向右侧移动一帧。
- 【转到出点】按钮：单击该按钮，可以将时间线快速移动到出点位置。
- 【插入】按钮：单击该按钮，可以将出入点之间的区段自动裁剪掉，并且该区域以空白的形式呈现在【时间轴】面板中，后方视频素材不自动向前跟进。
- 【覆盖】按钮：单击该按钮，可以将出入点之间的区段自动裁剪掉，素材后方的其他素材会随着剪辑自动向前跟进。
- 【导出帧】按钮：单击该按钮，可以将当前帧导出为图片。

1.3.3 【时间轴】面板

【时间轴】面板是装配素材片段和编辑节目的主要场所，素材片段按时间的先后顺序及合成的先后层顺序在时间轴上从左至右、由上及下排列，可以使用各种编辑工具在其中进行编辑操作，如图 1-53 所示。

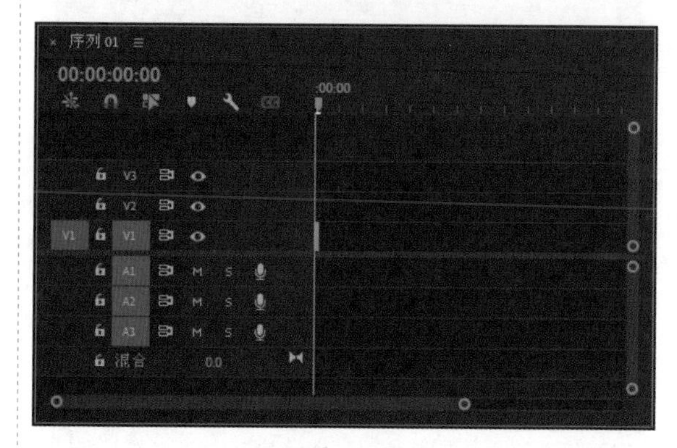

图1-53

在【时间轴】面板中，各选项的含义如下：

- 播放指示器位置 00:00:00:00：用于显示当前时间线所在的位置。
- 当前时间显示：单击并拖曳【当前时间显示】，即可显示当前素材的时间位置。
- 【切换轨道锁定】按钮：单击该按钮，可以禁止使用该轨道。
- 【切换同步锁定】按钮：单击该按钮，可以限制在修剪期间的轨道转移。
- 【切换轨道输出】按钮：单击该按钮，即可隐藏该轨道中的素材文件，以黑场视频的形式呈现在【节目监视器】面板中。
- 【静音轨道】按钮 M：单击该按钮，则音频轨道会将当前的声音静音。
- 【独奏轨道】按钮 S：单击该按钮，该轨道可以成为独奏轨道。
- 【画外音录制】按钮：单击该按钮，可以进行录音操作。
- 【轨道音量】数值框 0.0：数值越大，轨道音量越高。
- 【更改缩进级别】按钮：用于更

改时间轴的时间间隔，向左滑动级别增大，素材占地面积变小；反之，级别变小，素材占地面积变大。

- 视频轨道：可以在该轨道中编辑静帧图像、序列、视频文件等素材。
- 音频轨道：可以在轨道中编辑音频素材。

1.3.4 【字幕】面板

【字幕】面板可以编辑文字、形状或为文字、形状添加描边、阴影等效果。

默认情况下，【字幕】面板是没有显示的，如果要显示【字幕】面板，则可以单击【文件】|【新建】|【旧版标题】命令，打开【新建字幕】对话框，单击【确定】按钮，将打开【字幕】面板，如图 1-54 所示。

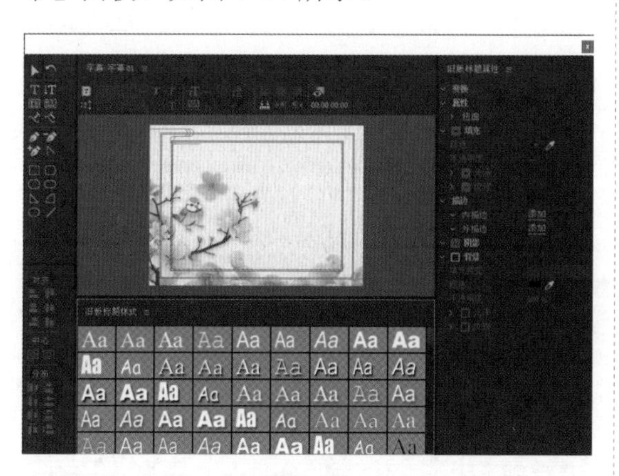

图1-54

1.3.5 【效果】面板

【效果】面板中包括【预置】【视频特效】【音频特效】【音频切换效果】和【视频切换效果】选项。在【效果】面板中，各种选项以效果类型分组的方式存放视频、音频的特效和转场。通过对素材应用视频特效，可以调整素材的色调、明度等效果，应用音频效果可以调整素材音频的音量和均衡等效果，如图 1-55 所示。

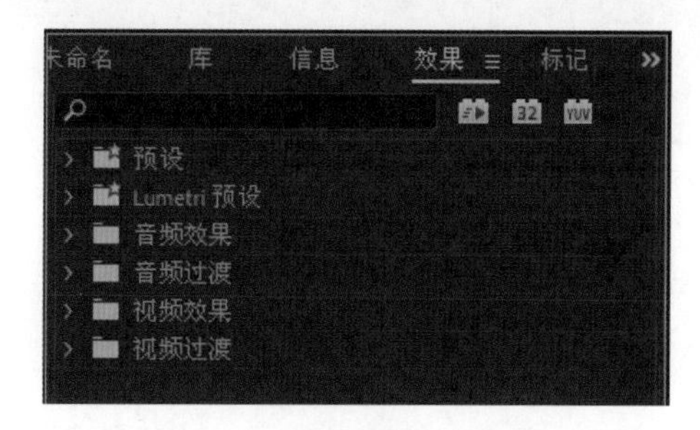

图1-55

在【效果】面板中，单击面板右上角的三角形按钮☰，弹出面板菜单，如图 1-56 所示。

图1-56

在面板菜单中，各选项的含义如下：

- 【关闭面板】命令：选择该命令，可以将当前面板删除。
- 【浮动面板】命令：选择该命令，可以将面板以独立的形式呈现在界面中，变为浮动的独立面板。
- 【关闭组中的其他面板】命令：选择该命令，可以关闭组中的其他面板。
- 【面板组设置】命令：选择该命令，将展开子菜单，该子菜单中包含6个命令，如图1-57所示。

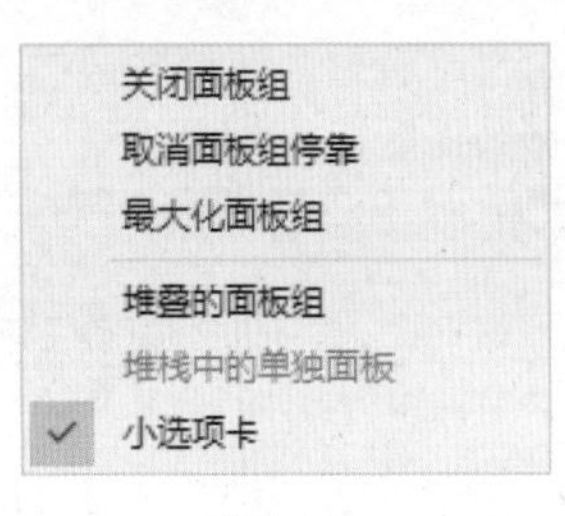

图1-57

- 【新建自定义素材箱】命令：选择该命令，可以在【效果】面板中新建一个自定义素材箱。这个素材箱就类似于上网使用的浏览器中的【收藏夹】，用户可以将各类自己经常用的特效拖曳到这个素材箱里并保存。
- 【新建预设素材箱】命令：选择该命令，可以新建预设的素材箱。
- 【删除自定义项目】命令：选择该命令，可以删除手动建立的素材箱。
- 【将所选过渡设置为默认过渡】命令：选择该命令，可以将选中的转场设置为系统默认的转场过渡效果，这样用户在使用插入视频到时间线功能时，所使用的转场即为设定好的转场效果。
- 【设置默认过渡持续时间】命令：选择该命令，将弹出【首选项】对话框，如图1-58所示，在其中可以设置默认转场的持续时间。

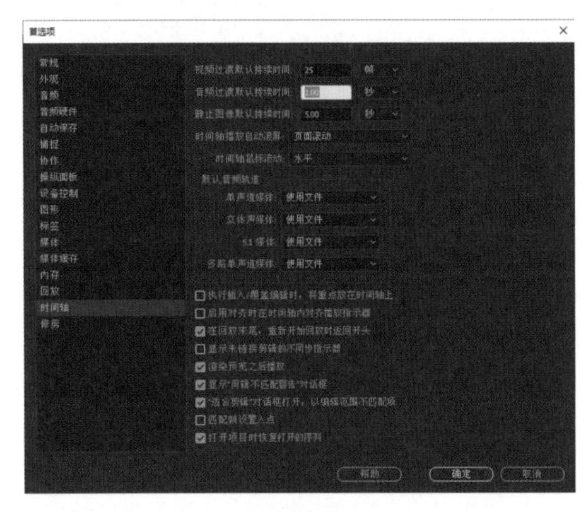

图1-58

- 【音频增效工具管理器】命令：选择该命令，将弹出【音频增效工具管理器】对话框，如图1-59所示，在该对话框中可以设置音频的增效功能。

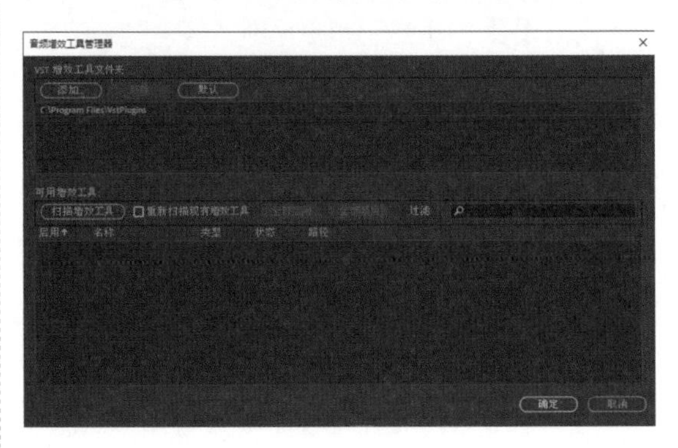

图1-59

1.3.6 【音轨混合器】面板

【音轨混合器】面板可以调整音频素材的声道、效果及音频录制等信息，如图1-60所示。

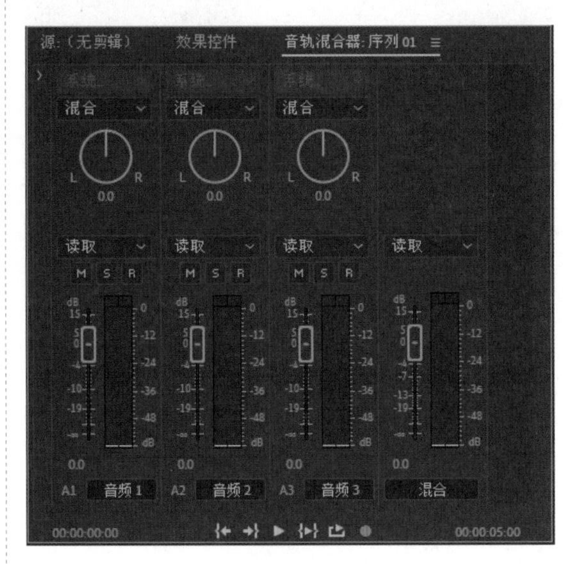

图1-60

1.3.7 【工具】面板

Premiere Pro 2022 的【工具】面板中的工具主要用于时间轴中编辑素材，如图1-61

所示，在【工具】面板中，单击相应的工具按钮，即可激活工具。

图1-61

在【工具】面板中，各主要选项的含义如下：

- 选择工具：该工具主要用于选择素材、移动素材以及调节素材关键帧。将该工具移至素材的边缘，光标将变成拉伸图标，可以拉伸素材为素材设置入点和出点。
- 向前选择轨道工具：该工具主要用于选择某一轨道上的所有素材，按住Shift键的同时单击鼠标左键，可以选择所有轨道。
- 波纹编辑工具：该工具拖曳素材的出点可以改变所选素材的长度，而轨道上其他素材的长度不受影响。
- 滚动编辑工具：该工具主要用于调整两个相邻素材的长度，两个被调整的素材长度变化是一种此消彼长的关系，在固定的长度范围内，一个素材增加的帧数必然会从相邻的素材中减去。
- 比率拉伸工具：该工具主要用于调整素材的速度。缩短素材则速度加快，拉长素材则速度减慢。
- 剃刀工具：该工具主要用于分割素材，将素材分割为两段，产生新的入点和出点。
- 外滑工具：该工具用于改变所选素材的出入点位置。
- 内滑工具：该工具用于改变相邻素材的出入点位置。
- 钢笔工具：该工具主要用于调整素材的关键帧。
- 矩形工具：该工具可以在【监视器】面板中绘制矩形形状。
- 椭圆工具：该工具可以在【监视器】面板中绘制椭圆形状。
- 手形工具：该工具主要用于改变【时间轴】面板的可视区域，在编辑一些较长的素材时，使用该工具非常方便。
- 缩放工具：该工具主要用于调整【时间轴】面板中显示的时间单位，按住Alt键，可以在放大和缩小模式间进行切换。
- 文字工具：该工具可以在【监视器】面板中单击鼠标左键输入横排文字。
- 垂直文字工具：该工具可以在【监视器】面板中单击鼠标左键输入竖排文字。

1.3.8 【效果控件】面板

使用【效果控件】面板，可以快速创建与控制音频和视频的特效和切换效果。例如，在【效果】面板中选定一种特效，然后将它拖曳到时间轴中的素材上，或直接拖曳到【效果控件】面板中，就可以对素材添加这种特效，如图 1-62 所示。

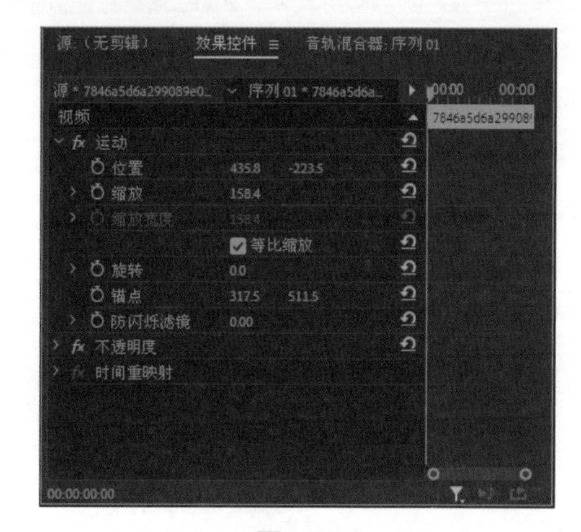

图1-62

1.3.9 【历史记录】面板

使用 Premiere Pro 2022 的【历史记录】面板可以无限制地执行撤销操作。进行编辑工作时，【历史记录】面板会记录作品制作步骤，要返回项目的以前状态，只需单击【历史记录】面板中的历史状态，如图 1-63 所示。

图1-63

单击并重新开始工作之后，所返回历史状态的所有后续步骤都会从面板中移除，被新步骤取代。如果想在面板中清除所有历史，可以单击面板右方的下拉菜单按钮，然后选择【清除历史记录】选项，如果要删除某个历史状态，在面板中选中它并单击【删除重做操作】按钮即可。

1.3.10 【信息】面板

【信息】面板提供了关于素材、切换效果和时间轴中空白间隙的重要信息。要查看活动中的信息面板，可单击一段素材、切换效果或时间轴中的空白间隙。信息窗口将显示素材或空白间隙的大小、持续时间以及起点和终点，如图 1-64 所示。

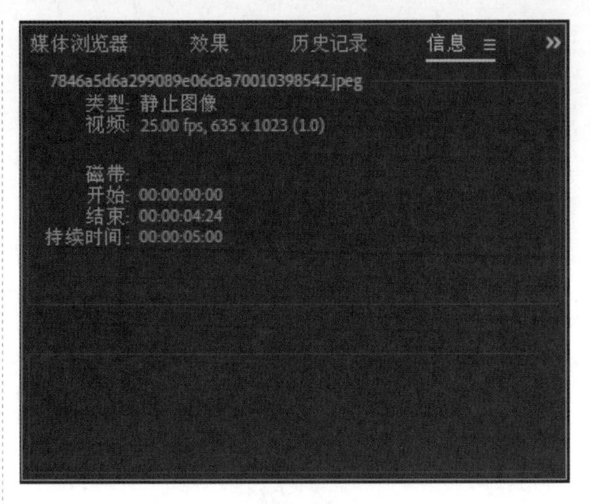

图1-64

1.3.11 【媒体浏览器】面板

【媒体浏览器】面板中可以查看计算机中各磁盘的信息，同时可以在【源监视器】面板中预览所选择的路径文件，如图 1-65 所示。

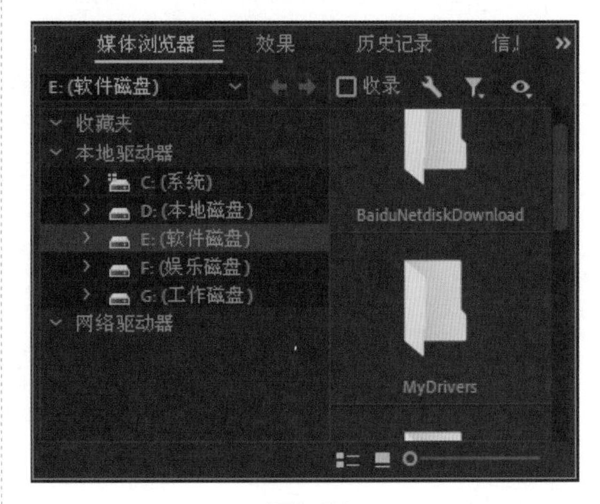

图1-65

1.3.12 【标记】面板

【标记】面板可以为素材文件添加标记，快速定位到标记的位置，为操作者提供方便，如图 1-66 所示。

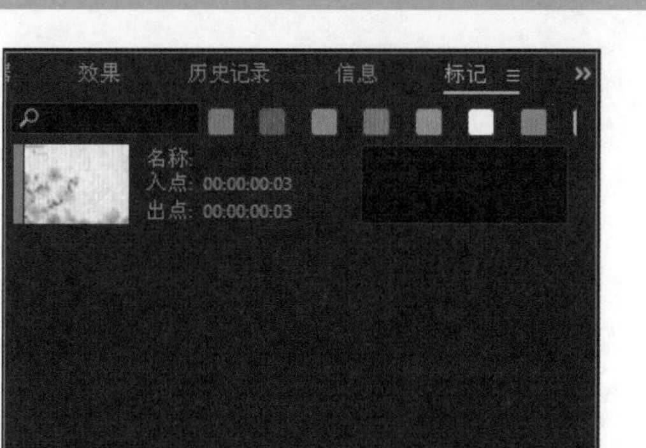

图1-66

若想更改标记颜色或添加注释，可以在【时间轴】面板中将光标放置在标记上方，双击鼠标左键，在弹出的【标记】对话框中进行标记的编辑，如图 1-67 所示。

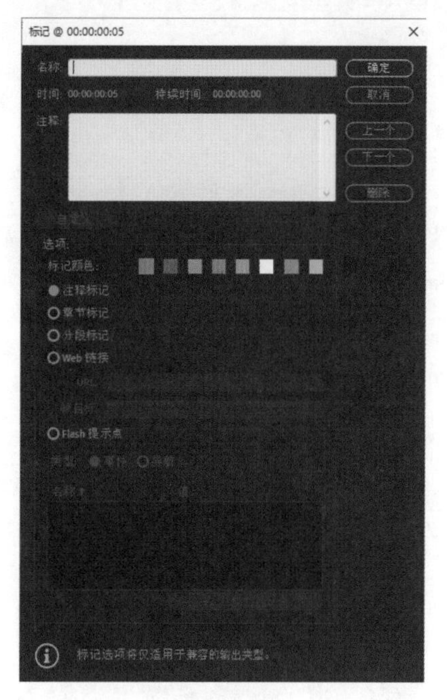

图1-67

1.4 Premiere Pro 2022 的常用操作

在掌握了 Premiere Pro 2022 软件的入门知识后，还要对 Premiere Pro 2022 软件中的素材文件进行新建、导入、打包以及嵌套操作。

1.4.1 导入素材文件

导入素材文件是将一段视频、PSD 图像等素材文件导入素材库，并将素材库中的源素材添加到【时间轴】面板中的视频轨道的过程。下面将详细讲解导入素材文件的具体操作方法。

Step01：在 Premiere Pro 2022 软件界面中，❶单击【文件】菜单，❷在弹出的下拉菜单中选择【新建】命令，展开子菜单，选择【项目】命令，如图 1-68 所示。

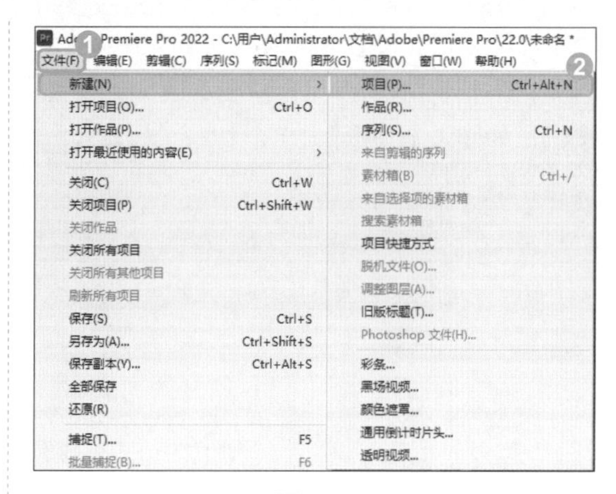

图1-68

技术看板

新建项目文件的方法有多种，除了通过菜单栏中的【新建】|【项目】命令进行新建外，还可以按快捷键【Ctrl + Alt + N】进行新建项目操作，另外在启动 Premiere Pro 2022 软件后，在【欢迎界面】窗口中，单击【新建项目】按钮同样可以新建项目。

Step02：打开【新建项目】对话框，❶修改【名称】为【1.4.1】，❷单击【位置】选项右侧的【浏览】按钮，如图 1-69 所示。

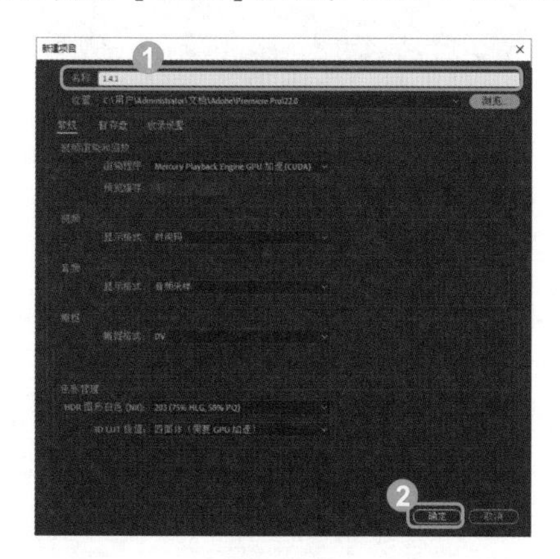

图1-69

Step03：打开【请选择新项目的目标路径】对话框，❶在【素材与效果】文件夹中，选择【第 1 章】文件夹，❷单击【选择文件夹】按钮，如图 1-70 所示。

图1-70

Step04：❶返回【新建项目】对话框，完成项目路径的更改，❷再单击【确定】按钮，如图 1-71 所示。

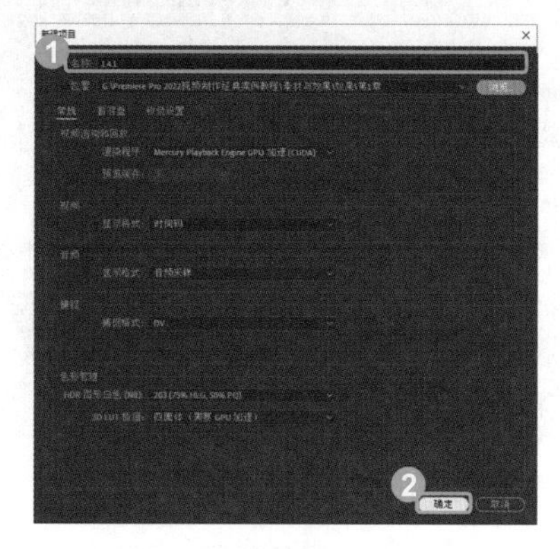

图1-71

Step05：完成新项目文件的创建操作，然后在【项目】面板的空白处单击鼠标右键，❶在弹出的快捷菜单中选择【新建项目】命令，❷展开子菜单，选择【序列】命令，如图 1-72 所示。

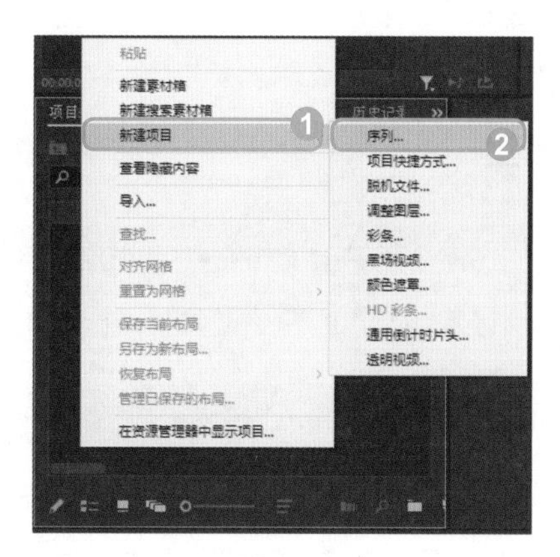

图1-72

Step06：打开【新建序列】对话框，❶选择【宽屏 48kHz】选项，❷单击【确定】按钮，如图 1-73 所示。

技术看板

在【新建序列】对话框中，可以选择所需的预设序列。选择预设序列后，在该对话框的【预设描述】区域中，将显示该预设的编辑模式、画面大小、帧速率、像素纵横比和位数深度设置以及音频设置等。

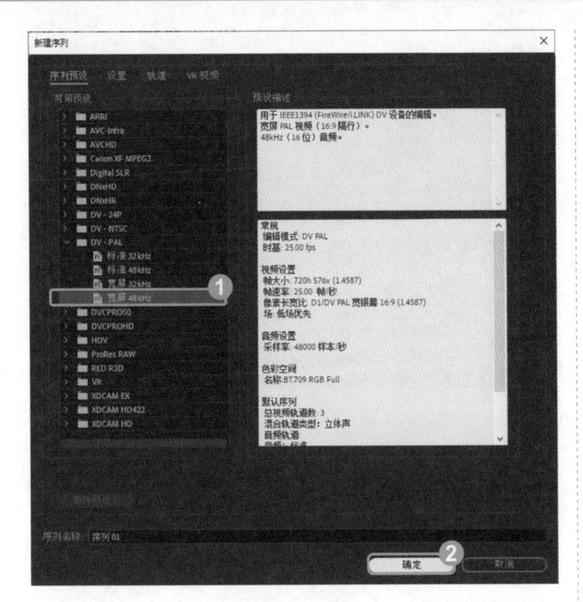

图1-73

Step07：完成序列的新建操作，在【项目】面板中，单击鼠标右键，打开快捷菜单，选择【导入】命令，如图 1-74 所示。

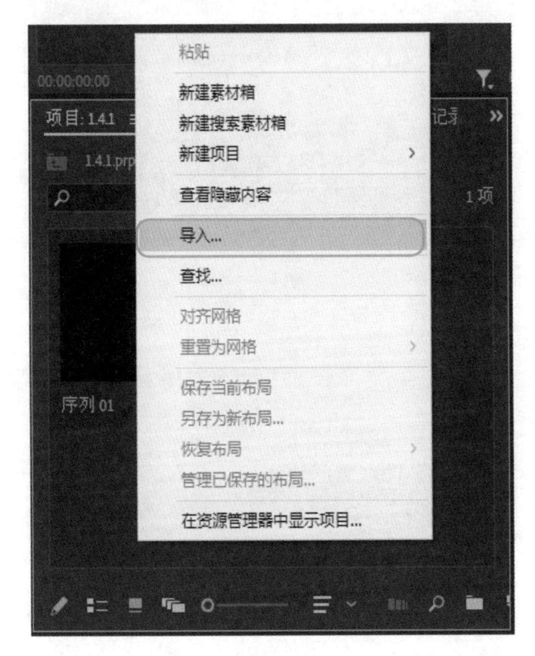

图1-74

Step08：打开【导入】对话框，❶选择【唯美粒子】视频文件，❷单击【打开】按钮，如图 1-75 所示。

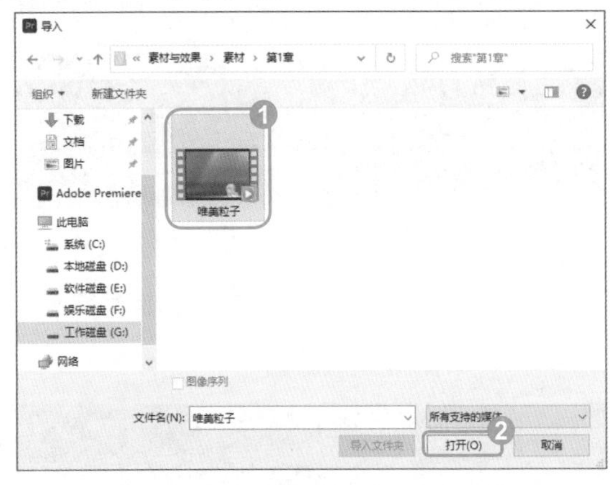

图1-75

Step09：将选择的视频导入【项目】面板中，如图 1-76 所示。

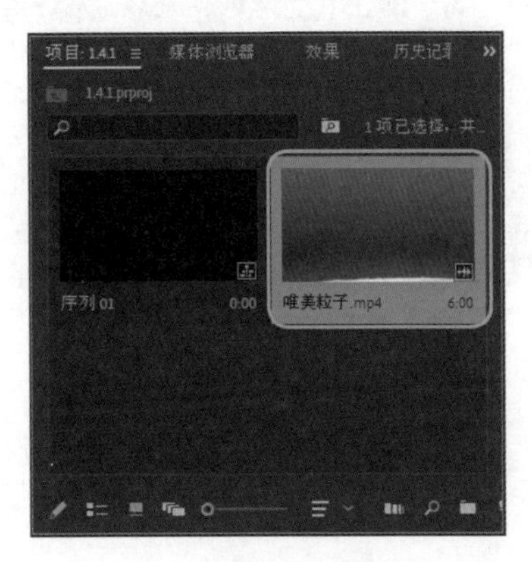

图1-76

技术看板

导入视频素材的方法有多种，除了通过【项目】面板的快捷菜单导入外，还可以单击【文件】菜单，在弹出的下拉菜单中选择【导入】命令导入视频素材，按快捷键【Ctrl+I】或双击【项目】面板同样可以导入视频素材。

Step10：在【项目】面板中选择新导入的视频文件，按住鼠标左键并拖曳至【视频 1】轨道上，释放鼠标左键，打开【剪辑不匹配警告】提示对话框，单击【更改序列设置】按钮，如图 1-77 所示。

图1-77

Step11：将选择的视频文件添加至【时间轴】面板的视频轨道上，如图 1-78 所示。

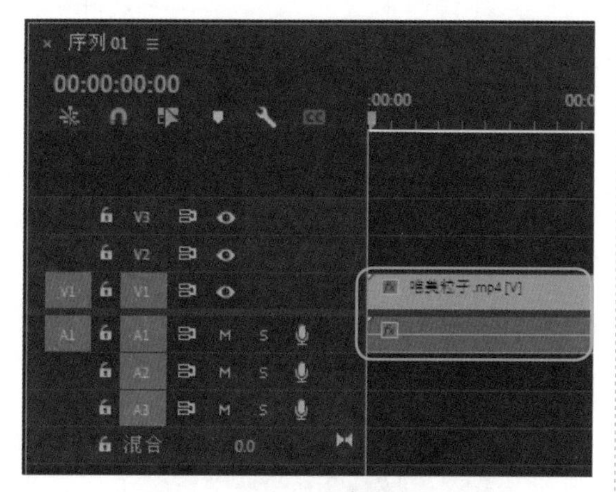

图1-78

Step12：在【项目】面板的空白处双击鼠标左键，打开【导入】对话框，❶选择【女鞋 .psd】图像文件，❷单击【打开】按钮，如图 1-79 所示。

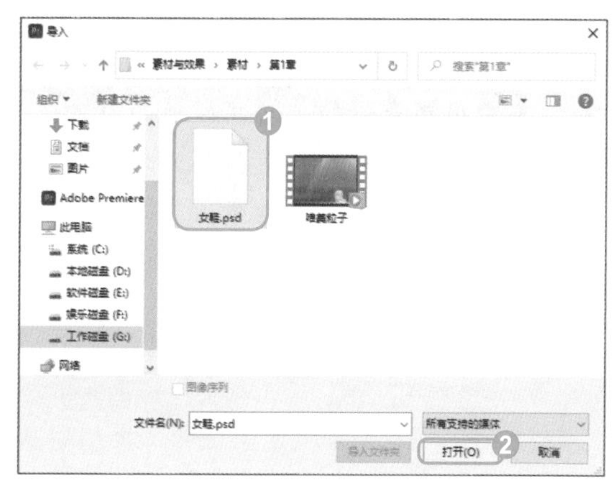

图1-79

Step13：打开【导入分层文件：女鞋】对话框，保持默认参数设置，单击【确定】按钮，如图 1-80 所示。

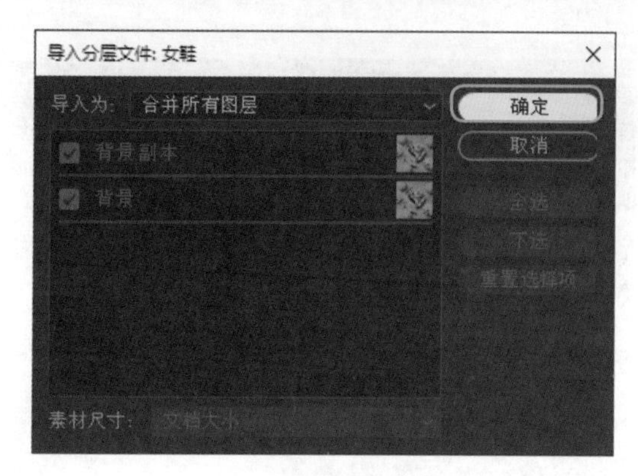

图1-80

Step14：即可将 PSD 图像文件添加至【项目】面板中，如图 1-81 所示。

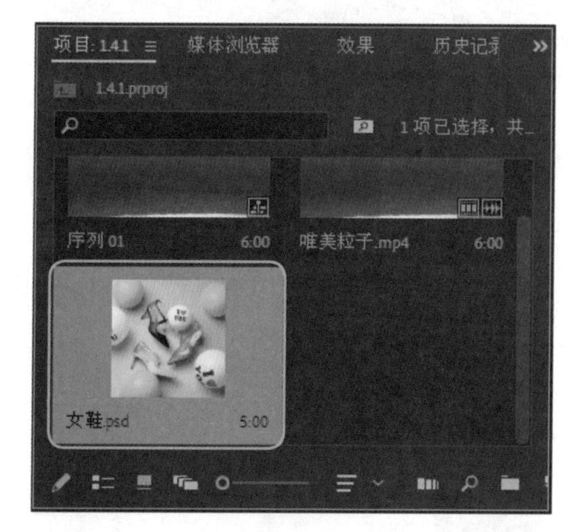

图1-81

Step15：在【项目】面板中选择新导入的 PSD 图像文件，按住鼠标左键并拖曳至【视频 1】轨道上，如图 1-82 所示。

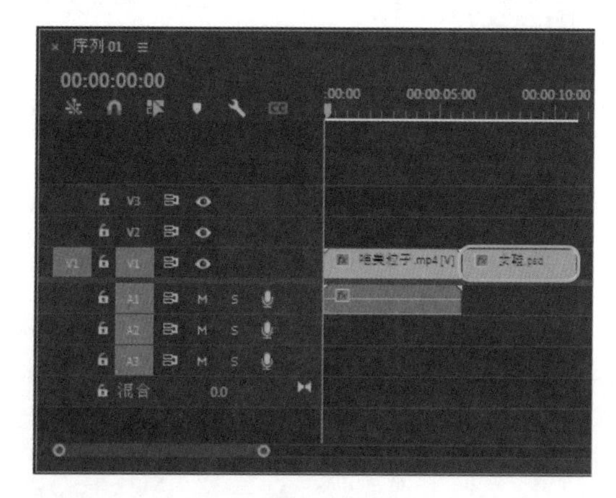

图1-82

1.4.2 打包素材文件

如果想将项目中的所有文件放到另一台计算机上渲染，可以使用【项目管理】功能，将素材进行打包保存，方便其他计算机调用，其具体操作方法如下：

Step01：在欢迎界面中，单击【打开项目】按钮，如图 1-83 所示。

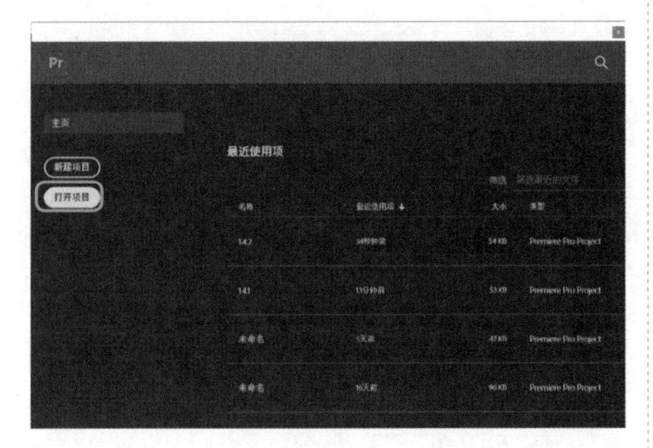

图1-83

Step02：打开【打开项目】对话框，❶在对应的文件夹中选择【1.4.2】项目文件，❷单击【打开】按钮，如图 1-84 所示。

Step03：即可打开选择的项目文件，其图像效果如图 1-85 所示。

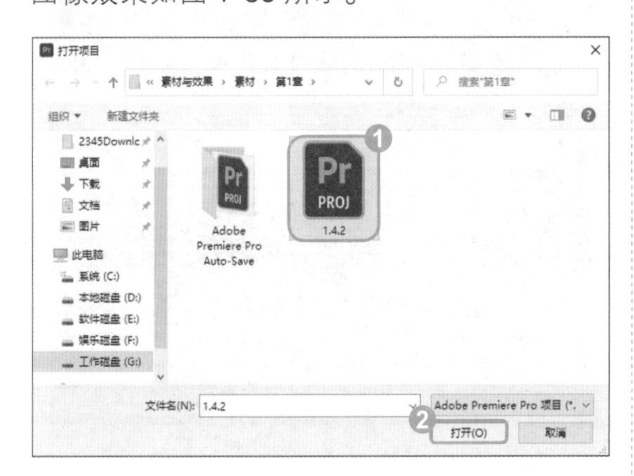

图1-84

图1-85

Step04：❶单击【文件】菜单，❷在弹出的下拉菜单中选择【项目管理】命令，如图 1-86 所示。

图1-86

Step05：打开【项目管理器】对话框，❶选中【收集文件并复制到新位置】单选按钮，❷单击【浏览】按钮，如图 1-87 所示。

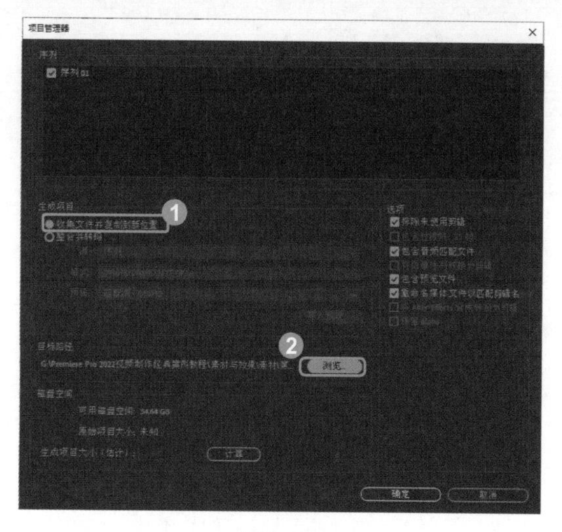

图1-87

Step06：打开【请选择生成项目的目标路径】对话框，❶选择【第 1 章】文件夹，❷单击【选择文件夹】按钮，如图 1-88 所示。

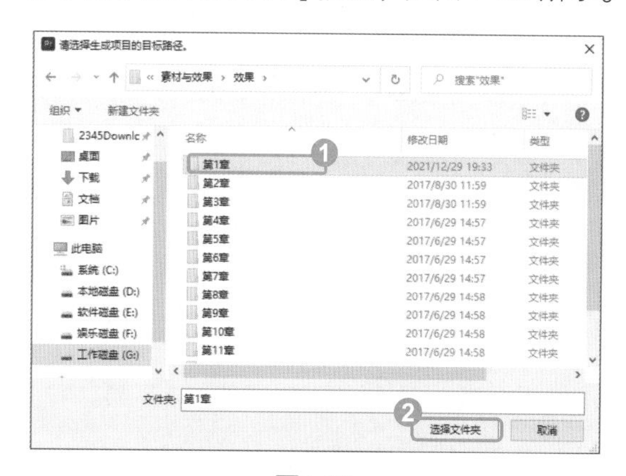

图1-88

Step07：返回【项目管理器】对话框，完成目标路径的更改，单击【确定】按钮，打开【项目管理器进度】对话框，开始打包素材文件，稍后完成素材文件的打包操作，然后在本地磁盘中查看打包后的文件夹效果，如图 1-89 所示。

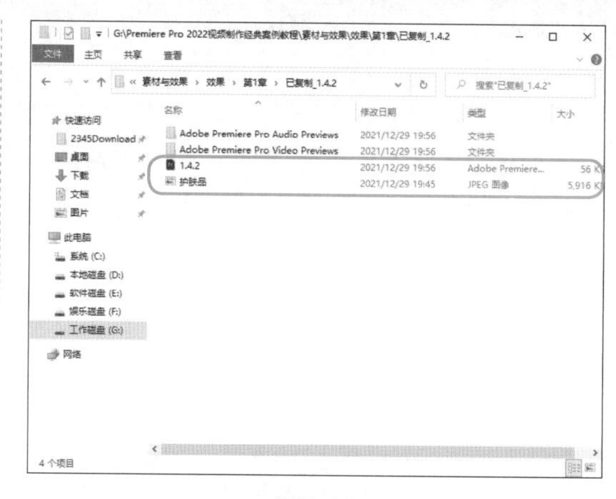

图1-89

1.4.3 嵌套素材文件

使用【嵌套】功能可以将一个时间线嵌套至另一个时间线中，成为一整段素材使用，并且很大程度上提高了工作效率，其具体的操作方法如下：

Step01：在欢迎界面中，单击【打开项目】按钮，打开对应文件夹中的"素材\第 1 章\1.4.3.prproj"项目文件，其【项目】面板如图 1-90 所示。

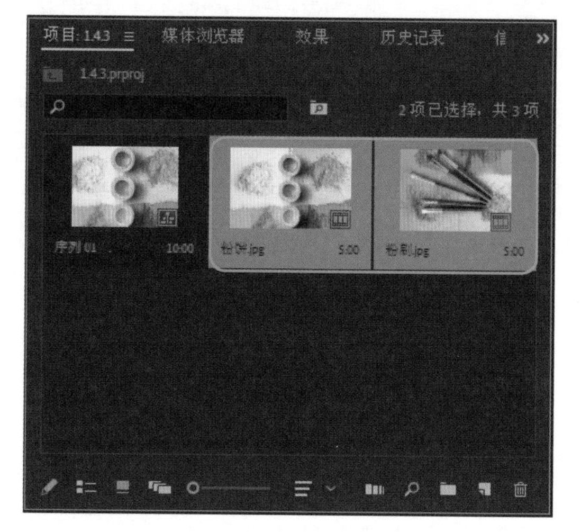

图1-90

Step02：在【时间轴】面板中选择图像素材，然后单击鼠标右键，在弹出的快捷菜单中选择【嵌套】命令，如图 1-91 所示。

图1-91

Step03：打开【嵌套序列名称】对话框，❶修改【名称】为【嵌套序列01】，❷单击【确定】按钮，如图1-92所示。

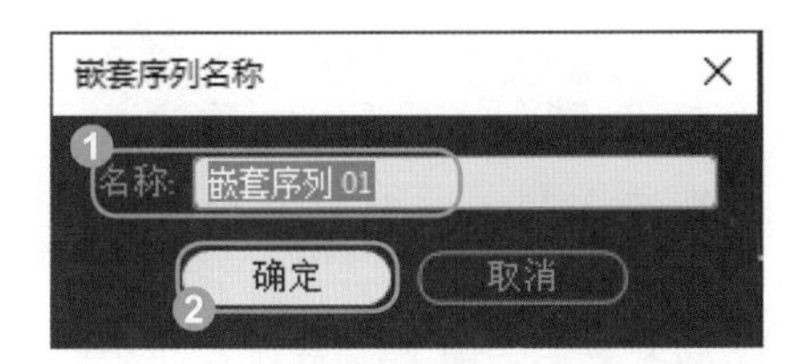

图1-92

Step04：完成素材文件的嵌套操作，并在【项目】面板中显示嵌套序列名称，如图1-93所示。

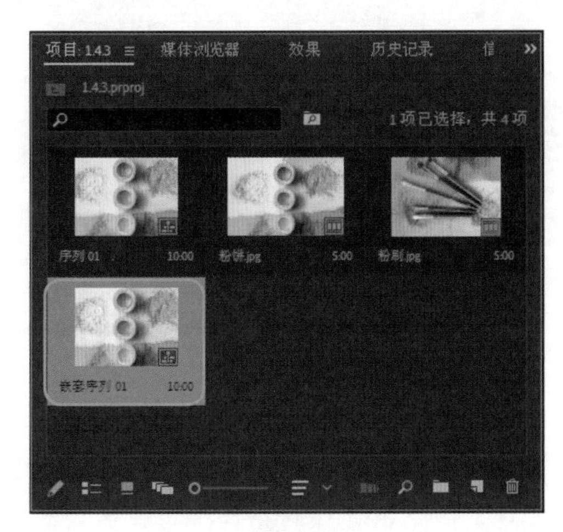

图1-93

技术看板

嵌套素材文件的方法有多种，除了通过快捷菜单嵌套外，还可以在选择需要嵌套的图像素材后，单击【剪辑】|【嵌套】命令。

1.4.4 对素材进行编辑操作

在Premiere软件中导入素材后，不仅可以对素材进行打包和嵌套操作，还可以对素材进行替换、修改名称、取消链接等编辑操作。下面将逐一进行介绍。

1. 重命名素材

使用【重命名】命令可以对素材进行重命名操作，且让重命名后的素材更加便于管理。

重命名素材的方法有以下几种：

- 第一种方法：在【项目】面板中选择素材，单击鼠标右键，在弹出的快捷菜单中选择【重命名】命令，如图1-94所示。

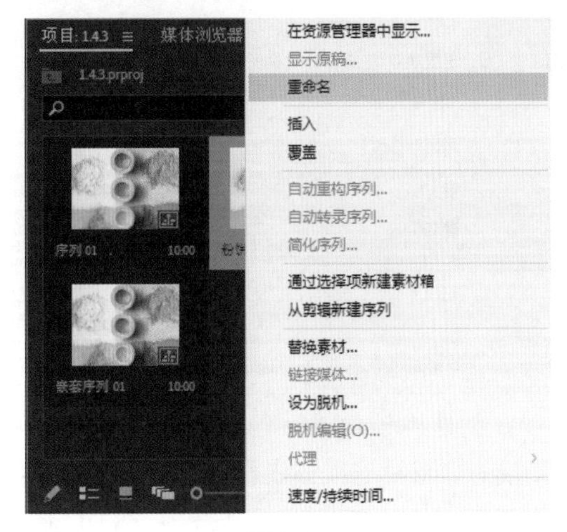

图1-94

- 第二种方法：在【项目】面板中选择素材，在素材名称上单击鼠标左键即可，如图1-95所示。

项目: 1.4.3
媒体浏览器
效果
历史记录
1.4.3.prproj
1项已选择，共4项
序列 01
10:00
5:00
5:00
嵌套序列 01
10:00

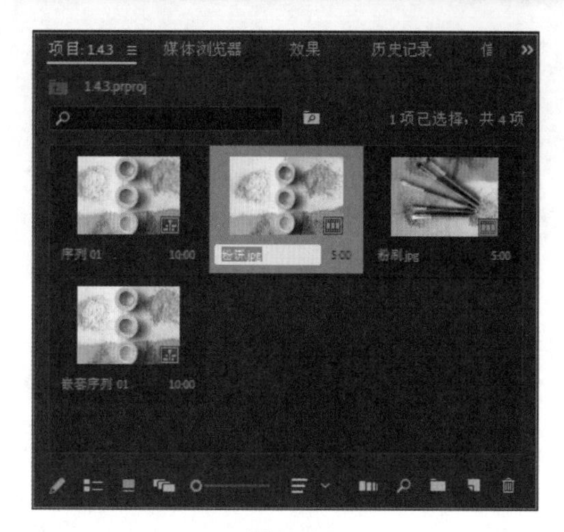

图1-95

- 第三种方法：在【项目】面板中选择素材，单击【剪辑】菜单，在弹出的子菜单中选择【重命名】命令，如图1-96所示。

剪辑(C)
序列(S)
标记(M)
图形(G)
视图(V)
重命名(R)...
制作子剪辑(M)... Ctrl+U
编辑子剪辑(D)...
编辑脱机(O)...
源设置...
修改
视频选项(V)
音频选项(A)
速度/持续时间(S)... Ctrl+R
场景编辑检测(S)...
捕捉设置(C)
插入(I)
覆盖(O)

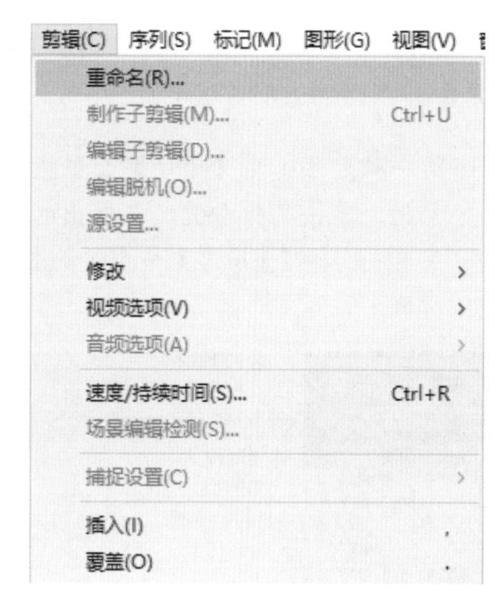

图1-96

2. 替换素材

在创建视频效果后，如果对某个素材效果不满意，想要更换该素材，则可以通过【替换素材】命令实现。使用【替换素材】命令可以在替换素材的同时还保留原来素材的效果。

替换素材的方法有以下几种：

- 第一种方法：在【项目】面板中选择需要替换的素材，单击鼠标右键，在弹出的快捷菜单中选择【替换素材】命令，如图1-97所示。

插入
覆盖
自动重构序列...
自动转录序列...
简化序列...
通过选择项新建素材箱
从剪辑新建序列
替换素材...
链接媒体...
设为脱机...
脱机编辑(O)...
代理
速度/持续时间...
音频增益...

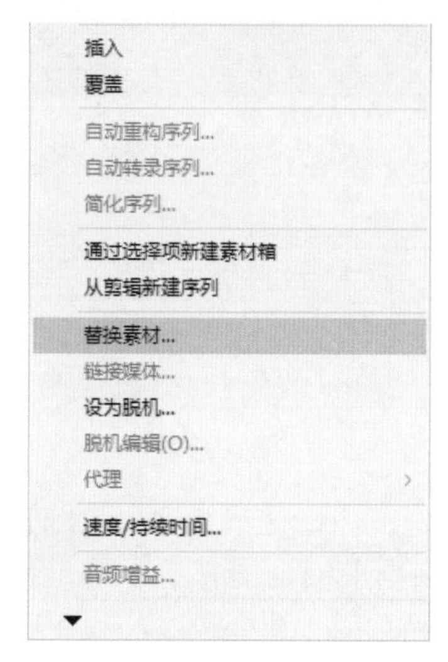

图1-97

- 第二种方法：在【项目】面板中选择需要替换的素材，单击【剪辑】菜单，在展开的子菜单中选择【替换素材】命令，如图1-98所示。

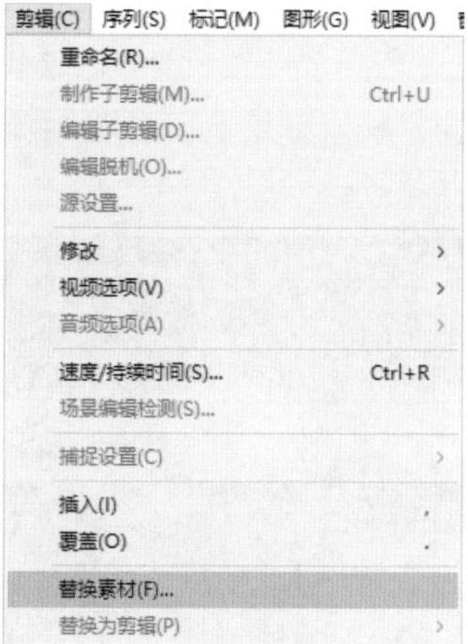

剪辑(C)
序列(S)
标记(M)
图形(G)
视图(V)
重命名(R)...
制作子剪辑(M)... Ctrl+U
编辑子剪辑(D)...
编辑脱机(O)...
源设置...
修改
视频选项(V)
音频选项(A)
速度/持续时间(S)... Ctrl+R
场景编辑检测(S)...
捕捉设置(C)
插入(I)
覆盖(O)
替换素材(F)...
替换为剪辑(P)

图1-98

执行以上任意一种方法，均可以打开【替换素材】对话框，在对话框中选择需要替换的素材，单击【选择】按钮，即可完成素材的替换操作。

3. 失效素材

将【启用】命令取消勾选状态，则可以令素材失效。令素材失效的方法主要有以下几种：

- 第一种方法：在视频轨道上的素材上单击鼠标右键，在弹出的快捷菜单中选择【启用】命令，如图1-99所示。

图1-99

- 第二种方法：在视频轨道上选择素材，然后单击【剪辑】菜单，在弹出的下拉菜单中选择【启用】命令，如图1-100所示。

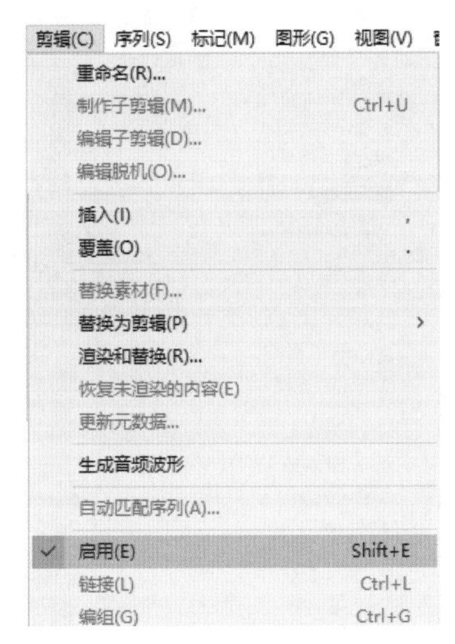

图1-100

- 第三种方法：按快捷键【Shift + E】。

执行以上任意一种方法，均可以令素材失效，在【时间轴】面板中失效后的素材将会变成深色显示，如图 1-101 所示。

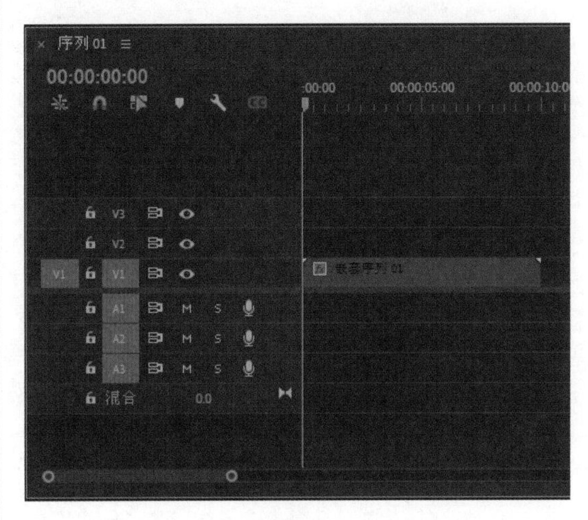

图1-101

4. 启用素材

在打开已经制作完成的项目文件时，有时由于压缩或转码会导致素材失效，此时则可以使用【启用】功能，启用已经失效的素材。启用素材的方法与令素材失效的方法相同，当启用素材后，则【节目监视器】面板中的画面将会重新显示出来。

5. 分离素材

使用【分离】功能，可以将视频文件中的音频进行分离操作，将其分离出来，进行重新配音或其他编辑操作。分离素材的方法有以下几种：

- 第一种方法：单击【剪辑】菜单，在弹出的下拉菜单中选择【取消链接】命令，如图1-102所示。
- 第二种方法：在【时间轴】面板的视频素材上单击鼠标右键，在弹出的快捷菜单中选择【取消链接】命令，如图1-103所示。

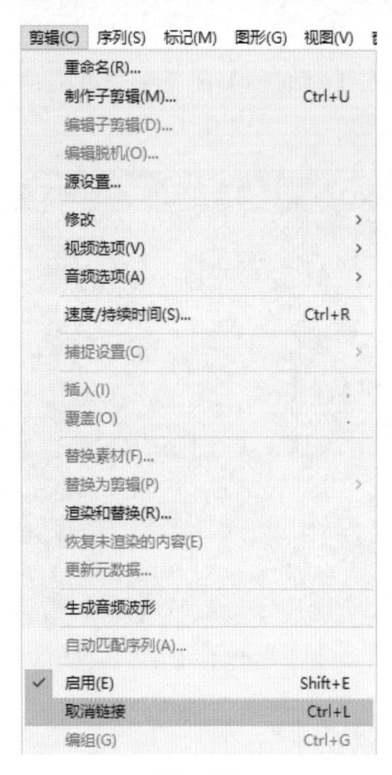

图1-102

图1-103

执行以上任意一种方法，均可以将视频素材中的音频素材单独分离出来，分离后的音频和视频素材可以单独进行移动和编辑，如图 1-104 所示。

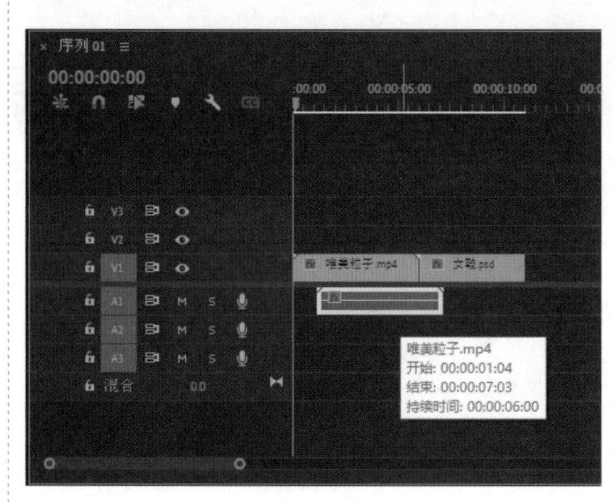

图1-104

6. 链接素材

使用【链接】功能，可以在对视频文件和音频文件重新进行编辑后，再对其进行链接操作。链接素材的方法有以下几种：

- 第一种方法：单击【剪辑】菜单，在弹出的下拉菜单中选择【链接】命令，如图1-105所示。

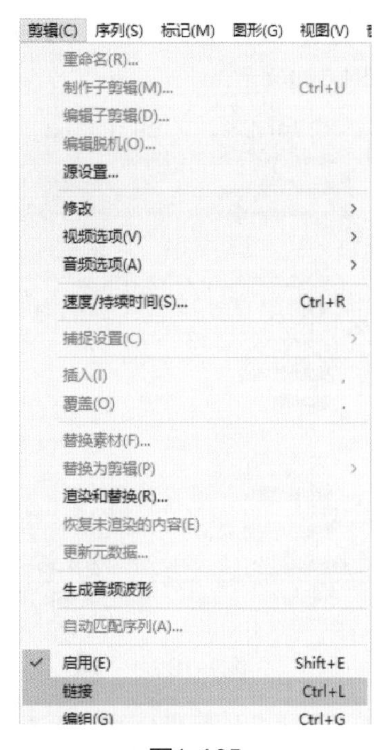

图1-105

- 第二种方法：在【时间轴】面板中，选择视频素材和音频素材，单击鼠标右键，在弹出的快捷菜单中选择【链接】命令，如图1-106所示。

图1-106

执行以上任意一种方法，均可以链接视频和音频素材。

1.5 完成第一个 Premiere 作品

在掌握了 Premiere Pro 2022 软件的常用操作后，可以开始制作第一个 Premiere 作品了。本节将对制作 Premiere 作品时会用到的新建项目、新建序列、导入和剪辑素材、添加音频和字幕等操作进行详细讲解。

1.5.1 新建项目

在制作视频效果之前，首先需要新建一个项目文件，才能继续进行序列、素材的添加等操作。下面将详细讲解新建项目的具体操作方法。

Step01：在欢迎界面窗口中，单击【新建项目】按钮，如图 1-107 所示。

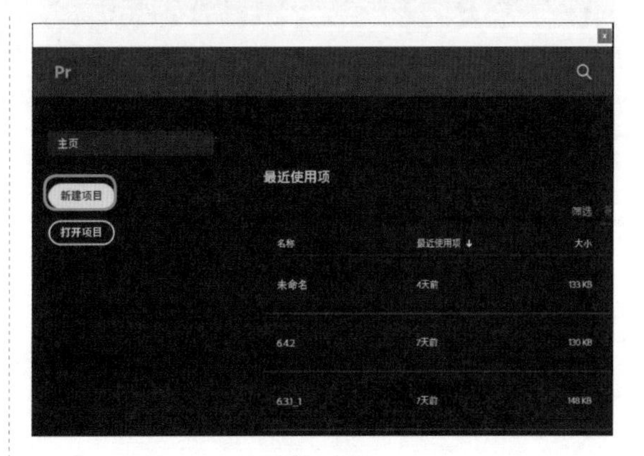

图1-107

Step02：打开【新建项目】对话框，❶设置好项目名称和保存路径，❷单击【确定】按钮，如图 1-108 所示。

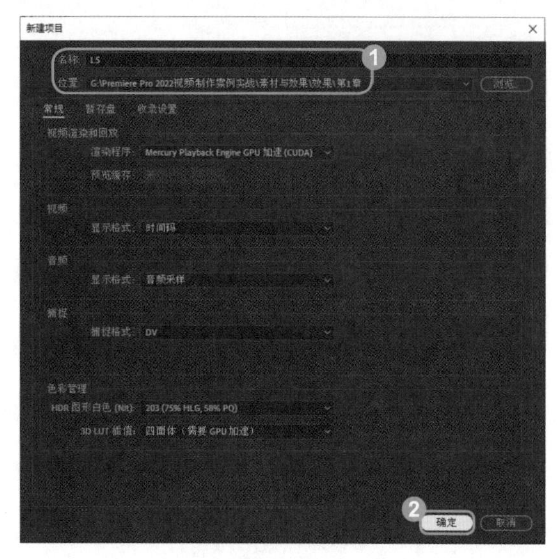

图1-108

Step03：即可新建项目文件，其工作界面如图 1-109 所示。

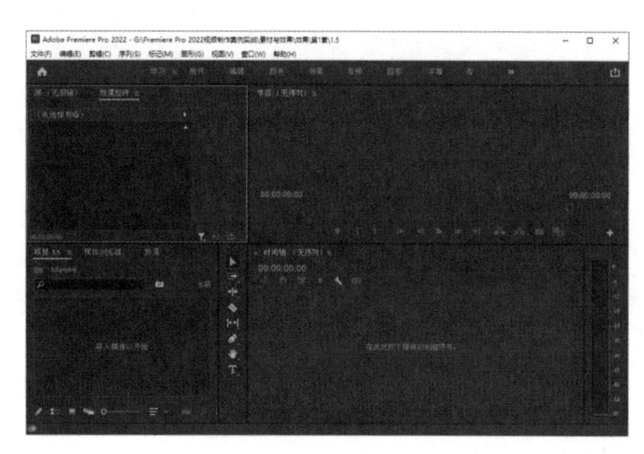

图1-109

1.5.2 新建序列

新建序列是在新建项目的基础上进行操作，可根据素材大小选择合适的序列类型。下面将详细讲解新建序列的具体操作方法。

Step01：在【项目】面板的空白处单击鼠标右键，❶在弹出的快捷菜单中选择【新建项目】命令，❷展开子菜单，选择【序列】命令，如图 1-110 所示。

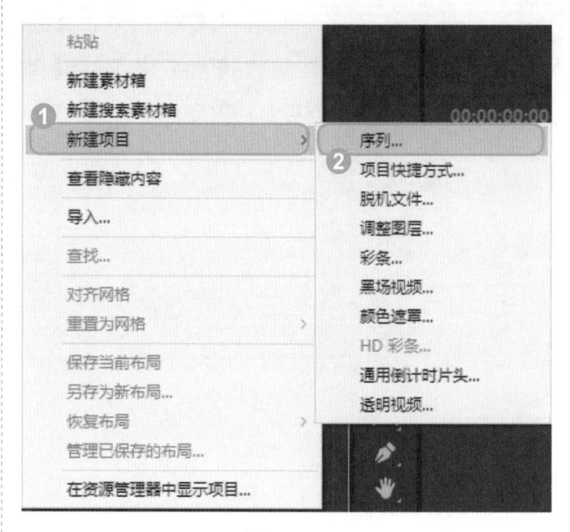

图1-110

Step02：打开【新建序列】对话框，❶选择【宽屏 48kHz】选项，❷单击【确定】按钮，如图 1-111 所示。

图1-111

Step03：完成序列文件的新建，并在【项目】面板中显示，如图 1-112 所示。

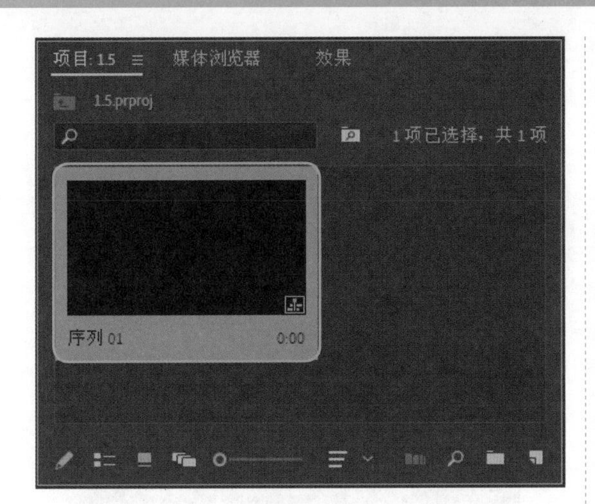

图1-112

1.5.3 导入素材

在软件界面中新建项目和序列后，需要将制作作品时需要用的素材导入 Premiere 的【项目】面板中。下面将详细讲解导入素材的具体操作方法。

Step01：在【项目】面板中双击鼠标左键，打开【导入】对话框，❶选择【向日葵】视频文件，❷单击【打开】按钮，如图 1-113 所示。

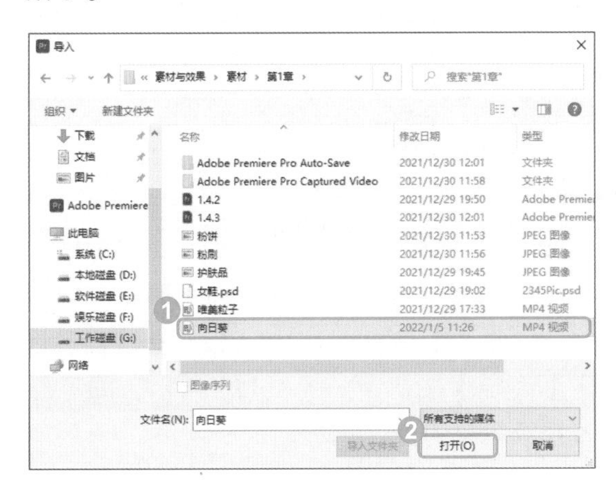

图1-113

Step02：即可将选择的视频文件导入【项目】面板中，如图 1-114 所示。

图1-114

1.5.4 剪辑素材

在导入素材后，将素材添加至时间轴面板中，才能对视频素材进行剪辑操作。下面将详细讲解剪辑素材的具体操作方法。

Step01：在【项目】面板中选择【向日葵】视频素材，按住鼠标左键并拖曳，将其添加至【时间轴】面板的视频轨道上，如图 1-115 所示。

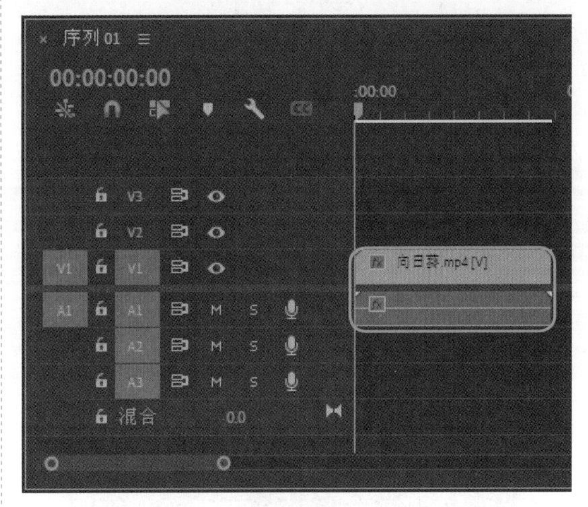

图1-115

Step02：选择视频轨道上的视频素材，单击鼠标右键，在弹出的快捷菜单中选择【取消链接】命令，如图 1-116 所示。

图1-116

Step03：即可分离视频和音频素材，然后删除音频素材，其【时间轴】面板如图 1-117 所示。

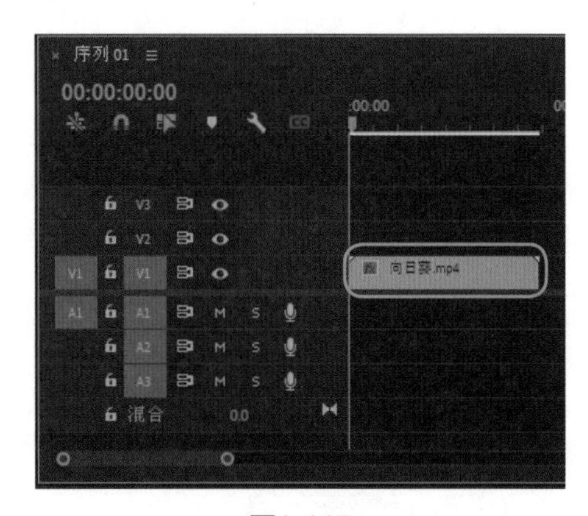

图1-117

Step04：选择视频素材，然后单击【剃刀工具】按钮，在时间线 3 秒 17 帧的位置，单击鼠标左键，剪辑素材，如图 1-118 所示。

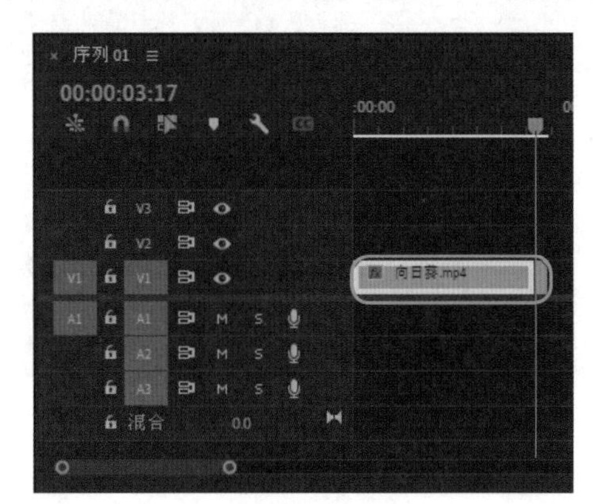

图1-118

Step05：选择末端剪辑后的视频素材，按住【Delete】键，将其删除，完成视频素材的剪辑操作，如图 1-119 所示。

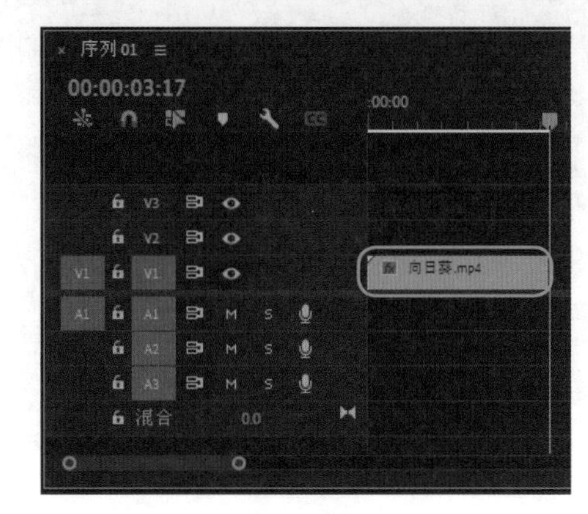

图1-119

Step06：选择视频素材，单击鼠标右键，在弹出的快捷菜单中选择【速度 / 持续时间】命令，如图 1-120 所示。

图1-120

Step07：打开【速度 / 持续时间】对话框，❶修改【持续时间】参数为 20 秒，❷单击【确定】按钮，如图 1-121 所示，即可修改视频素材的持续时间。

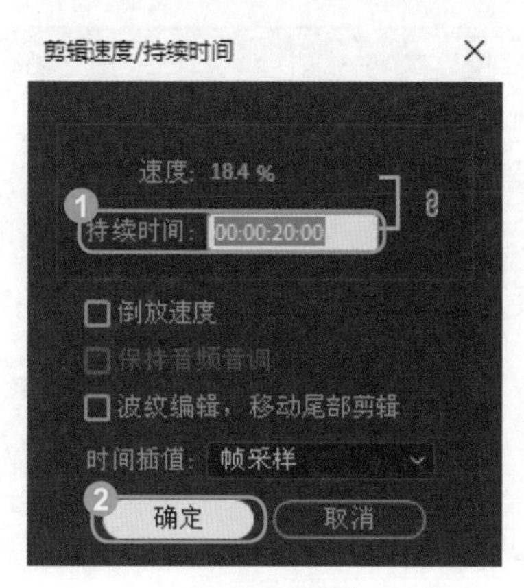

图1-121

1.5.5 添加字幕

在完成视频素材的剪辑操作后，可以为视频添加文字说明。下面将详细讲解添加字幕的具体操作方法。

Step01：在【工具箱】面板中，单击【文字工具】按钮T，在【节目监视器】面板中，单击鼠标左键，输入文本，如图 1-122 所示。

图1-122

Step02：选择新输入的文本，修改其字体格式为【微软简中圆】【字号】为 100，然后调整字幕的位置，如图 1-123 所示。

图1-123

Step03：在【时间轴】面板的视频轨道上，调整字幕图形的时间长度，使其与视频素材的时间长度一致，如图 1-124 所示。

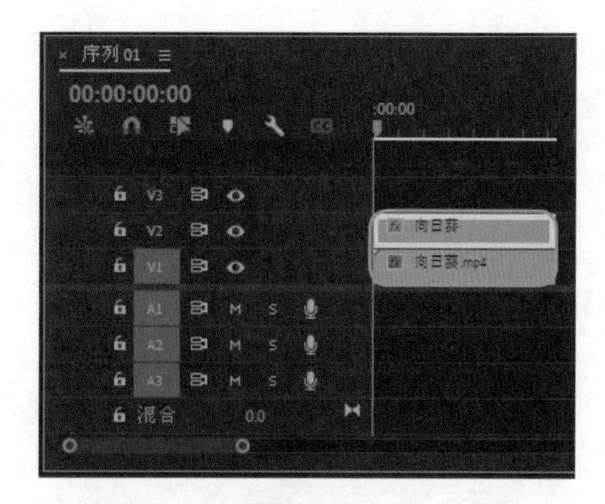

图1-124

1.5.6 添加音频

在 Premiere 作品中，还需要添加音频效果。下面将详细讲解添加音频的具体操作方法。

Step01：在【项目】面板中双击鼠标左键，打开【导入】对话框，❶选择【音乐】音频文件，❷单击【打开】按钮，如图 1-125 所示。

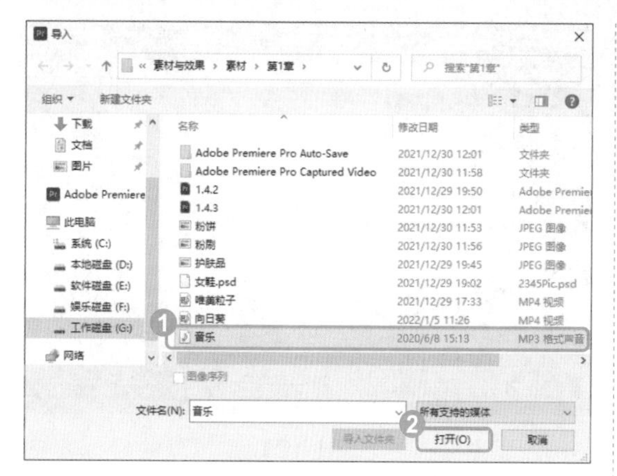

图1-125

Step02: 即可将选择的音频文件导入【项目】面板中，如图 1-126 所示。

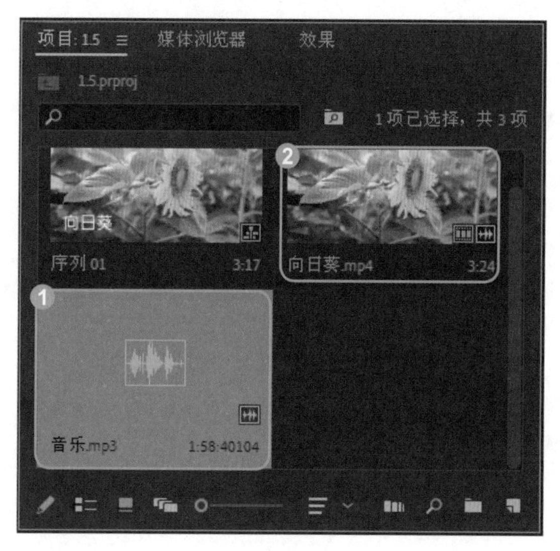

图1-126

Step03: 在【项目】面板中选择音频素材，按住鼠标左键，将其添加至【时间轴】面板的音频轨道上，并调整其持续时间长度，如图 1-127 所示。

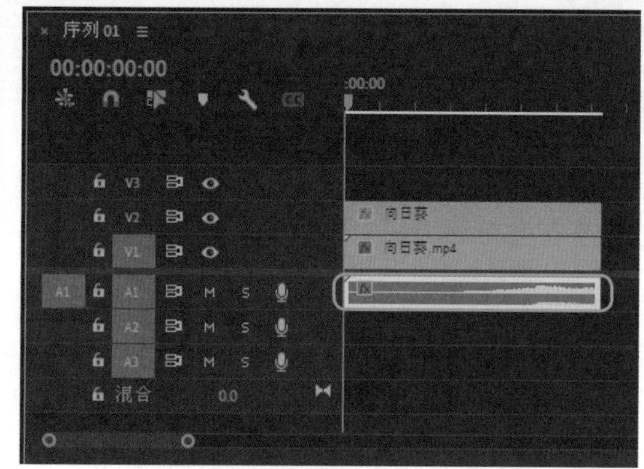

图1-127

1.5.7 添加特效

为了让视频画面显示得更加漂亮，可以为视频添加特效。下面将详细讲解添加特效的具体操作方法。

Step01: 在【效果】面板的搜索框中搜索【镜头光晕】视频效果，如图 1-128 所示。

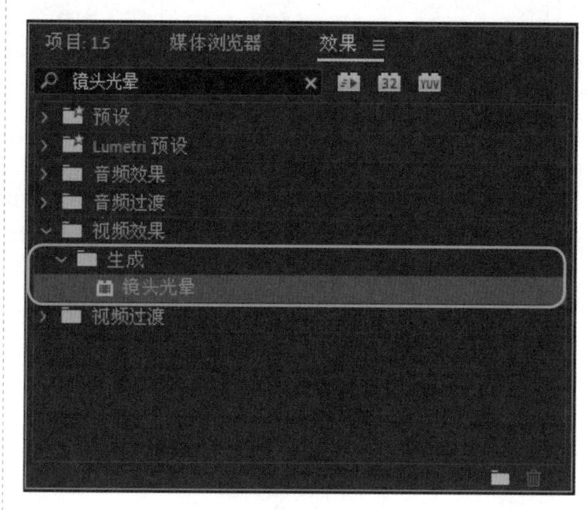

图1-128

Step02: 选择【镜头光晕】视频效果，按住鼠标左键，将其添加至视频轨道的视频素材上，然后选择视频素材，在【效果控件】面板的【镜头光晕】选项区中，修改【光晕中心】参数为 860 和 188，如图 1-129 所示。

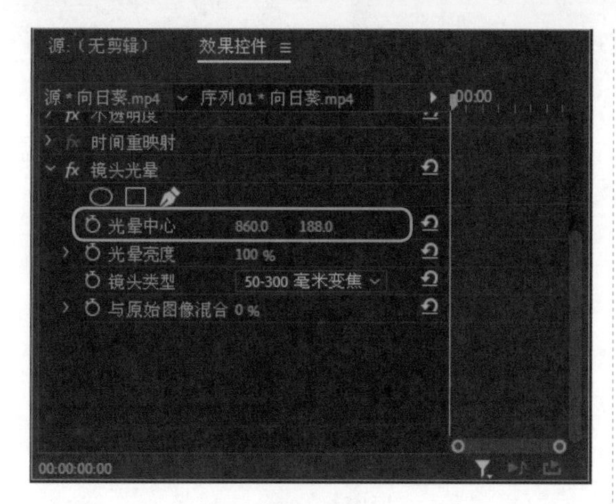

图1-129

Step03：完成【镜头光晕】视频效果的添加，其图像效果如图 1-130 所示。

图1-130

1.5.8 输出作品

当视频文件制作完成后，需要将作品进行输出，使作品在便于观看的同时更加便于存储。下面将详细讲解输出作品的具体操作方法。

Step01：选择【时间轴】面板，❶单击【文件】菜单，在弹出的下拉菜单中选择【导出】命令，❷展开子菜单，选择【设置】命令，如图 1-131 所示。

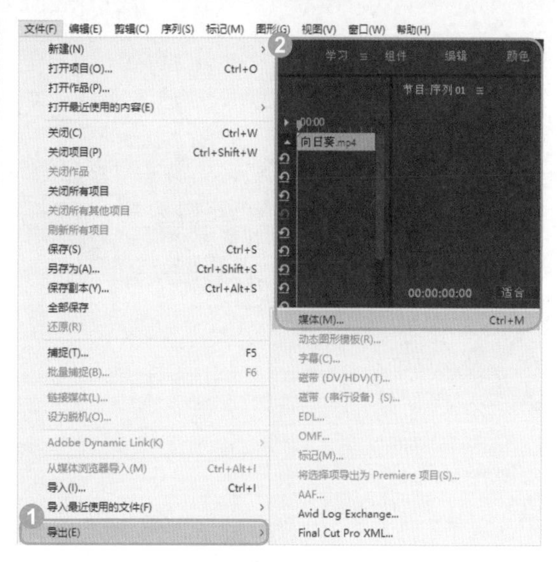

图1-131

Step02：打开【导出设置】对话框，❶设置导出格式、路径和名称等参数，❷设置完成后，单击【导出】按钮，如图 1-132 所示。

Step03：将在弹出的对话框中显示渲染进度条，等待一段时间后，即可完成渲染。

图1-132

第2章 视频编辑

- Premiere Pro 2022中视频剪辑的方法有哪些？
- Premiere Pro 2022中视频效果的分类有哪些？怎么使用？

视频剪辑是对视频进行非线性编辑的一种方式。在剪辑视频的过程中，可以添加各种视频效果，进行重新分割、合并后，生成一个更加精彩、全新的视频。本章将详细讲解视频的剪辑和视频效果等知识。学完这一章的内容，你就能解决上述问题了。

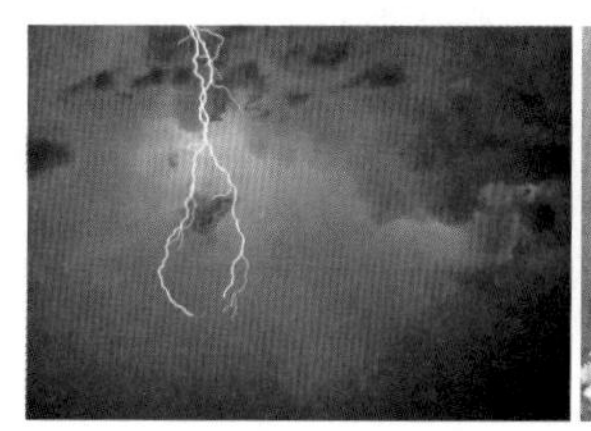

2.1 视频剪辑

视频剪辑的主要目的是对所拍摄的图像或视频镜头进行分割、取舍，重新组合成有故事性的视频作品。本节将详细讲解 Premiere 中视频剪辑的相关知识。

2.1.1 剪辑工具

使用剪辑工具可以将镜头进行删减、组接，重新编排成一个完整的视频影片。Premiere 中的常用剪辑工具有剃刀工具、波纹编辑工具、选择工具和比率拉伸工具等。下面将逐一进行介绍。

1. 选择工具

选择工具主要用于选择素材、移动素材以及调节素材关键帧。若想将【项目】面板中的素材文件置于【时间轴】面板中，可以单击【工具】面板中的【选择工具】按钮，或按快捷键 V；然后在【项目】面板中，将光标定位在素材文件上方，按住鼠标左键将素材拖曳到【时间轴】面板中，如图 2-1 所示。

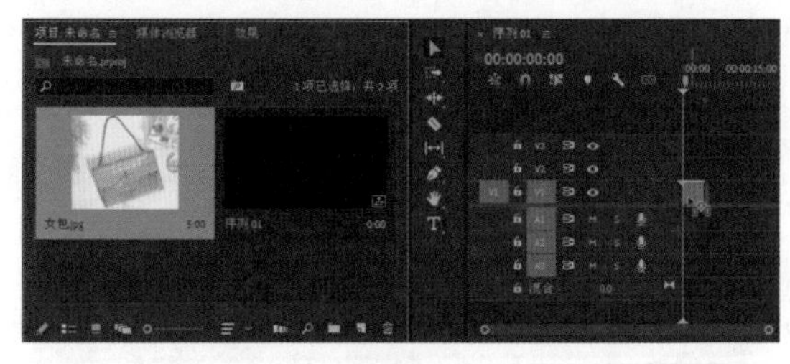

图2-1

2. 向前选择工具

使用向前选择工具可以选择目标文件右侧同轨道上的所有素材文件。使用向前选择工具的具体方法是：先在【时间轴】面板中选择第 2 个素材文件，然后在【工具】面板中单击【向前选择工具】按钮，在同一视频轨道上，再次单击第 2 个素材文件，此时第 2 个素材后方的素材文件全部被选中，如图 2-2 所示。

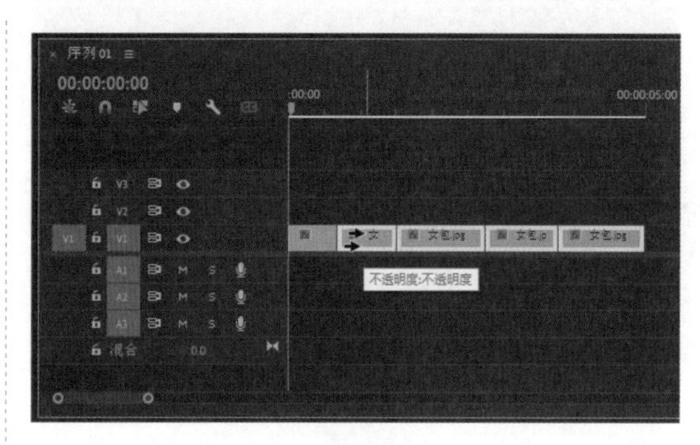

图2-2

3. 向后选择工具

使用向后选择工具可以选择目标文件左侧同轨道上的所有素材文件。使用向后选择工具的具体方法是：先在【时间轴】面板中选择第 2 个素材文件，然后在【工具】面板中单击【向后选择工具】按钮，在同一视频轨道上，单击第 2 个素材文件，此时第 2 个素材前方的素材文件全部被选中，如图 2-3 所示。

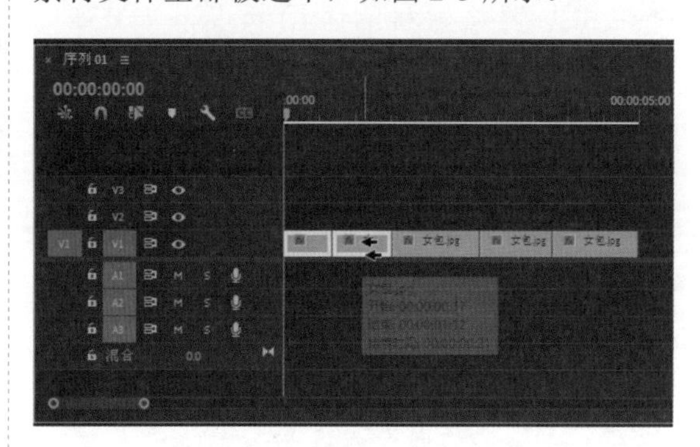

图2-3

4. 波纹编辑工具

使用波纹编辑工具可以调整选中素材文件的持续时间，在调整素材文件时，素材的前方或后方可能会有空位出现，此时相邻的素材文件会自动向前移动进行空位的填补。使用波纹编辑工具的具体方法是：在【工具】面板中单击【波纹编辑工具】按钮，将鼠标指针移至图像素材的入点位置，当鼠标指针呈形状时，按住鼠标左键并拖曳，即可完成素材文件持续时间长度的调整，如图 2-4 所示。

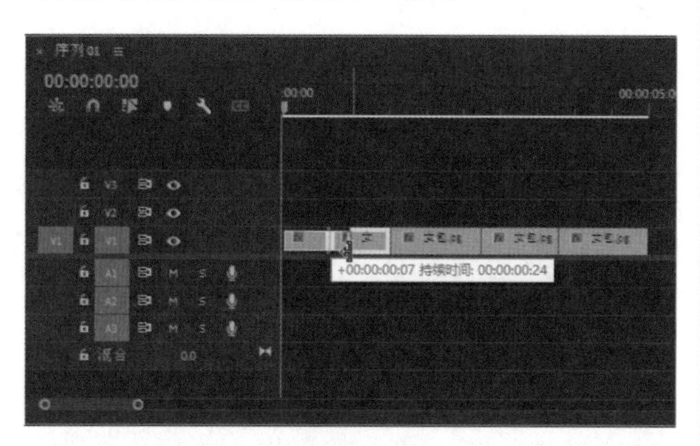

图2-4

5. 滚动编辑工具

使用滚动编辑工具可以在总长度不变的情况下控制素材文件的自身长度，并适当调整剪切点。使用滚动编辑工具的具体方法是：在【工具】面板中，单击【滚动编辑工具】按钮，将鼠标指针移至图像素材的出点位置，当鼠标指针呈形状时，按住鼠标左键并向左拖曳，释放鼠标左键，即可使用滚动编辑工具调整素材的时间长度，如图 2-5 所示。

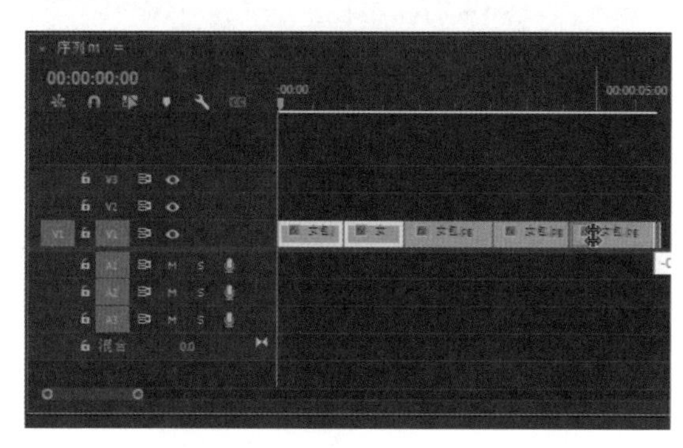

图2-5

6. 比率拉伸工具

使用比率拉伸工具可以改变视频素材的播放速度。使用比率拉伸工具的具体方法是：在【工具】面板中，单击【比率拉伸工具】按钮，当光标变为形状时，按住鼠标左键并向右侧拉长，此时该素材文件的播放时间变长，速率变慢，如图 2-6 所示。

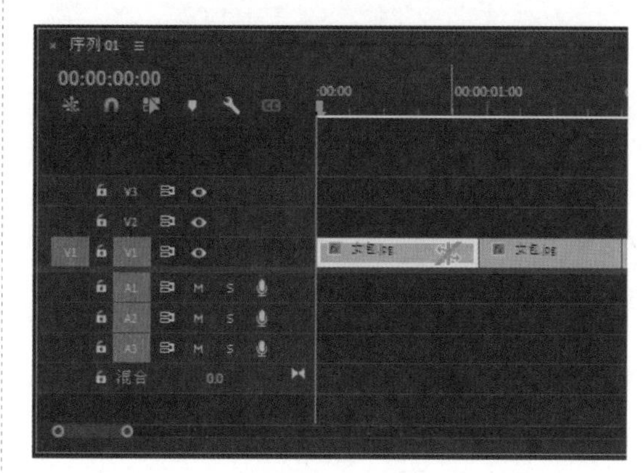

图2-6

7. 剃刀工具

剃刀工具可以将一段视频素材分割成多段视频素材。如果需要同时分割多个轨道中的视频素材，则可以通过 Shift 键和剃刀工具实现。使用剃刀工具的具体方法是：在【工具】面板中，单击【剃刀工具】按钮，当鼠标指针呈形状时，在相应的位置处单击鼠标左键，即可切割素材，如图 2-7 所示。

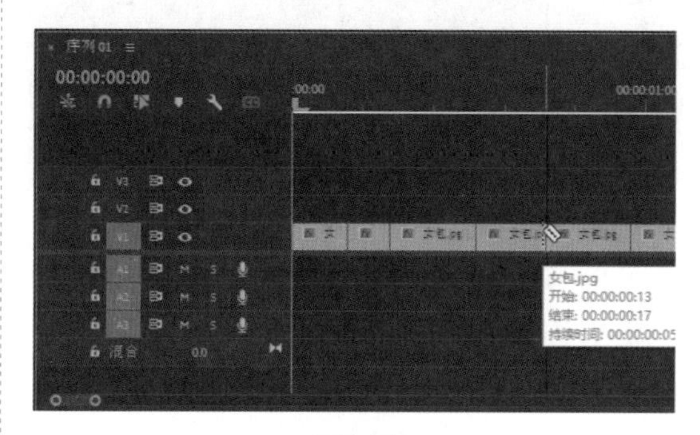

图2-7

8. 外滑工具

外滑工具主要用于改变所选素材的出入点位置。使用外滑工具的具体方法是：在【工具】面板中，单击【外滑工具】按钮，当光标变为形状时，在素材的入点位置，按住鼠标左键并向右拖曳至合适的位置，通过外滑工具完成素材入点的调整，如图 2-8 所示。

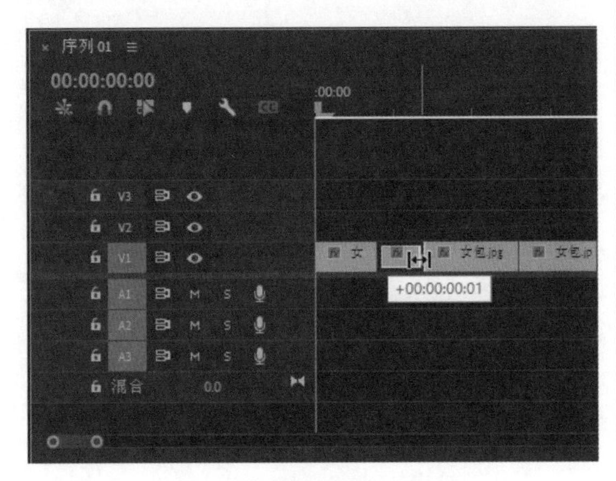

图2-8

9. 内滑工具

内滑工具主要用于改变相邻素材的出入点位置。使用内滑工具的具体方法是：在【工具】面板中，单击【内滑工具】按钮，当光标变为形状时，在某段素材的入点位置，按住鼠标左键并向右拖曳至合适的位置，通过内滑工具完成素材出入点的调整，如图 2-9 所示。

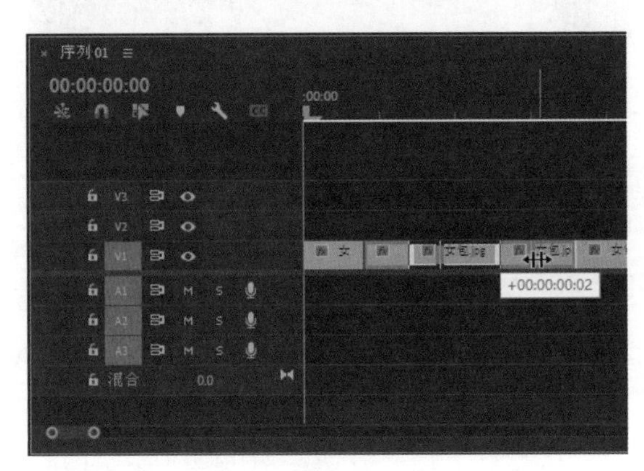

图2-9

2.1.2 添加标记

在剪辑素材的过程中添加标记，不仅便于素材位置的查找，还可以快速剪辑素材。为了更好地查找标记，还可以为标记设置各种颜色进行区分。添加标记的方法有以下几种：

- 第一种方法：单击【标记】菜单，在弹出的子菜单中选择【添加标记】命令，如图2-10所示。

图2-10

- 第二种方法：在【源监视器】或【节目监视器】面板中，将时间线滑动至需要添加标记的位置，单击【添加标记】按钮，即可添加标记，如图2-11所示。

图2-11

执行以上任一方法，均可以在指定的时间线位置处添加标记。在添加标记后，双击标记，打开【标记】对话框，在该对话框中可以设置标记的名称、颜色等，如图 2-12 所示。

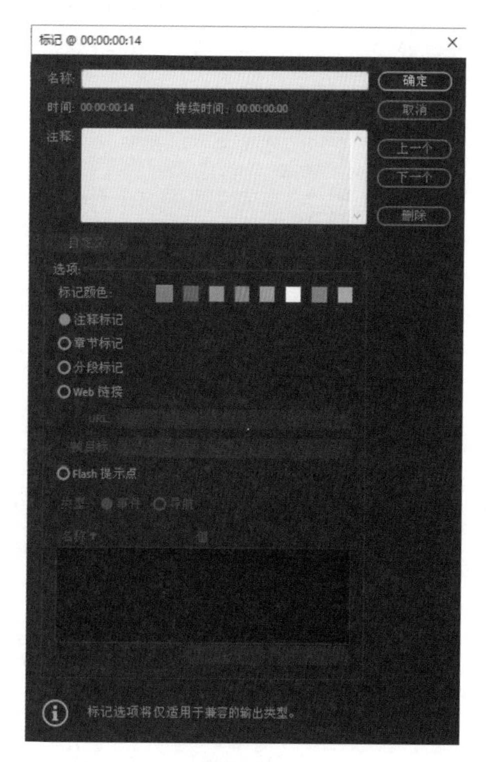

图2-12

2.1.3 设置素材的入点与出点

素材的入点与出点是指经过修剪后为素材设置的开始时间位置和结束时间位置。下面将详细讲解设置素材的入点与出点的相关知识。

1. 设置素材的入点

使用【标记入点】命令可以为素材添加入点效果。设置素材的入点的方法有以下几种：

- 第一种方法：单击【标记】菜单，在弹出的子菜单中选择【标记入点】命令，如图2-13所示。

图2-13

- 第二种方法：在【源监视器】或【节目监视器】面板中，单击【标记入点】按钮 { ，如图2-14所示。

图2-14

- 第三种方法：指定入点的时间线位置，然后按I快捷键即可。

执行以上任一方法，均可以在指定的时间线位置处添加入点。

2. 设置素材的出点

使用【标记出点】命令可以为素材添加出点效果。设置素材的出点的方法有以下几种：

- 第一种方法：单击【标记】菜单，在

弹出的子菜单中选择【标记出点】命令，如图2-15所示。

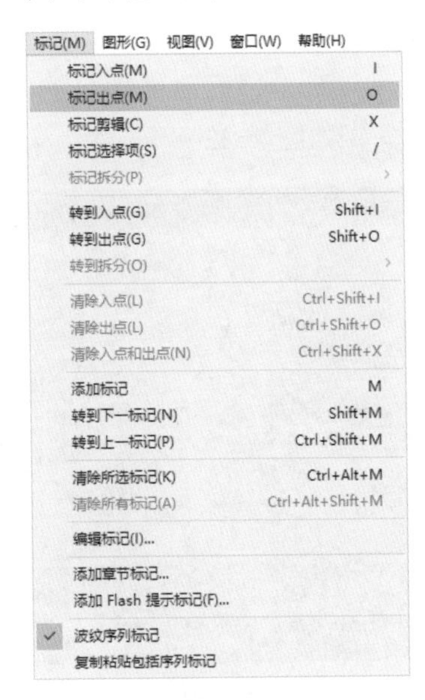

图2-15

- 第二种方法：在【源监视器】或【节目监视器】面板中，单击【标记出点】按钮，如图2-16所示。

图2-16

- 第三种方法：指定出点的时间线位置，然后按O快捷键即可。

执行以上任一方法，均可以在指定的时间线位置处添加出点。

2.1.4 实战1：制作抽帧视频效果

使用【帧定格】命令，可以从视频剪辑中捕捉静止帧，从而制作出抽帧的视频效果。其具体的操作方法如下：

Step01：新建一个名称为【2.1.4】的项目文件，然后单击【新建】|【项目】|【序列】命令，打开【新建序列】对话框，❶在【可用预设】列表框中，选择【DNX HQ 1080p 24】序列预设，❷单击【确定】按钮，如图2-17所示，完成序列文件的新建。

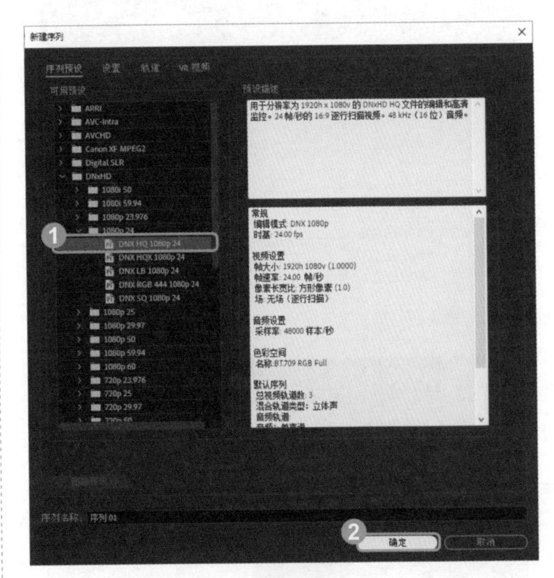

图2-17

Step02：在【项目】面板中导入【桃花花开】视频文件，如图2-18所示。

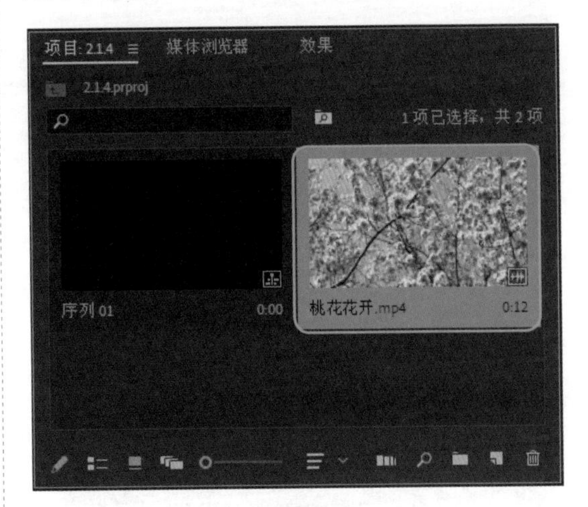

图2-18

Step03：选择【桃花花开】视频文件，

按住鼠标左键并拖曳，将其添加至【时间轴】面板的【视频 1】轨道上，如图 2-19 所示。

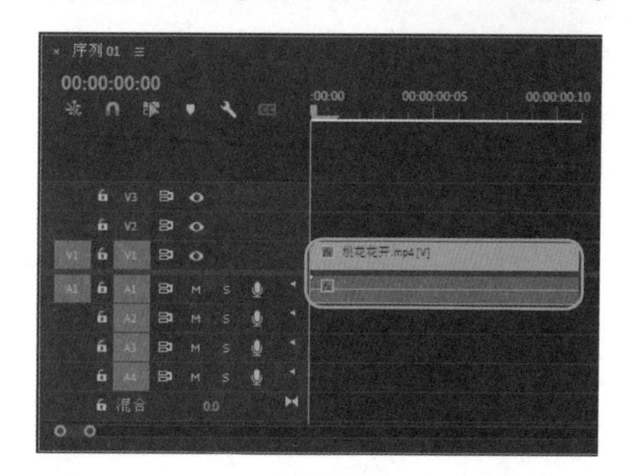

图2-19

Step04：将时间线移至 00:00:00:05 的位置，然后选择视频素材，单击鼠标右键，在弹出的快捷菜单中选择【添加帧定格】命令，如图 2-20 所示。

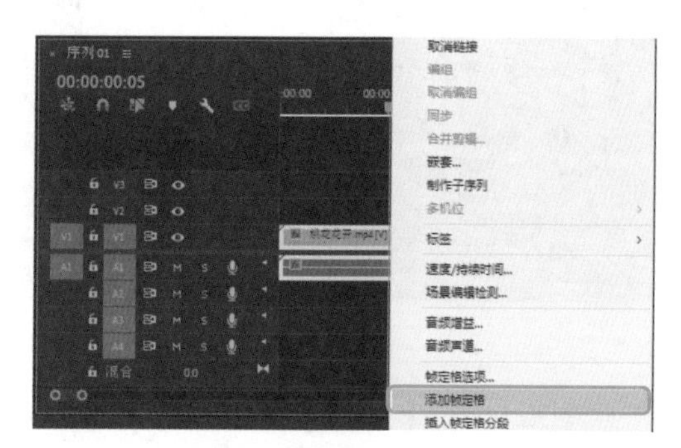

图2-20

Step05：将在时间线位置处创建抽帧视频效果，且【时间轴】面板中的视频素材也将一分为二，如图 2-21 所示。

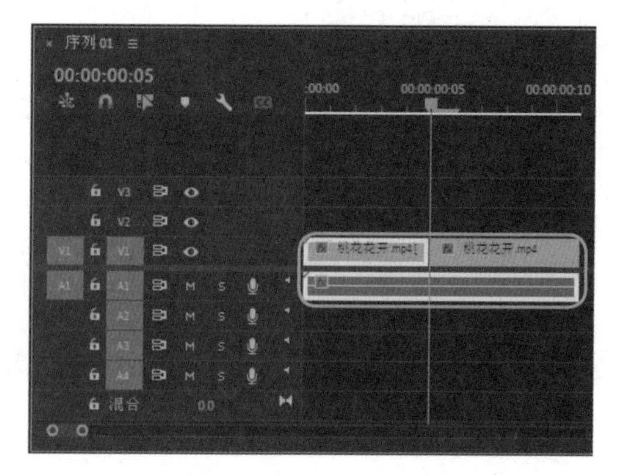

图2-21

Step06：在【节目监视器】面板中，单击【播放 - 停止切换】按钮，预览视频效果，在预览视频效果时，可以看出前面部分的视频效果是可以动的，而后面部分的视频效果则是静止的，如图 2-22 所示。

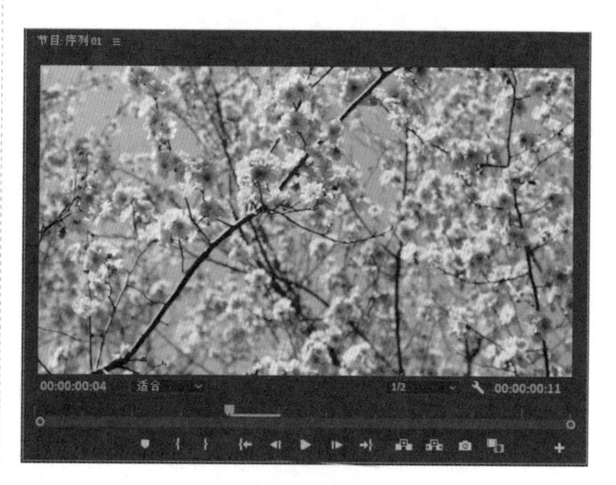

图2-22

技术看板

制作抽帧视频效果的方法有多种，除了通过【添加帧定格】命令抽帧视频外，还可以使用快捷键 Ctrl+Shift+K 进行抽帧视频的操作。

2.1.5 实战 2：“美好童年”视频剪辑

在添加视频素材后，可以对视频进行播放速度调整、三点剪辑、覆盖剪辑等操作。其具体的操作方法如下：

Step01：新建一个名称为【2.1.4】的项目文件，以及预设为【宽屏 48kHz】的序列。

Step02：在【项目】面板中，导入【美好童年】视频文件，如图 2-23 所示。

Step03：选择【美好童年】视频文件，按住鼠标左键并拖曳，将其添加至【时间轴】面板的【视频 1】轨道上，如图 2-24 所示。

图2-23

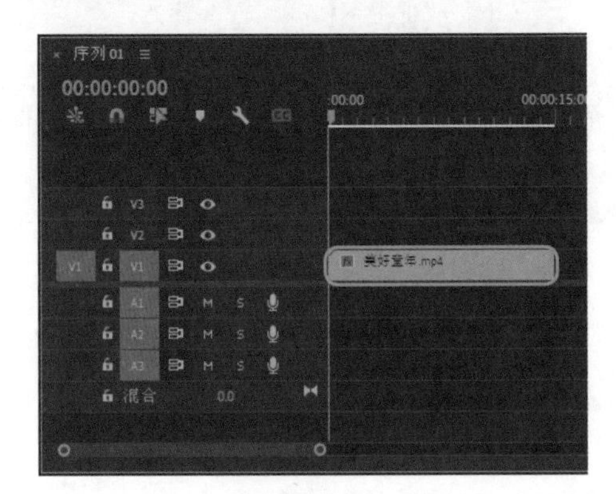

图2-24

Step04：选择视频文件，❶单击【剪辑】菜单，❷在弹出的下拉菜单中选择【速度 / 持续时间】命令，如图 2-25 所示。

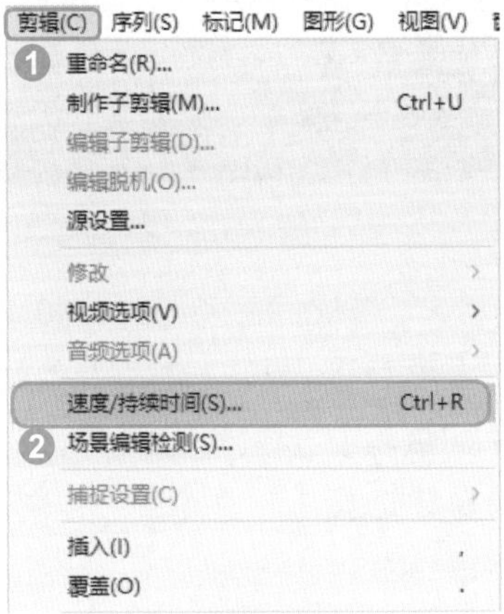

剪辑(C)　序列(S)　标记(M)　图形(G)　视图(V)
重命名(R)...
制作子剪辑(M)...　Ctrl+U
编辑子剪辑(D)...
编辑脱机(O)...
源设置...
修改
视频选项(V)
音频选项(A)
速度/持续时间(S)...　Ctrl+R
场景编辑检测(S)...
捕捉设置(C)
插入(I)
覆盖(O)

图2-25

Step05：打开【剪辑速度 / 持续时间】对话框，❶修改【持续时间】参数为 25 秒，❷单击【确定】按钮，如图 2-26 所示。

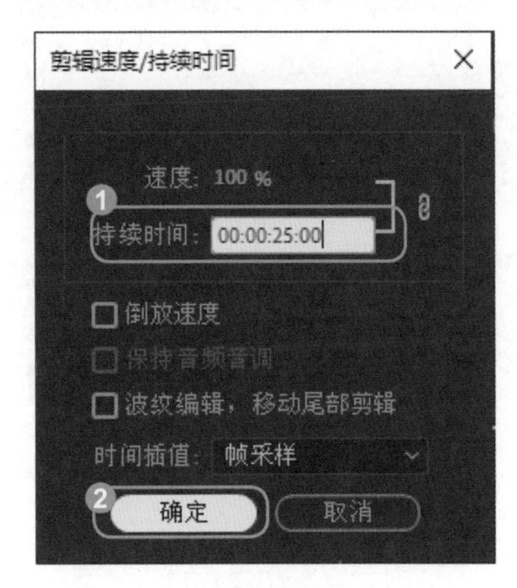

图2-26

Step06：完成视频慢镜头的制作，且视频素材的持续时间将自动延长，如图 2-27 所示。

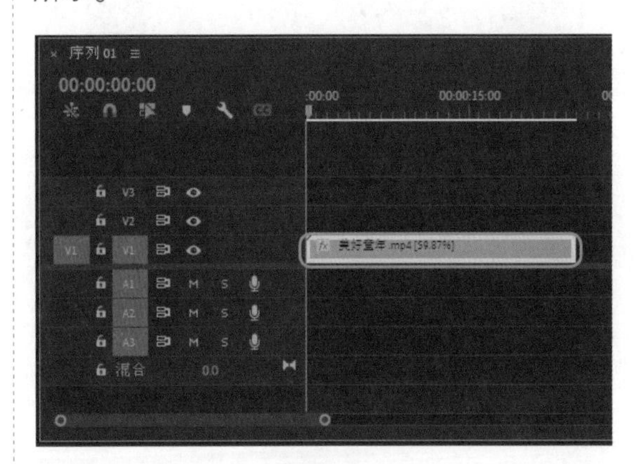

图2-27

技术看板

调整素材的播放速度的方法有多种，除了通过菜单栏中的【速度 / 持续时间】命令或快捷菜单中的【速度 / 持续时间】命令调整播放速度外，还可以按快捷键 Ctrl+R 调整播放速度。

Step07：在【项目】面板中双击视频素材，在【源监视器】面板中预览视频效果，如图 2-28 所示。

图2-28

Step08：❶在【源监视器】面板中将播放指示器移动至 00:00:00:28 的位置，❷然后单击【标记入点】按钮，标记入点，如图 2-29 所示。

图2-29

Step09：❶在【源监视器】面板中将播放指示器移动至 00:00:06:14 的位置，❷然后单击【标记出点】按钮，标记出点，如图 2-30 所示。

图2-30

Step10：❶在【时间轴】面板中，将时间线移至 00:00:02:10 的位置，❷然后在【源监视器】面板中，单击【插入】按钮，如图 2-31 所示。

图2-31

Step11：在指定的时间线位置处将自动添加一段视频素材，完成三点剪辑的操作，如图 2-32 所示。

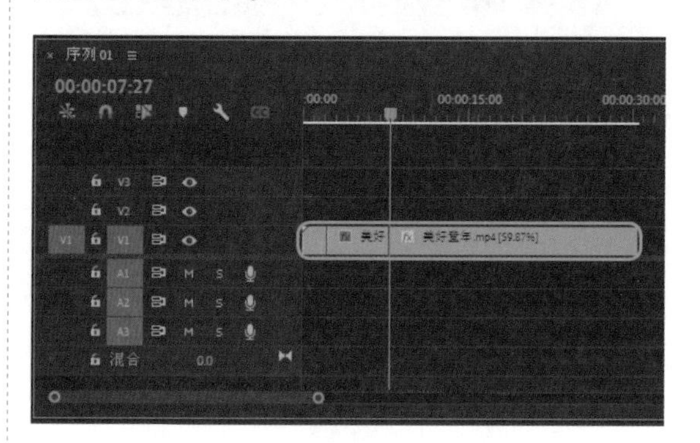

图2-32

Step12：将时间线移至 00:00:19:03 的位置，在【项目】面板中选择【美好童年】视频文件，❶单击【剪辑】菜单，❷在弹出的下拉菜单中选择【插入】命令，如图 2-33 所示。

Step13：在时间线位置处，将覆盖一个图像素材，其【时间轴】面板中的图像长度也随之发生变化，其效果如图 2-34 所示。

图2-33

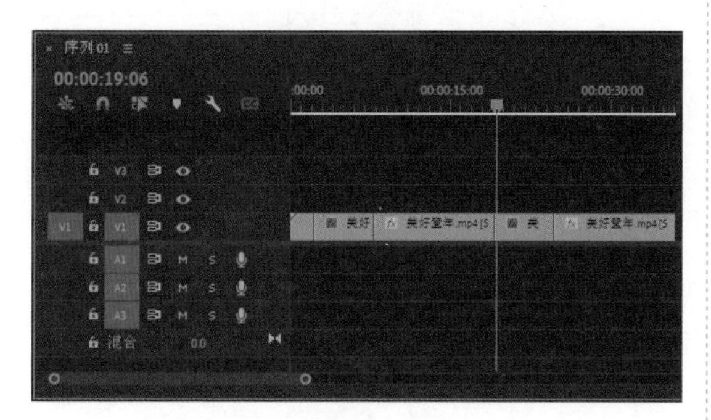

图2-34

Step14：在【节目监视器】面板中，单击【播放 - 停止切换】按钮，预览覆盖编辑后的图像效果，如图 2-35 所示。

图2-35

2.2 认识视频效果

视频效果是 Premiere 中非常强大的功能。通过视频效果可以模拟出各种质感、风格和调色等。本节将详细讲解视频效果的基础知识。

2.2.1 视频效果的概念

视频效果是 Premiere 中的重要部分之一。在制作影视视频时，使用视频效果可以很好地烘托画面氛围，让影片呈现出更加震撼的视觉效果。

Premiere Pro 2022 软件中的视频效果可以应用于视频素材或其他素材图层。通过添加视频效果并设置参数值可以制作出多种绚丽的效果。

2.2.2 视频效果的类型

在【效果】面板的【视频效果】列表框中包含很多效果分类组，而每个效果组中又包含很多效果，如图 2-36 所示，通过选择不同的效果可以制作出不同的视频效果。

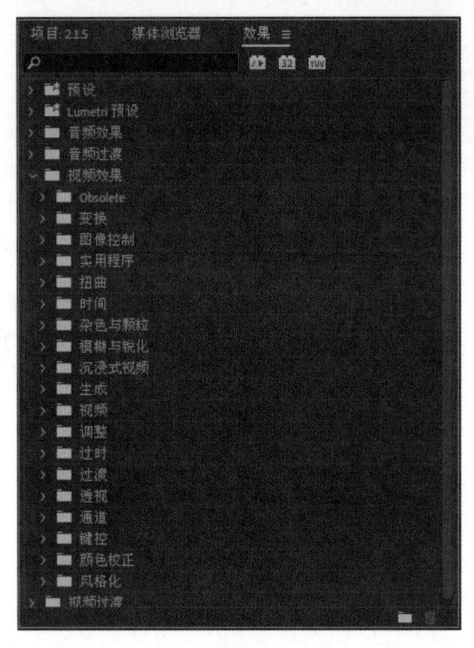

图2-36

【视频效果】列表框中包含【变换】【图像控制】【实用程序】【扭曲】【生成】和【过时】等视频效果。下面将逐一进行介绍。

- 【Obsolete】视频效果：【Obsolete】效果组中的视频效果主要用于模糊视频画面。
- 【变换】视频效果：【变换】效果组中包含的效果可以翻转、裁剪及滚动视频素材，也可以更改摄像机视图。【变换】效果组中包含【垂直定格】【垂直翻转】【摄像机视图】以及【水平翻转】等视频效果。
- 【图像控制】视频效果：【图像控制】视频效果主要用于控制素材的亮度、颜色和黑白色等效果。【图像控制】列表框中提供了【灰度系数校正】【颜色平衡】【颜色过滤】和【黑白】等视频效果。
- 【实用程序】视频效果：【实用程序】列表框中只提供了【Cineon转换器】视频效果，该视频效果能够转换Cineon文件夹中的颜色。
- 【扭曲】视频效果：扭曲类视频效果主要通过旋转、收聚或筛选来扭曲图像。【扭曲】效果组中包含【偏移】【旋转扭曲】【波形变形】【镜像】和【边角定位】等效果。
- 【时间】视频效果：时间类视频效果主要用于调整视频素材中的帧。【时间】效果组中包含【残影】【色调分离时间】【像素运动模糊】和【时间扭曲】效果。
- 【杂色与颗粒】视频效果：杂色与颗粒类视频效果主要用于在素材画面上添加杂波或颗粒效果。
- 【模糊与锐化】视频效果：模糊与锐化类视频效果主要用于对素材画面进行模糊或锐化操作。【模糊与锐化类】效果组中包含【减少交错闪烁】【方向模糊】【高斯模糊】和【锐化】等视频效果。
- 【沉浸式视频】视频效果：沉浸式类视频效果主要可以制作出VR视频效果。【沉浸式视频】效果组中包含【VR分形杂色】【VR发光】【VR投影】和【VR模糊】等视频效果。
- 【生成】视频效果：生成类视频效果主要用于在素材画面上添加书写、渐变、棋盘、镜头光晕等效果。【生成类】效果组中包含【四色渐变】【渐变】【镜头光晕】和【闪电】等视频效果。
- 【视频】视频效果：【视频】列表框中的视频效果能够模拟视频信号的电子变动。该列表框中包含【SDR遵从情况】【剪辑名称】两个视频效果。
- 【调整】视频效果：【调整】类视频效果用于调整素材的光照和亮度效果。【调整】列表框中包含【光照效果】【卷积内核】和【色阶】等视频效果。
- 【过时】视频效果：过时类视频效果主

要用于遮罩视频图像或者校正图像的色彩。【过时】类效果组中包含【4点无用信号遮罩】【RGB差值键】【三向颜色校正器】等视频效果。

- 【过渡】视频效果：过渡类视频效果主要用于对素材画面进行过渡操作。【过渡类】效果组中包含【块溶解】【渐变擦除】和【线性擦除】等视频效果。
- 【透视】视频效果：透视类视频效果可以将深度添加到图像中，创建阴影和把图像截成斜角边。【透视类】效果组中包含【基本3D】和【投影】视频效果。
- 【通道】视频效果：通道类视频效果可以组合两个素材，在素材上面覆盖颜色，或者调整素材的红色、绿色和蓝色通道。【通道类】效果组中包含【反转】视频效果。
- 【键控】视频效果：【键控】类视频效果可以制作出合成和遮罩等图像效果。【键控】列表框中包含【亮度键】【轨道遮罩键】和【颜色键】等视频效果。
- 【颜色校正】视频效果：【颜色校正】类视频效果用于校正素材的颜色效果。【颜色校正】列表框中包含【广播颜色】【色彩】和【颜色平衡】等视频效果。
- 【风格化】视频效果：风格化类视频效果可以在更改图像时不进行重大的扭曲。【风格化】效果组中包含【彩色浮雕】【画笔描边】【粗糙边缘】【闪光灯】和【马赛克】等视频效果。

2.2.3 视频效果的使用方法

在制作视频的过程中，为视频添加视频效果可以为画面效果增添新意。当需要重复使用某个视频效果时，可以复制与粘贴视频效果。

1. 添加视频效果

在 Premiere Pro 2022 软件中可以将选择的视频效果添加至【视频】轨道的素材图像上，完成单个视频效果的添加操作。添加视频效果的方法很简单，用户只需要在【效果】面板中选择视频效果，然后按住鼠标左键并拖曳，即可将视频效果添加至视频轨道的素材上，如图 2-37 所示。

图2-37

2. 复制视频效果

使用【复制】功能可以对重复使用的视频效果进行复制操作。复制视频效果的具体方法是：在【时间轴】面板中选择已经添加视频效果的源素材，并在【效果控件】面板中选择视频效果，单击鼠标右键，在弹出的快捷菜单中选择【复制】命令即可，如图 2-38 所示。

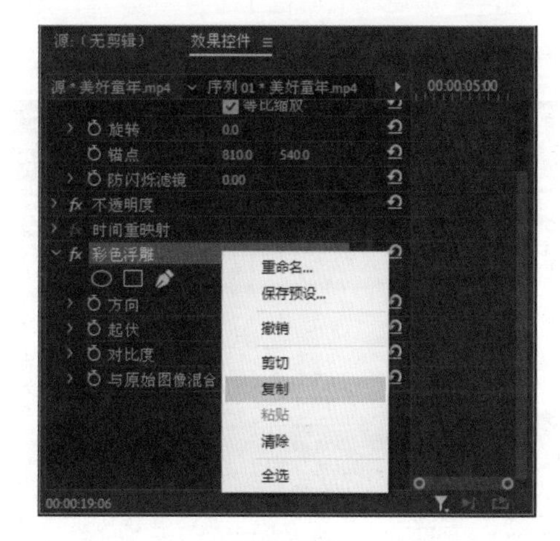

图2-38

3. 粘贴视频效果

在编辑视频的过程中，往往会需要对多个素材使用同样的视频效果。此时，用户可以使用粘贴的方法来制作多个相同的视频效果。

粘贴视频效果的具体方法是：在复制了视频效果后，在【效果控件】面板的空白处单击鼠标右键，打开快捷菜单，选择【粘贴】命令，即可粘贴视频效果，如图 2-39 所示。

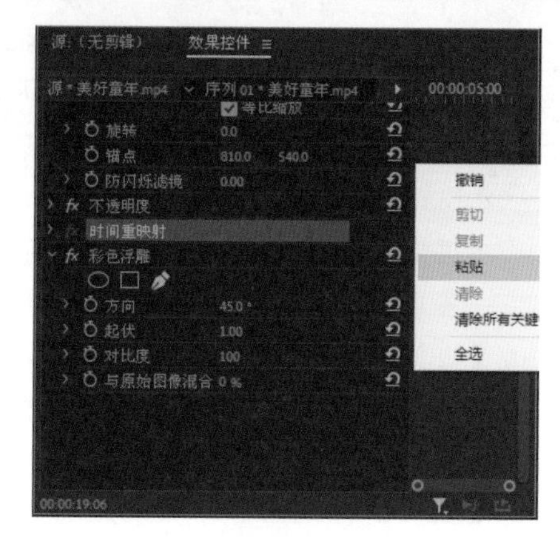

图2-39

2.3 视频效果应用实战

在了解了视频效果的概念、类型和使用方法后，接着需要通过各种视频效果制作出不同风格的视频画面。本节将详细讲解视频效果的应用实战方法。

2.3.1 实战 1：变换类视频应用：使用【裁剪】效果制作视频片段

使用【裁剪】视频效果可以调整画面裁剪的大小。其具体的操作方法如下：

Step01：新建一个名称为【2.3.1】的项目文件，然后在【项目】面板中导入【气球】图像文件，如图 2-40 所示。

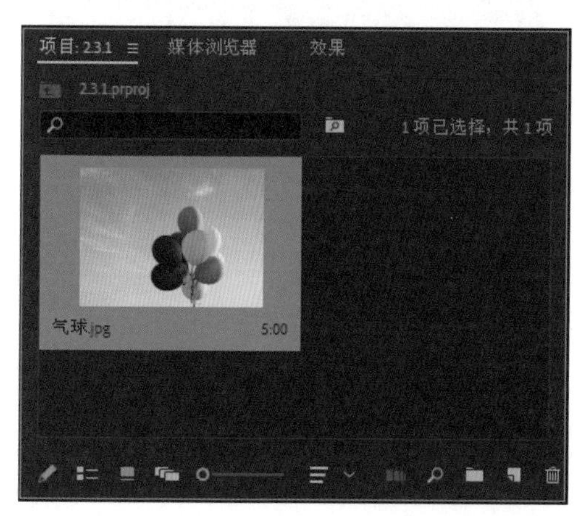

图2-40

Step02：在【项目】面板中选择【气球】图像文件，按住鼠标左键并拖曳，将其添加至【时间轴】面板中的视频轨道上，【时间轴】面板将根据图像素材的显示大小自动新建一个序列，如图 2-41 所示。

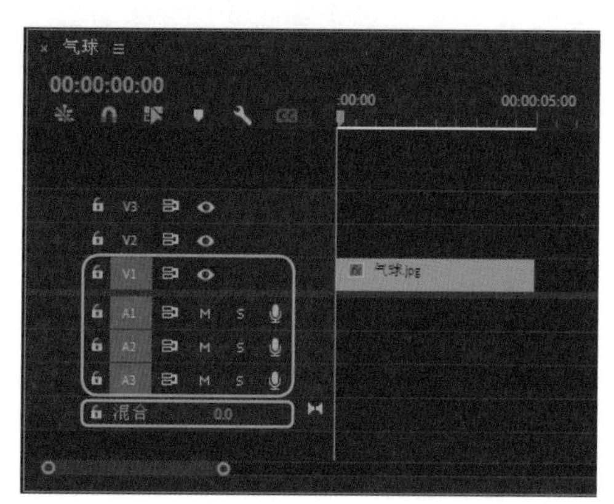

图2-41

Step03：在【效果】面板中，❶展开【视频效果】列表框，选择【变换】选项，❷再次展开列表框，选择【裁剪】视频效果，如

图 2-42 所示。

图2-42

Step04：按住鼠标左键并拖曳，将其添加至【时间轴】面板的图像素材上，然后选择视频轨道上的图像素材，在【效果控件】面板的【裁剪】选项区中，❶修改【左侧】【顶部】【右侧】和【底部】的参数均为 4%，❷修改【羽化边缘】参数为 66，如图 2-43 所示。

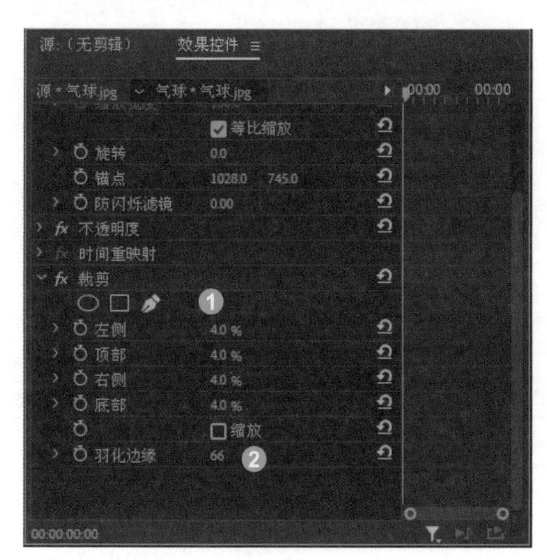

图2-43

Step05：即可使用【裁剪】效果制作视频片段效果，并在【节目监视器】面板中预览应用视频效果的前后对比图像效果，如图 2-44 所示。

图2-44

2.3.2 实战 2：扭曲类视频效果：使用【镜像】效果制作对称画面

使用【镜像】视频效果可以对素材图像进行镜像操作，从而制作出对称的画面效果。其具体的操作方法如下：

Step01：新建一个名称为【2.3.2】的项目文件，然后在【项目】面板中导入【母女】图像文件，如图 2-45 所示。

图2-45

Step02：在【项目】面板中选择【母女】图像文件，按住鼠标左键并拖曳，将其添加至【时间轴】面板中的视频轨道上，【时间轴】面板将根据图像素材的显示大小自动新建一个序列，如图 2-46 所示。

图2-46

Step03：在【效果】面板中❶展开【视频效果】列表框，选择【扭曲】选项，❷再次展开列表框，选择【镜像】视频效果，如图 2-47 所示。

图2-47

Step04：按住鼠标左键并拖曳，将其添加至【时间轴】面板的图像素材上，然后选择视频轨道上的图像素材，在【效果控件】面板的【镜像】选项区中，修改【反射中心】参数为 1400 和 833.5，如图 2-48 所示。

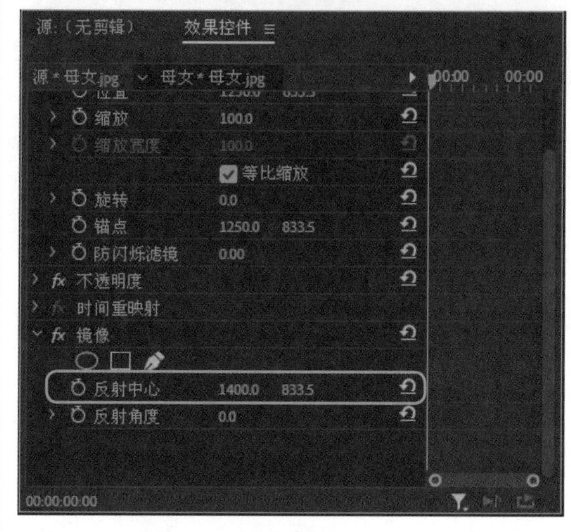

图2-48

技术看板

在【镜像】选项区中，各选项的含义如下：

- 反射中心：用于指定素材反射线的x坐标和y坐标。
- 反射角度：允许选择反射的位置。

Step05：即可使用【镜像】效果制作对称画面效果，并在【节目监视器】面板中预览应用视频效果的前后对比图像效果，如图 2-49 所示。

图2-49

图2-49（续）

2.3.3 实战 3：时间类视频效果：使用【残影】效果制作建筑画面

使用【残影】视频效果可以创建视觉重影，并将选定素材的帧进行多次重复，这仅仅在显示运动的素材中有效，其具体的操作方法如下：

Step01：新建一个名称为【2.3.3】的项目文件，在【项目】面板中导入【建筑】图像文件，如图 2-50 所示。

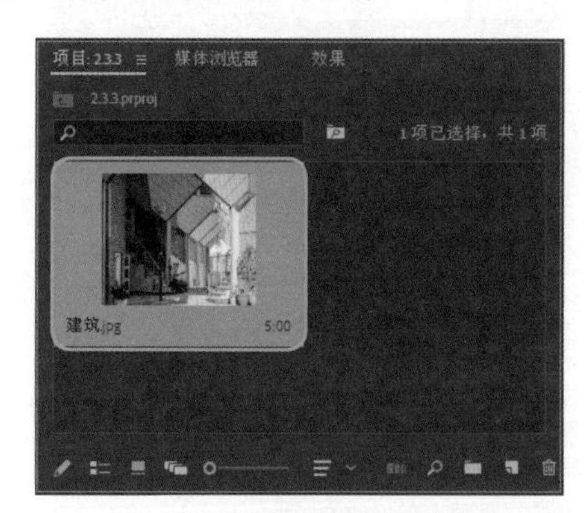

图2-50

Step02：在【项目】面板中选择【建筑】图像文件，按住鼠标左键并拖曳，将其添加至【时间轴】面板中的视频轨道上，【时间轴】面板将根据图像素材的显示大小自动新建一个序列，如图 2-51 所示。

Step03：在【效果】面板中❶展开【视频效果】列表框，选择【时间】选项，❷再次展开列表框，选择【残影】视频效果，如图 2-52 所示。

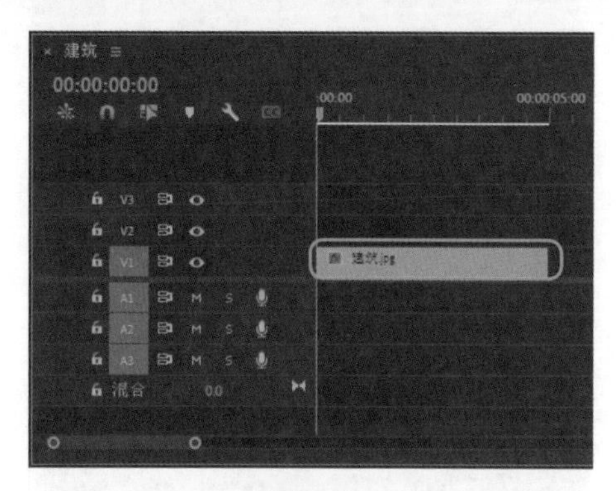

图2-51

图2-52

Step04：按住鼠标左键并拖曳，将其添加至【时间轴】面板的图像素材上，然后选择图像素材，在【效果控件】面板的【残影】选项区中，❶修改【残影时间（秒）】参数为 4.2，❷修改【起始强度】为 0.9、【衰减】为 2、【残影运算符】为【滤色】，如图 2-53 所示。

技术看板

在【残影】选项区中，各选项的含义如下：

- 残影时间（秒）：用于调节残影时间的时间间隔。
- 残影数量：用于指定视频效果同时显示的帧数。
- 起始强度：用于调节第一帧的强度。
- 衰减：用于调节残影消散的速度。
- 残影运算符：用于合并残影的混合运算。

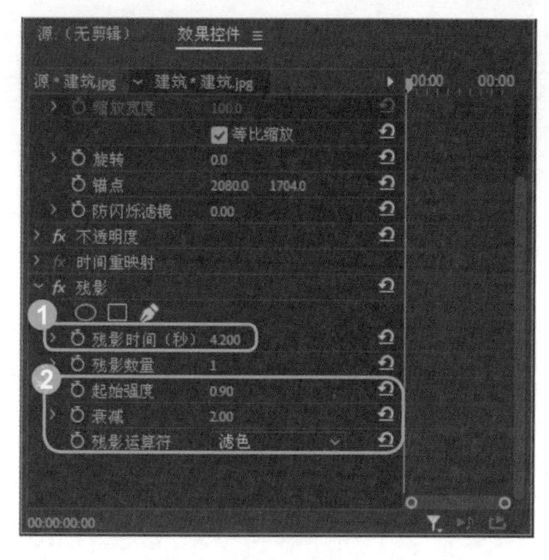

图2-53

Step05：即可使用【残影】效果制作建筑画面效果，并在【节目监视器】面板中预览应用视频效果的前后对比图像效果，如图 2-54 所示。

图2-54

2.3.4 实战 4：杂色与颗粒类视频效果：使用【杂色】【钝化蒙版】效果制作下雪效果

【杂色】视频效果用于随机修改视频素材中的颜色，使素材呈现出颗粒状。【钝化蒙版】视频效果则可以模糊素材画面的同时调整素材的曝光和饱和度。使用【杂色】和【钝化蒙版】视频效果可以制作出下雪效果，其具体的操作如下：

Step01：新建一个名称为【2.3.4】的项目文件，在【项目】面板中导入【雪景】图像文件，如图 2-55 所示。

图2-55

Step02：在【项目】面板中选择【雪景】图像文件，按住鼠标左键并拖曳，将其添加至【时间轴】面板中的视频轨道上，【时间轴】面板将根据图像素材的显示大小自动新建一个序列，如图 2-56 所示。

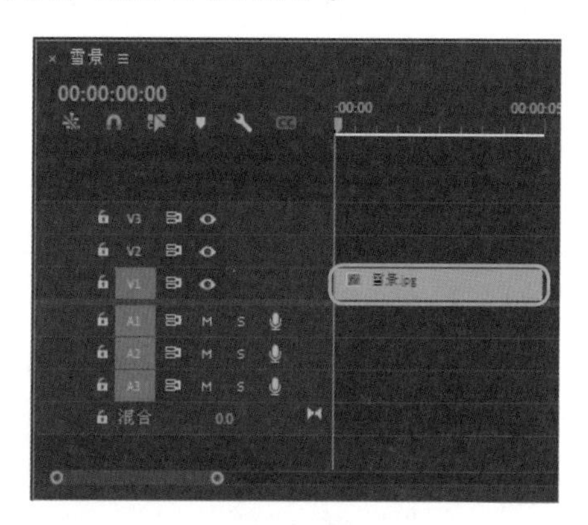

图2-56

Step03：在【效果】面板中❶展开【视频效果】列表框，选择【杂色与颗粒】选项，❷再次展开列表框，选择【杂色】视频效果，如图 2-57 所示。

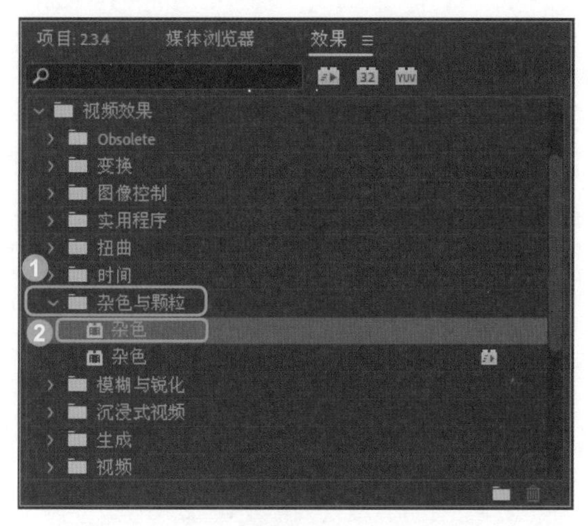

图2-57

Step04：按住鼠标左键并拖曳，将其添加至【时间轴】面板的图像素材上，然后选择图像素材，在【效果控件】面板的【杂色】选项区中，修改【杂色数量】为 100%，如图 2-58 所示。

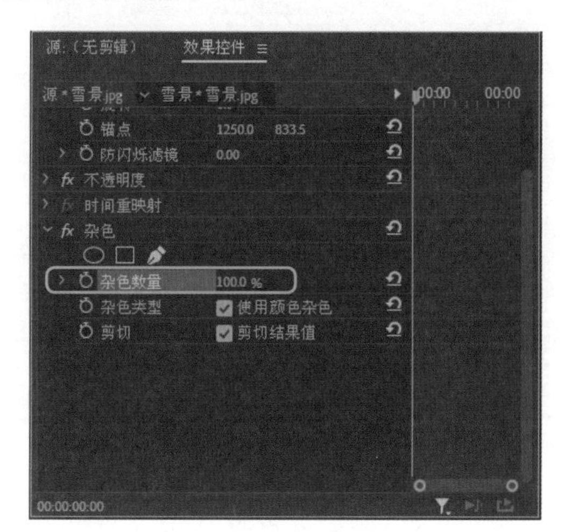

图2-58

技术看板

在【杂色】选项区中，各选项的含义如下：

- 杂色数量：用来指定想要添加到素材中的杂波或颗粒的数量。添加的杂波越多，消失在创建的杂波中的图像越多。
- 杂色类型：勾选【使用颜色杂色】复选框，视频效果将会随机修改图像中的像素；若取消勾选该复选框，则图像中的红、绿和蓝色通道上将会添加相同数量的杂波。
- 剪切：勾选【剪切结果值】复选框，当杂波值在达到某个点后，会以较小的值开始增加；若取消勾选该复选框，则会发现图像完全消失在杂波中。

Step05：完成【杂色】视频效果的添加，并在【节目监视器】面板中预览应用视频效果后的图像效果，如图 2-59 所示。

图2-59

Step06：在【效果】面板中，❶展开【视频效果】列表框，选择【模糊与锐化】选项，❷再次展开列表框，选择【钝化蒙版】视频效果，如图 2-60 所示。

图2-60

Step07：按住鼠标左键并拖曳，将其添加至【时间轴】面板的图像素材上，然后选择图像素材，在【效果控件】面板的【杂色】选项区中，修改【数量】为100、【半径】为500，如图2-61所示。

技术看板

在【钝化蒙版】选项区中，各选项的含义如下：

- 数量：用于设置画面的锐化程度。
- 半径：用于设置画面的曝光半径。
- 阈值：用于设置画面中模糊程度的容差值，其取值范围为0～255，该值越小，效果越明显。

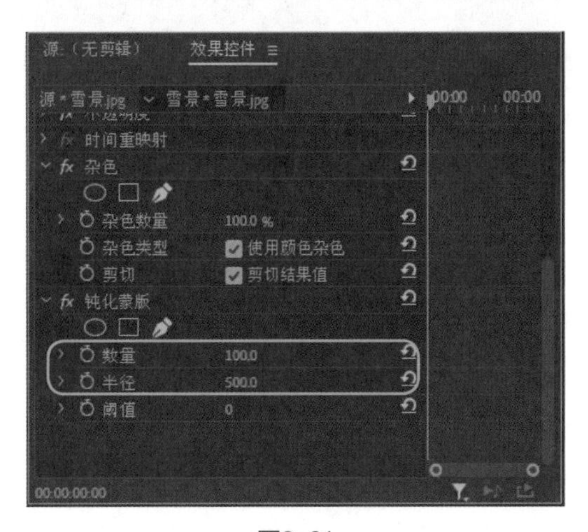

图2-61

Step08：即可使用【杂色】和【钝化蒙版】效果制作出下雪效果，并在【节目监视器】面板中预览应用视频效果的前后对比图像效果，如图2-62所示。

图2-62

2.3.5 实战5：模糊与锐化类视频效果：使用【高斯模糊】效果突出产品主体

【高斯模糊】视频效果用于模糊视频，不仅可以使视频画面模糊又平滑，还可以有效降低素材的层次细节。其具体的操作步骤如下：

Step01：新建一个名称为【2.3.5】的项目文件，在【项目】面板中导入【戒指】图像文件，如图2-63所示。

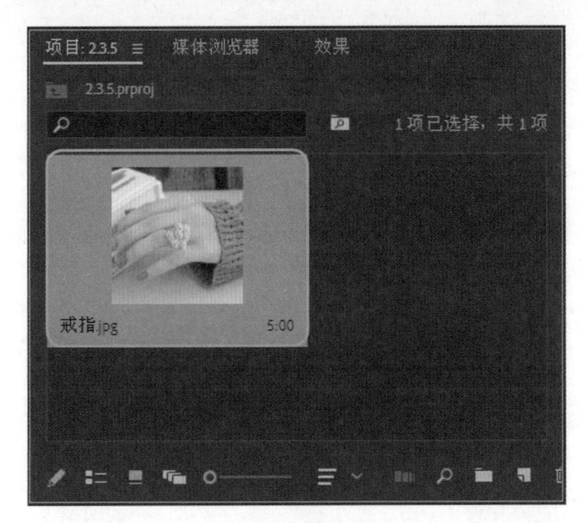

图2-63

Step02：在【项目】面板中选择【戒指】图像文件，按住鼠标左键并拖曳，将其添加至【时间轴】面板中的视频轨道上，【时间轴】面板将根据图像素材的显示大小自动新建一个序列，如图 2-64 所示。

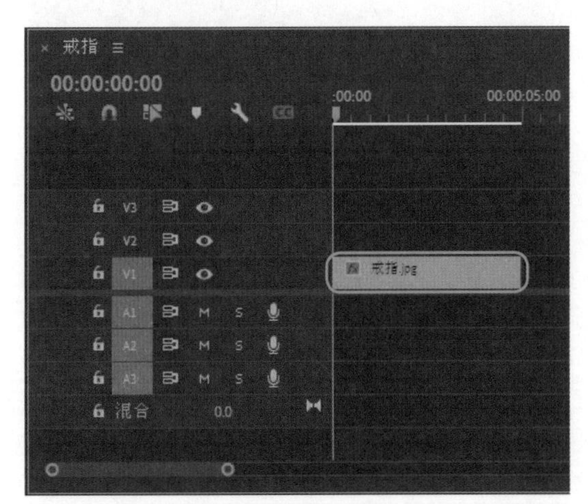

图2-64

Step03：在【效果】面板中❶展开【视频效果】列表框，选择【模糊与锐化】选项，❷再次展开列表框，选择【高斯模糊】视频效果，如图 2-65 所示。

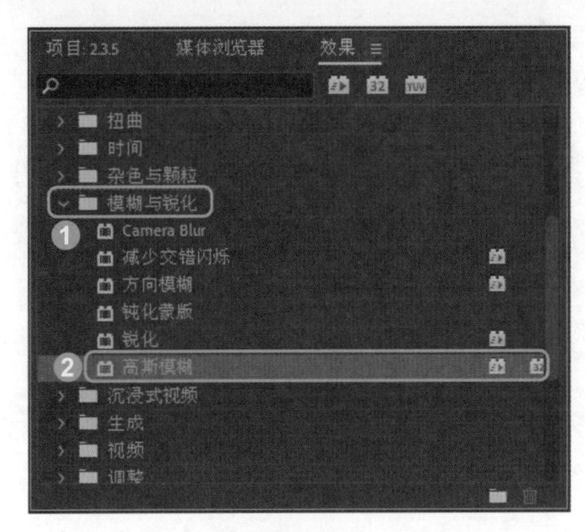

图2-65

Step04：按住鼠标左键并拖曳，将其添加至【时间轴】面板的图像素材上，然后选择图像素材，在【效果控件】面板的【高斯模糊】选项区中，单击【自由绘制贝塞尔曲线】按钮，如图 2-66 所示。

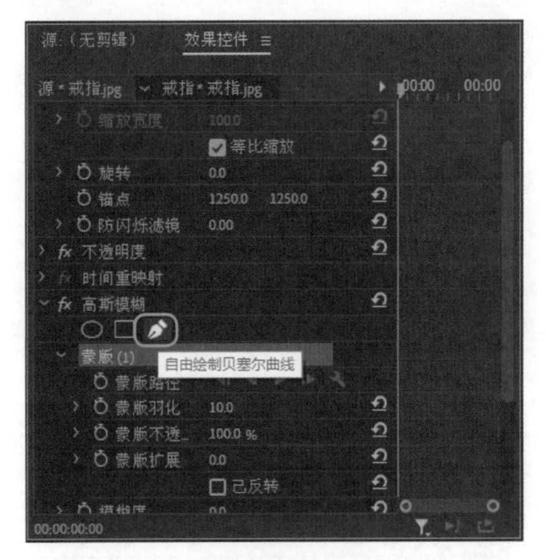

图2-66

Step05：当鼠标指针呈钢笔形状时，在【节目监视器】面板中，依次单击鼠标左键，绘制自由曲线，如图 2-67 所示。

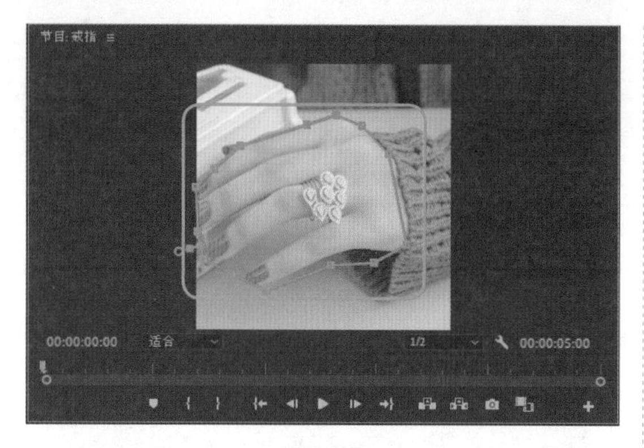

图2-67

Step06：在【效果控件】面板的【高斯模糊】选项区中，❶修改【蒙版羽化】为18，❷勾选【已反转】复选框，修改【模糊度】为65，如图2-68所示。

技术看板

在【高斯模糊】选项区中，各常用选项的含义如下：

- 模糊度：用于设置画面效果的模糊强弱。
- 模糊尺寸：用于调整画面的模糊方式，包含“水平和垂直”“水平”和“垂直”3种方式。
- 重复边缘像素：勾选该复选框，可以像素模糊素材的边缘。

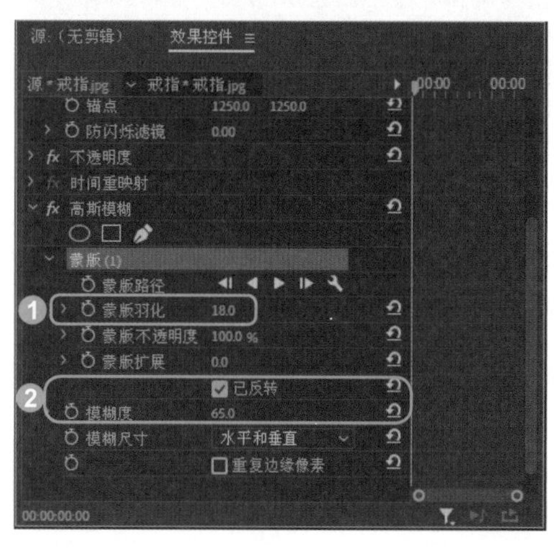

图2-68

Step07：即可使用【高斯模糊】效果突出产品主体，并在【节目监视器】面板中预览应用视频效果的前后对比图像效果，如图2-69所示。

图2-69

2.3.6 实战6：生成类视频效果：使用【闪电】效果制作天空中的闪电

【闪电】视频效果可以在素材画面上模拟出各种闪电效果。其具体的操作方法如下：

Step01：新建一个名称为【2.3.6】的

项目文件，在【项目】面板中导入【天空】图像文件，如图 2-70 所示。

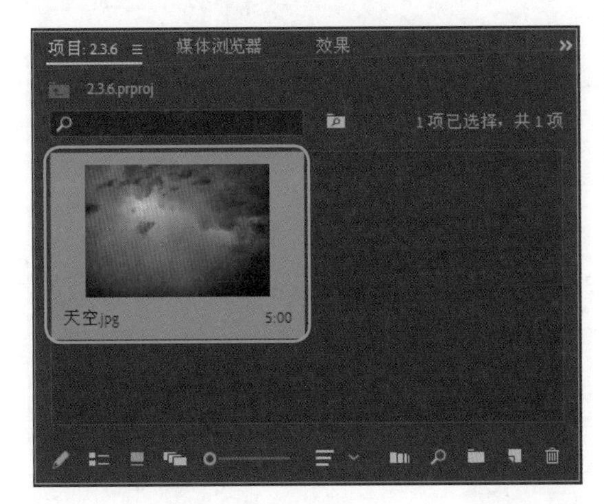

图2-70

Step02：在【项目】面板中选择【天空】图像文件，按住鼠标左键并拖曳，将其添加至【时间轴】面板中的视频轨道上，【时间轴】面板将根据图像素材的显示大小自动新建一个序列，如图 2-71 所示。

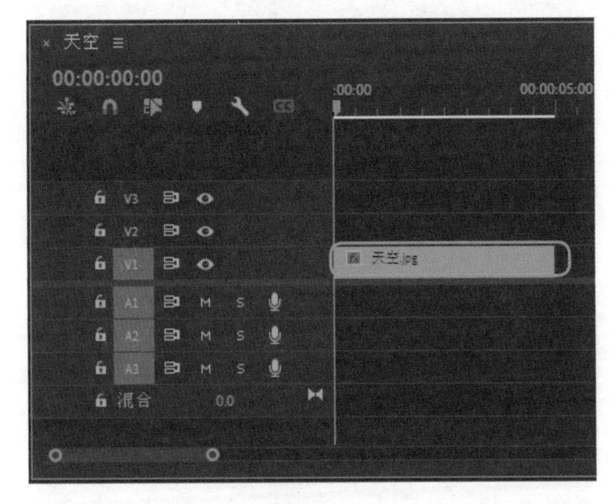

图2-71

Step03：在【效果】面板中，❶展开【视频效果】列表框，选择【模糊与锐化】选项，❷再次展开列表框，选择【高斯模糊】视频效果，如图 2-72 所示。

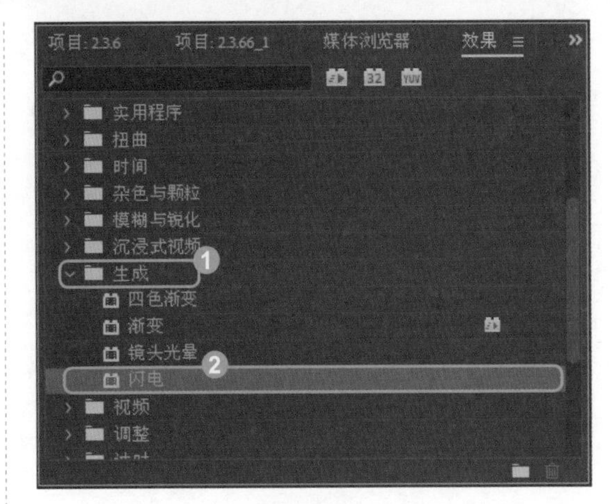

图2-72

Step04：按住鼠标左键并拖曳，将其添加至【时间轴】面板的图像素材上，然后选择图像素材，在【效果控件】面板的【闪电】选项区中，修改各个参数值，如图 2-73 所示。

图2-73

技术看板

在【闪电】选项区中，使用【起始点】和【结束点】控件为闪电选择起始点和结束点。向右移动【分段数】滑块会增加闪电包括的分段数目，而向左移动滑块则会减少分段数目。同样，向右移动其他【闪电】特效滑块会增强特效，而向左移动滑块则会减弱特效。

Step05：在【效果控件】面板中，选择【闪电】视频效果，单击鼠标右键，在弹出的快捷菜单中选择【复制】命令，复制视频效果，如图 2-74 所示。

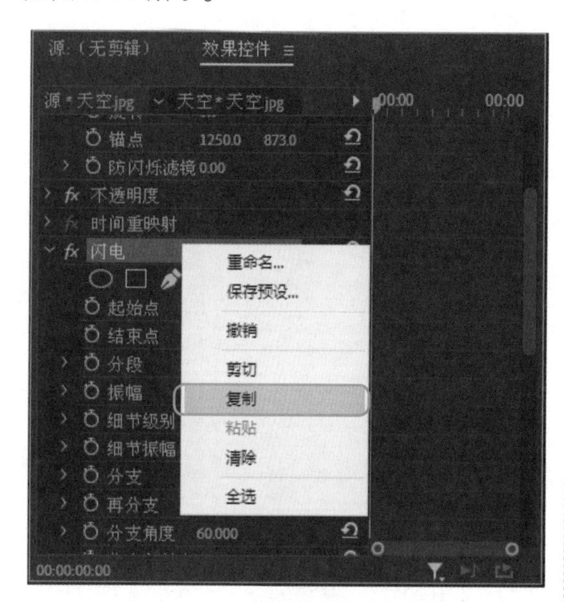

图2-74

Step06：在【效果控件】面板的空白处单击鼠标右键，在弹出的快捷菜单中选择【粘贴】命令，如图 2-75 所示。

Step07：即可粘贴视频，并在粘贴后的【闪电】视频效果选项区中修改各参数值，如图 2-76 所示。

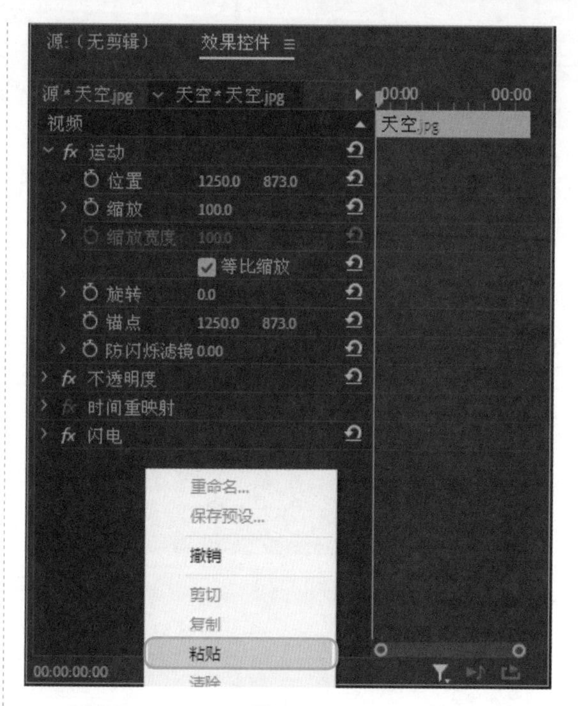

图2-75

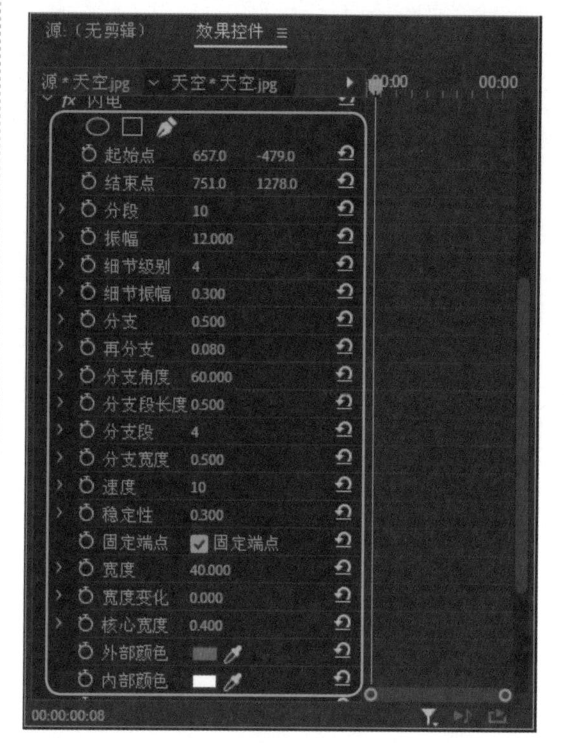

图2-76

Step08：即可使用【闪电】效果制作出天空中的闪电，并在【节目监视器】面板中预览应用视频效果的前后对比图像效果，如图 2-77 所示。

图2-77

2.3.7 实战 7：生成类视频效果：使用【四色渐变】效果制作沙滩效果

【四色渐变】视频效果可以通过纯黑视频来创建一个四色渐变，也可以通过图像来创建有趣的混合效果。其具体的操作方法如下：

Step01：新建一个名称为【2.3.7】的项目文件，在【项目】面板中导入【沙滩】图像文件，如图 2-78 所示。

图2-78

Step02：在【项目】面板中选择【沙滩】图像文件，按住鼠标左键并拖曳，将其添加至【时间轴】面板中的视频轨道上，【时间轴】面板将根据图像素材的显示大小自动新建一个序列，如图 2-79 所示。

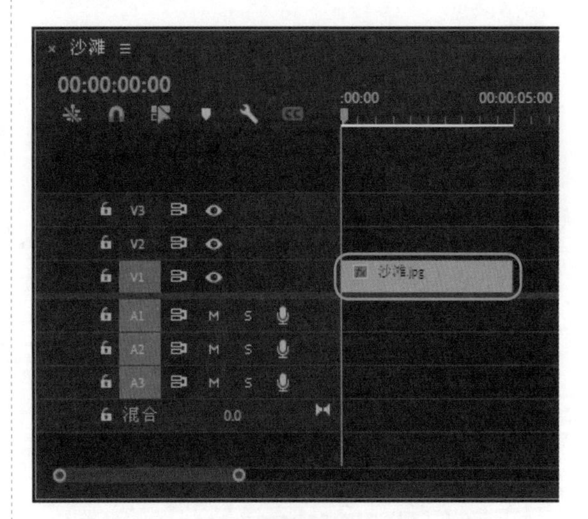

图2-79

Step03：在【效果】面板中，❶展开【视频效果】列表框，选择【生成】选项，❷再次展开列表框，选择【四色渐变】视频效果，如图 2-80 所示。

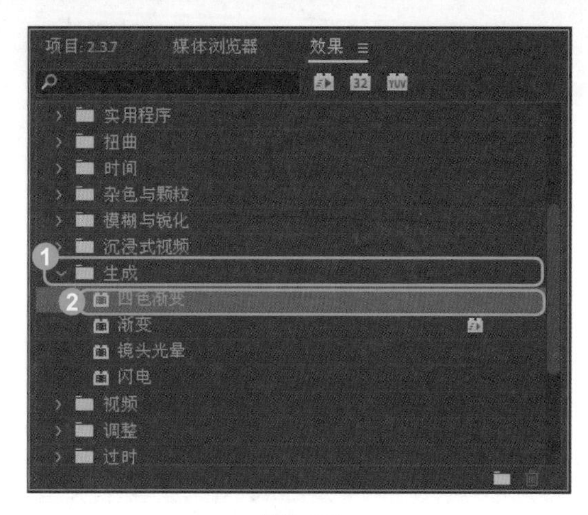

图2-80

Step04：按住鼠标左键并拖曳，将其添加至【时间轴】面板的图像素材上，然后选择图像素材，在【效果控件】面板的【四色渐变】选项区中，修改各参数值，如图 2-81 所示。

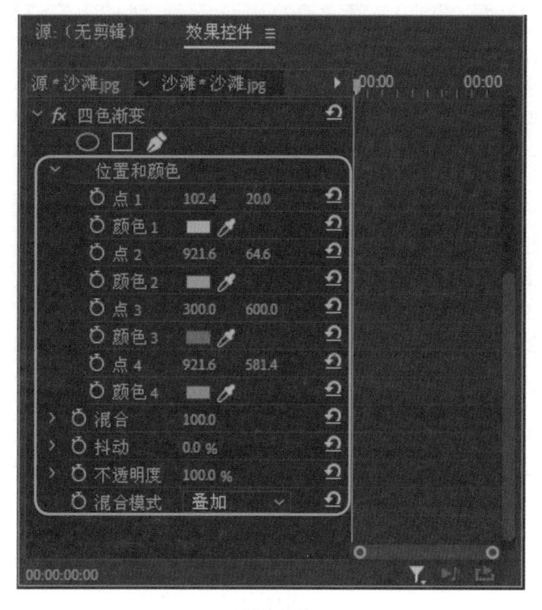

图2-81

技术看板

在【四色渐变】选项区中，各选项含义如下：

- 位置和颜色：用于设置渐变颜色的坐标位置和颜色倾向，不同的数值会使画面产生不同的效果。
- 混合：用于设置渐变色在画面中的明度。
- 抖动：用于设置颜色变化的流量。
- 不透明度：用于设置渐变色效果的不透明度。
- 混合模式：用于设置渐变层与源素材的混合方式。

Step05：即可使用【四色渐变】效果制作出唯美沙滩效果，并在【节目监视器】面板中预览应用视频效果的前后对比图像效果，如图 2-82 所示。

图2-82

2.3.8 实战 8：调整类视频效果：使用【光照效果】效果制作酒吧灯牌

【光照效果】视频效果可以模拟灯光照射在物体上的状态。其具体的操作方法如下：

Step01：新建一个名称为【2.3.8】的项目文件，在【项目】面板中导入【酒吧墙】图像文件，如图 2-83 所示。

图2-83

Step02：在【项目】面板中选择【酒吧墙】图像文件，按住鼠标左键并拖曳，将其添加至【时间轴】面板中的视频轨道上，【时间轴】面板将根据图像素材的显示大小自动新建一个序列，如图 2-84 所示。

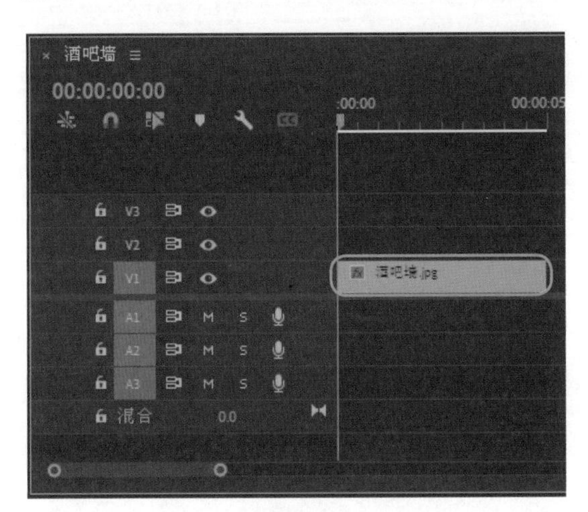

图2-84

Step03：在【效果】面板中，❶展开【视频效果】列表框，选择【调整】选项，❷再次展开列表框，选择【光照效果】视频效果，如图 2-85 所示。

图2-85

Step04：按住鼠标左键并拖曳，将其添加至【时间轴】面板的图像素材上，然后选择图像素材，在【效果控件】面板的【光照效果】选项区中，修改各参数值，如图 2-86 所示。

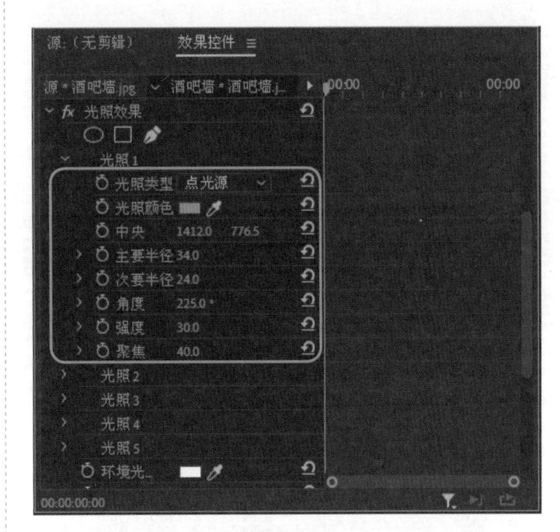

图2-86

技术看板

在【光照效果】选项区中，各常用选项的含义如下：

- 光照：用于为素材添加多个灯光效果。
- 环境光照颜色：用于调整素材周围环境的颜色倾向。
- 环境光照强度：用于控制周围环境光的强弱程度。
- 表面光泽：用于设置素材中光源的明暗程度。
- 表面材质：用于设置素材中表面的材质效果。
- 曝光：用于控制灯光的曝光强弱程度。
- 凹凸层：在素材中选择产生浮雕效果的通道。
- 凹凸通道：设置浮雕的产生通道。
- 凹凸高度：设置浮雕的深浅和大小。
- 白色部分凸起：勾选该复选框，可以反转浮雕的方向。

Step05：即可使用【光照】效果制作酒吧灯牌效果，并在【节目监视器】面板中预览应用视频效果的前后对比图像效果，如图 2-87 所示。

图2-87

2.3.9 实战 9：透视类视频效果：使用【斜面 Alpha】效果制作极光画面

【斜面 Alpha】视频效果主要用于倾斜图像的 Alpha 通道，使二维图像看起来具有立体感。其具体的操作方法如下：

Step01：新建一个名称为【2.3.9】的项目文件，在【项目】面板中导入【极光】图像文件，如图 2-88 所示。

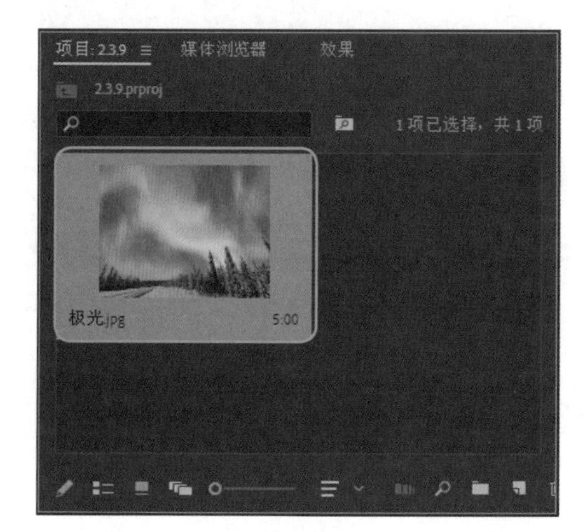

图2-88

Step02：在【项目】面板中选择【极光】图像文件，按住鼠标左键并拖曳，将其添加至【时间轴】面板中的视频轨道上，【时间轴】面板将根据图像素材的显示大小自动新建一个序列，如图 2-89 所示。

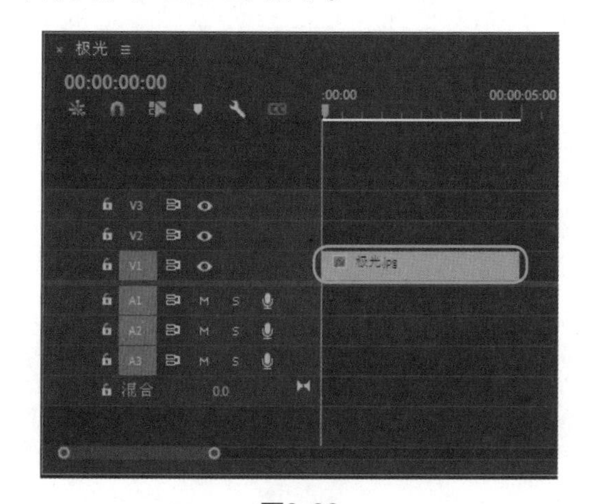

图2-89

Step03：在【效果】面板中，展开【视频效果】列表框，选择【过时】选项，再次展开列表框，选择【斜面 Alpha】视频效果，如图 2-90 所示。

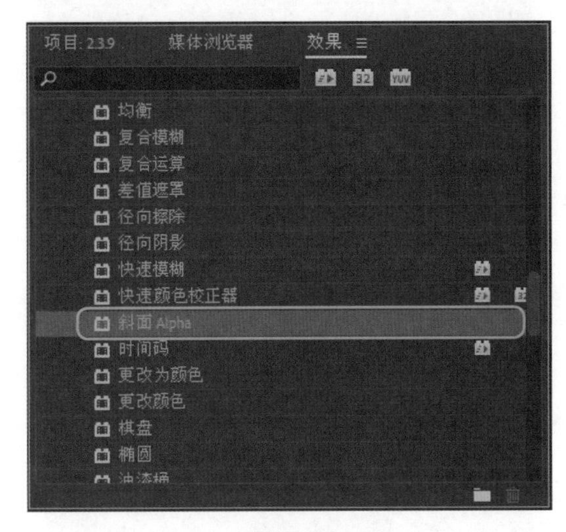

图2-90

Step04：按住鼠标左键并拖曳，将其添加至【时间轴】面板的图像素材上，然后选择图像素材，在【效果控件】面板的【斜面 Alpha】选项区中，修改各参数值，如图 2-91 所示。

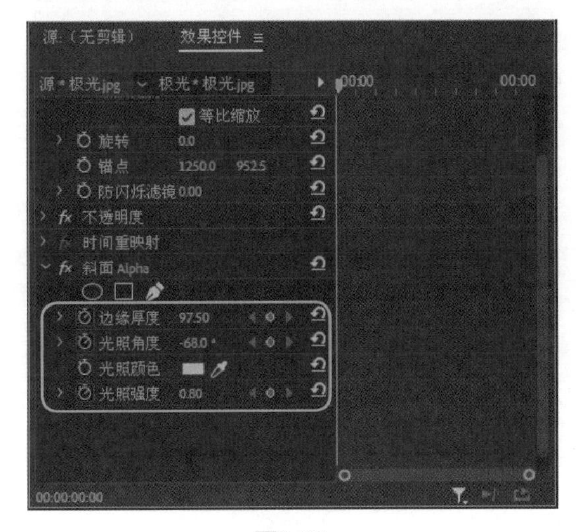

图2-91

技术看板

在【斜面 Alpha】选项区中，各常用选项的含义如下：

- 边缘厚度：用于设置素材边缘的厚度。
- 光照角度：用于设置光源照射在素材的方向。
- 光照颜色：用于设置光源照射在素材的颜色。
- 光照强度：用于设置光源照射在素材上的强度。

Step05：即可使用【斜面 Alpha】效果制作极光画面效果，并在【节目监视器】面板中预览应用视频效果的前后对比图像效果，如图 2-92 所示。

图2-92

2.3.10 实战 10：风格化类视频效果：使用【查找边缘】【浮雕】【画笔描边】效果制作城堡效果

【查找边缘】视频效果能够使素材中的图像呈现黑白草图的样子。【浮雕】视频效果可以在素材的图像边缘区域创建凸出的 3D 立体效果。【画笔描边】视频特效可以模拟笔触效果。使用【查找边缘】【画笔描边】和【浮雕】视频效果可以制作出城堡的素描效果，其具体的操作如下：

Step01：新建一个名称为【2.3.10】的项目文件，在【项目】面板中导入【城堡】图像文件，如图 2-93 所示。

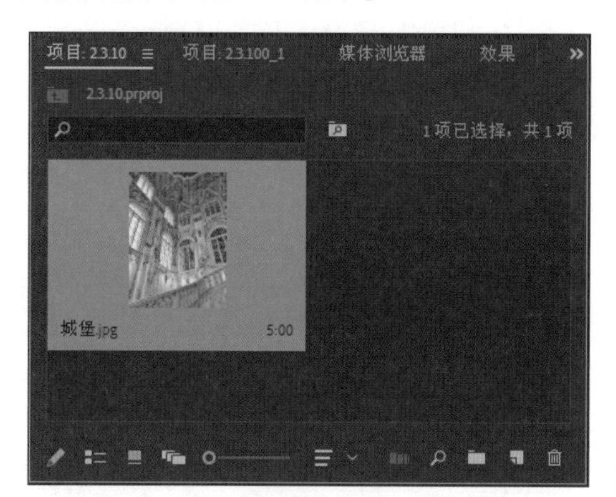

图2-93

Step02：在【项目】面板中选择【城堡】图像文件，按住鼠标左键并拖曳，将其添加至【时间轴】面板中的视频轨道上，【时间轴】面板将根据图像素材的显示大小自动新建一个序列，如图 2-94 所示。

Step03：在【效果】面板中，❶展开【视频效果】列表框，选择【风格化】选项，❷再次展开列表框，选择【查找边缘】视频效果，如图 2-95 所示。

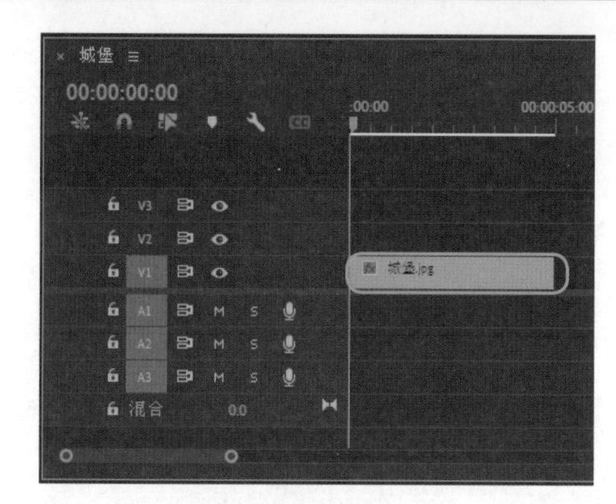

图2-94

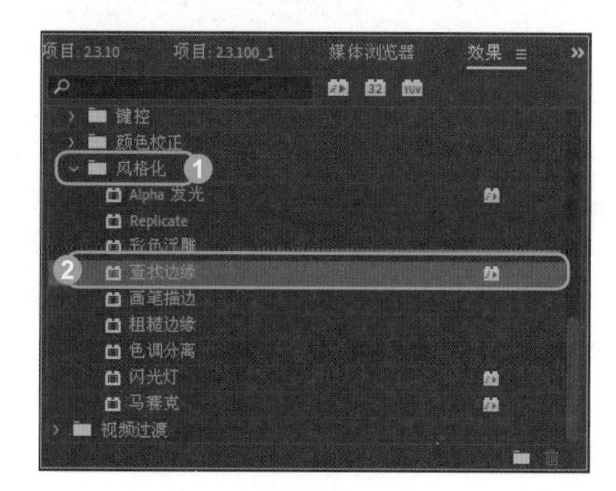

图2-95

Step04：按住鼠标左键并拖曳，将其添加至【时间轴】面板的图像素材上，然后选择图像素材，在【效果控件】面板的【查找边缘】选项区中，修改【与原始图像混合】参数为 20%，如图 2-96 所示。

技术看板

在【查找边缘】选项区中，各常用选项的含义如下：

- 反转：勾选该复选框，可以反向选择画面像素。
- 与原始图像混合：用于设置该视频效果与源素材的混合情况。

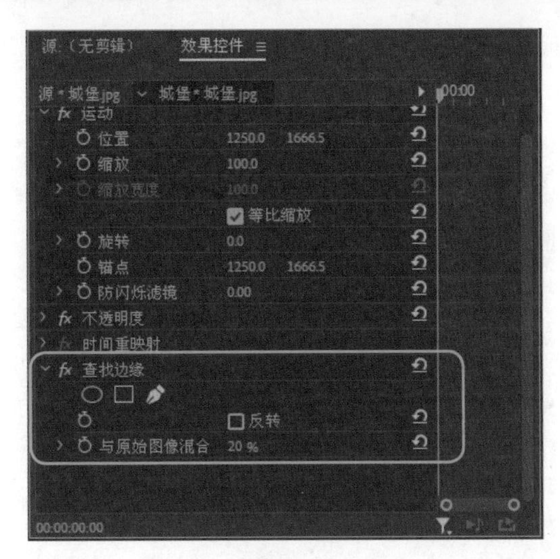

图2-96

Step05：即可使用【查找边缘】效果制作图像效果，并在【节目监视器】面板中预览应用图像效果，如图 2-97 所示。

图2-97

Step06：在【效果】面板中，展开【视频效果】列表框，选择【过时】选项，再次展开列表框，选择【浮雕】视频效果，如图 2-98 所示。

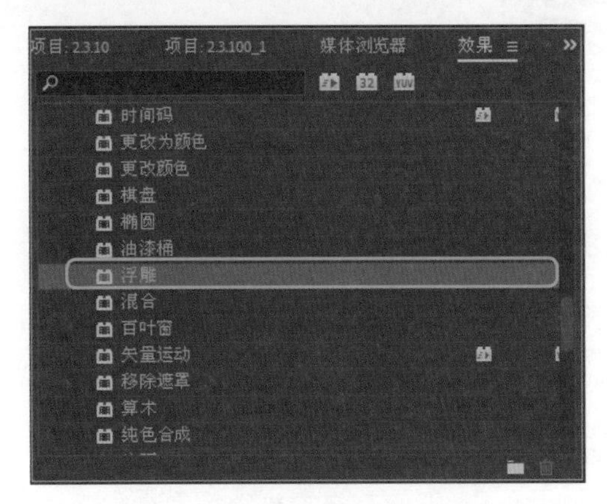

图2-98

Step07：按住鼠标左键并拖曳，将其添加至【时间轴】面板的图像素材上，然后选择图像素材，在【效果控件】面板的【浮雕】选项区中，修改【起伏】参数为 3.1、【对比度】为 120，如图 2-99 所示。

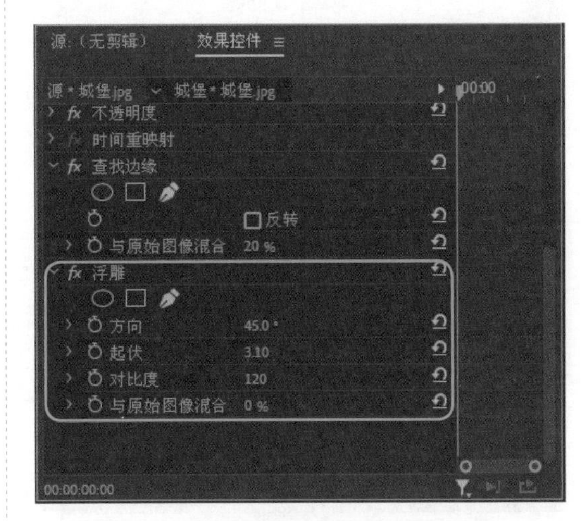

图2-99

Step08：即可使用【浮雕】效果制作图像效果，并在【节目监视器】面板中预览应用图像效果，如图 2-100 所示。

图2-100

Step09：在【效果】面板中，展开【视频效果】列表框，❶选择【风格化】选项，❷再次展开列表框，选择【画笔描边】视频效果，如图 2-101 所示。

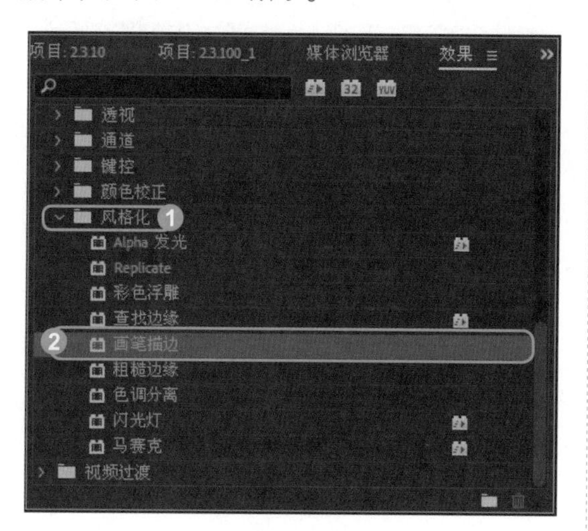

图2-101

Step10：按住鼠标左键并拖曳，将其添加至【时间轴】面板的图像素材上，然后选择图像素材，在【效果控件】面板的【画笔描边】选项区中修改各参数值，如图 2-102 所示。

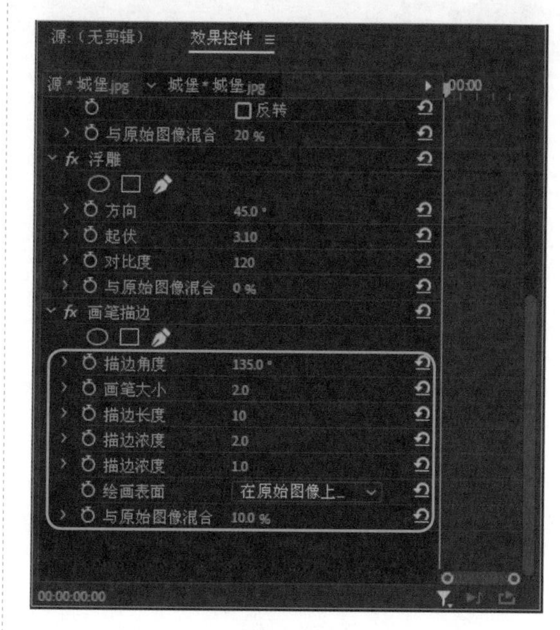

图2-102

Step11：即可使用【画笔描边】效果制作图像效果，并在【节目监视器】面板中预览最终的图像效果，如图 2-103 所示。

图2-103

第 3 章

音频编辑

- Premiere Pro 2022中导入声音的方法有哪些?
- Premiere Pro 2022中如何给视频添加音效、配音等效果?
- Premiere Pro 2022中如何制作淡入淡出的声音效果?
- Premiere Pro 2022中可以制作哪些声音特效?

Premiere 中的音频编辑不仅可以调节音频的音量大小，还可以制作出各类音效效果，模拟出不同的声音质感，从而辅助作品的画面产生更丰富的气氛和视觉情感。本章将详细讲解音频的剪辑与音频效果等知识。学完这一章的内容，你就能解决上述问题了。

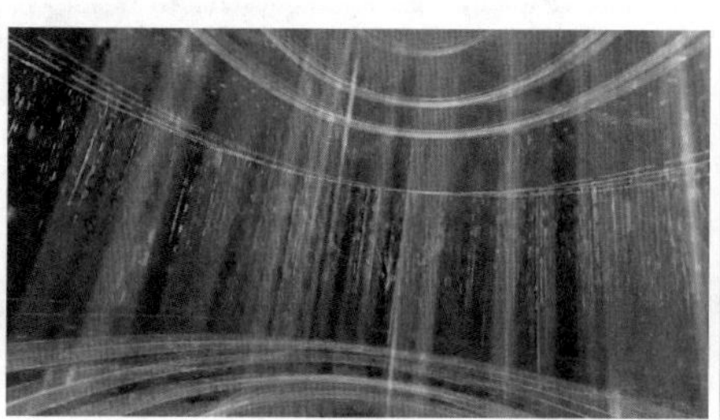

3.1 认识音频及音频效果

音频包括多种形式，人们听到的说话、歌声、噪音等一切与声音相关的声波都属于音频。Premiere 软件可以通过音频类效果模拟出不同音质的声音。下面将对音频的相关基础知识进行详细讲解。

3.1.1 导入声音文件

在 Premiere 中编辑音频效果之前，首先需要在软件中的【项目】面板中导入声音文件。导入声音文件的方法有以下几种：

- 第一种方法：在【项目】面板中的空白处单击鼠标右键，在弹出的快捷菜单中选择【导入】命令，如图3-1所示。

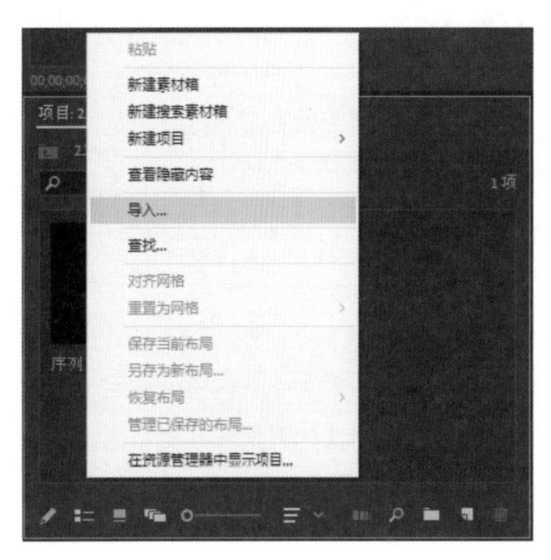

图3-1

- 第二种方法：单击【文件】菜单，在弹出的下拉菜单中选择【导入】命令，如图3-2所示。
- 第三种方法：在【项目】面板中的空白处双击鼠标左键。
- 第四种方法：按快捷键【Ctrl+I】。

图3-2

使用以上任意一种方法，均可以打开【导入】对话框，在该对话框中选择音频素材进行导入即可。在导入声音文件后，【项目】面板中将显示声音文件，如图 3-3 所示。

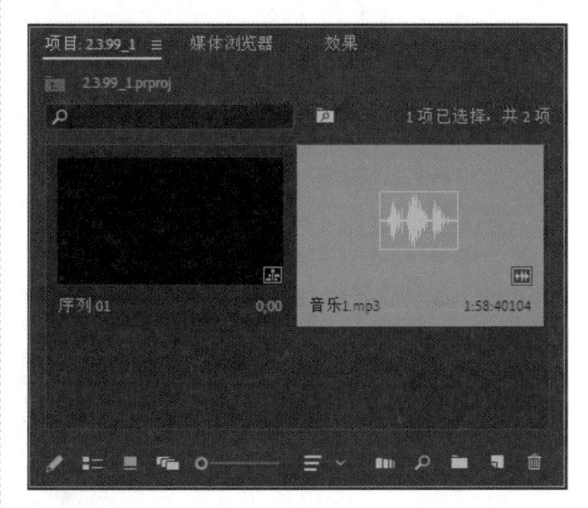

图3-3

3.1.2 编辑音频面板

编辑音频面板主要在【音轨混合器】面板中进行，如果在序列中拥有两个以上的音频轨道，可以单击并拖曳“音轨混合器”面板的左右边缘和下方边缘来扩展面板。音轨混合器提供了两个主要视图，分别是折叠视图（如图3-4所示）和展开视图（如图3-5所示）。前者没有显示效果区域，后者用于不同轨道的效果。

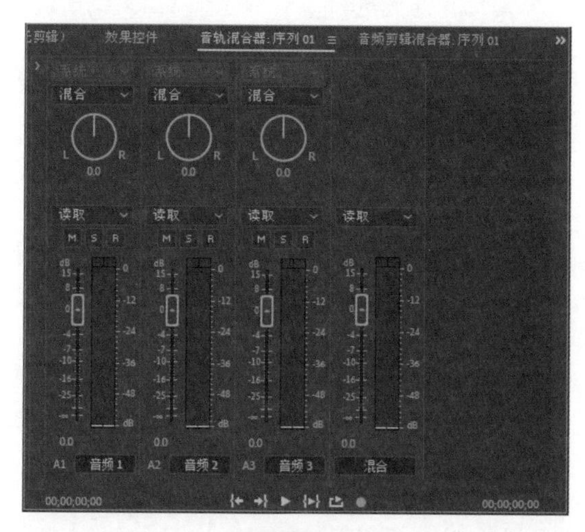

图3-4

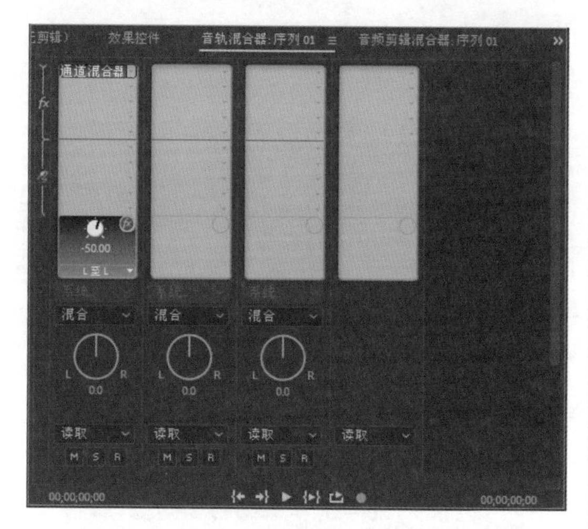

图3-5

在【音轨混合器】面板的底部包含6个按钮，分别是【转到入点】按钮、【转到出点】按钮、【播放 - 停止切换】按钮、【从入点到出点播放视频】按钮、【循环】按钮和【录制】按钮，如图3-6所示。

图3-6

在面板中单击【播放 - 停止切换】按钮，可以播放音频素材。

如果只想处理【时间线】面板中的部分序列，则需要先设置入点和出点，然后单击【转到入点】按钮，跳转到入点位置，接着单击【转到出点】按钮，则只混合入点和出点之间的音频。如果单击【循环】按钮，那么可以重复循环，这样就可以继续微调入点和出点之间的音频，而无须开始和停止重放。

3.1.3 音频效果面板

Premiere Pro 2022 软件中提供了大量的音频效果，用户可以根据需要为音乐文件添加各种音频效果。

在【效果】面板的【音频效果】列表框中提供了特效可以制作出专业音频效果。Premiere Pro 2022 提供了多种音频效果，如图3-7所示。

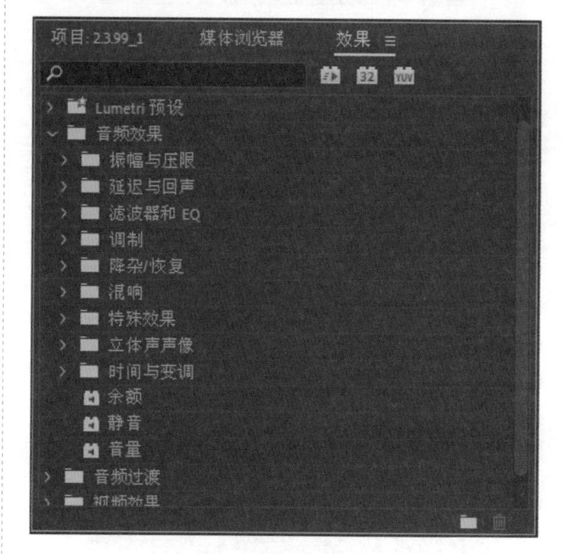

图3-7

3.2 编辑声音文件

在掌握了音频及音频效果的基础知识后，可以对声音文件进行编辑操作。声音的编辑操作包含添加音效、添加淡入淡出效果等。本节将逐一进行详细介绍。

3.2.1 实战 1：给视频添加配乐

在制作好视频文件后，可以通过【导入】功能将音乐文件添加至视频中，为视频增添声乐效果。其具体的操作方法如下：

Step01：新建一个名称为【3.2.1】的项目文件，在【项目】面板中导入【冰淇淋】视频文件，如图 3-8 所示。

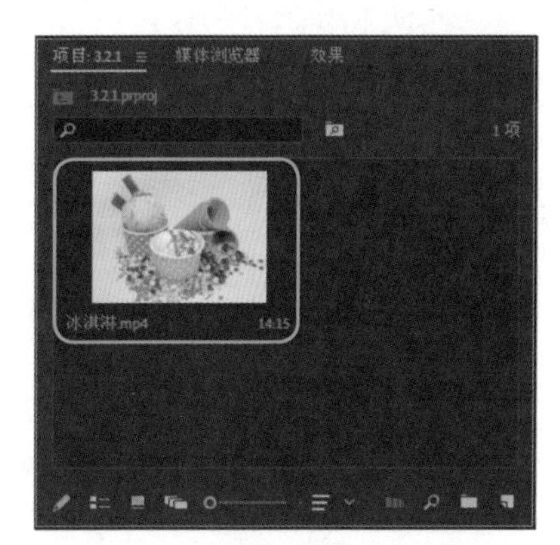

图3-8

Step02：在【项目】面板中，选择【冰淇淋】视频文件，按住鼠标左键并拖曳，将其添加至【时间轴】面板的【视频 1】轨道上，将自动添加一个序列文件，如图 3-9 所示。

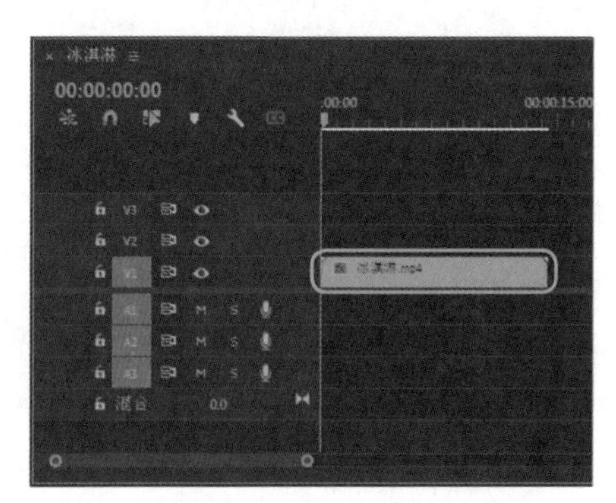

图3-9

Step03：在【项目】面板中，双击鼠标左键，打开【导入】对话框，❶在对应的文件夹中选择【音乐 1】音频文件，❷单击【打开】按钮，如图 3-10 所示。

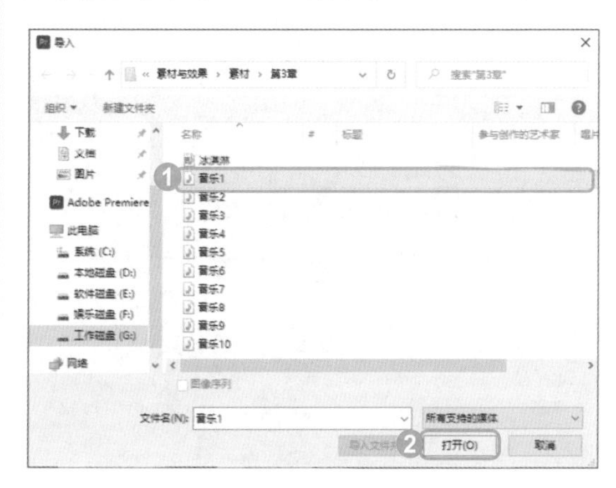

图3-10

Step04：即可将选择的音频文件添加至【项目】面板中，如图 3-11 所示。

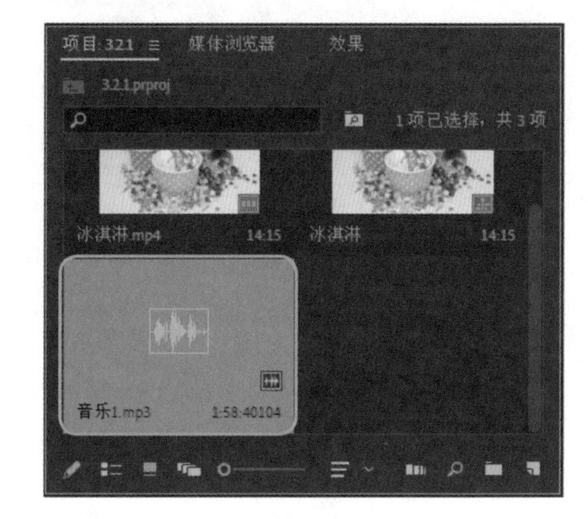

图3-11

Step05：选择新添加的音频文件，按住鼠标左键并拖曳，将其添加至【时间轴】面板的【音频1】轨道上，如图3-12所示。

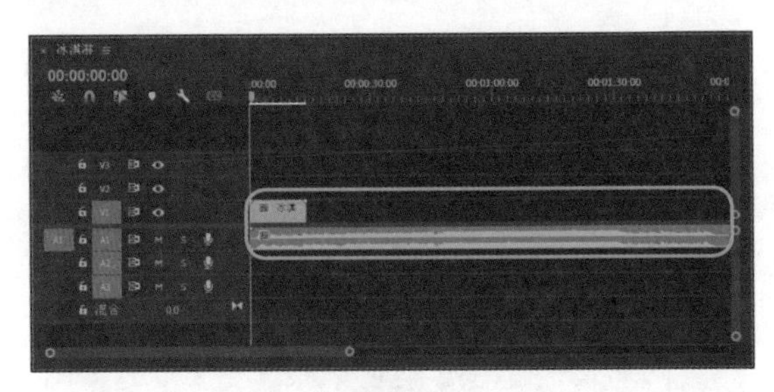

图3-12

Step06：在【时间轴】面板中，调整音频文件的持续时间长度，使其与视频文件的时间长度一致，如图3-13所示。

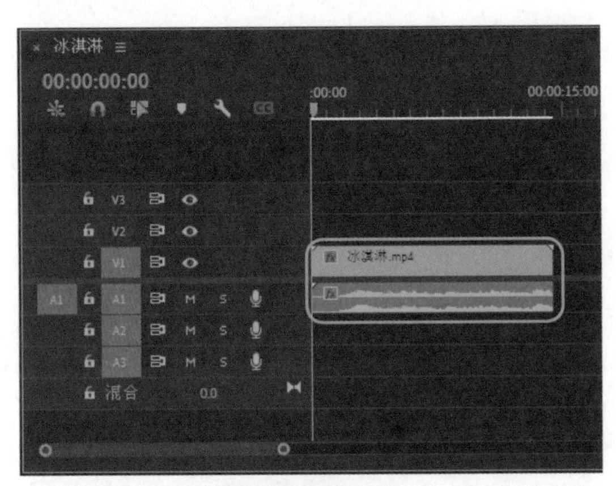

图3-13

Step07：在【节目监视器】面板中，单击【播放-停止切换】按钮，试听声音效果，如图3-14所示。

图3-14

图3-14（续）

3.2.2 实战2：给视频添加音效

在添加了声音文件后，可以给视频中的音频添加音效效果。其具体的操作方法如下：

Step01：新建一个名称为【3.2.2】的项目文件，在【项目】面板中导入【动物】视频文件和【音乐2】音频文件，如图3-15所示。

图3-15

Step02：依次选择视频文件和音频文件，按住鼠标左键并拖曳，将其添加至【时间轴】面板的【视频1】和【音频1】轨道上，自动添加序列文件，并调整其持续时间长度，使其保持一致，如图3-16所示。

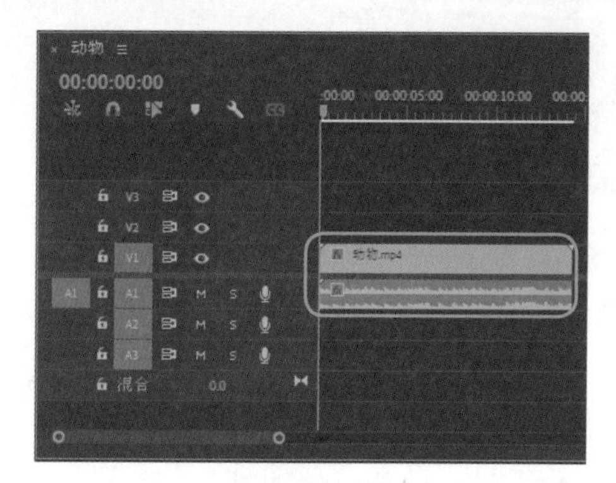

图3-16

Step03：在【效果】面板中，❶展开【音频效果】列表框，选择【降杂/恢复】选项，❶再次展开列表框，选择【降噪】音频效果，如图 3-17 所示。

图3-17

Step04：按住鼠标左键并拖曳，将其添加至音频轨道的音频素材上，完成音频效果的添加，选择音频素材，在【效果控件】面板中，单击【编辑】按钮，如图 3-18 所示。

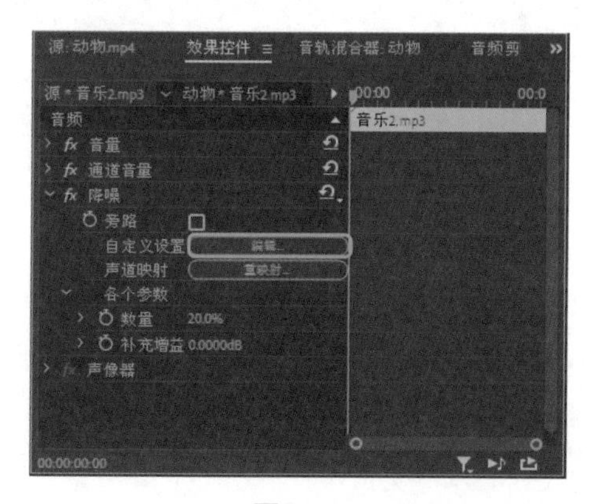

图3-18

Step05：打开【剪辑效果编辑器】对话框，修改【增益】参数为 15dB，如图 3-19 所示。

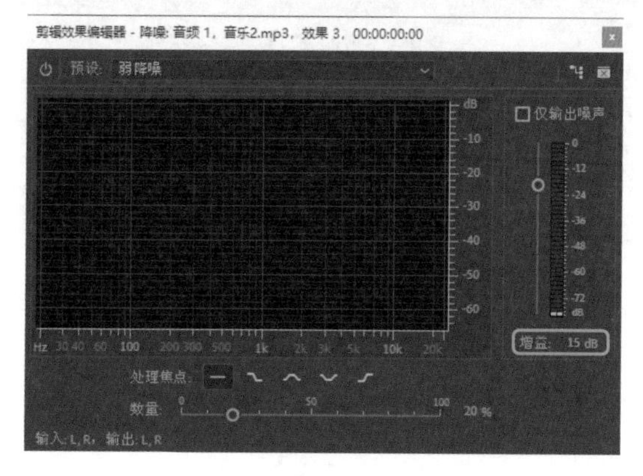

图3-19

Step06：关闭对话框，完成音频效果的添加与编辑，在【节目监视器】面板中，单击【播放-停止切换】按钮，试听声音效果，如图 3-20 所示。

图3-20

3.2.3 实战 3：给视频添加配音

在制作音频效果时，不仅可以直接添加配乐文件，还可以为视频添加配音。其具体的操作步骤如下：

Step01：新建一个名称为【3.2.3】的项目文件，在【项目】面板中导入【星光转动】视频文件，如图 3-21 所示。

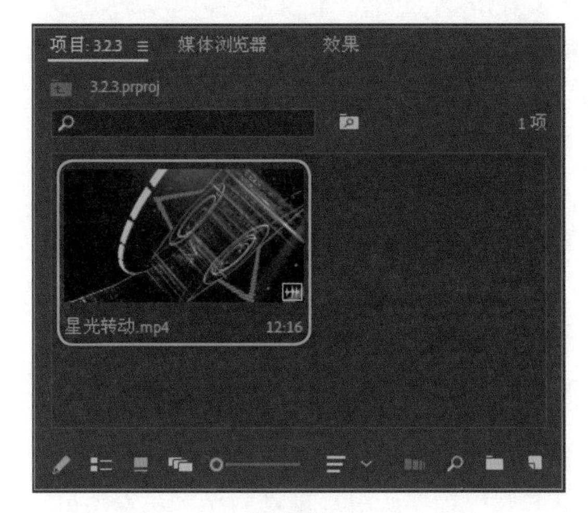

图3-21

Step02：选择【星光转动】视频文件，按住鼠标左键并拖曳，将其添加至【时间轴】面板的【视频 1】轨道上，自动添加一个序列文件，如图 3-22 所示。

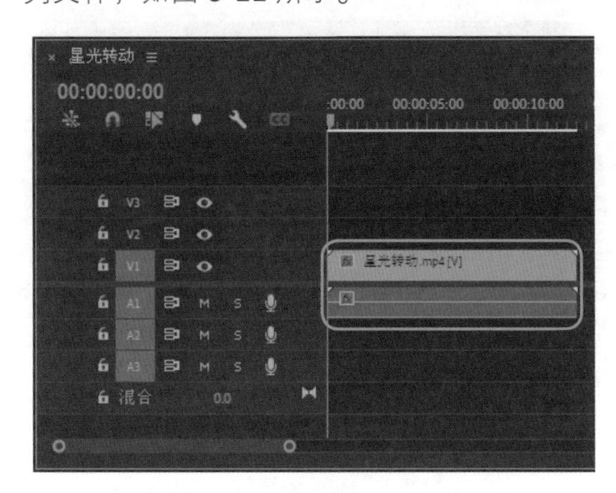

图3-22

Step03：选择【星光转动】视频文件，单击鼠标右键，在弹出的快捷菜单中选择【取消链接】命令，如图 3-23 所示。

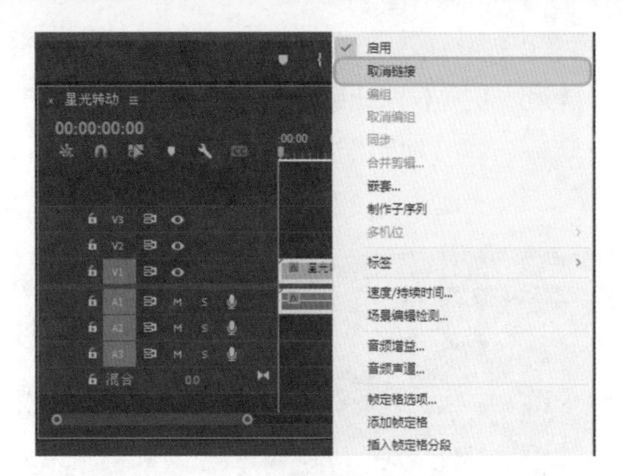

图3-23

Step04：即可分离视频和音频，选择音频素材，按【Delete】键将其删除，如图 3-24 所示。

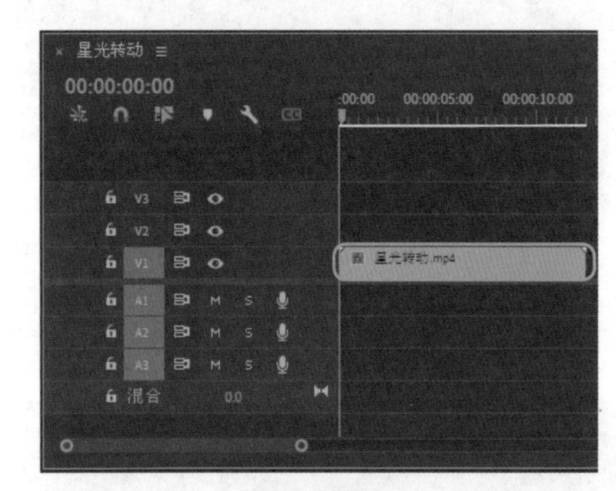

图3-24

Step05：打开【音轨混合器】面板，❶单击最左侧的【启用轨道以进行录制】按钮 R，❷然后单击面板底部的【录制】按钮 ●，如图 3-25 所示。

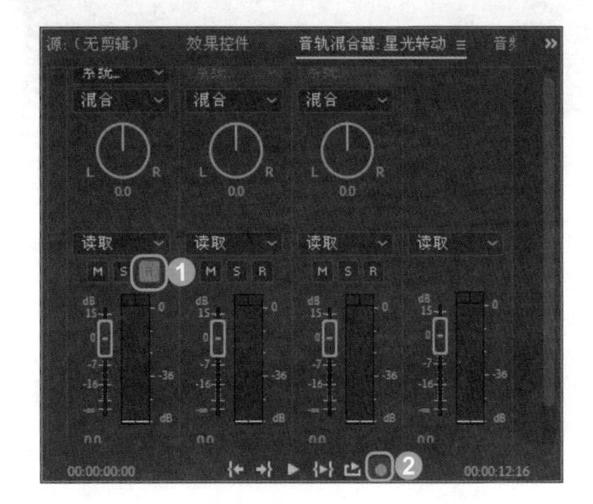

图3-25

Step06：进入录制状态，然后单击【播放 - 停止切换】按钮 。开始录制声音，在【音轨混合器】面板中将显示音波，如图 3-26 所示。

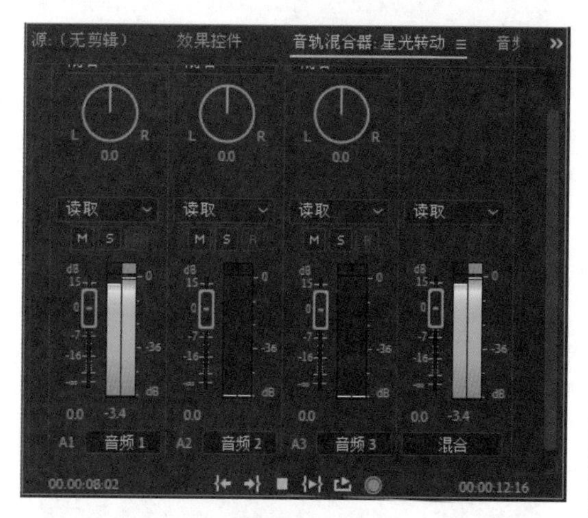

图3-26

Step07：在【节目监视器】面板中，单击【播放 - 停止切换】按钮，试听配音效果，如图 3-27 所示。

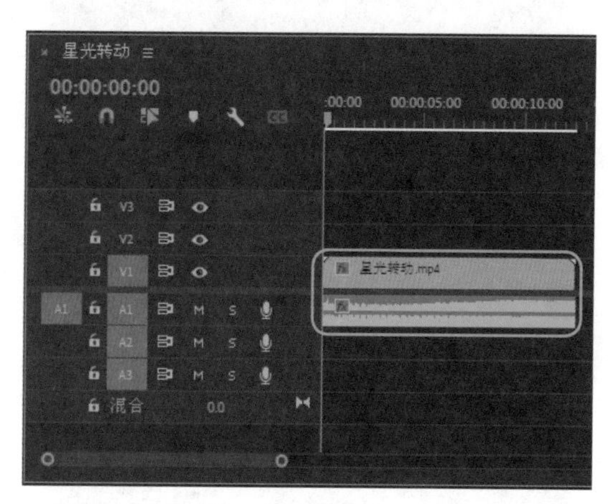

图3-27

Step08：录制完成后，再次单击【播放 - 停止切换】按钮 。完成声音的录制，在【时间轴】面板的音频轨道上将显示配音素材，如图 3-28 所示。

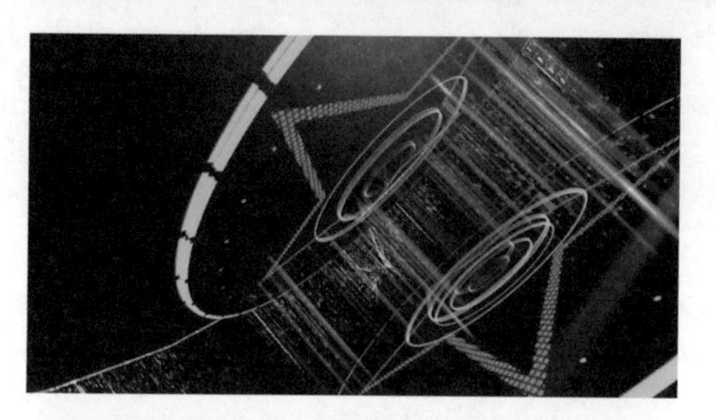

图3-28

3.2.4 实战 4：声音的淡入淡出效果

Premiere 提供了用于淡入或淡出素材音量的各种选项，用户可以制作出淡入淡出的声音效果。其具体的操作方法如下：

Step01：新建一个名称为【3.2.4】的项目文件，在【项目】面板中导入【音乐 3】音频文件，如图 3-29 所示。

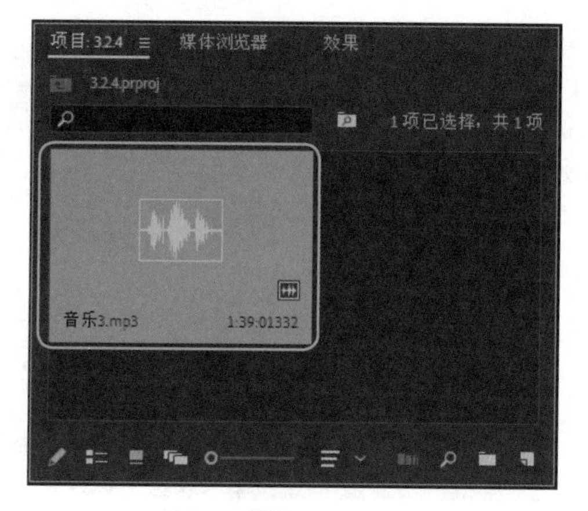

图3-29

Step02：选择新添加的音频素材，按住鼠标左键并拖曳，将其添加至【音频 1】轨道上，自动添加一个序列文件，如图 3-30 所示。

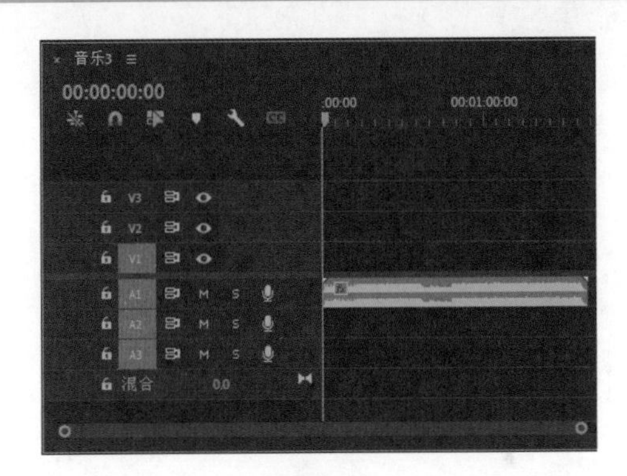

图3-30

Step03：在音频轨道上按住鼠标左键并拖曳，展开音频轨道，如图 3-31 所示。

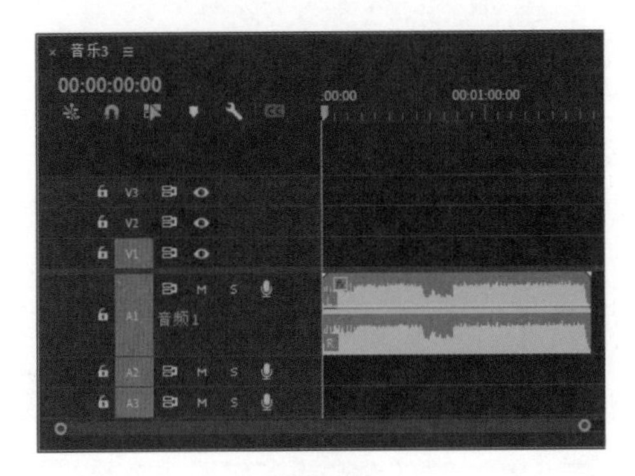

图3-31

Step04：将时间线移至 00:00:03:23 的位置，在按住 Ctrl 键的同时，在时间线位置处单击鼠标左键，添加一个关键帧，如图 3-32 所示。

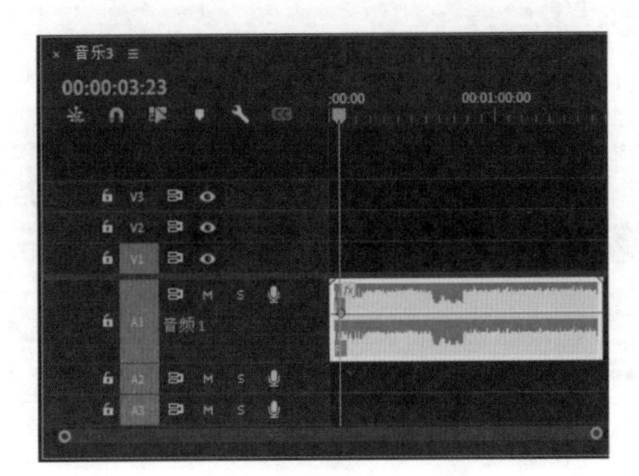

图3-32

Step05：选择新添加的关键帧，按住鼠标左键并向下拖曳，使音频素材逐渐淡入，如图 3-33 所示。

Step06：使用同样的方法，在 00:00:13:02 的位置处添加一个淡入关键帧，如图 3-34 所示。

图3-33

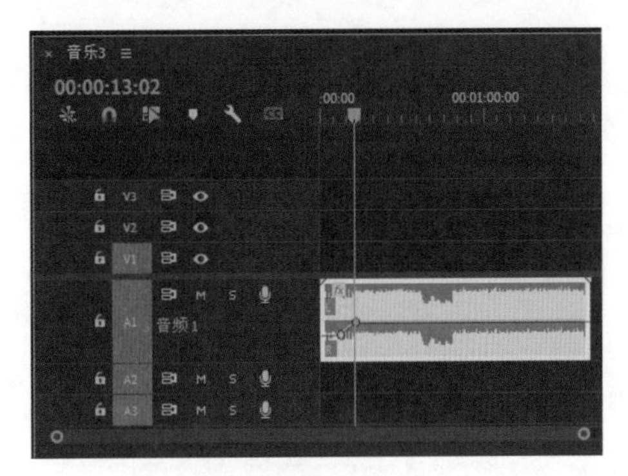

图3-34

Step07：将时间线移至 00:01:29:11 的位置，在按住 Ctrl 键的同时，在时间线位置处单击鼠标左键，添加一个淡出关键帧，如图 3-35 所示。

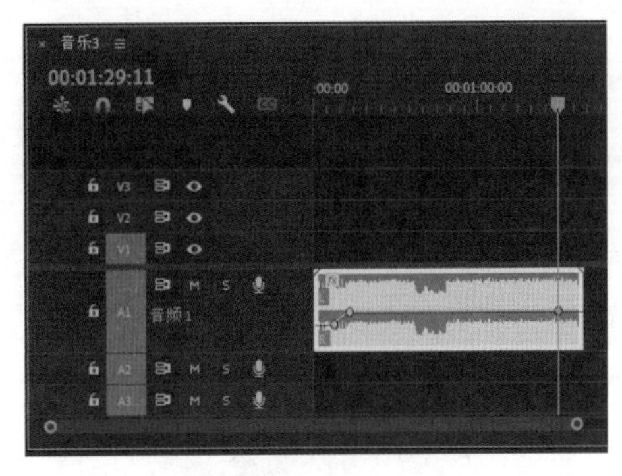

图3-35

Step08：将时间线移至 00:01:34:17 的位置，在按住 Ctrl 键的同时，在时间线位置处单击鼠标左键，添加一个淡出关键帧，选择新添加的关键帧，按住鼠标左键并向下拖曳，使音频素材逐渐淡出，如图 3-36 所示。

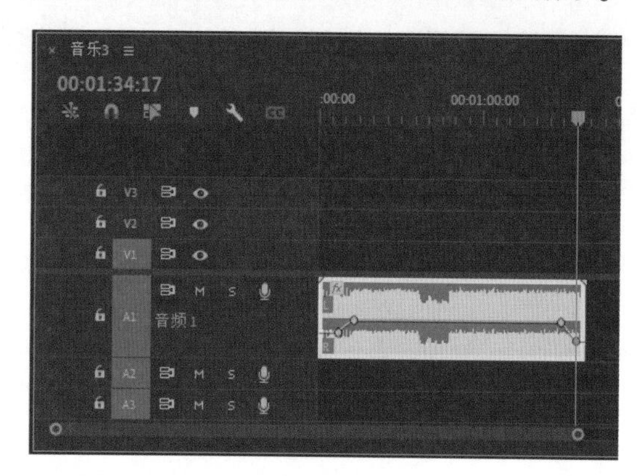

图3-36

Step09：完成声音淡入淡出效果的制作，在【节目监视器】面板中，单击【播放 - 停止切换】按钮，试听淡入淡出的声音效果。

3.3 音频效果应用实战

为了制作出优美动听的混响和震撼音感效果，需要为音频素材添加各种音频效果。本节将详细介绍应用音频效果的具体方法。

3.3.1 实战 5：使用环绕声混响效果制作混声音效

使用【环绕声混响】音频效果可以模拟声音在房间中的效果和氛围。其具体的操作方法如下：

Step01：新建一个名称为【3.3.1】的项目文件，然后在【项目】面板中导入【音乐 4】音频文件，如图 3-37 所示。

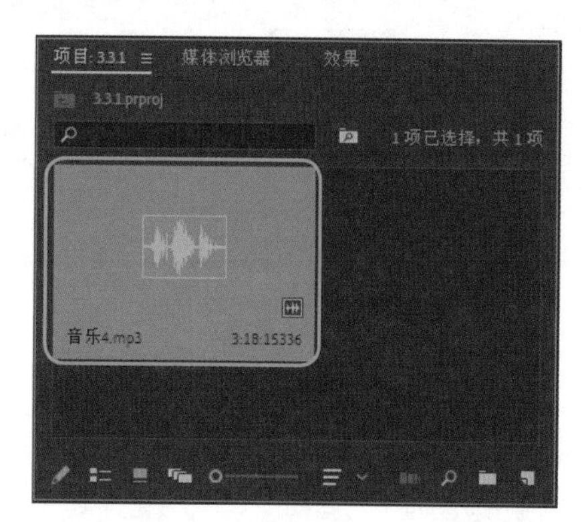

图3-37

Step02：在【项目】面板中选择【音乐 4】音频文件，按住鼠标左键并拖曳，将其添加至【时间轴】面板中的音频轨道上，【时间轴】面板将自动新建一个序列文件，如图 3-38 所示。

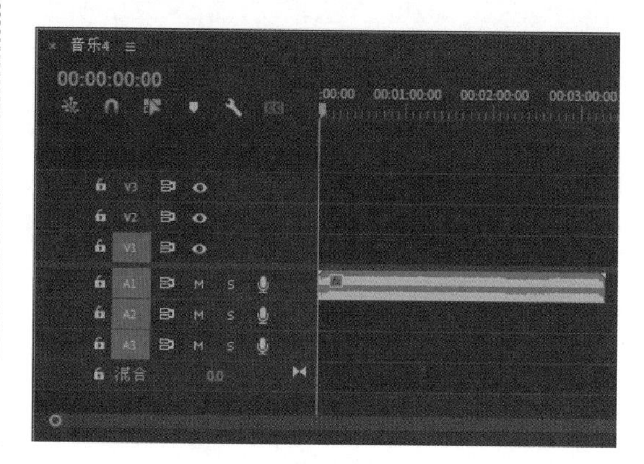

图3-38

Step03：在【效果】面板中，❶展开【音频效果】列表框，选择【混响】选项，❷再次展开列表框，选择【环绕声混响】音频效果，如图 3-39 所示。

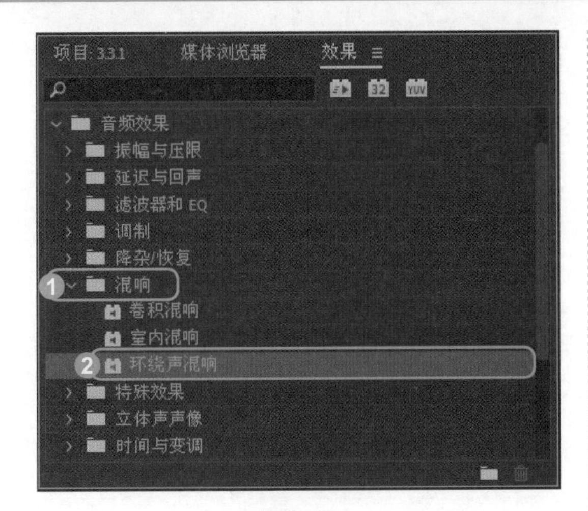

图3-39

Step04：按住鼠标左键并拖曳，将其添加至【时间轴】面板的音频素材上，然后选择音频轨道上的音频素材，在【效果控件】面板的【环绕声混响】选项区中，单击【编辑】按钮，如图 3-40 所示。

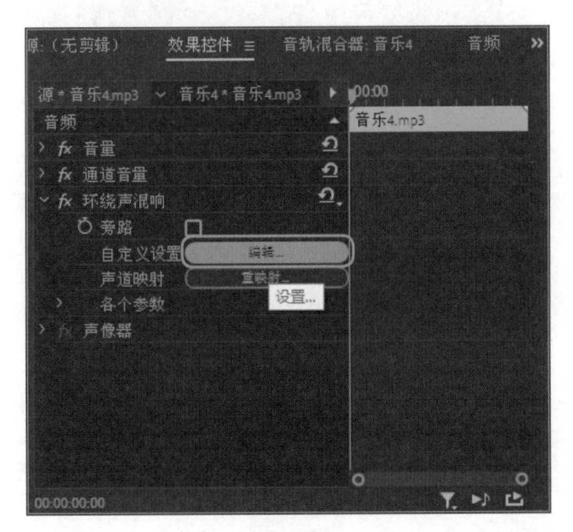

图3-40

Step05：打开【剪辑效果编辑器 - 环绕声混响】对话框，修改各个参数值，如图 3-41 所示。

Step06：关闭对话框，完成环绕声混响特效的应用，在【节目监视器】面板中，单击【播放 - 停止切换】按钮，试听应用环绕声混响特效后的声音效果。

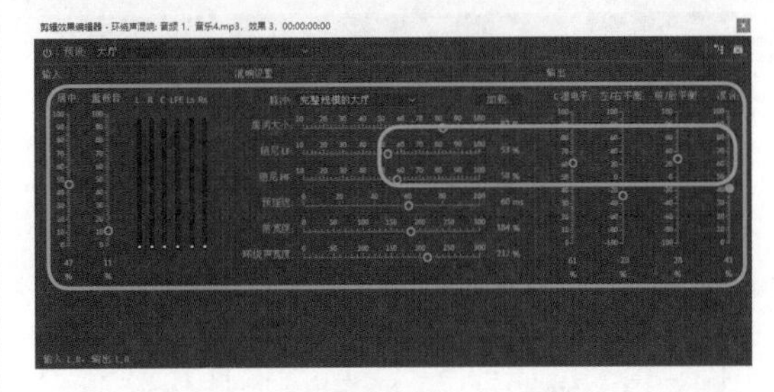

图3-41

3.3.2 实战 6：使用室内混响效果制作混声音效

使用【室内混响】特效可以模拟房间内部的声波传播方式，产生一种室内回声效果，能够体现出宽阔回声的真实效果。其具体操作方法如下：

Step01：新建一个名称为【3.3.2】的项目文件，然后在【项目】面板中导入【音乐 5】音频文件，如图 3-42 所示。

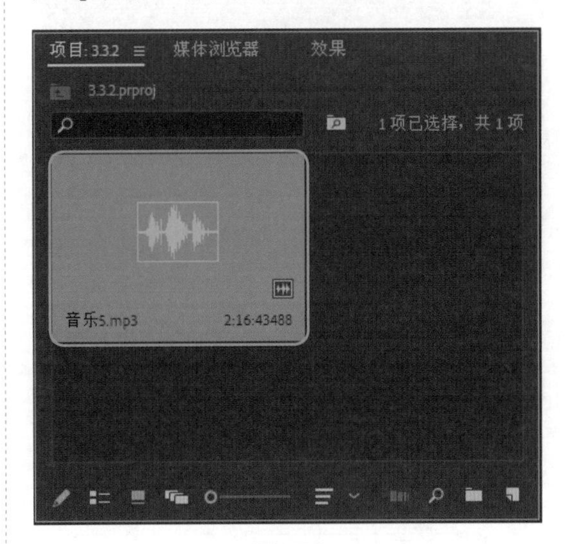

图3-42

Step02：在【项目】面板中选择【音乐 5】音频文件，按住鼠标左键并拖曳，将其添加至【时间轴】面板中的音频轨道上，【时间轴】面板将自动新建一个序列文件，如图 3-43 所示。

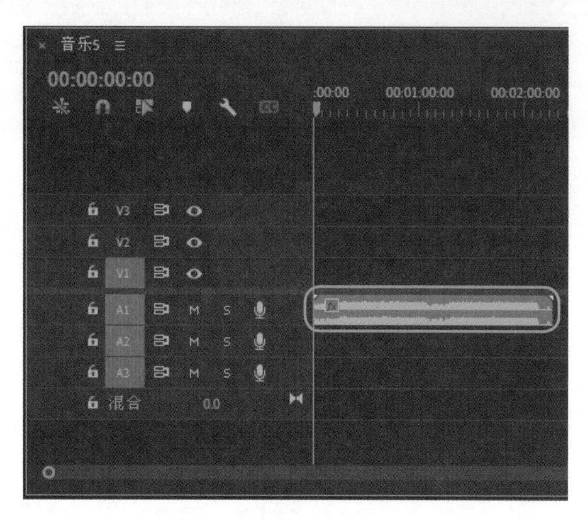

图3-43

Step03：在【效果】面板中，❶展开【音频效果】列表框，选择【混响】选项，❷再次展开列表框，选择【室内混响】音频效果，如图 3-44 所示。

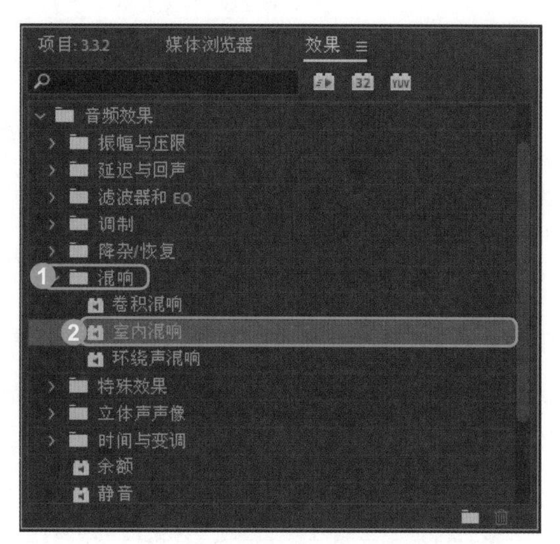

图3-44

Step04：按住鼠标左键并拖曳，将其添加至【时间轴】面板的音频素材上，然后选择音频轨道上的音频素材，在【效果控件】面板的【室内混响】选项区中，单击【编辑】按钮，如图 3-45 所示。

Step05：打开【剪辑效果编辑器 - 室内混响】对话框，依次修改各参数值，如图 3-46 所示。

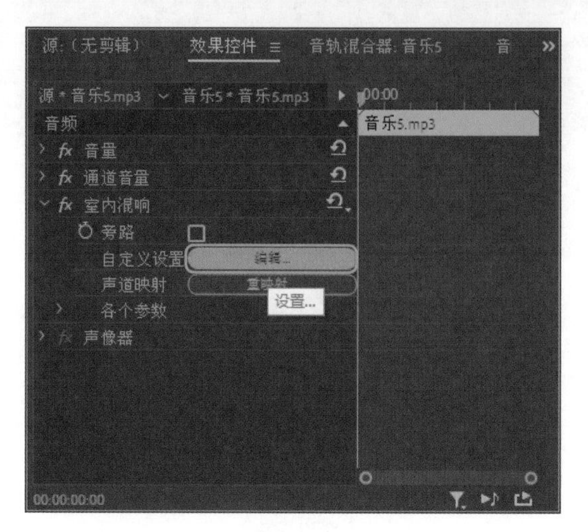

图3-45

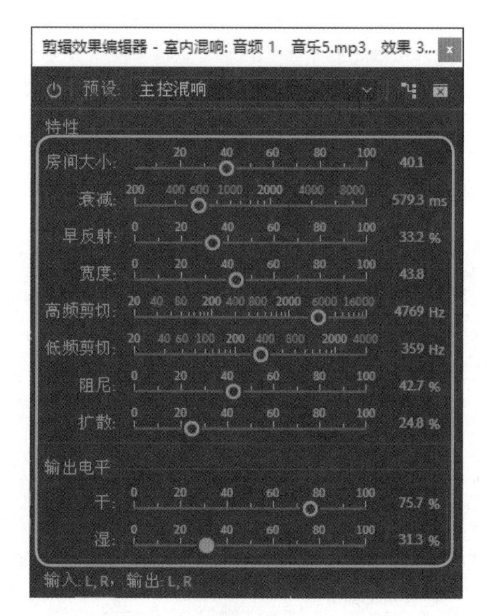

图3-46

Step06：关闭对话框，完成室内混响特效的应用，在【节目监视器】面板中，单击【播放 - 停止切换】按钮，试听应用室内混响特效后的声音效果。

3.3.3 实战 7：使用扭曲效果制作震撼音感

使用【扭曲】视频效果可以将少量砾石和饱和效果应用于任何音频。其具体的操作方法如下：

Step01：新建一个名称为【3.3.3】的项目文件，在【项目】面板中导入【音乐6】音频文件，如图3-47所示。

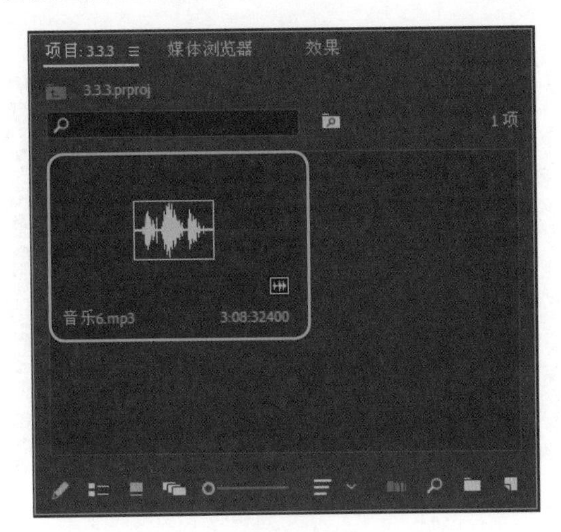

图3-47

Step02：在【项目】面板中选择【音乐6】音频文件，按住鼠标左键并拖曳，将其添加至【时间轴】面板中的音频轨道上，【时间轴】面板将自动新建一个序列文件，如图3-48所示。

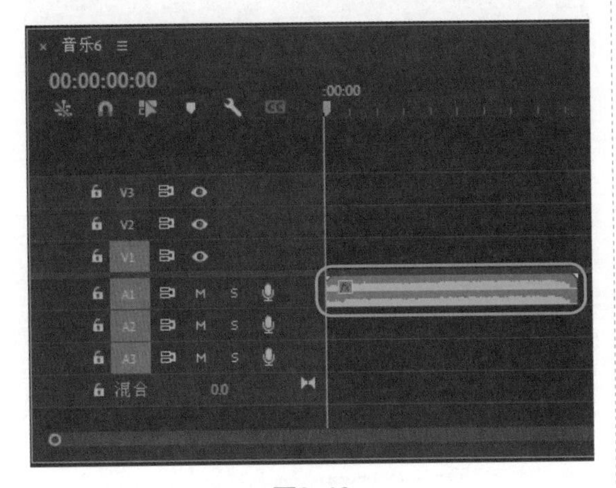

图3-48

Step03：在【效果】面板中，❶展开【音频效果】列表框，选择【特殊效果】选项，❷再次展开列表框，选择【扭曲】音频效果，如图3-49所示。

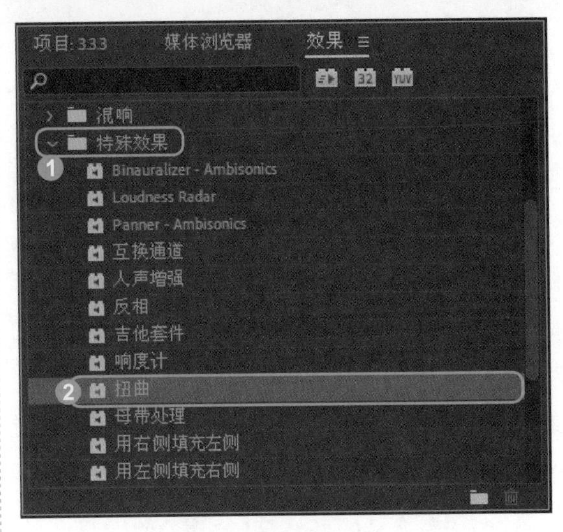

图3-49

Step04：按住鼠标左键并拖曳，将其添加至【时间轴】面板的音频素材上，然后选择音频轨道上的音频素材，在【效果控件】面板的【扭曲】选项区中，单击【编辑】按钮，如图3-50所示。

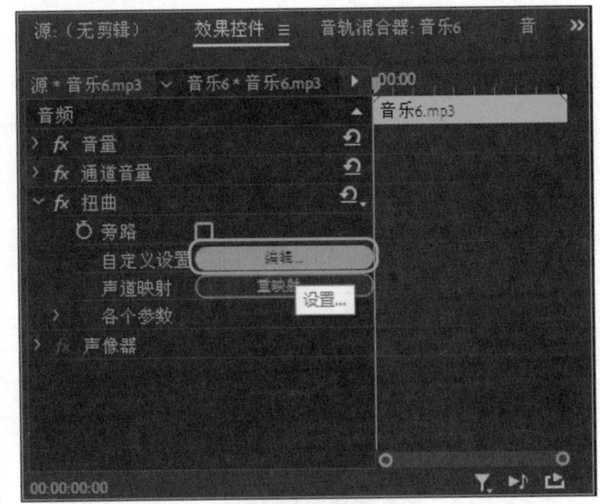

图3-50

Step05：打开【剪辑效果编辑器 - 扭曲】对话框，依次修改各参数值，如图3-51所示。

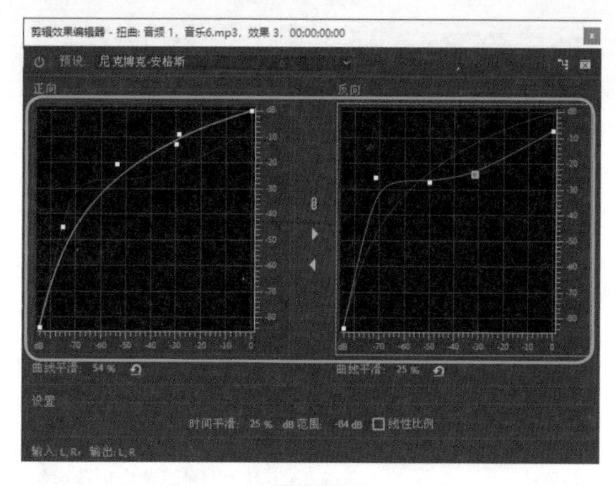

图3-51

Step06：关闭对话框，完成扭曲特效的应用，在【节目监视器】面板中，单击【播放-停止切换】按钮，试听应用扭曲音频效果后的震撼效果。

3.3.4 实战 8：使用强制限幅效果制作震撼音感

使用【强制限幅】音频效果可以控制音频素材的频率，其具体的操作如下：

Step01：新建一个名称为【3.3.4】的项目文件，在【项目】面板中导入【音乐 7】音频文件，如图 3-52 所示。

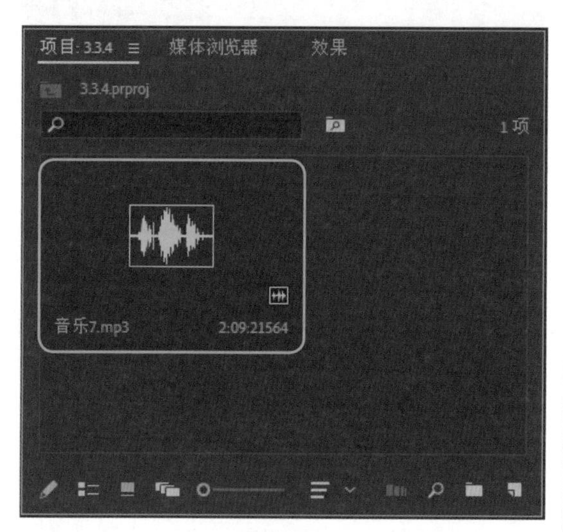

图3-52

Step02：在【项目】面板中选择【音乐 7】音频文件，按住鼠标左键并拖曳，将其添加至【时间轴】面板中的音频轨道上，【时间轴】面板将自动新建一个序列文件，如图 3-53 所示。

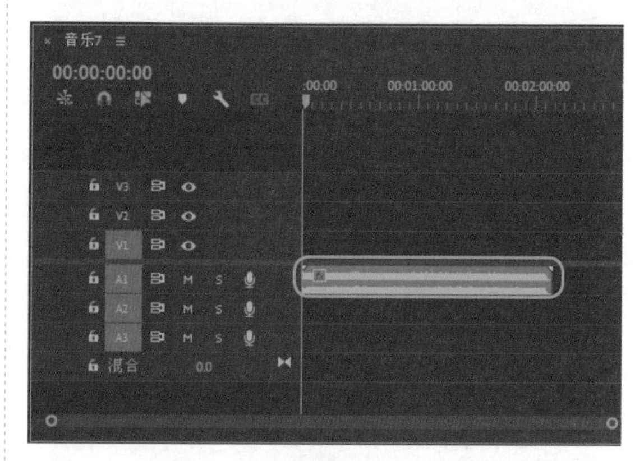

图3-53

Step03：在【效果】面板中，❶展开【音频效果】列表框，选择【振幅与压限】选项，❷再次展开列表框，选择【强制限幅】音频效果，如图 3-54 所示。

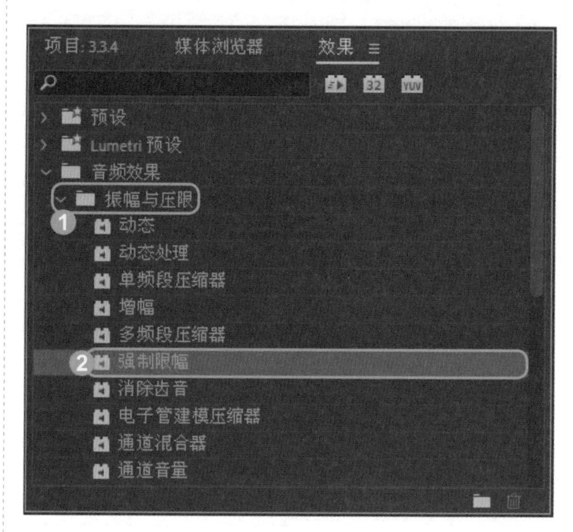

图3-54

Step04：按住鼠标左键并拖曳，将其添加至【时间轴】面板的音频素材上，然后选择音频轨道上的音频素材，在【效果控件】面板的【强制限幅】选项区中，单击【编辑】按钮，如图 3-55 所示。

图3-55

Step05：打开【剪辑效果编辑器 - 强制限幅】对话框，依次修改各参数值，如图 3-56 所示。

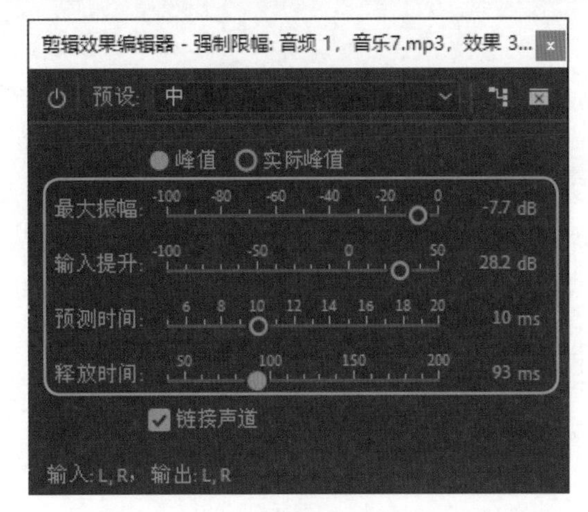

图3-56

Step06：关闭对话框，完成强制限幅特效的应用，在【节目监视器】面板中，单击【播放 - 停止切换】按钮，试听应用强制限幅音频效果后的震撼音感效果。

第 4 章

添加字幕

- Premiere Pro 2022中创建字幕的方法有哪些？
- Premiere Pro 2022中字幕的面板包含哪些部分？
- Premiere Pro 2022中如何制作出各种字幕效果？

字幕的主要作用是在片段之间起到过渡作用，可以用来介绍人物和场景，还可以在视频作品的开头部分制造悬链，更可以用来显示作品的标题名称。本章将详细讲解字幕的添加与编辑等知识。学完这一章的内容，你就能解决上述问题了。

4.1 认识视频字幕

字幕是一个独立的文件，其作用是用来点明作品的主题。在进行视频字幕的制作之前，需要先了解视频字幕的创建方法，还需要认识字幕面板。本节将对视频字幕的相关基础知识进行详细讲解。

4.1.1 创建字幕

Premiere 中的字幕包含水平字幕、垂直字幕、动态字幕等，不同类型的字幕文件的创建方法也不同。下面将详细讲解创建字幕的方法。

1. 创建水平字幕

水平字幕是指沿水平方向分布的字幕类型。创建水平字幕的方法很简单，用户只需要在【工具箱】面板中单击【文字工具】按钮，然后在【节目监视器】面板中的空白处单击鼠标左键，在弹出的文本输入框中输入水平字幕即可，如图 4-1 所示。

图4-1

2. 创建垂直字幕

垂直字幕是指沿垂直方向分布的字幕类型。创建垂直字幕的方法很简单，用户只需要在【工具箱】面板中单击【文字工具】右侧的下三角按钮，在弹出的下拉菜单中单击【垂直文字工具】按钮，然后在【节目监视器】面板中的空白处单击鼠标左键，在弹出的文本输入框中输入垂直字幕即可，如图 4-2 所示。

图4-2

3. 创建动态字幕

动态字幕是指带有动画效果的字幕，在【基本图形】面板的【模板】列表框中可以直接选择模板完成动态字幕的创建。创建动态字幕的方法很简单，用户只需要打开【基本图形】面板，在【我的模板】列表框中选择合适的字幕文件即可，如图 4-3 所示。

图4-3

然后选择字幕文件，按住鼠标左键并拖曳，将选择的字幕文件添加至【时间轴】面板的视频轨道上即可，如图 4-4 所示，再对字幕文件内容进行修改即可。

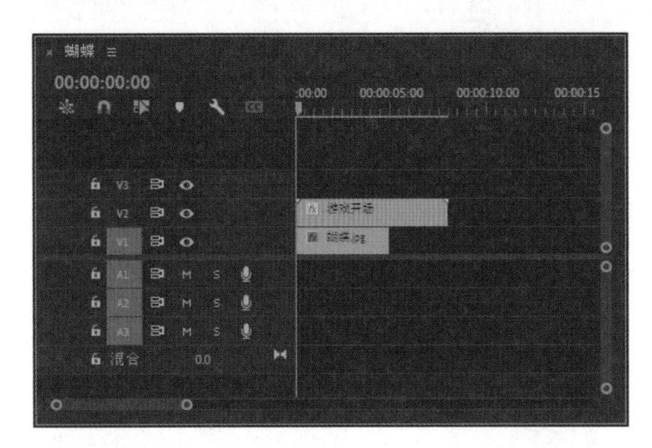

图4-4

4. 创建旧版标题

旧版标题是指以前旧版本软件中的字幕文件，创建旧版标题的方法很简单，用户只需要执行【文件】|【新建】|【旧版标题】命令即可，如图 4-5 所示。

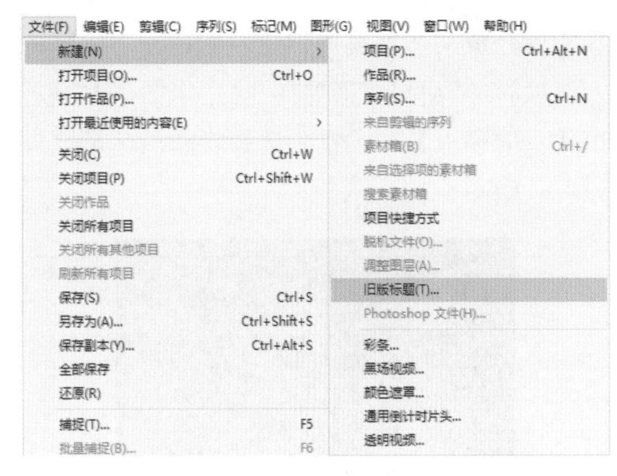

图4-5

打开【新建字幕】对话框，如图 4-6 所示，在对话框中可以设置视频的宽度、高度、像素长宽比和字幕名称等参数。

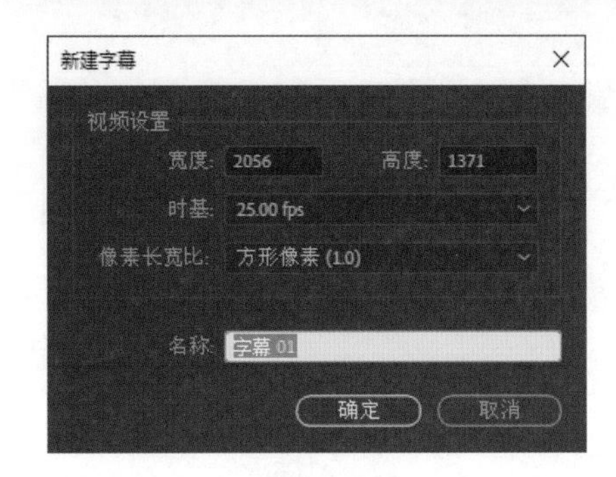

图4-6

在【新建字幕】对话框中单击【确定】按钮，打开【字幕】面板，在该面板中可以设置字幕的属性参数。

4.1.2 字幕面板

在创建字幕时，都会用到【字幕】面板，通过【字幕】面板可以对字幕的属性参数进行设置。【字幕】面板主要由字幕栏、工具箱、字幕动作栏、属性区组成，如图 4-7 所示。

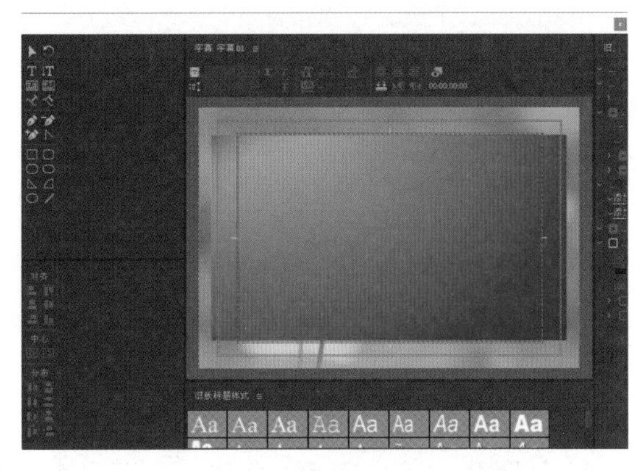

图4-7

1. 字幕栏

字幕栏位于【字幕】面板的上方，主要用于调整字幕的滚动、字体大小和对齐方式等，如图 4-8 所示。

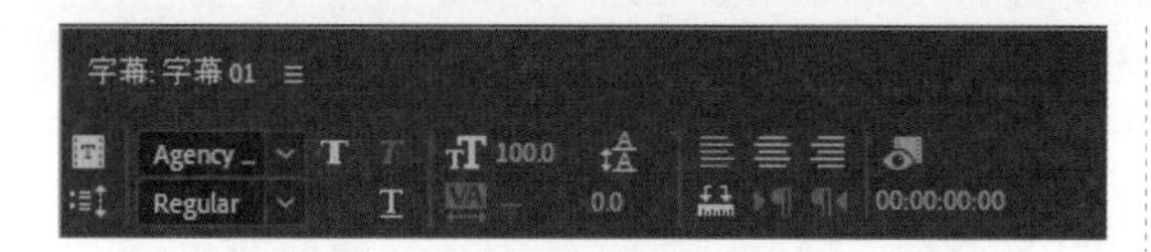

图4-8

在字幕栏中，各选项的含义如下：

【基于当前字幕新建字幕】按钮：单击按钮，可以在当前字幕的基础上创建一个新的【字幕】面板。

【滚动 / 游动选项】按钮：单击按钮，将打开【滚动 / 游动选项】对话框，如图 4-9 所示，在该对话框中可以设置字幕的类型、滚动方向和时间帧。

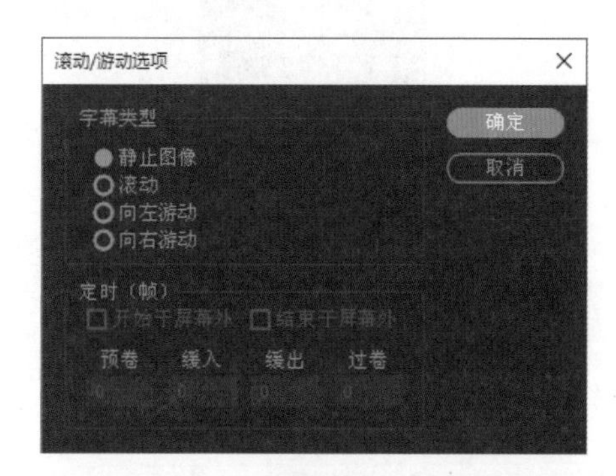

图4-9

- 【字体】列表框：用于设置字体的系列。
- 【字体类型】列表框：用于设置字体的类型。
- 【粗体】按钮：单击按钮，可以加粗字幕。
- 【斜体】按钮：单击按钮，可以倾斜字幕。
- 【下划线】按钮：单击按钮，可以为字幕添加下划线效果。
- 【大小】按钮：用于调整字幕的字号大小。
- 【字偶间距】按钮：用于调整字幕之间的间距。
- 【行距】按钮：用于设置每行字幕之间的间距。
- 【左对齐】按钮：单击按钮，将字幕进行左对齐操作。
- 【居中对齐】按钮：单击按钮，将字幕进行居中对齐操作。
- 【右对齐】按钮：单击按钮，将字幕进行右对齐操作。
- 【显示背景视频】按钮：单击按钮，将显示当前视频时间位置视频轨道上的素材效果并显示出时间码。

2. 工具箱

【字幕】面板左侧的工具箱中包含选择工具、旋转工具、文字工具、垂直文字工具、区域文字工具、垂直区域文字工具、路径文字工具、垂直路径文字工具以及钢笔工具等，主要用于输入、移动各种文本和绘制各种图形，如图 4-10 所示。

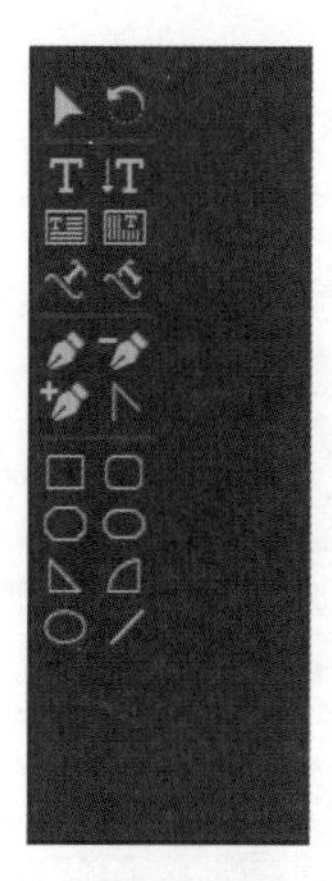

图4-10

在工具箱中，各选项的含义如下：

- 选择工具：选择该工具，可以对已经存在的图形及文字进行选择。
- 旋转工具：选择该工具，可以对已经存在的图形及文字进行旋转。
- 文字工具：选择该工具，可以在绘图区中输入文本。
- 垂直文字工具：选择该工具，可以在绘图区中输入垂直文本。

- 区域文字工具：选择该工具，可以制作段落文本，适用于文本较多的时候。
- 垂直区域文字工具：选择该工具，可以制作垂直段落文本。
- 路径文字工具：选择该工具，可以制作出水平路径效果文本。
- 垂直路径文字工具：选择该工具，可以制作出垂直路径效果文本。
- 钢笔工具：选择该工具，可以勾画复杂的轮廓和定义多个锚点。
- 删除锚点工具：选择该工具，可以在轮廓线上删除锚点。
- 添加锚点工具：选择该工具，可以在轮廓线上添加锚点。
- 转换锚点工具：选择该工具，可以调整轮廓线上锚点的位置和角度。
- 矩形工具：选择该工具，可以创建矩形。
- 圆角矩形工具：选择该工具，可以绘制出圆角的矩形。
- 切角矩形工具：选择该工具，可以绘制出切角的矩形。
- 圆角矩形工具：选择该工具，比上一个圆角矩形工具绘制出的形状更加圆滑。
- 楔形工具：选择该工具，可以绘制出楔形的图形。
- 弧形工具：选择该工具，可以绘制出弧形。
- 椭圆工具：选择该工具，可以绘制出椭圆形图形。
- 直线工具：选择该工具，可以绘制出直线图形。

3. 字幕动作栏

【字幕动作栏】面板位于【字幕】面板的左下方，主要用于对多个字幕或形状进行对齐与分布设置，如图 4-11 所示。

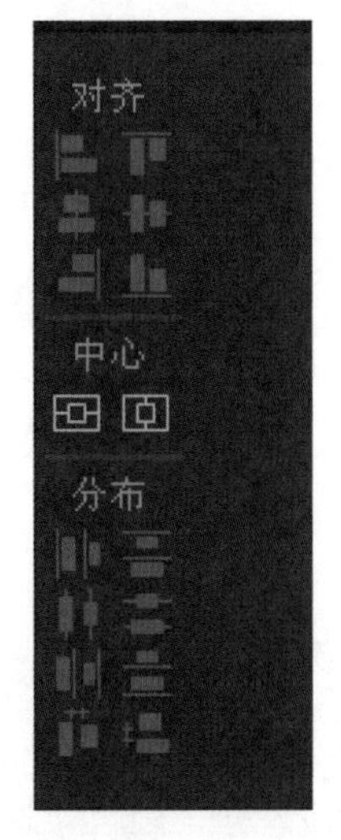

图4-11

在【字幕动作栏】面板中，各选项的含义如下：

- 【对齐】选项区：用于设置文本对象的基准对齐位置。
- 【中心】选项区：用于设置文本在预览窗口中的中心位置。
- 【分布】选项区：用于设置文本在预览窗口的分布位置。

4. 旧版标题属性

【旧版标题属性】面板位于【字幕编辑】面板的右侧，如图 4-12 所示，该面板主要用于字幕的填充颜色、字体属性、描边颜色和阴影等效果的设置。

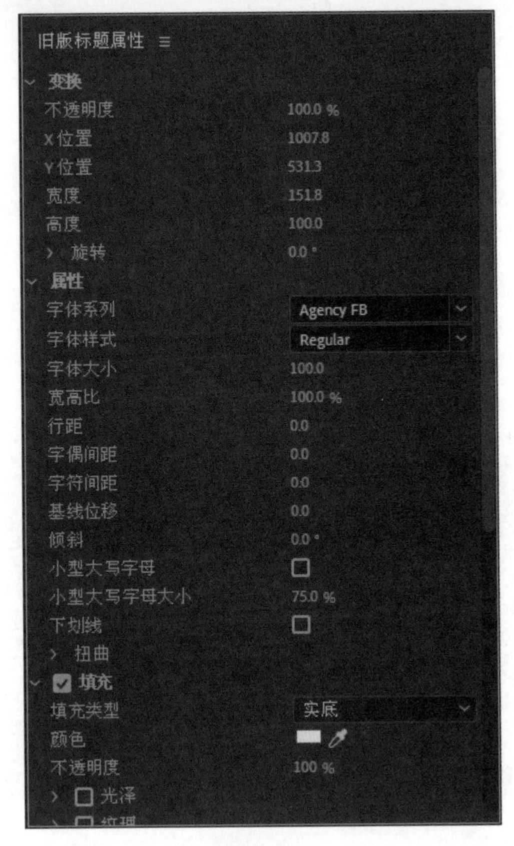

图4-12

【旧版标题属性】面板中包含【变换】【属性】【填充】【描边】以及【阴影】等属性类型。下面将对各选项区进行详细介绍。

（1）【变换】选项区

【旧版标题属性】面板中的【变换】选项区，主要用于对文字进行移动、调整大小或旋转操作，如图4-13所示。

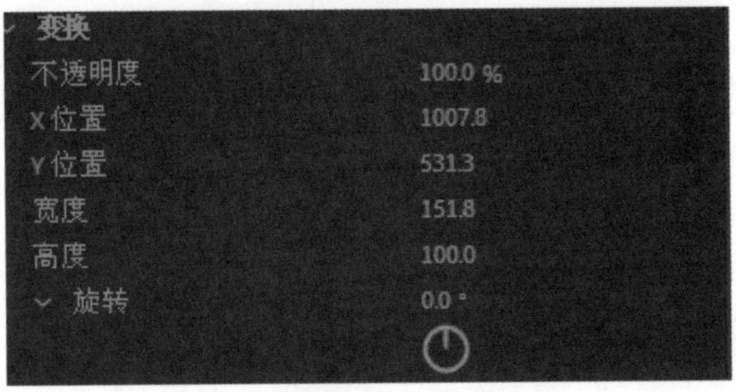

图4-13

在【变换】选项区中，各主要选项的含义如下：

- 不透明度：用于设置文本的不透明度。
- X位置：用于设置文本在X轴的位置。
- Y位置：用于设置文本在Y轴的位置。
- 宽度：用于设置文本宽度。
- 高度：用于设置文本高度。
- 旋转：用于设置文本的旋转角度。

（2）【属性】选项区

【属性】选项区可以调整字幕文本的字体类型、大小、颜色、行距、字符间距及为字幕添加下划线等属性。单击“属性”选项左侧的三角形按钮，展开该选项，其中各参数如图4-14所示。

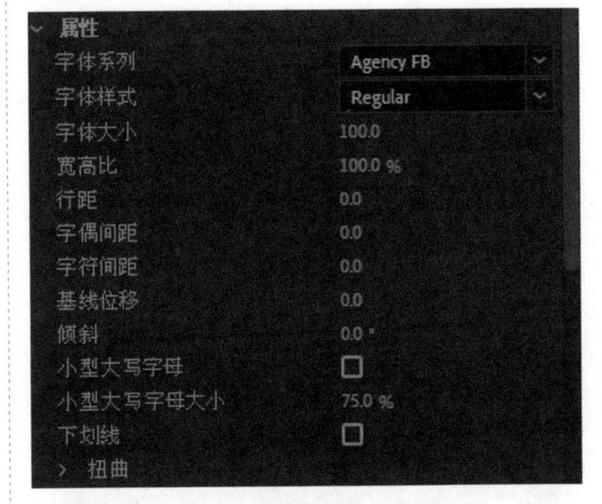

图4-14

在【属性】选项区中，各主要选项的含义如下：

- 字体系列：用于设置文本的字体。
- 字体样式：用于设置文本的字体样式。
- 字体大小：用于设置当前选择的文本的字体大小。
- 宽高比：用于设置文本的长度和宽度比例。
- 行距：用于设置文本之间的行间距或列间距。
- 字偶间距：用于设置各个文本之间的间隔距离。
- 字符间距：在字偶间距的基础上进一

步设置文本之间的间距。

- 基线位移：在保持文字行距和大小不变的情况下，改变文本在文字块内的位置，或将文本更远地偏离路径。
- 倾斜：用于调整文本的倾斜角度，当数值为0时，表示文本没有任何倾斜度；当数值大于0时，表示文本向右倾斜；当数值小于0时，表示文本向左倾斜。
- 小型大写字母：选中该复选框，则选择的所有字母将变为大写。
- 小型大写字母大小：用于设置大写字母的尺寸。
- 下划线：勾选该复选框，则可为文本添加下划线。
- 扭曲：用于设置在X轴或Y轴方向的扭曲变形。

（3）【填充】选项区

【填充】选项区主要是用来控制字幕的填充类型、颜色、透明度以及为字幕添加材质和光泽属性，单击【填充】选项左侧的三角形按钮，展开该选项，其中各参数如图 4-15 所示。

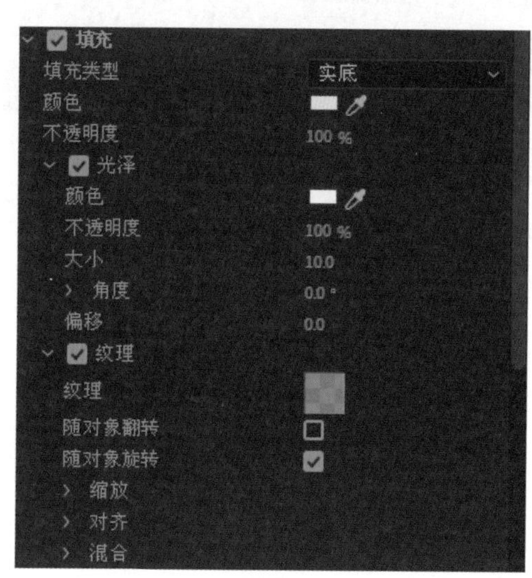

图4-15

在【填充】选项区中，各主要选项的含义如下：

- 填充类型：单击【填充类型】右侧的下三角按钮，在弹出的列表框中选择不同的选项，可以制作出不同的填充效果。
- 颜色：单击其右侧的颜色色块，打开【拾色器】对话框，在该对话框中可以调整文本的颜色，如图4-16所示。

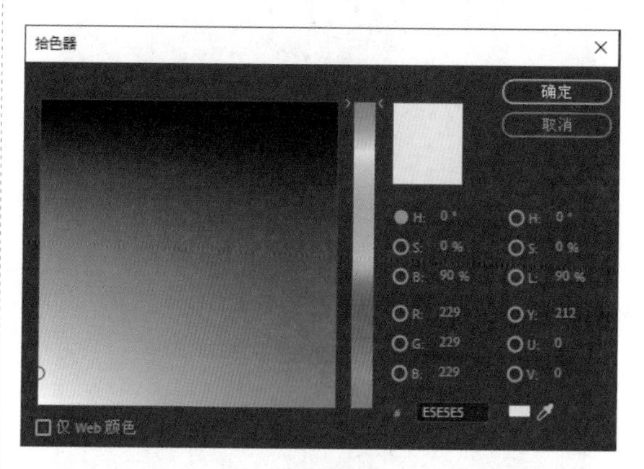

图4-16

- 不透明度：用于调整文本颜色的透明度。
- 光泽：勾选该复选框，并单击左侧的【展开】按钮，展开具体的【光泽】参数设置，可以在文本上加入光泽效果。
- 纹理：勾选该复选框，并单击左侧的【展开】按钮，展开具体的【纹理】参数设置，可以对文本进行纹理贴图方面的设置，从而使字幕更加生动和美观。

（4）【描边】选项区

在【描边】选项区中可以为字幕添加描边效果。单击【描边】选项左侧的三角形按钮，展开该选项，其中各参数如图 4-17 所示。

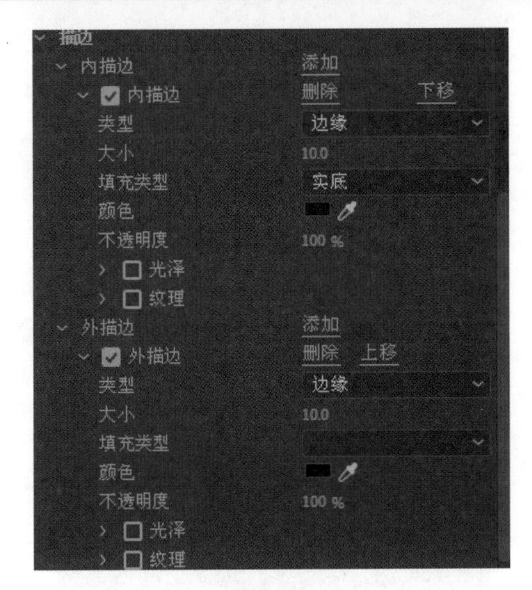

图4-17

在【描边】选项区中，各主要选项的含义如下：

- 类型：单击【类型】右侧的下三角按钮，弹出下拉列表，该列表中包括【深度】【边缘】和【凹进】3个选项。
- 角度：用于设置轮廓线的角度。
- 强度：用于设置轮廓线的强度。
- 填充类型：用于设置轮廓的填充类型。
- 大小：用于设置轮廓线的大小。
- 颜色：单击右侧的颜色色块，可以改变轮廓线的颜色。
- 不透明度：用于设置文本轮廓的透明度。
- 光泽：勾选该复选框，可为轮廓线加入光泽效果。
- 纹理：勾选该复选框，可为轮廓线加入梳理效果。

（5）【阴影】选项区

【阴影】选项区可以为字幕设置阴影属性，该选项区是一个可选效果，用户只有在勾选【阴影】复选框后，才可以添加阴影效果。单击【阴影】选项左侧的三角形按钮，展开该选项，其中各参数如图 4-18 所示。

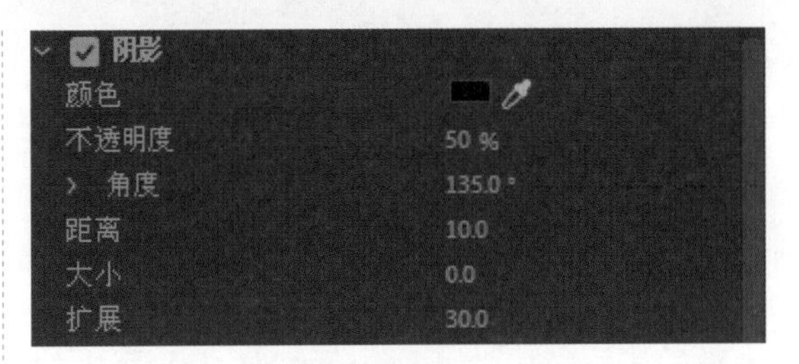

图4-18

在【阴影】选项区中，各主要选项的含义如下：

- 颜色：用于设置阴影的颜色。
- 不透明度：用于设置阴影的不透明度。
- 角度：用于设置阴影的角度。
- 距离：用于调整阴影和文字的距离，数值越大，阴影与文字的距离越远。
- 大小：用于放大或缩小阴影的尺寸。
- 扩展：为阴影效果添加羽化并产生扩散效果。

（6）【背景】选项区

【背景】选项区可以对工作区域内的背景部分进行更改处理，该选项区是一个可选效果，用户只有在勾选【背景】复选框后，才可以添加阴影效果。单击【背景】选项左侧的三角形按钮，展开该选项，其中各参数如图 4-19 所示。

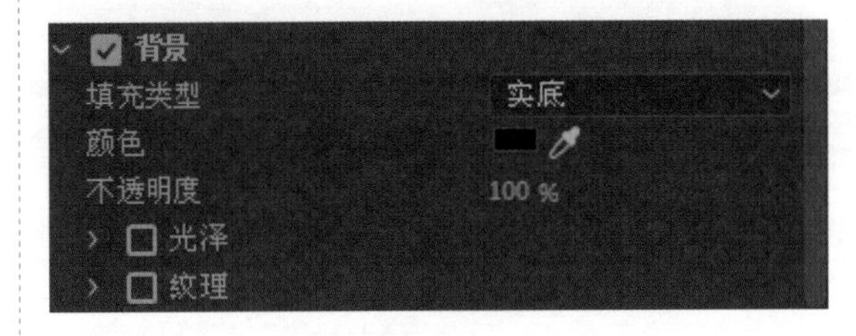

图4-19

在【背景】选项区中，各主要选项的含义如下：

- 填充类型：用于设置文字的背景填充类型。
- 颜色：用于设置背景的填充颜色。
- 不透明度：用于设置背景填充色的不透明度。

5. 旧版标题样式

默认情况下，在工作区域中输入的文字是不添加任何特效的，也不附带任何特殊字体样式。为了快速给文本添加特殊效果，可以在【旧版标题样式】列表框中直接选择字体样式进行套用。【旧版标题样式】面板如图 4-20 所示。

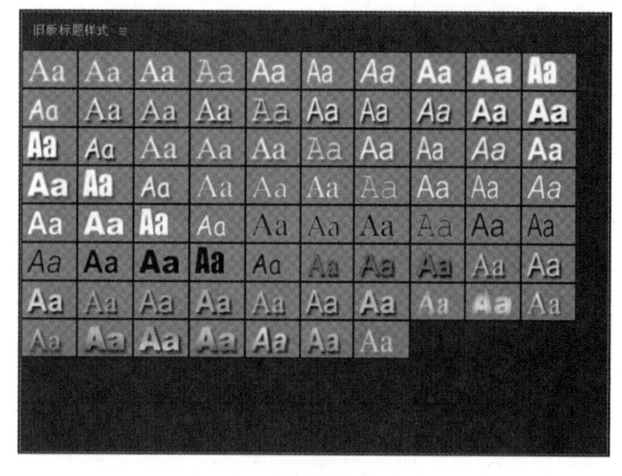

图4-20

在【旧版标题样式】面板中，单击右侧的≡按钮，在弹出的下拉菜单中选择不同的命令可以执行不同的操作，如图 4-21 所示。

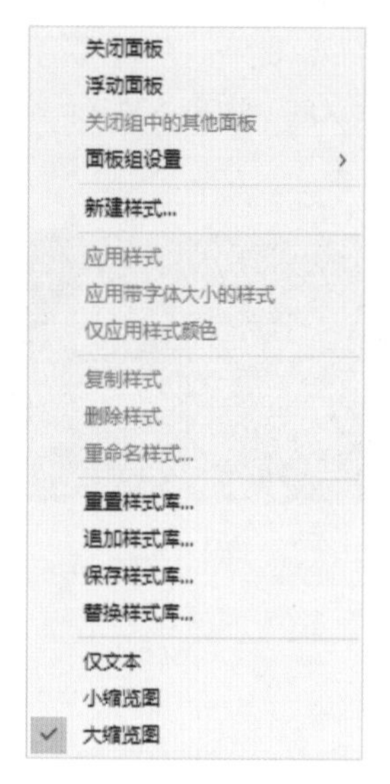

图4-21

在下拉菜单中，各选项的含义如下：

- 关闭面板：执行该命令，可以隐藏【旧版标题样式】面板。
- 浮动面板：执行该命令，可以浮动【旧版标题样式】面板。
- 关闭组中的其他面板：执行该命令，可以关闭面板组中的其他面板。
- 新建样式：执行该命令，打开【新建样式】对话框，在对话框中输入新的样式名称，单击【确定】按钮，将新建样式，如图4-22所示。

图4-22

- 应用样式：执行该命令，可以对文字样式进行设置。
- 应用带字体大小的样式：执行该命令，可以为选择的文本应用该样式的全部属性。
- 仅应用样式颜色：执行该命令，可以对样式的颜色进行设置。
- 复制样式：执行该命令，可以复制样式。
- 删除样式：执行该命令，可以删除不需要的样式。
- 重命名样式：执行该命令，可以对样式进行重命名操作。
- 重置样式库：执行该命令，可以还原样式库。
- 追加样式库：执行该命令，可以添加新的样式种类。
- 保存样式库：执行该命令，可以保存样式库。
- 替换样式库：执行该命令，可以打开一个新的样式库，并进行调换操作。
- 仅文本：执行该命令，则样式库中只显示样式的名称。

4.2 制作常见字幕

在掌握了创建字幕和字幕面板的基础知识后，还需要通过字幕案例实战巩固字幕知识。本节将对各种常见字幕的制作方法进行详细讲解。

4.2.1 实战 1：制作影片片尾字幕

影片片尾字幕是指电影谢幕后的字幕效果，其字幕内容包含演员表、导演、编剧、灯光、美术、造型、摄影等。影片片尾字幕主要通过【文字工具】按钮进行制作，其具体的操作方法如下：

Step01：新建一个名称为【4.2.1】的项目文件，在【项目】面板中导入【背景】图像文件，如图 4-23 所示。

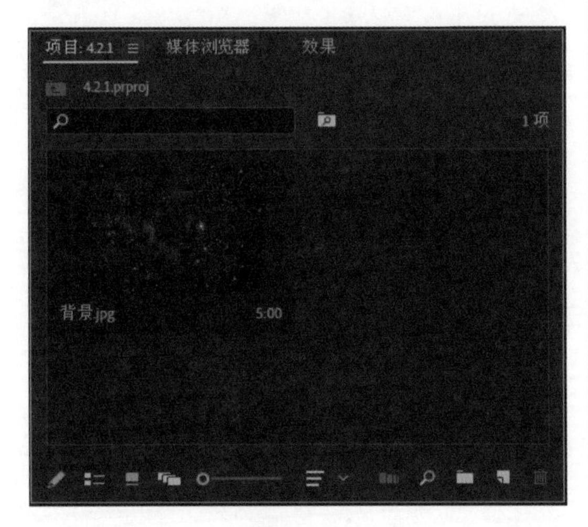

图4-23

Step02：在【项目】面板中，选择【背景】图像文件，按住鼠标左键并拖曳，将其添加至【时间轴】面板的【视频 1】轨道上，将自动添加一个序列文件，如图 4-24 所示。

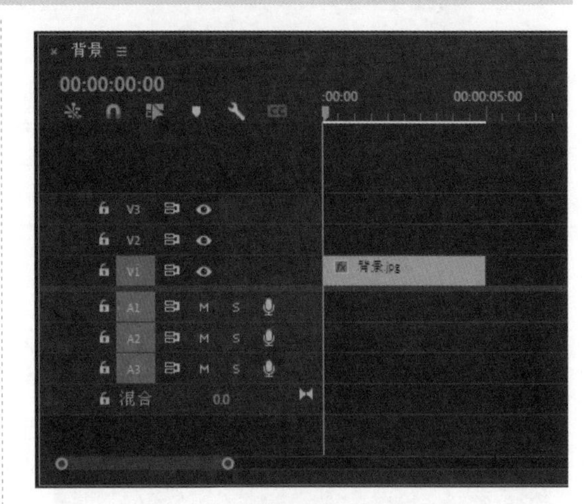

图4-24

Step03：在【节目监视器】面板中，预览图像文件效果，如图 4-25 所示。

图4-25

Step04：在【工具】面板中，单击【文字工具】按钮，如图 4-26 所示。

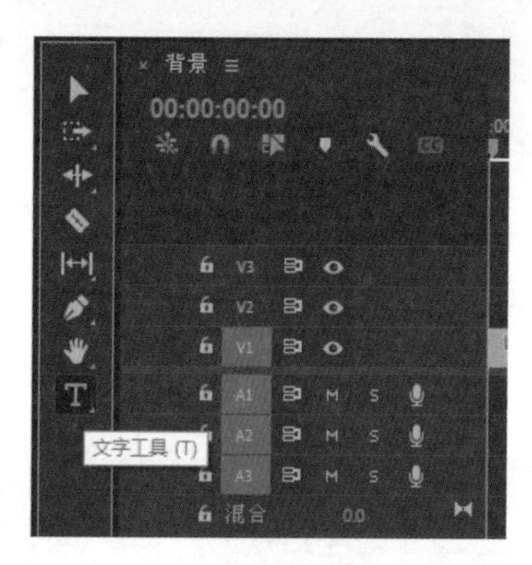

图4-26

Step05：在【节目监视器】面板中的空白处，单击鼠标左键，弹出文本输入框，输入标题字幕，如图 4-27 所示。

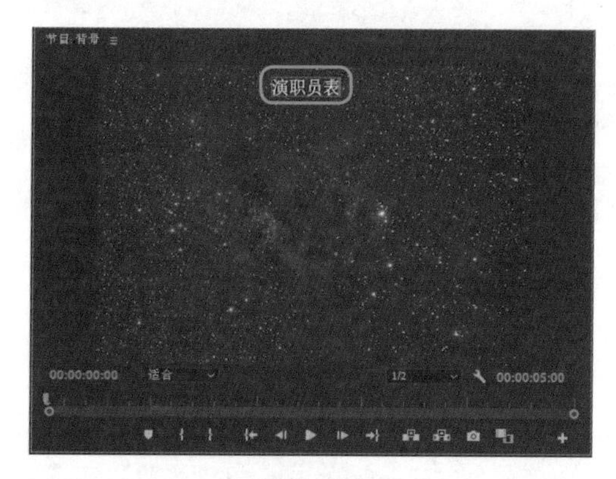

图4-27

Step06：使用同样的方法，在【节目监视器】面板中输入其他的片尾字幕，如图 4-28 所示。

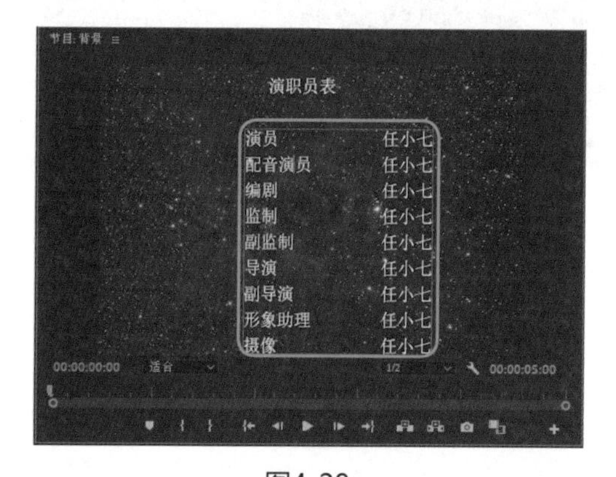

图4-28

Step07：选择最上方的标题字幕，在【效果控件】面板中，展开对应的【文本】选项区，修改字体格式为方正兰亭大黑简体、161，如图 4-29 所示。

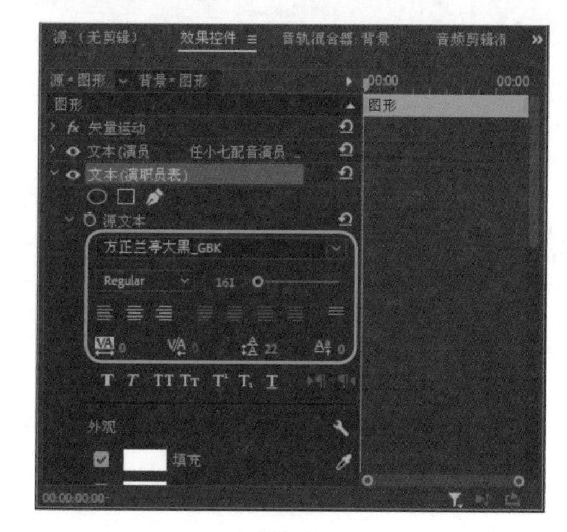

图4-29

技术看板

在【文本】选项区中，各常用选项的含义如下：

- 源文本：用于设置文本的字体样式和字号等属性参数。
- 填充：用于更改文本的颜色。
- 描边：用于更改文本的描边（边框）。
- 背景：用于更改文本的背景效果。
- 阴影：用于更改文本的阴影，调整各种阴影属性。

Step08：完成字体格式的修改，然后在【节目监视器】面板中，将标题字幕移动至合适的位置，如图 4-30 所示。

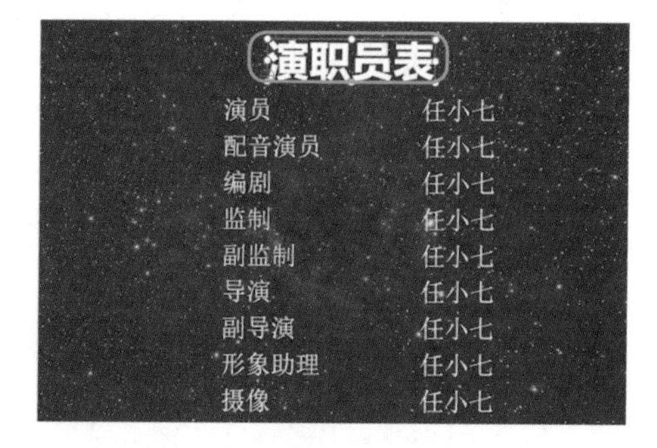

图4-30

Step09：选择其他的字幕，在【效果控件】面板中，展开对应的【文本】选项区，❶修改字体格式为宋体、90，❷修改【行距】为 24，如图 4-31 所示。

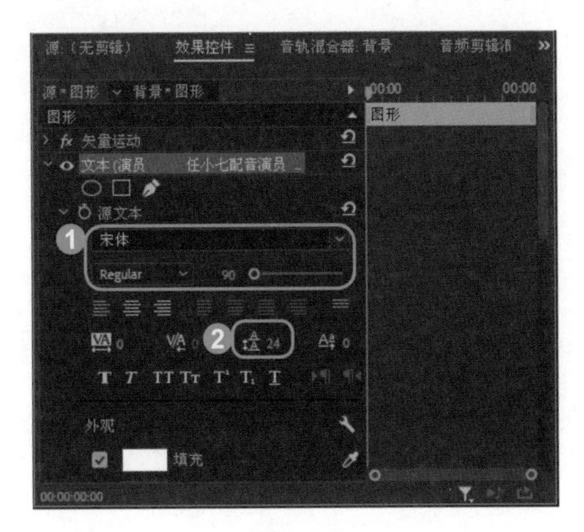

图4-31

Step10：完成字体格式的修改，然后在【节目监视器】面板中，将字幕移动至合适的位置，得到最终的影片片尾字幕效果，如图 4-32 所示。

演职员表

演员	任小七
配音演员	任小七
编剧	任小七
监制	任小七
副监制	任小七
导演	任小七
副导演	任小七
形象助理	任小七
摄像	任小七

图4-32

4.2.2 实战 2：制作网店粉笔字公告

制作网店粉笔字公告时，需要用到【字幕】【黑场过渡】和【线性擦除】等功能，其具体的操作方法如下：

Step01：新建一个名称为【4.2.2】的项目文件，在【项目】面板中导入【小黑板】图像文件，如图 4-33 所示。

图4-33

Step02：选择新导入的图像文件，按住鼠标左键并拖曳，将其添加至【时间轴】面板的【视频 1】轨道上，自动添加序列文件，如图 4-34 所示。

图4-34

Step03：在【节目监视器】面板中，调整图像的显示大小，如图 4-35 所示。

图4-35

Step04：❶单击【文件】菜单，在弹出的下拉菜单中选择【新建】命令，❷展开子菜单，选择【旧版标题】命令，如图4-36所示。

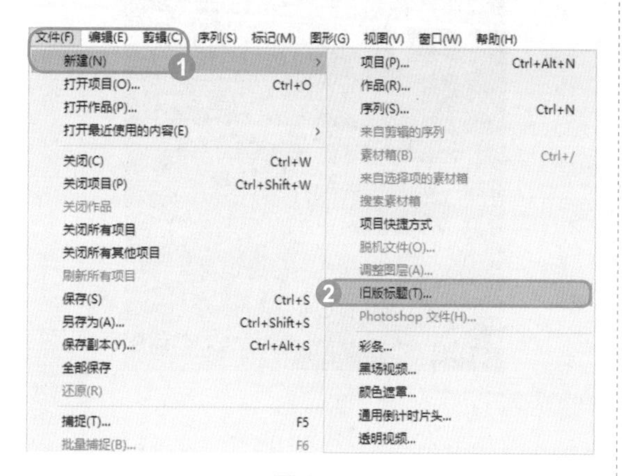

图4-36

Step05：打开【新建字幕】对话框，❶修改【名称】为【字幕01】，❷单击【确定】按钮，如图4-37所示。

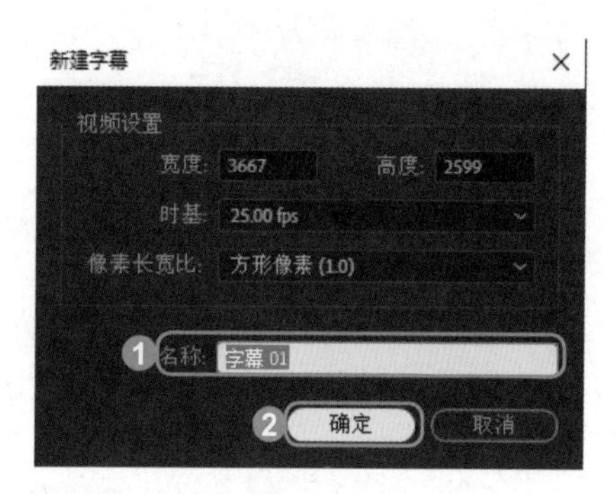

图4-37

Step06：打开【字幕】面板，单击【文字工具】按钮，然后输入字幕，如图4-38所示。

图4-38

Step07：选择新添加的字幕，在【属性】选项区中，❶修改【字体系列】为【方正静蕾简体】【字体大小】为257、❷【字偶间距】为15，如图4-39所示。

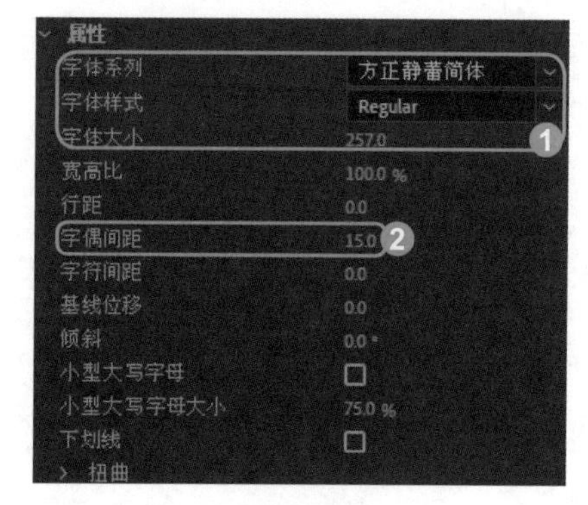

图4-39

Step08：在【填充】选项区中，❶修改【填充类型】为【实底】，❷单击【颜色】右侧的颜色块，如图4-40所示。

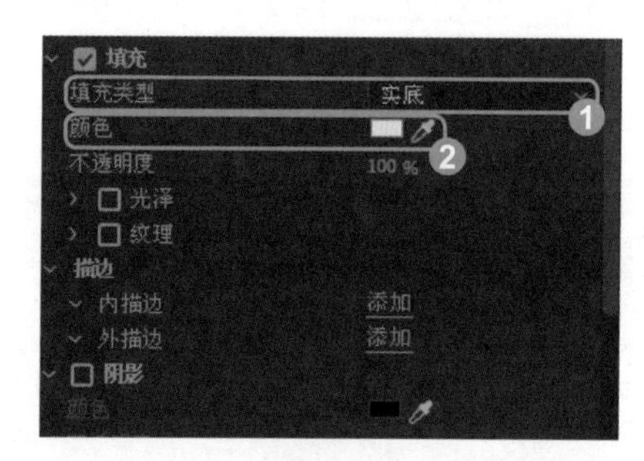

图4-40

Step09：打开【拾色器】对话框，❶修改RGB参数分别为223、122、122，❷单击【确定】按钮，如图4-41所示。

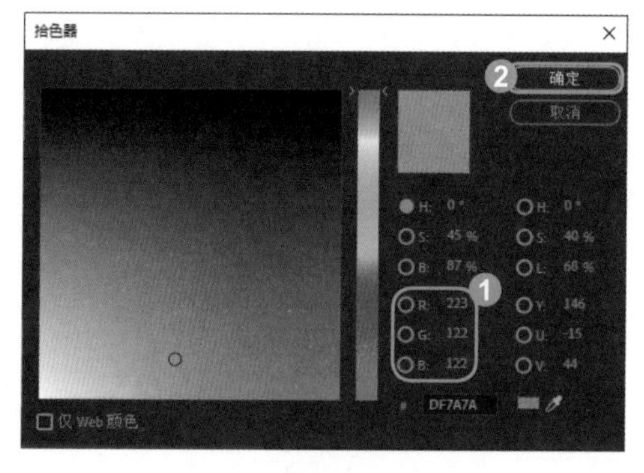

图4-41

Step10：完成字体格式和颜色的修改，修改后的字幕效果如图 4-42 所示。

图4-42

Step11：执行【文件】|【新建】|【旧版标题】命令，打开【新建字幕】对话框，❶修改【名称】为【字幕 02】，❷单击【确定】按钮，如图 4-43 所示。

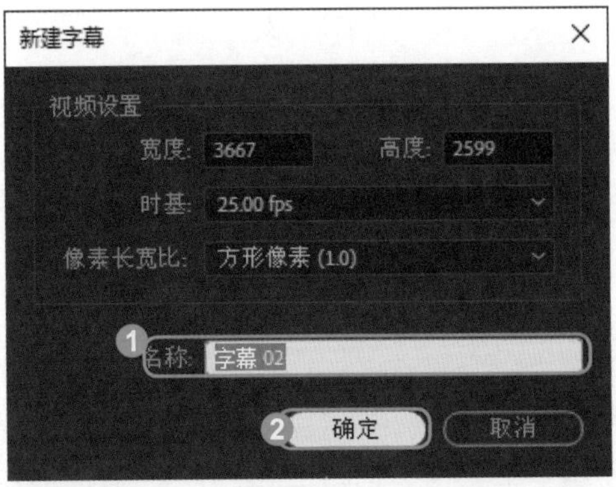

图4-43

Step12：打开【字幕】面板，单击【区域文字工具】按钮，然后输入字幕，如图 4-44 所示。

Step13：选择新添加的字幕，在【属性】选项区中，❶修改【字体系列】为【方正静蕾简体】【字体大小】为 240、❷【行距】为 98，如图 4-45 所示。

图4-44

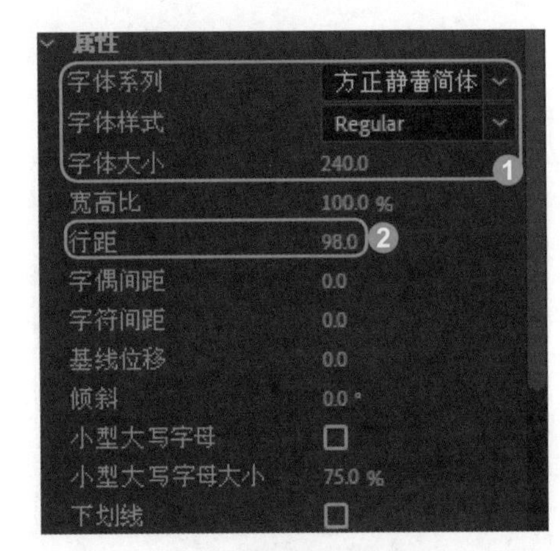

图4-45

Step14：在【填充】选项区中，❶修改【填充类型】为【实底】，❷单击【颜色】右侧的颜色块，如图 4-46 所示。

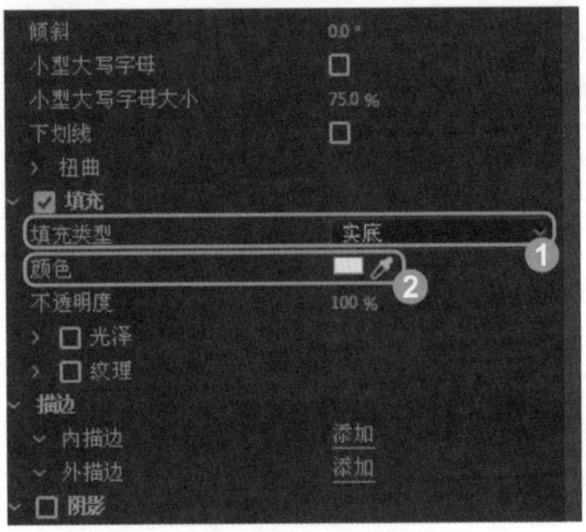

图4-46

Step15：打开【拾色器】对话框，❶修改 RGB 参数分别为 206、245、218，❷单击【确定】按钮，如图 4-47 所示。

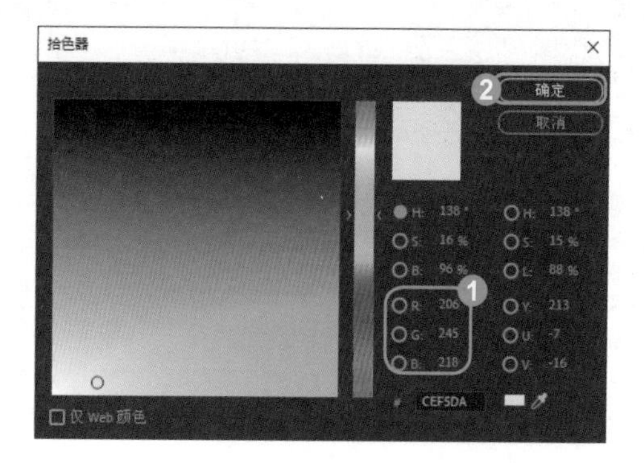

图4-47

Step16：完成字体格式和颜色的修改，然后在字幕栏中单击【居中对齐】按钮，居中对齐字幕，如图 4-48 所示。

图4-48

Step17：将时间线移至 00:00:00:02 的位置，在【项目】面板中依次选择【字幕 01】和【字幕 02】文件，将其添加至【时间轴】面板的【视频 2】和【视频 3】轨道上，并调整其持续时间长度，如图 4-49 所示。

Step18：在【节目监视器】面板中，依次将各个字幕移动至合适的位置，如图 4-50 所示。

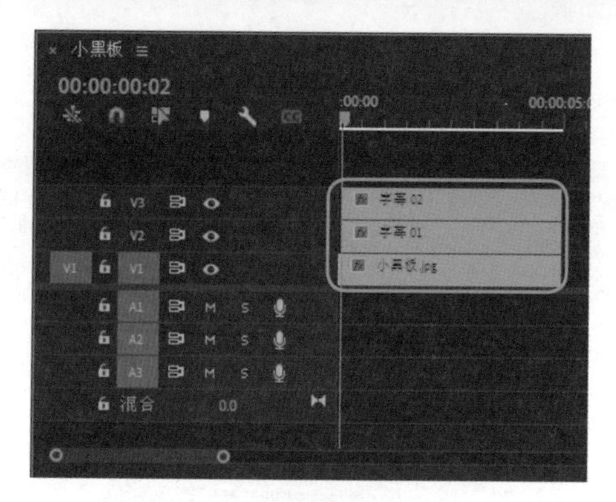

图4-49

图4-50

Step19：在【效果】面板中，❶展开【视频过渡】列表框，选择【溶解】选项，❷再次展开列表框，选择【黑场过渡】视频过渡效果，如图 4-51 所示。

图4-51

Step20：在选择的视频过渡效果上，按住鼠标左键并拖曳，将其添加至【视频 1】轨道的图像素材的左侧，完成视频过渡效果的添加，如图 4-52 所示。

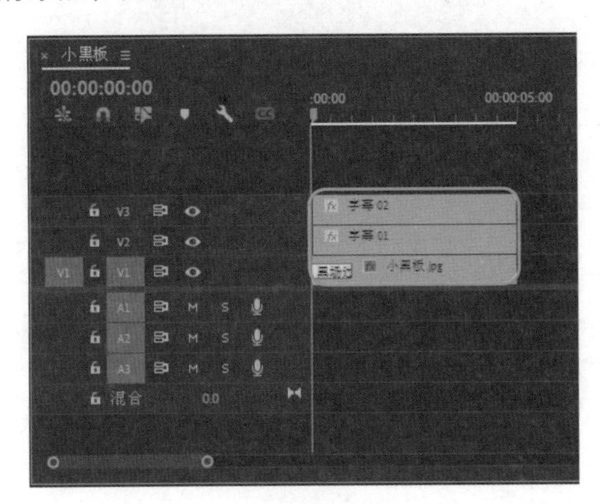

图4-52

Step21：在【效果】面板中，❶展开【视频效果】列表框，选择【过渡】选项，❷再次展开列表框，选择【线性擦除】视频效果，如图 4-53 所示。

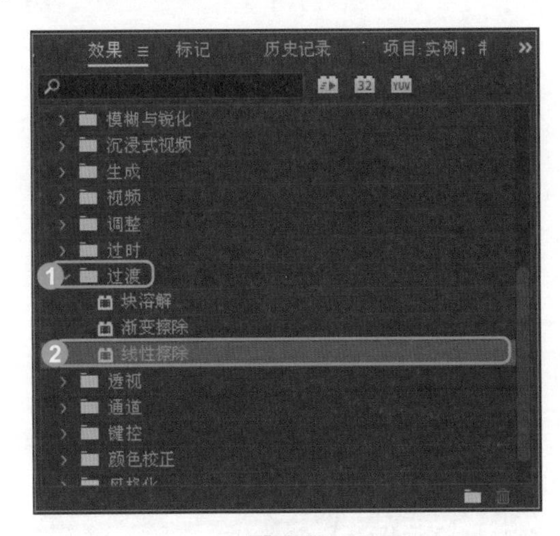

图4-53

Step22：在选择的视频效果上，按住鼠标左键并拖曳，将其添加至【视频 2】轨道的字幕文件上，完成视频效果的添加；然后选择【字幕 01】文件，在【效果控件】面板的【线性擦除】选项区中，修改【过渡完成】参数为 100%、【擦除角度】参数为 130°，添加一组关键帧，如图 4-54 所示。

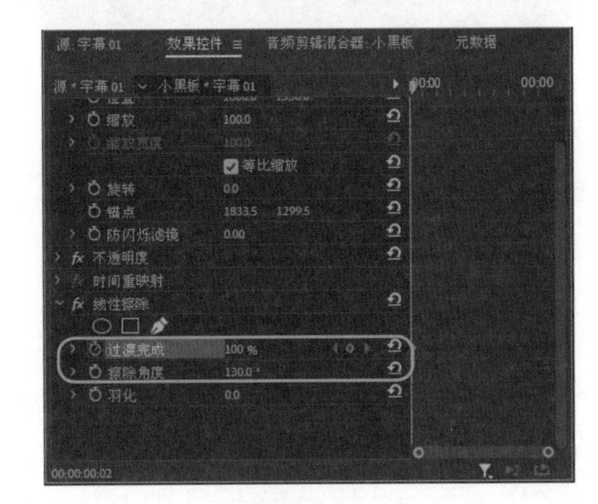

图4-54

Step23：将时间线移至 00:00:02:23 的位置，在【效果控件】面板的【线性擦除】选项区中，修改【过渡完成】参数为 0%，添加一组关键帧，如图 4-55 所示。

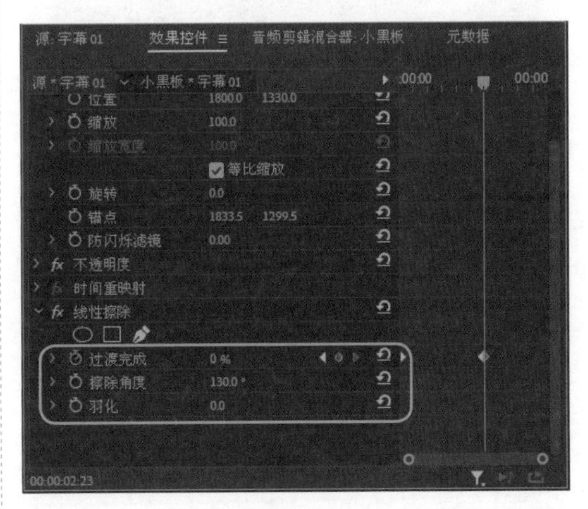

图4-55

Step24：继续选择【线性擦除】视频效果，将其添加至【视频 3】轨道的字幕文件上，完成视频效果的添加，然后选择【字幕 02】文件，将时间线移至 00:00:01:02 的位置，在【效果控件】面板的【线性擦除】选项区中，修改【过渡完成】参数为 100%、【擦除角度】参数为 130°，添加一组关键帧，如图 4-56 所示。

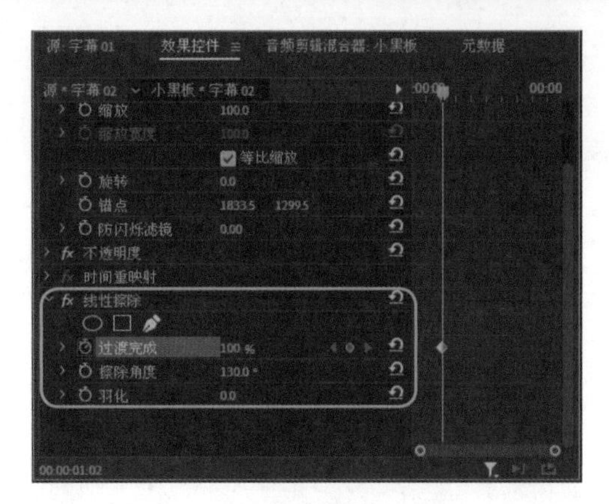

图4-56

Step25：将时间线移至 00:00:03:23 的位置，在【效果控件】面板的【线性擦除】选项区中，修改【过渡完成】参数为 0%，添加一组关键帧，如图 4-57 所示。

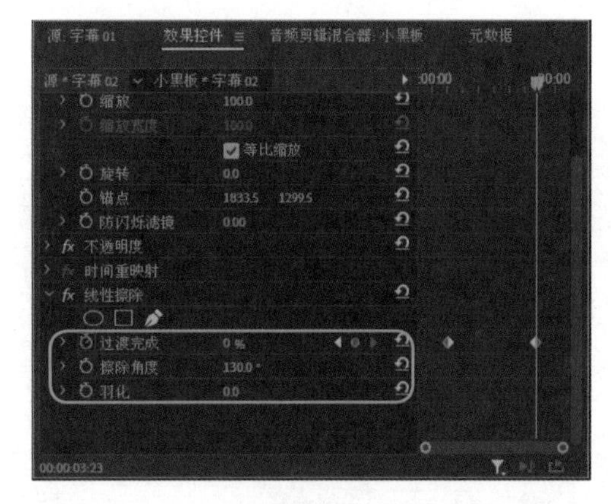

图4-57

Step26：至此，网店粉笔字公告文字制作完成，在【节目监视器】面板中，单击【播放 - 停止切换】按钮，预览网店粉笔字公告效果，如图 4-58 所示。

图4-58

图4-58（续）

4.2.3 实战 3：制作片头光晕动画字幕

制作片头光晕动画字幕效果时，需要用到【字幕】【镜头光晕】等功能，其具体的操作方法如下：

Step01：新建一个名称为【4.2.3】的项目文件，以及一个预设【宽屏 48kHz】的序列。

Step02：在【项目】面板中导入【背景】【光圈射线】和【旋转粒子】视频文件，如图 4-59 所示。

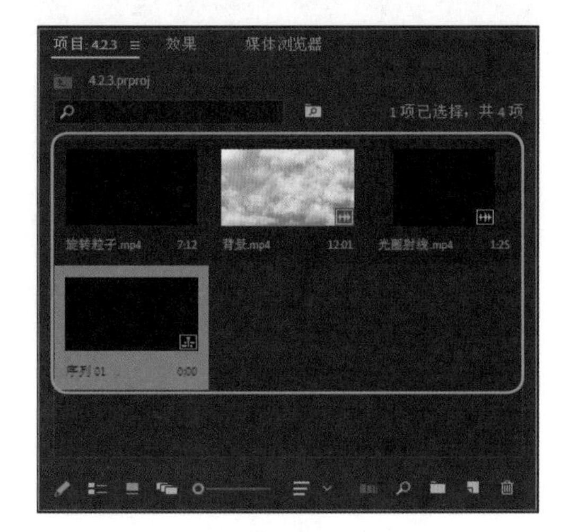

图4-59

Step03：选择【背景】视频文件，按住鼠标左键并拖曳，将其添加至【时间轴】面板的【视频 1】轨道上，打开提示对话框，单击【确定】按钮，添加视频文件，如图 4-60 所示。

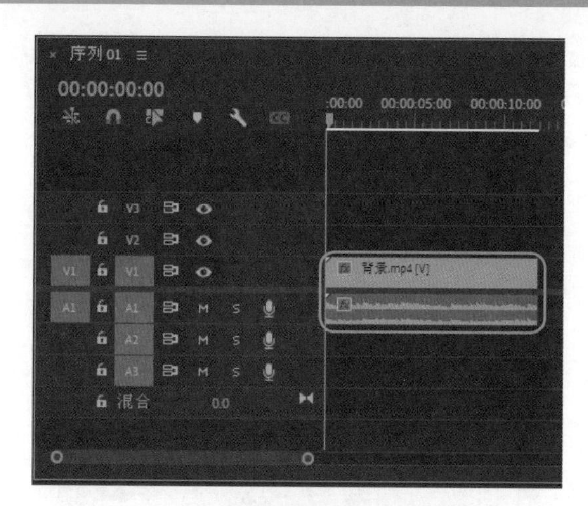

图4-60

Step04：选择【背景】视频文件，按快捷键【Ctrl+L】，分离视频中的视频和音频，然后删除音频文件，如图 4-61 所示。

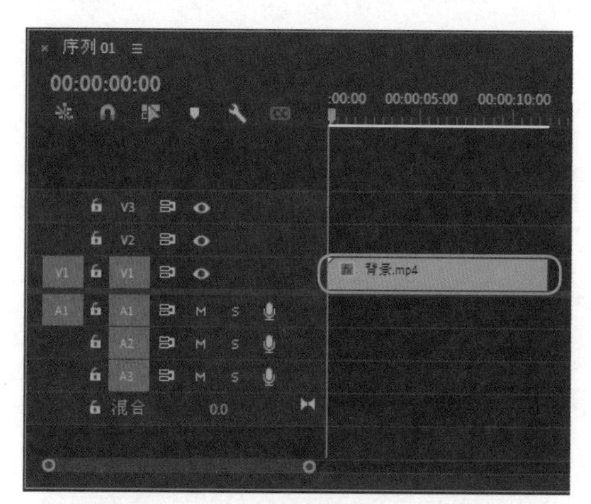

图4-61

Step05：将时间线移至 00:00:04:13 的位置，在【项目】面板中，依次选择【光圈射线】和【旋转粒子】视频文件，按住鼠标左键并拖曳，将其添加至【视频 3】和【视频 4】轨道上，如图 4-62 所示。

Step06：选择【视频 3】轨道上的【旋转粒子】视频文件，在【效果控件】面板的【不透明度】选项区中，修改【混合模式】为【线性减淡（添加）】，如图 4-63 所示。

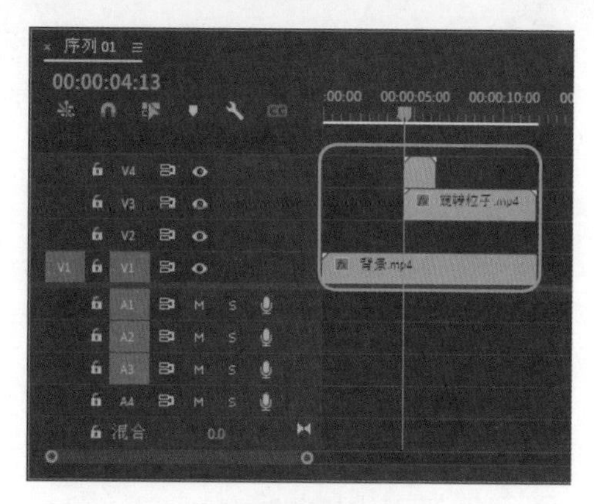

图4-62

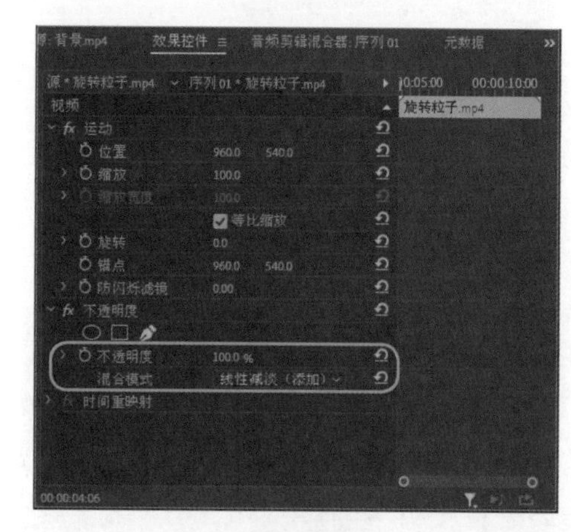

图4-63

Step07：选择【视频 4】轨道上的【光圈射线】视频文件，在【效果控件】面板的【不透明度】选项区中，修改【混合模式】为【线性减淡（添加）】，如图 4-64 所示。

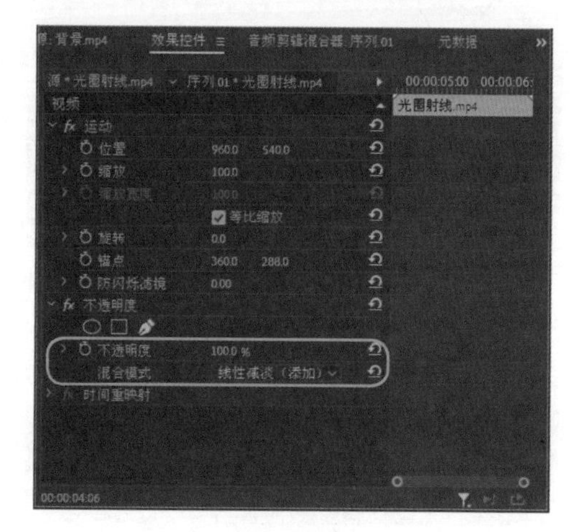

图4-64

Step08：完成视频混合模式的修改，然后在【节目监视器】面板中预览视频效果，如图 4-65 所示。

图4-65

Step09：执行【文件】|【新建】|【旧版标题】命令，打开【新建字幕】对话框，❶修改【名称】为【字幕】，❷单击【确定】按钮，如图 4-66 所示。

图4-66

Step10：打开【字幕】面板，单击【文字工具】按钮，输入文本，如图 4-67 所示。

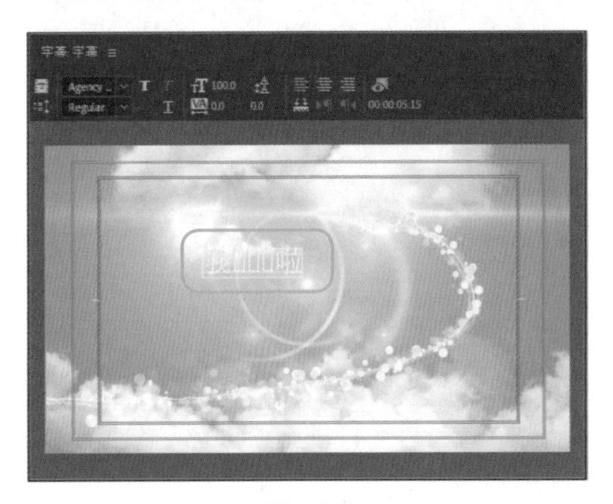

图4-67

Step11：选择新添加的字幕，在【属性】选项区中，❶修改【字体系列】为【汉仪雪君体简】、❷【字体大小】为 240，如图 4-68 所示。

图4-68

Step12：在【填充】选项区中，❶修改【填充类型】为【实底】，❷单击【颜色】右侧的颜色块，如图 4-69 所示。

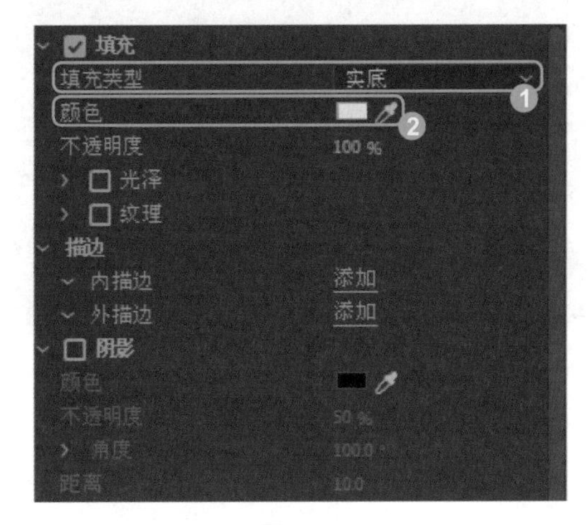

图4-69

Step13：打开【拾色器】对话框，❶修改 RGB 参数分别为 181、99、99，❷单击【确定】按钮，如图 4-70 所示。

Step14：在【阴影】选项区中，勾选【阴影】复选框，添加阴影效果，如图 4-71 所示。

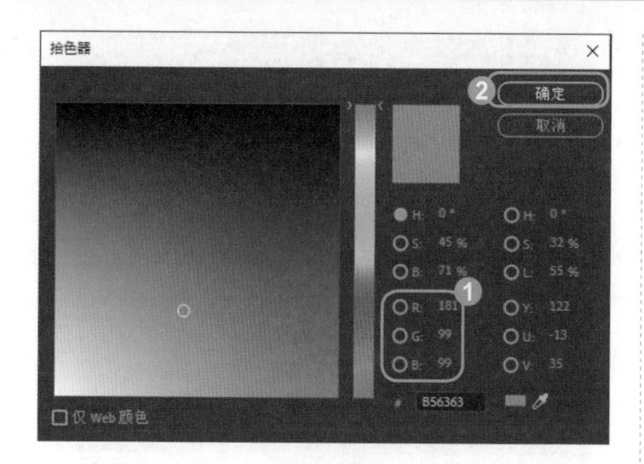

图4-70

图4-71

Step15：完成字体格式和颜色的修改，修改后的字幕效果如图 4-72 所示。

图4-72

Step16：关闭【字幕】面板，将时间线移至 00:00:06:07 的位置，在【项目】面板中选择字幕文件，按住鼠标左键并拖曳，将其添加至【时间轴】面板的【视频 2】轨道上，并调整其持续时间长度，如图 4-73 所示。

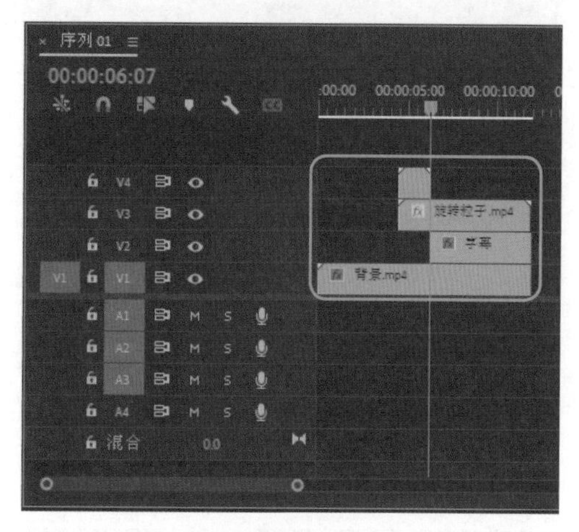

图4-73

Step17：在【效果】面板的搜索文本框中输入【Paint Splatter】，查找并选择【Paint Splatter】视频过渡效果，如图 4-74 所示。

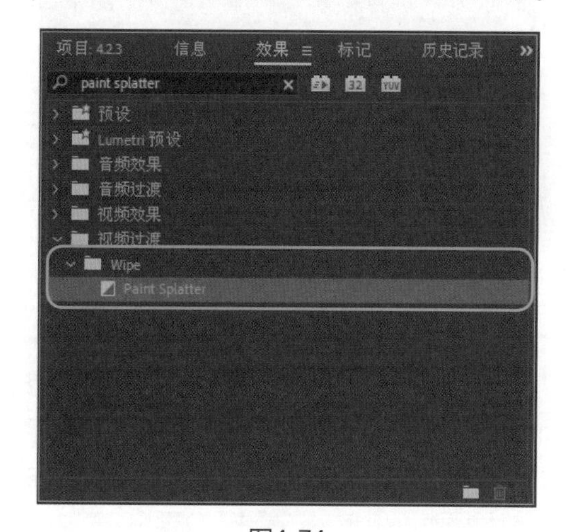

图4-74

Step18：在选择的视频过渡效果上，按住鼠标左键并拖曳，将其添加至【视频 2】轨道的字幕文件的左侧，完成视频过渡效果的添加，如图 4-75 所示。

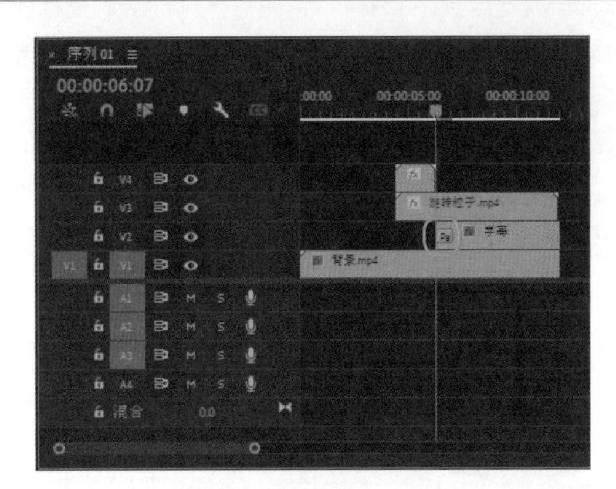

图4-75

Step19：在【效果】面板中，❶展开【视频效果】列表框，选择【生成】选项，❷再次展开列表框，选择【镜头光晕】视频效果，如图 4-76 所示。

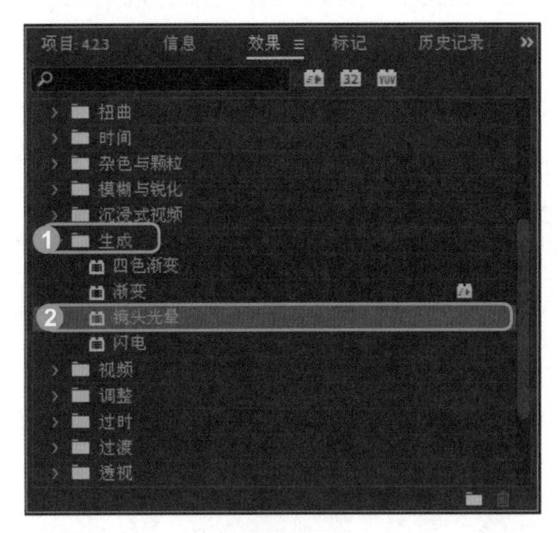

图4-76

Step20：按住鼠标左键并拖曳，将其添加至【视频 2】轨道的字幕文件上，选择字幕文件，将时间线移至00:00:07:22的位置，在【效果控件】面板的【镜头光晕】选项区中，修改【光晕中心】参数为 825 和 439、【光晕亮度】为 116%，添加一组关键帧，如图 4-77 所示。

Step21：将时间线移至 00:00:10:19 的位置，在【效果控件】面板的【镜头光晕】选项区中，修改【光晕中心】参数为 874 和 462、【光晕亮度】为 228%，添加一组关键帧，如图 4-78 所示。

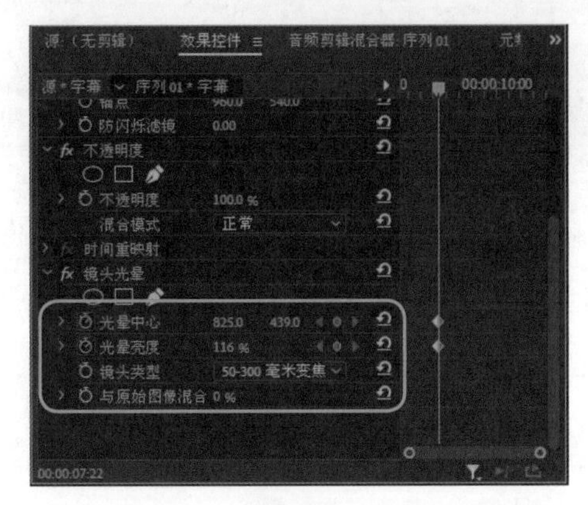

图4-77

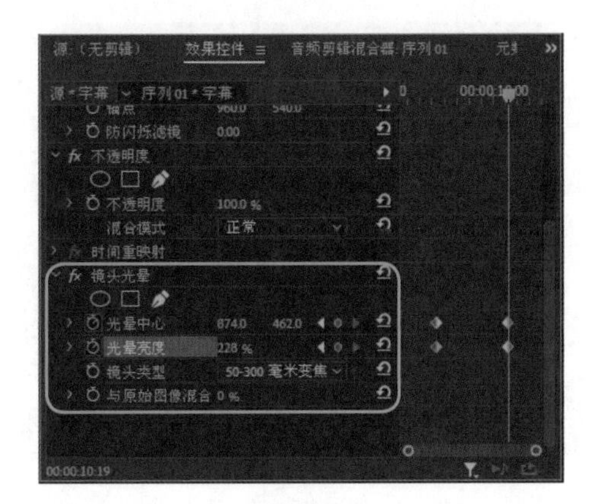

图4-78

Step22：至此，片头光晕动画字幕制作完成，在【节目监视器】面板中，单击【播放 - 停止切换】按钮，预览片头光晕动画字幕效果，如图 4-79 所示。

图4-79

4.2.4 实战 4：制作 3D 效果广告字幕

3D 字幕主要是指带有立体效果的文字。制作 3D 效果广告字幕时，需要用到【字幕】【描边】和【阴影】等功能，其具体的操作方法如下：

Step01：新建一个名称为【4.2.4】的项目文件，在【项目】面板中导入【女包】图像文件，如图 4-80 所示。

图4-80

Step02：选择新添加的图像素材，按住鼠标左键并拖曳，将其添加至【视频 1】轨道上，自动添加一个序列文件，如图 4-81 所示。

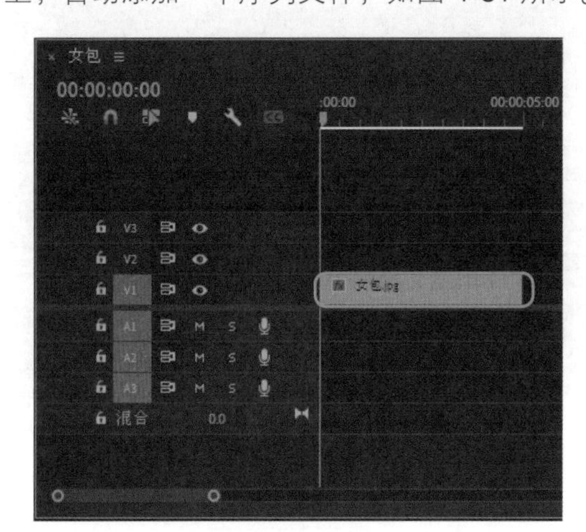

图4-81

Step03：在【节目监视器】面板中，调整图像的显示大小，如图 4-82 所示。

图4-82

Step04：执行【文件】|【新建】|【旧版标题】命令，打开【新建字幕】对话框，❶修改【名称】为【文字】，❷单击【确定】按钮，如图 4-83 所示。

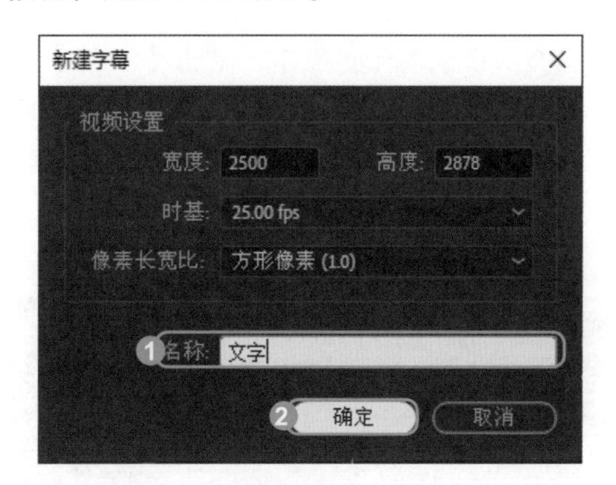

图4-83

Step05：打开【字幕】面板，单击【文字工具】按钮，输入文字，如图 4-84 所示。

图4-84

Step06：选择新添加的字幕，在【属性】选项区中，❶修改【字体系列】为【方正兰亭粗黑简体】、❷【字体大小】为 420，如图 4-85 所示。

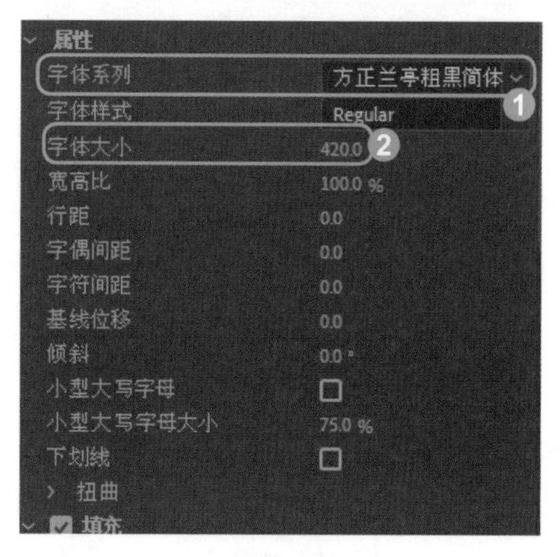

图4-85

Step07：在【填充】选项区中，修改【填充类型】为【实底】，单击【颜色】右侧的颜色块，打开【拾色器】对话框，❶修改 RGB 参数分别为 0、21、223，❷单击【确定】按钮，如图 4-86 所示。

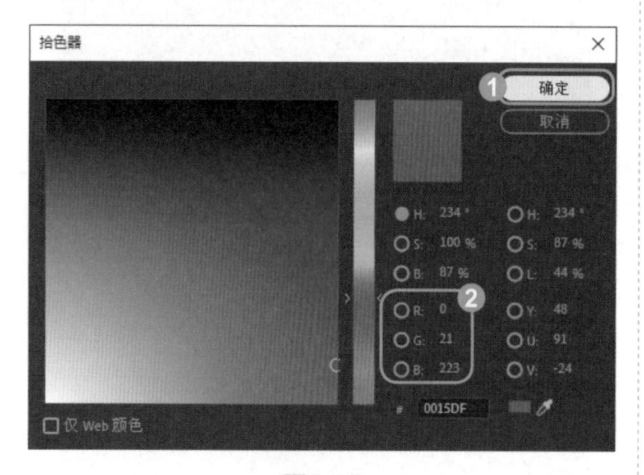

图4-86

Step08：在【描边】选项区中，单击【外描边】右侧的【添加】链接，添加一个外描边，并修改对应的参数值，如图 4-87 所示。

Step09：在【阴影】选项区中，勾选【阴影】复选框，修改各参数值，如图 4-88 所示。

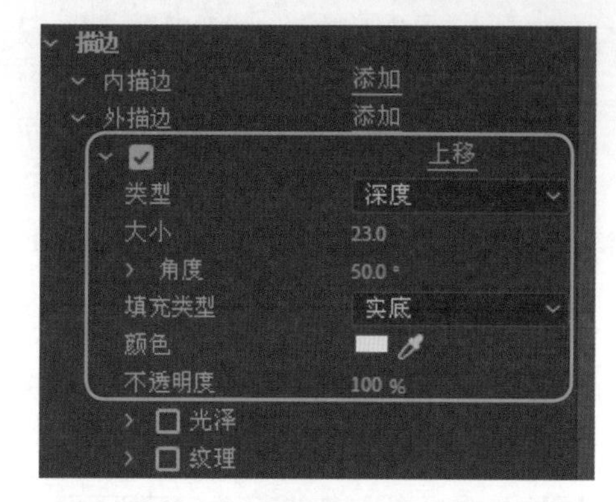

图4-87

图4-88

Step10：完成字幕格式和颜色的修改，得到 3D 字幕效果，如图 4-89 所示。

图4-89

Step11：使用同样的方法，在【字幕】面板中依次输入其他的字幕，并移动各字幕的位置，如图 4-90 所示。

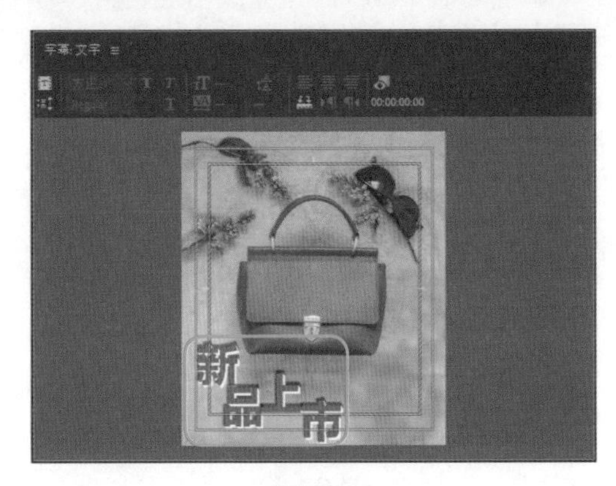

图4-90

Step12：关闭【字幕】面板，在【项目】面板中选择字幕文件，按住鼠标左键并拖曳，将其添加至【视频 2】轨道上，并调整其持续时间长度，如图 4-91 所示。

图4-91

Step13：在【节目监视器】面板中，预览 3D 效果广告字幕效果，如图 4-92 所示。

图4-92

4.2.5 实战 5：制作 MV 音频同步字幕

音频同步字幕常用于电影或者歌曲中，用于阅读和解说。制作 MV 音频同步字幕的具体操作方法如下：

Step01：新建一个名称为【4.2.5】的项目文件，然后在【项目】面板中导入【海滩】视频文件，如图 4-93 所示。

图4-93

Step02：在【项目】面板中选择【海滩】视频文件，按住鼠标左键并拖曳，将其添加至【时间轴】面板中的视频轨道上，【时间轴】面板将自动新建一个序列文件，如图 4-94 所示。

图4-94

Step03：选择视频文件，执行【剪辑】|【速度 / 持续时间】命令，打开【剪辑速度 / 持续时间】对话框，❶修改【持续时间】为 00:00:17:24，❷单击【确定】按钮，如图 4-95 所示，即可调整视频文件的持续时间。

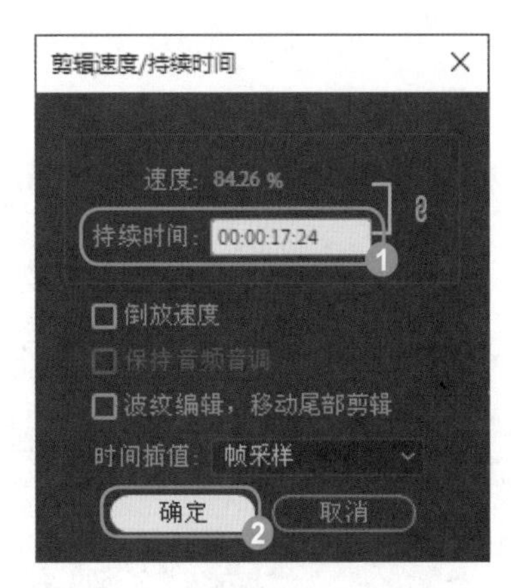

图4-95

Step04：执行【文件】|【新建】|【旧版标题】命令，打开【新建字幕】对话框，❶修改【名称】为【白色文字 1】，❷单击【确定】按钮，如图 4-96 所示。

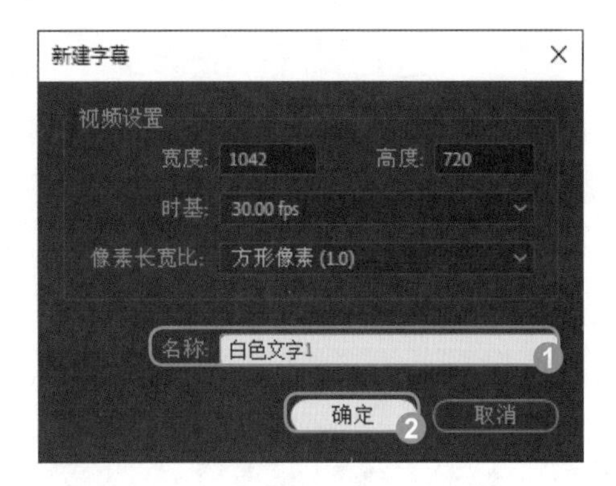

图4-96

Step05：打开【字幕】面板，单击【文字工具】按钮，输入文字内容，如图 4-97 所示。

图4-97

Step06：选择新输入的字幕，在【属性】选项区中，❶修改【字体系列】为【方正兰亭中黑_GBK】、❷【字体大小】为 40，如图 4-98 所示。

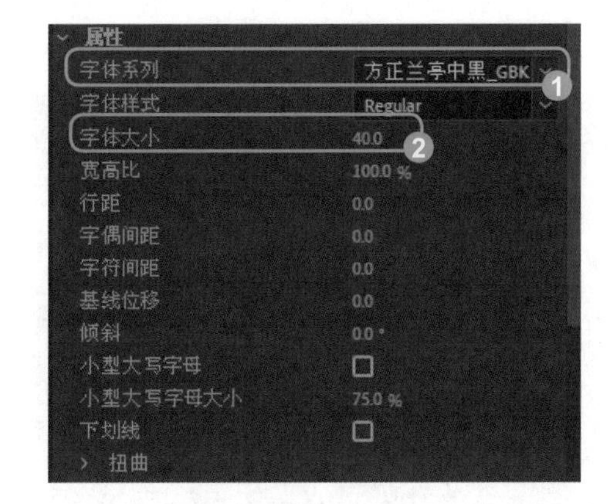

图4-98

Step07：在【填充】选项区中，单击【颜色】右侧的颜色块，打开【拾色器】对话框，❶修改 RGB 参数均为 255，❷单击【确定】按钮，如图 4-99 所示。

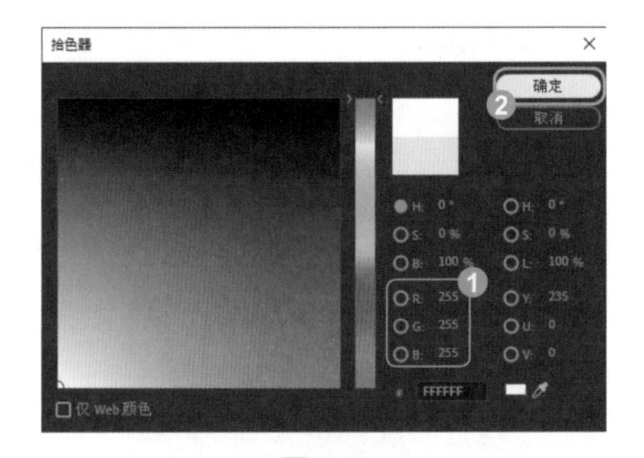

图4-99

Step08：完成字幕格式和颜色的修改，修改后的字幕效果如图 4-100 所示。

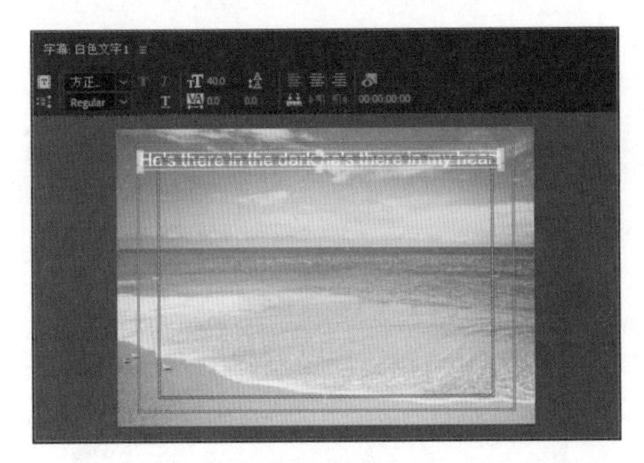

图4-100

Step09：使用同样的方法，创建【白色文字 2】文件，并输入新的字幕内容，如图 4-101 所示。

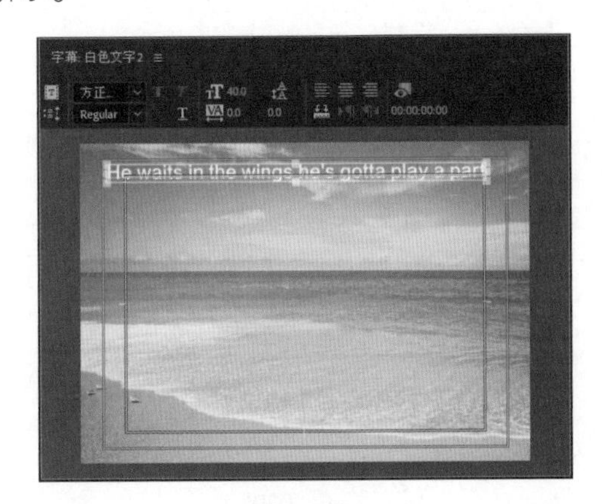

图4-101

Step10：使用同样的方法，创建【白色文字 3】文件，并输入新的字幕内容，如图 4-102 所示。

图4-102

Step11：字幕制作完成后，在【项目】面板中，单击【新建素材箱】按钮，新建【白色字幕】素材箱，然后将【白色文字 1】~【白色文字 3】字幕文件添加至素材箱下，如图 4-103 所示。

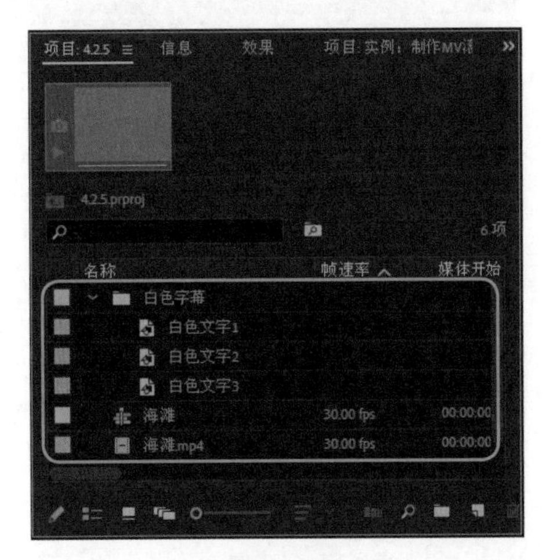

图4-103

Step12：在【项目】面板中，分别将【白色文字 1】~【白色文字 3】字幕文件添加至【视频 2】轨道上，并调整其持续时间长度，如图 4-104 所示。

图4-104

Step13：在【项目】面板中，选择【白色字幕】素材箱，按快捷键【Ctrl+C】进行复制，然后按快捷键【Ctrl+V】进行粘贴，并重命名复制后的素材箱，如图 4-105 所示。

Step14：在【项目】面板中，分别将【橙色文字 1】~【橙色文字 3】字幕文件添加至【视频 3】轨道上，并调整其持续时间长度，如图 4-106 所示。

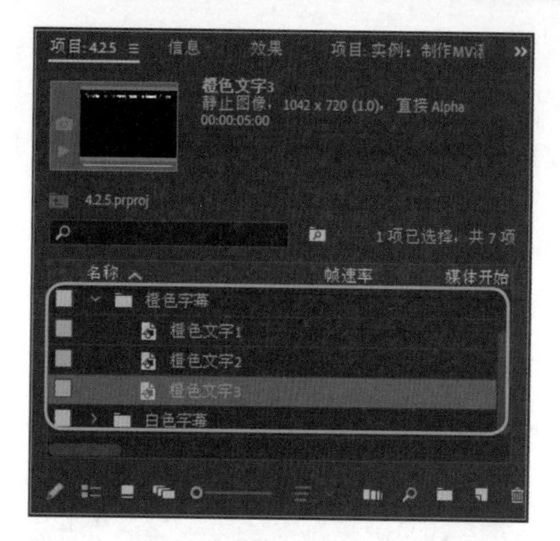

图4-105

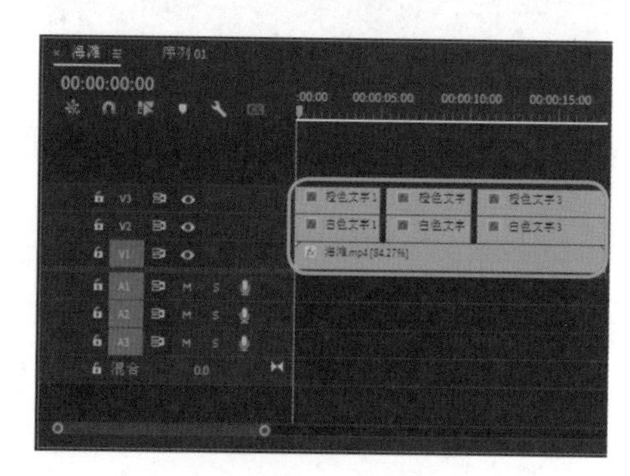

图4-106

Step15：双击【视频3】轨道上的【橙色文字1】字幕文件，打开【字幕】面板，❶修改文字颜色的RGB参数分别为250、73、3，并勾选【阴影】复选框，❷完成字幕颜色的修改，如图4-107所示。

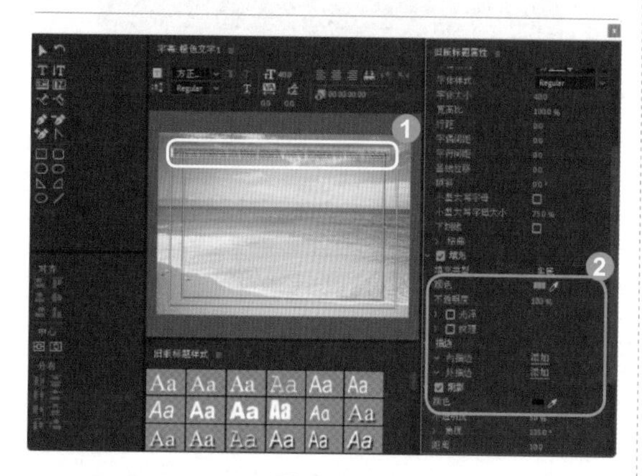

图4-107

Step16：使用同样的方法，依次修改【橙色文字2】和【橙色文字3】字幕的颜色，如图4-108所示。

图4-108

Step17：在【效果】面板的搜索文本框中输入【Wipe】，查找并选择【Wipe】视频过渡效果，如图4-109所示。

图4-109

Step18：在选中的视频过渡效果上，按住鼠标左键并拖曳，将其添加至【视频3】轨道的所有字幕文件的左侧，完成视频过渡效果的添加，如图4-110所示。

图4-110

Step19：在【项目】面板中导入【音乐】音频文件，如图4-111所示。

Step20：在【项目】面板中选择【音乐】音频文件，按住鼠标左键并拖曳，将其添加至【时间轴】面板的音频轨道上，如图 4-112 所示。

图4-111

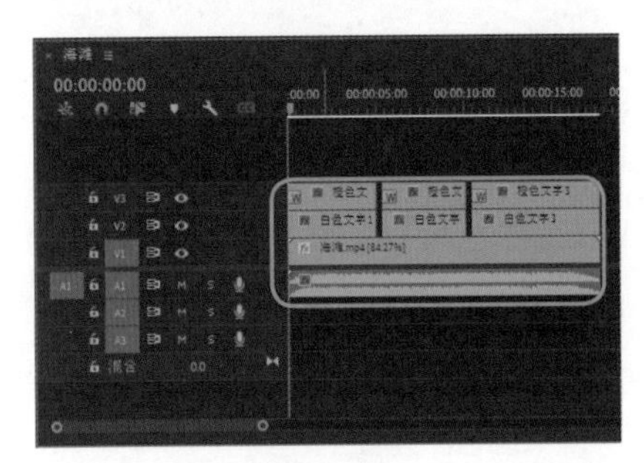

图4-112

Step21：至此，MV 音频同步字幕制作完成，在【节目监视器】面板中，单击【播放 - 停止切换】按钮，预览 MV 音频同步字幕效果，如图 4-113 所示。

图4-113

读/书/笔/记

Reading notes

Premiere Pro

2022

视频制作案例实战

提高篇

在掌握了 Premiere Pro 2022 软件的基础知识后，还需要对 Premiere 中的视频过渡效果、视频调色、视频抠像、关键帧动画等知识进行详细了解。本篇主要详细讲解 Premiere Pro 中技能入门的提高知识，包含以下章节内容：

Premiere Pro 2022
版本 22.0

第 5 章

视频过渡效果

- Premiere Pro 2022中视频过渡效果的概念是什么？
- Premiere Pro 2022中视频过渡效果有哪些？
- Premiere Pro 2022中如何添加视频过渡效果？

视频过渡效果是指在素材与素材之间添加一种自然、平滑、美观、流畅的过渡效果，让视频画面更富有表现力。为了让素材之间的过渡呈现完美，需要在素材之间添加各种过渡效果。本章将详细讲解视频过渡效果的添加与编辑方法。学完这一章的内容，你就能掌握视频过渡效果的应用了。

5.1 认识视频过渡

视频过渡是指为了让一段视频素材以某种特效形式过渡到另一段素材而运用的过渡效果。Premiere Pro 2022 软件中的【效果】面板中包含 3D 运动、内滑、划像、擦除、沉浸式视频、页面剥落等 10 个视频过渡类别，如图 5-1 所示，选择不同的视频过渡类别，可以得到不同的视频过渡效果。

图5-1

5.2 添加过渡效果的方法

在认识了视频过渡效果后，还需要掌握视频过渡效果的添加方法。视频过渡效果的添加包含添加单个轨道视频过渡效果和添加多个轨道视频过渡效果，下面将逐一进行介绍。

1. 添加单个轨道视频过渡效果

在 Premiere Pro 2022 软件中添加单个轨道视频过渡效果的方法很简单，用户只要在【效果】面板中选择已有的视频过渡效果，再按住鼠标左键进行添加即可，如图 5-2 所示。

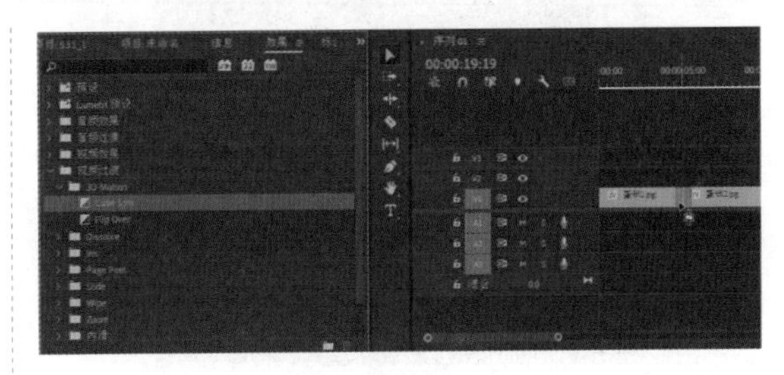

图5-2

2. 添加多个轨道视频过渡效果

在 Premiere Pro 2020 软件中添加转场效果时，不仅可以在同一个轨道中添加转场效果，还可以在不同的轨道中添加转场效果。

其添加方法很简单，在“效果”面板中，选择需要添加的转场效果，然后按住鼠标左键并拖曳，将其添加至其他视频轨道中素材图像的左侧或右侧，即可完成不同轨道转场效果的添加，如图 5-3 所示。

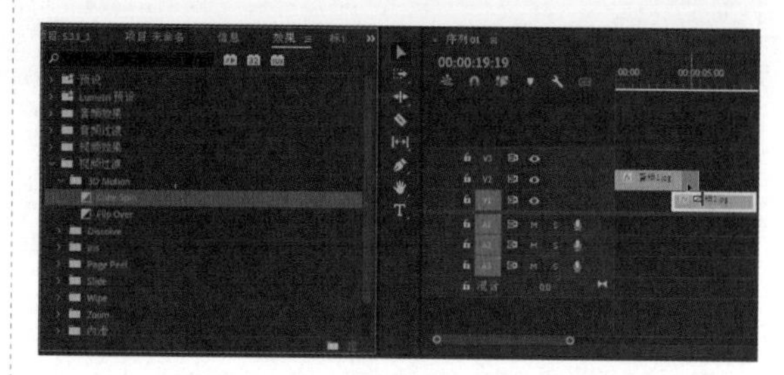

图5-3

5.3 常见过渡效果案例详解

在掌握了创建字幕和字幕面板的基础知识后，还需要通过字幕案例实战巩固字幕知识。本节将对各种常见字幕的制作方法进行详细讲解。

5.3.1 3D 运动类过渡效果

【3D 运动】视频过渡效果用来进行 3D 运动的过渡。【3D 运动】效果组中包含【立方体旋转】和【翻转】两个视频过渡效果。

实战 1：使用【翻转】制作美味蛋糕

使用【翻转】视频过渡效果可以沿垂直轴翻转素材 A 来显示素材 B，其具体的操作方法如下：

Step01：新建一个名称为【5.3.1】的项目文件，和一个预设【标准 48kHz】的序列，如图 5-4 所示。

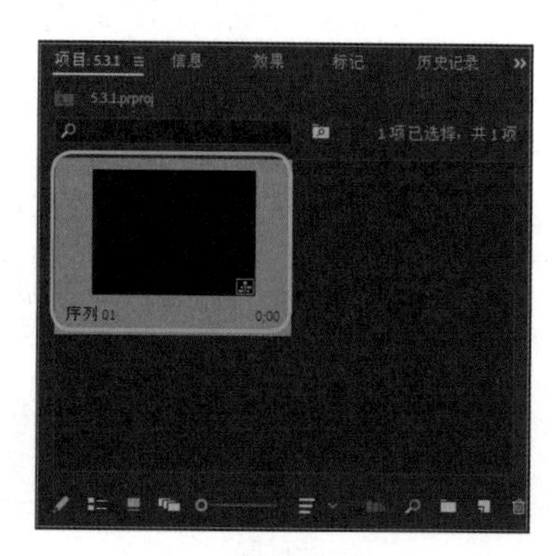

图5-4

Step02：在【项目】面板中，双击鼠标左键，导入【蛋糕 1】和【蛋糕 2】图像文件，如图 5-5 所示。

图5-5

Step03：在【项目】面板中选择导入的图像文件，按住鼠标左键并拖曳，将其添加至【时间轴】面板的【视频 1】轨道上，如图 5-6 所示。

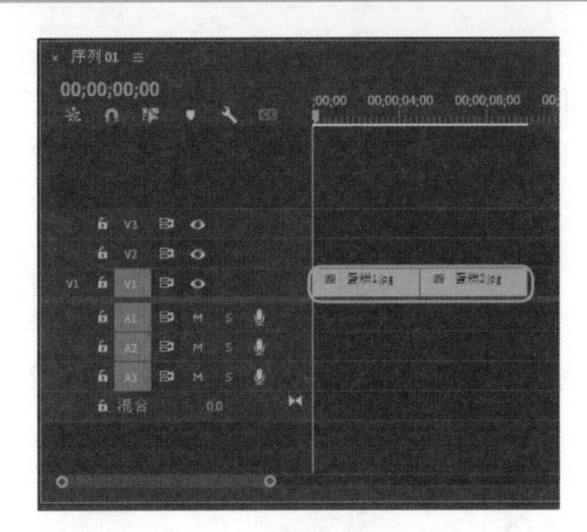

图5-6

Step04：在【节目监视器】面板中，依次调整各个图像的显示大小，如图 5-7 所示。

图5-7

Step05：在【效果】面板中，❶展开【视频过渡】列表框，选择【3D Motion】选项，❷再次展开列表框，选择【Flip Over】视频过渡效果，如图 5-8 所示。

图5-8

Step06：在选择的视频过渡效果上，按住鼠标左键并拖曳，将其添加至【视频 1】轨道的两个图像素材之间，完成视频过渡效果的添加，如图 5-9 所示。

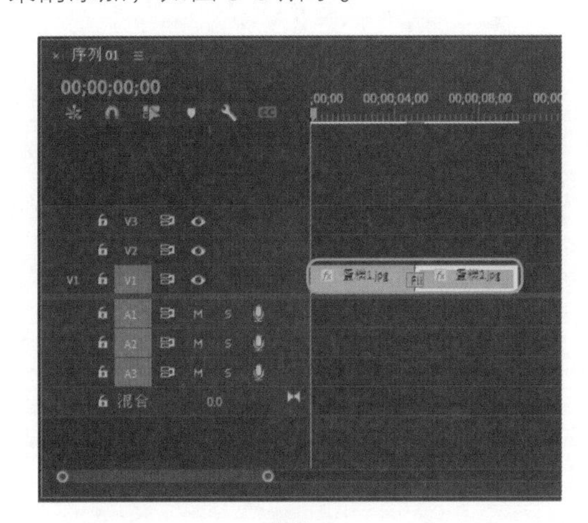

图5-9

Step07：选择新添加的视频过渡效果，在【效果控件】面板中，❶修改【持续时间】参数为 1 秒 25 帧，❷单击【自定义】按钮，如图 5-10 所示。

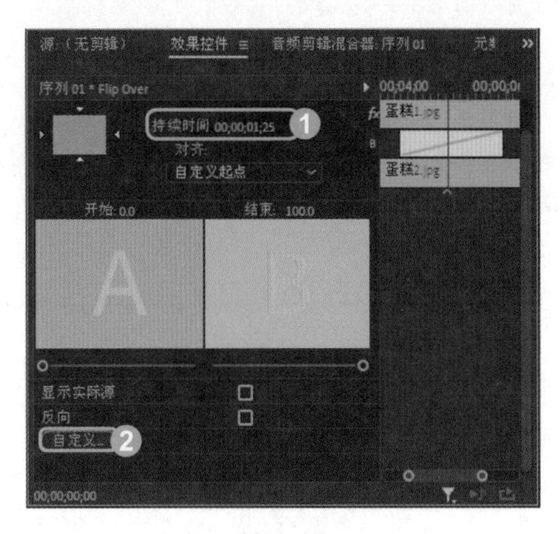

图5-10

Step08：打开【翻转设置】对话框，❶修改【带】参数为 2，❷单击【填充颜色】右侧的颜色块，如图 5-11 所示。

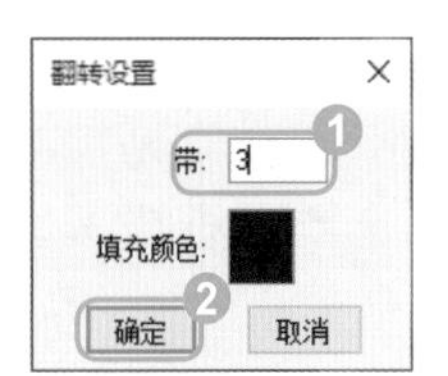

图5-11

技术看板

在【翻转设置】对话框中，各选项的含义如下：

- 带：用于修改翻转条的数量。
- 填充颜色：用于设置翻转条的填充颜色。

Step09：打开【拾色器】对话框，❶修改 RGB 参数分别为 170、133、182，❷单击【确定】按钮，如图 5-12 所示。

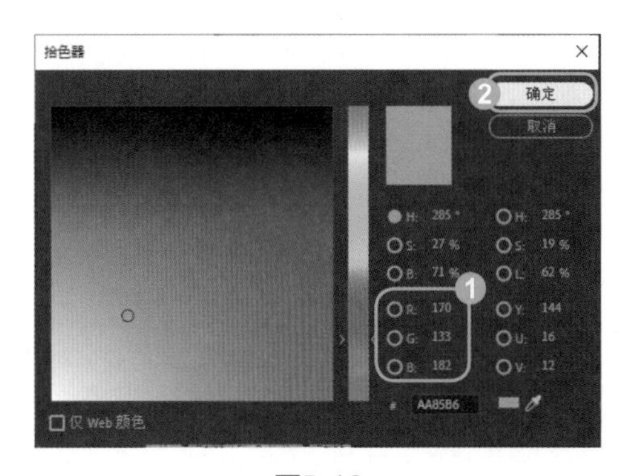

图5-12

Step10：返回【翻转设置】对话框，单击【确定】按钮，完成视频过渡效果的设置，然后在【节目监视器】面板中预览翻转视频过渡的图像效果，如图 5-13 所示。

图5-13

5.3.2 划像类过渡效果

【划像】类视频过渡效果的开始和结束都在屏幕的中心进行。该效果列表框中包含【交叉划像】【圆划像】等视频过渡效果。

实战 2：使用【交叉划像】【圆划像】【菱形划像】制作风景介绍

运用【划像】类的视频过渡效果可以让素材 B 逐渐出现在一个十字形、圆形或菱形中，该十字会越变越大，直到占据整个屏幕，其具体的操作方法如下：

Step01：新建一个名称为【5.3.2】的项目文件，和一个预设【标准 48kHz】的序列。

Step02：在【项目】面板中导入【风景

1】~【风景 4】图像文件，如图 5-14 所示。

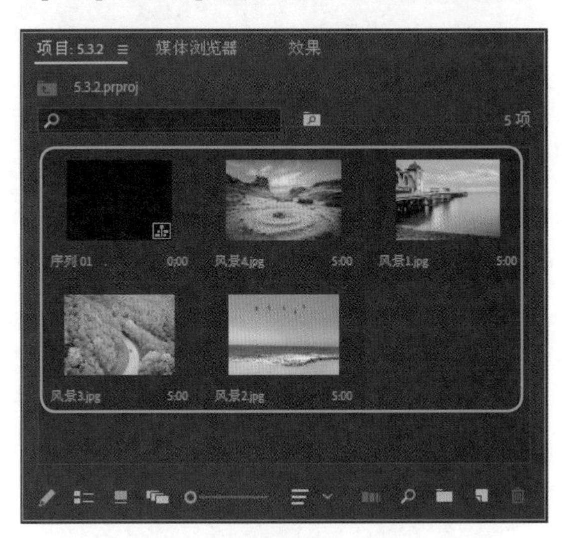

图5-14

Step03：选择所有新导入的图像文件，按住鼠标左键并拖曳，将其添加至【时间轴】面板的【视频 1】轨道上，如图 5-15 所示。

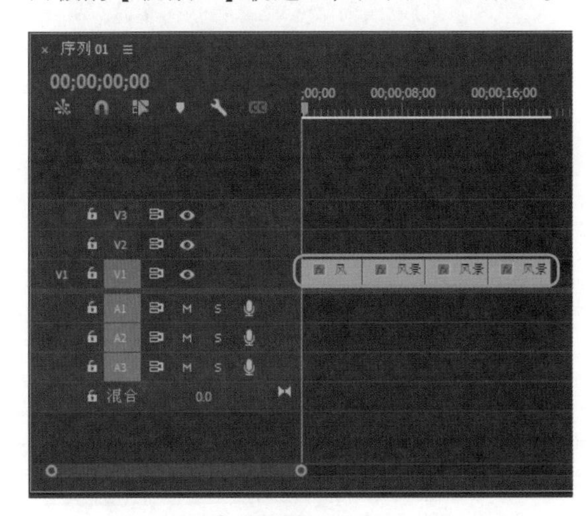

图5-15

Step04：在【节目监视器】面板中，依次调整各个图像的显示大小，如图 5-16 所示。

Step05：在【效果】面板中，❶展开【视频过渡】列表框，选择【Iris】选项，❷再次展开列表框，选择【Iris Cross】视频过渡效果，如图 5-17 所示。

图5-16

图5-17

Step06：在选择的视频过渡效果上，按住鼠标左键并拖曳，将其添加至视频轨道的【风景 1】和【风景 2】图像素材之间，完成【交叉划像】视频过渡效果的添加，如图 5-18 所示。

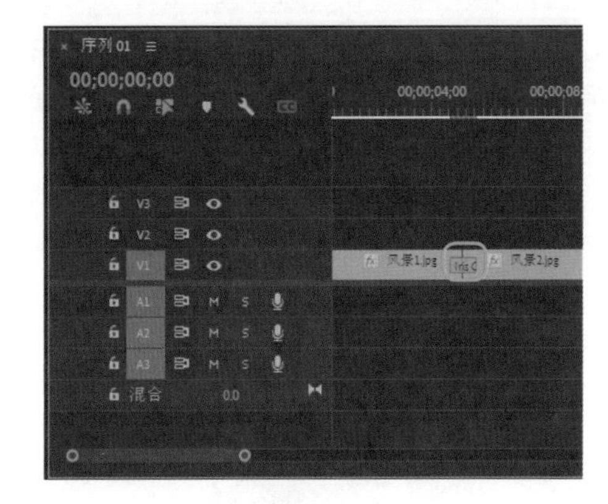

图5-18

Step07：在视频轨道上选择【交叉划像】视频过渡效果，在【效果控件】面板中，❶

修改【持续时间】为 2 秒，❷修改【边框宽度】为 2，修改【边框颜色】的 RGB 参数为 117、209、35，如图 5-19 所示。

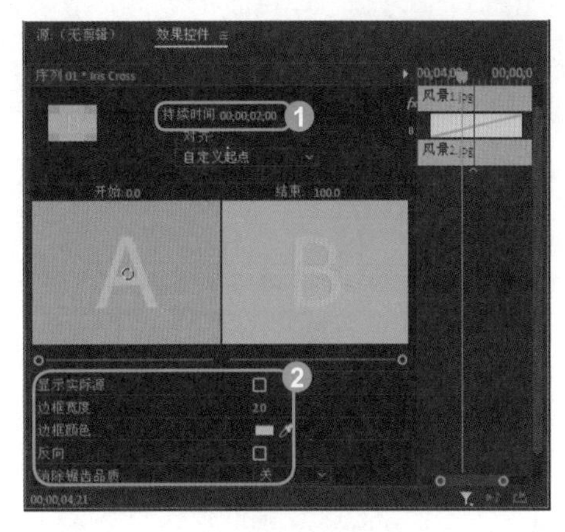

图5-19

Step08：完成【交叉划像】视频过渡效果的修改，并在【节目监视器】面板中预览修改后的视频过渡效果，如图 5-20 所示。

图5-20

Step09：在【效果】面板中，❶展开【视频过渡】列表框，选择【Iris】选项，❷再次展开列表框，选择【Iris Diamond】视频过渡效果，如图 5-21 所示。

Step10：在选择的视频过渡效果上，按住鼠标左键并拖曳，将其添加至视频轨道的【风景 2】和【风景 3】图像素材之间，完成【菱形划像】视频过渡效果的添加，如图 5-22 所示。

Step11：在视频轨道上选择【菱形划像】视频过渡效果，在【效果控件】面板中，修改【持续时间】为 2 秒，如图 5-23 所示。

图5-21

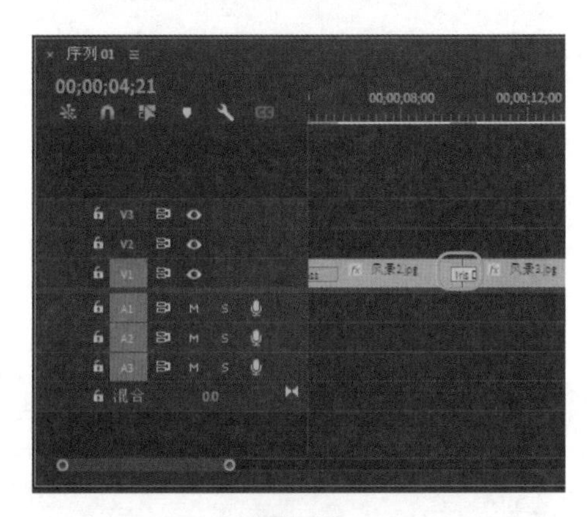

图5-22

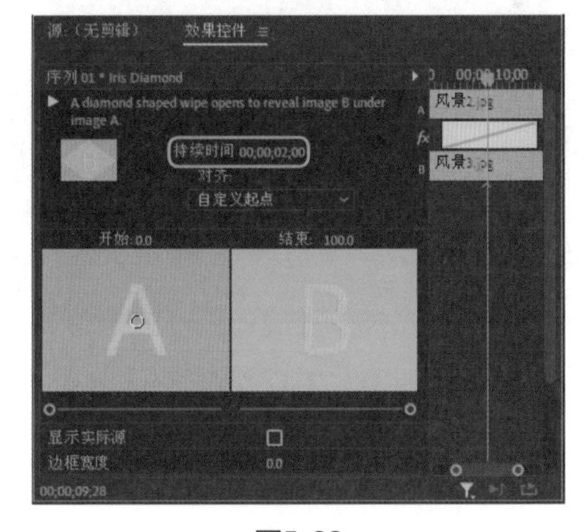

图5-23

Step12：完成视频过渡效果持续时间的修改，则【视频 1】轨道上的视频过渡效果将变长，如图 5-24 所示。

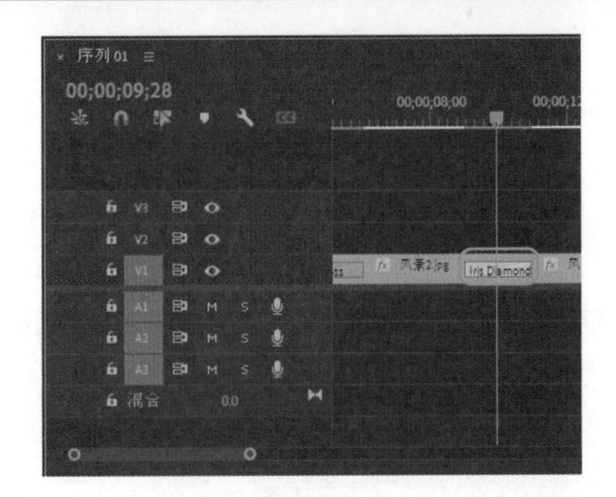

图5-24

技术看板

设置视频过渡的持续时间方法有多种，不仅可以在【效果控件】面板中进行设置，还可以在视频过渡效果上单击鼠标右键，在弹出的快捷菜单中选择【设置过渡持续时间】命令，再在弹出的【设置过渡持续时间】对话框中重新输入持续时间即可。

Step13：在【效果】面板中，❶展开【视频过渡】列表框，选择【Iris】选项，❷再次展开列表框，选择【Iris Round】视频过渡效果，如图 5-25 所示。

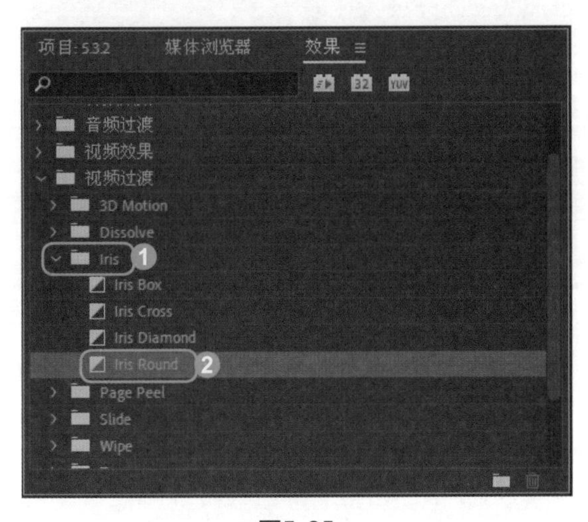

图5-25

Step14：在选择的视频过渡效果上，按住鼠标左键并拖曳，将其添加至视频轨道的【风景 3】和【风景 4】图像素材之间，完成【圆划像】视频过渡效果的添加，如图 5-26 所示。

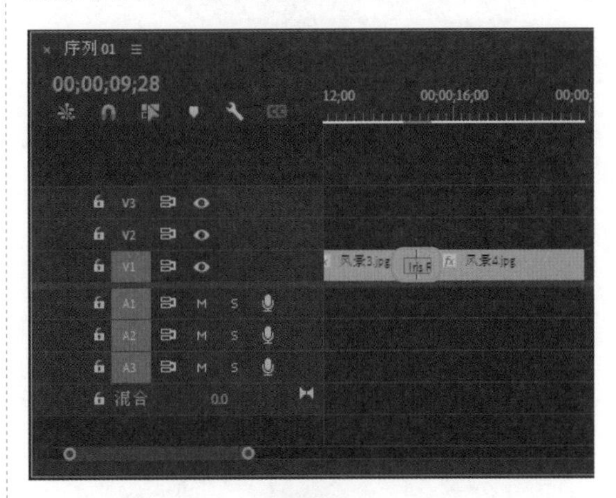

图5-26

Step15：在视频轨道上选择【圆划像】视频过渡效果，在【效果控件】面板中，❶修改【持续时间】为 2 秒，❷修改【边框宽度】为 4、【边框颜色】的 RGB 参数为 173、122、196，勾选【反向】复选框，如图 5-27 所示。

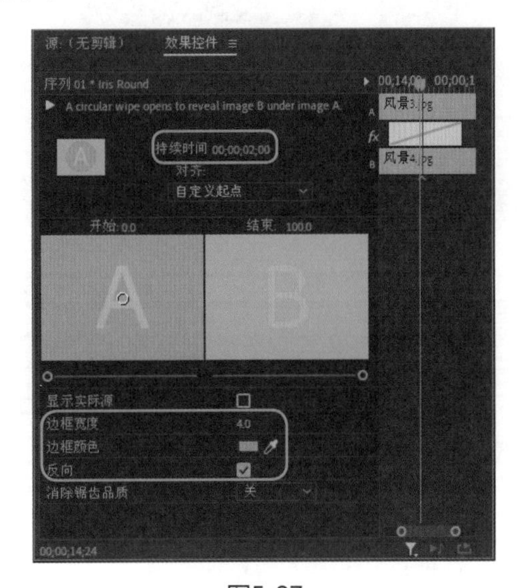

图5-27

Step16：完成视频过渡效果的修改，然后在【节目监视器】面板中预览最终的图像效果，如图 5-28 所示。

图5-28

5.3.3 擦除类过渡效果

【擦除】类视频过渡效果用于擦除素材 A 的不同部分来显示素材 B。该效果列表框中包含【划出】【双侧平推门】【带状擦除】【棋盘擦除】【水波块】【百叶窗】【随机块】和【风车】等视频过渡效果。

实战 3：使用【棋盘擦除】【带状擦除】制作化妆品产品展示

使用【棋盘擦除】和【带状擦除】视频过渡效果可以使矩形条带或棋盘方块图案从屏幕左边和屏幕右边渐渐出现，素材 B 将替代素材 A，其具体的操作方法如下：

Step01：新建一个名称为【5.3.3】的项目文件，和一个预设【标准 48kHz】的序列。

Step02：在【项目】面板中导入【化妆品 1】~【化妆品 3】图像文件，如图 5-29 所示。

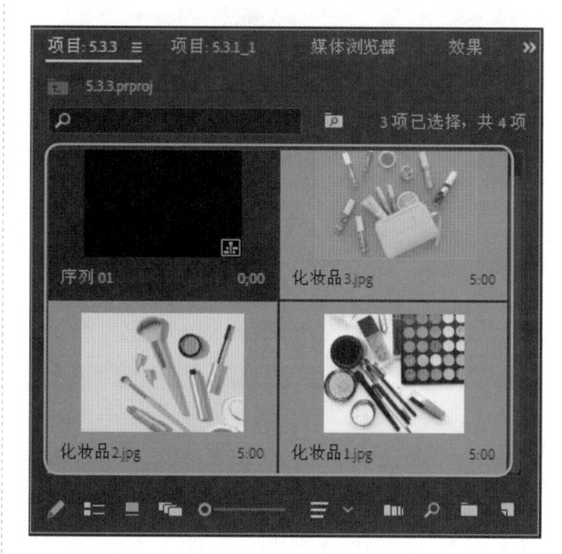

图5-29

Step03：选择所有导入的图像文件，按住鼠标左键并拖曳，将其添加至【时间轴】面板的【视频 1】轨道上，如图 5-30 所示。

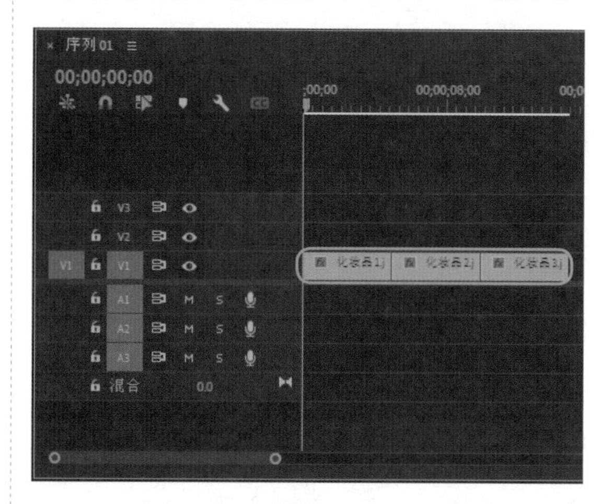

图5-30

Step04：在【节目监视器】面板中，依次调整各图像的显示大小，如图 5-31 所示。

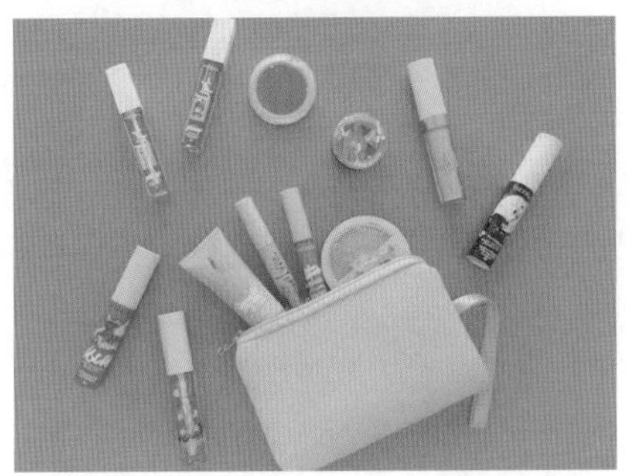

图5-31

Step05：在【效果】面板中，❶展开【视频过渡】列表框，选择【Wipe】选项，❷再次展开列表框，选择【Checker Wipe】视频过渡效果，如图 5-32 所示。

图5-32

Step06：在选择的视频过渡效果上，按住鼠标左键并拖曳，将其添加至视频轨道的【化妆品 1】和【化妆品 2】图像素材之间，完成【棋盘擦除】视频过渡效果的添加，如图 5-33 所示。

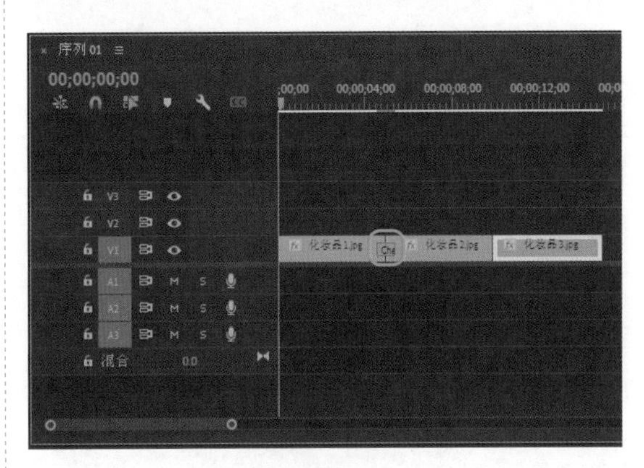

图5-33

Step07：选择新添加的【棋盘擦除】视频过渡效果，单击鼠标右键，在弹出的快捷菜单中选择【设置过渡持续时间】命令，如图 5-34 所示。

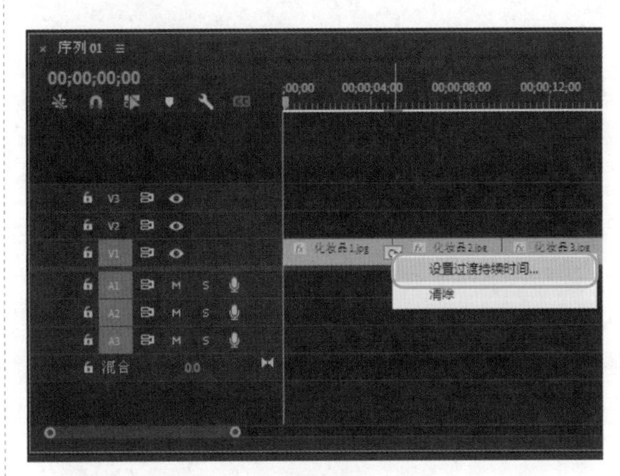

图5-34

Step08：打开【设置过渡持续时间】对话框，❶修改【持续时间】参数为 2 秒 25 帧，❷单击【确定】按钮，如图 5-35 所示。

图5-35

Step09：完成过渡持续时间的修改，则视频过渡效果的持续时间将变长，如图 5-36 所示。

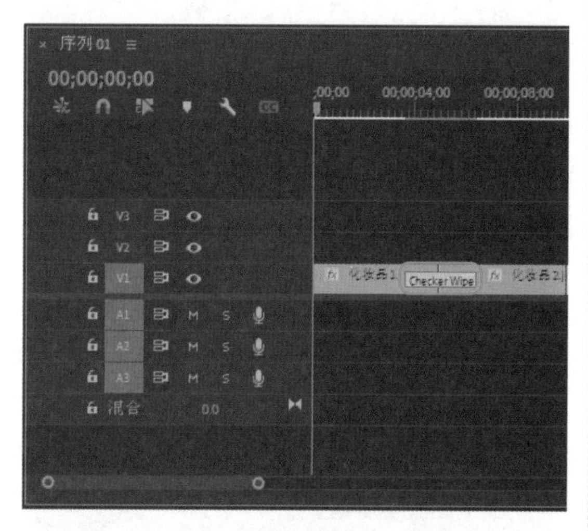

图5-36

Step10：继续选择【棋盘擦除】视频过渡效果，在【效果控件】面板中，单击【自定义】按钮，如图 5-37 所示。

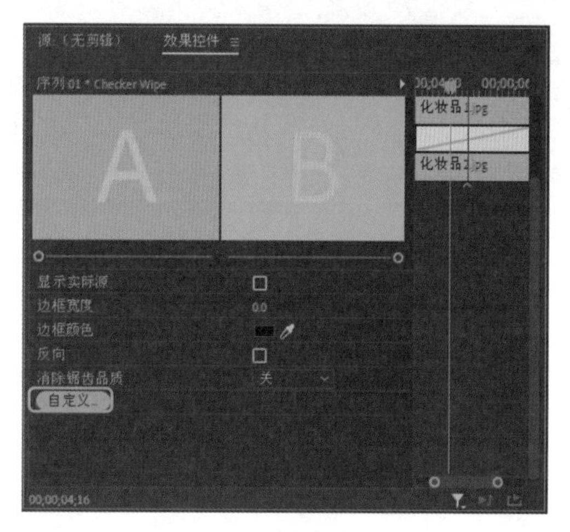

图5-37

Step11：打开【棋盘擦除设置】对话框，❶修改【水平切片】和【垂直切片】参数均为 6，❷单击【确定】按钮，如图 5-38 所示。

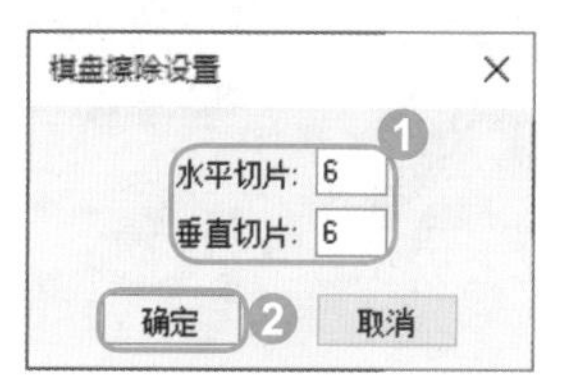

图5-38

Step12：完成【棋盘擦除】视频过渡效果的修改，在【节目监视器】面板中预览修改后的视频过渡效果图像，如图 5-39 所示。

图5-39

Step13：在【效果】面板中，❶展开【视频过渡】列表框，选择【Wipe】选项，❷再次展开列表框，选择【Band Wipe】视频过渡效果，如图 5-40 所示。

图5-40

Step14：在选择的视频过渡效果上，按住鼠标左键并拖曳，将其添加至视频轨道的【化妆品 2】和【化妆品 3】图像素材之间，完成【带状擦除】视频过渡效果的添加，如图 5-41 所示。

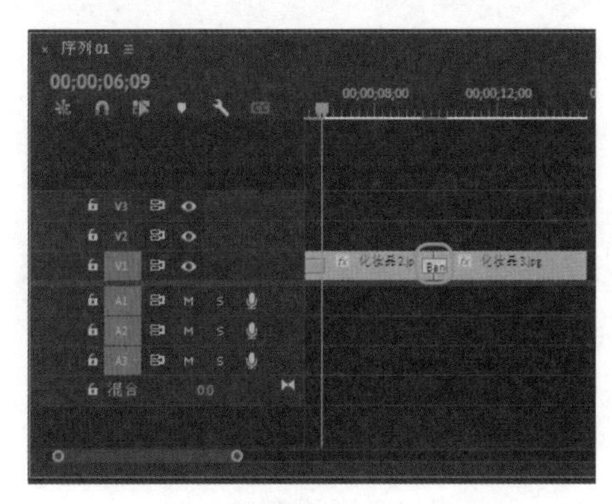

图5-41

Step15：选择【带状擦除】视频过渡效果，单击鼠标右键，在弹出的快捷菜单中选择【设置过渡持续时间】命令，打开【设置过渡持续时间】对话框，❶修改【持续时间】参数为 2 秒，❷单击【确定】按钮，如图 5-42 所示。

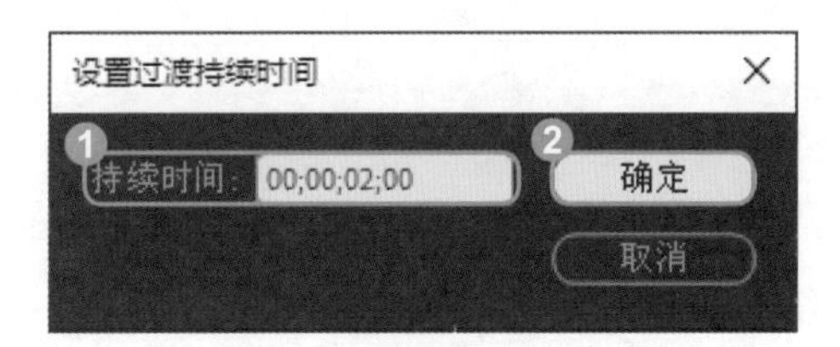

图5-42

Step16：完成过渡持续时间的修改，则视频过渡效果的持续时间将变长，如图 5-43 所示。

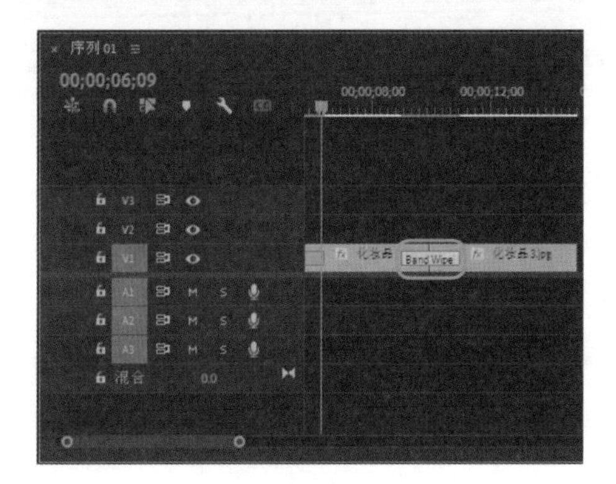

图5-43

Step17：至此，本案例制作完成。在【节目监视器】面板中预览擦除类视频过渡效果，如图 5-44 所示。

图5-44

5.3.4 溶解类过渡效果

【溶解】类视频过渡效果可以将一个视频素材逐渐淡入另一个视频素材中。【溶解】效果组中包含【交叉溶解】【叠加溶解】等视频过渡效果。

实战 4：使用【交叉溶解】【叠加溶解】制作动物世界

【交叉溶解】视频过渡效果和【叠加溶解】视频过渡效果都可以通过两个素材图像的叠加效果进行溶解转场运动，其具体的操作方法如下：

Step01：新建一个名称为【5.3.4】的项目文件，和一个预设【标准 48kHz】的序列。

Step02：在【项目】面板中导入【动物 1】~【动物 3】图像文件，如图 5-45 所示。

图5-45

Step03：选择新添加的所有图像素材，按住鼠标左键并拖曳，将其添加至【视频 1】轨道上，如图 5-46 所示。

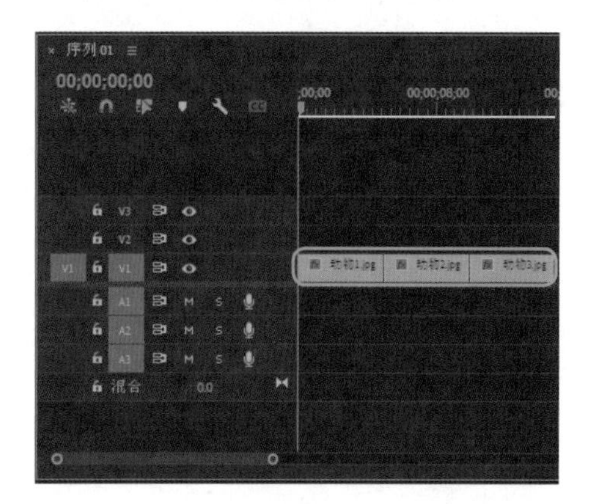

图5-46

Step04：在【节目监视器】面板中，调整各个图像的显示大小，如图 5-47 所示。

图5-47

Step05：在【效果】面板中，❶展开【视频过渡】列表框，选择【溶解】选项，❷再次展开列表框，选择【交叉溶解】视频过渡效果，如图 5-48 所示。

图5-48

Step06：在选择的视频过渡效果上，按住鼠标左键并拖曳，将其添加至视频轨道的【动物 1】和【动物 2】图像素材之间，完成【交叉溶解】视频过渡效果的添加，并修改视频过渡效果的持续时间为 2 秒，如图 5-49 所示。

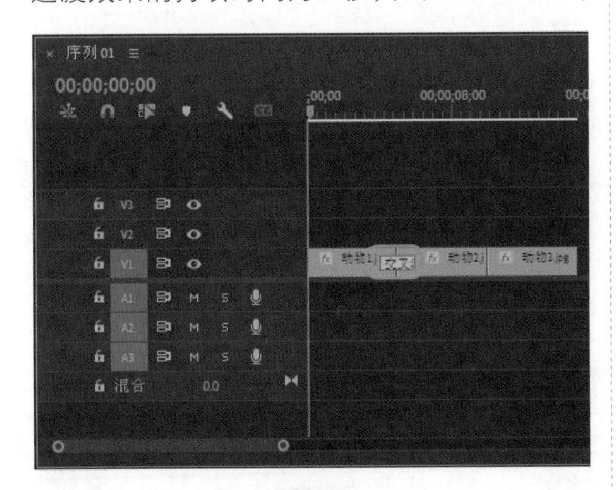

图5-49

Step07：选择【交叉溶解】视频过渡效果，在【效果控件】面板中，修改【对齐】为【中心切入】，如图 5-50 所示，完成视频过渡效果对齐方式的修改。

Step08：在【效果】面板中，❶展开【视频过渡】列表框，选择【Dissolve】选项，❷再次展开列表框，选择【Additive Dissolve】视频过渡效果，如图 5-51 所示。

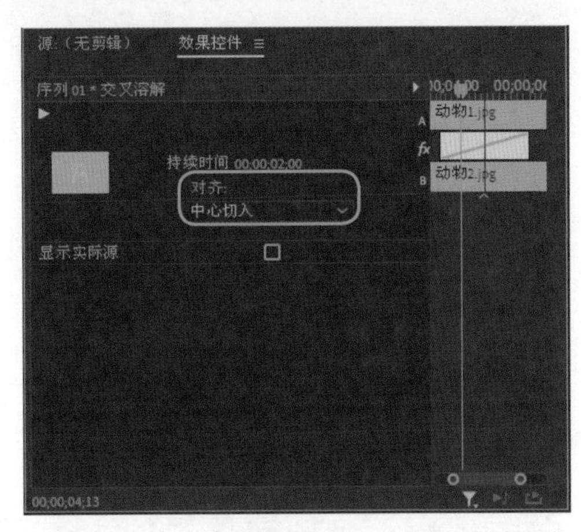

图5-50

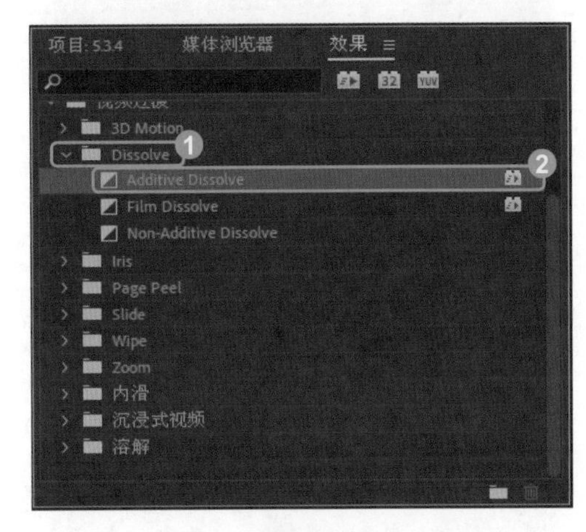

图5-51

Step09：在选择的视频过渡效果上，按住鼠标左键并拖曳，将其添加至视频轨道的【动物 2】和【动物 3】图像素材之间，完成【叠加溶解】视频过渡效果的添加，并修改视频过渡效果的持续时间为 2 秒，如图 5-52 所示。

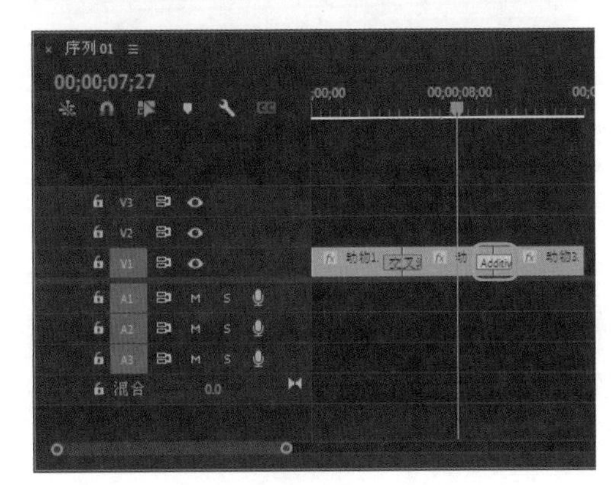

图5-52

Step10：至此，【交叉溶解】和【叠加溶解】视频过渡效果全部制作完成。在【节目监视器】面板中，预览最终的视频过渡效果，如图 5-53 所示。

图5-53

5.3.5 沉浸式视频类过渡效果

使用【沉浸式视频】类过渡效果可以以沉浸的方式过渡两个素材的画面。【沉浸式视频】效果组中包含【VR 光圈擦除】【VR 光线】【VR 渐变擦除】【VR 色彩泄露】和【VR 漏光】等视频过渡效果。

实战 5：使用【VR 光线】【VR 渐变擦除】制作百花绽放

【VR 光线】视频过渡效果用于沉浸式的 VR 光线效果，【VR 渐变擦除】视频过渡效果则可以用于 VR 沉浸式的画面渐变擦除。使用【VR 光线】【VR 渐变擦除】视频过渡效果制作百花绽放的具体操作方法如下：

Step01：新建一个名称为【5.3.5】的项目文件，和一个预设【标准 48kHz】的序列。

Step02：在【项目】面板中导入【花朵 1】~【花朵 3】图像文件，如图 5-54 所示。

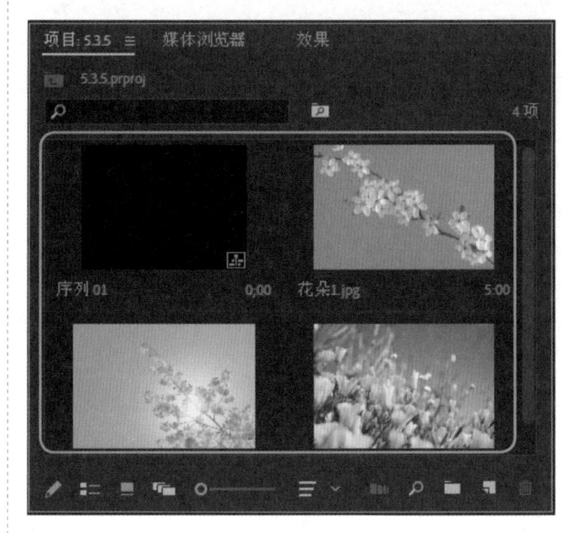

图5-54

Step03：在【项目】面板中选择所有的图像文件，按住鼠标左键并拖曳，将其添加至【时间轴】面板的视频轨道上，如图 5-55 所示。

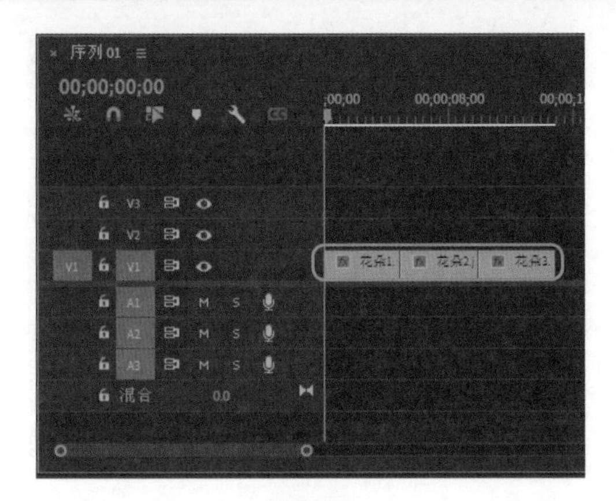

图5-55

Step04：在【节目监视器】面板中，调整各图像的显示大小，如图 5-56 所示。

图5-56

Step05：在【效果】面板中，❶展开【视频过渡】列表框，选择【沉浸式视频】选项，❷再次展开列表框，选择【VR 光线】视频过渡效果，如图 5-57 所示。

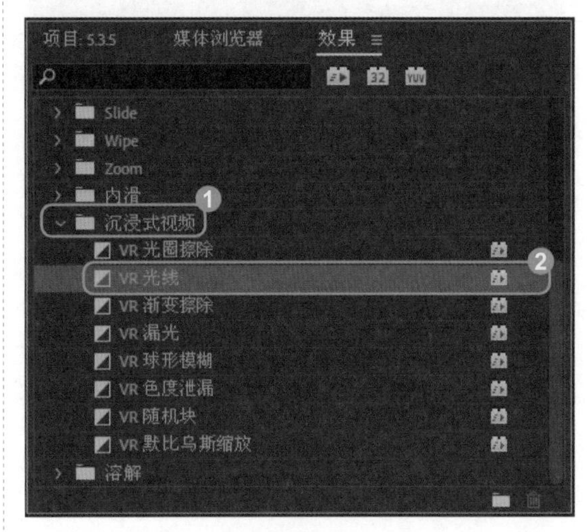

图5-57

Step06：在选择的视频过渡效果上，按住鼠标左键并拖曳，将其添加至视频轨道的【花朵 1】和【花朵 2】图像素材之间，完成【VR 光线】视频过渡效果的添加，并修改视频过渡效果的持续时间为 2 秒，如图 5-58 所示。

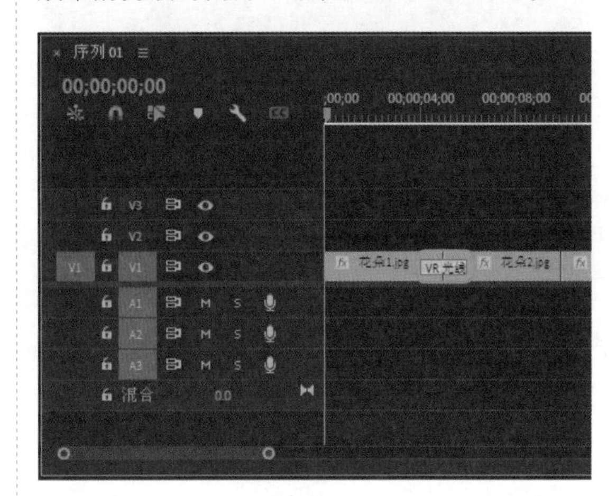

图5-58

Step07：选择新添加的视频过渡效果，在【效果控件】面板中，❶勾选【反方向】复选框，❷修改【光线长度】参数为 45，如图 5-59 所示，完成视频过渡效果参数的修改。

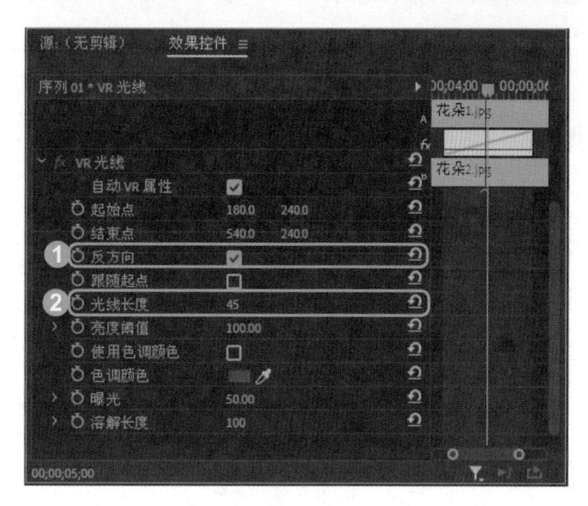

图5-59

Step08：在【效果】面板中，❶展开【视频过渡】列表框，选择【沉浸式视频】选项，❷再次展开列表框，选择【VR 渐变擦除】视频过渡效果，如图 5-60 所示。

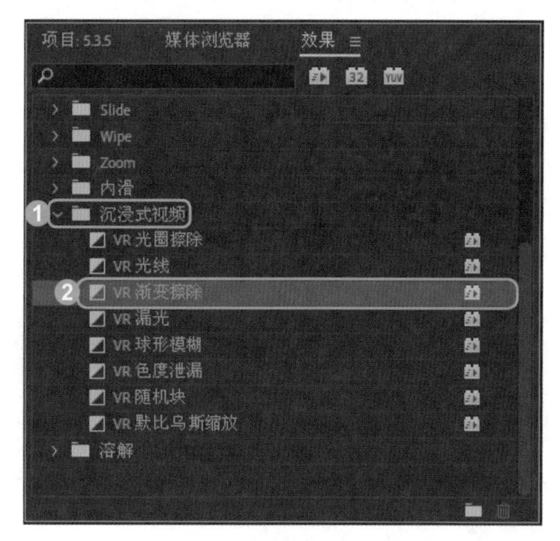

图5-60

Step09：在选择的视频过渡效果上，按住鼠标左键并拖曳，将其添加至视频轨道的【花朵 2】和【花朵 3】图像素材之间，完成【VR 渐变擦除】视频过渡效果的添加，并修改视频过渡效果的持续时间为 2 秒，如图 5-61 所示。

Step10：选择新添加的视频过渡效果，在【效果控件】面板的【VR 渐变擦除】选项区中，修改【平滑渐变】参数为 31、【羽化】参数为 0.3，如图 5-62 所示。

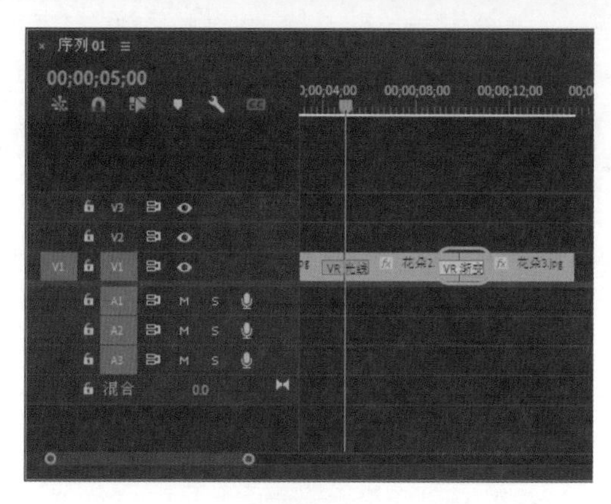

图5-61

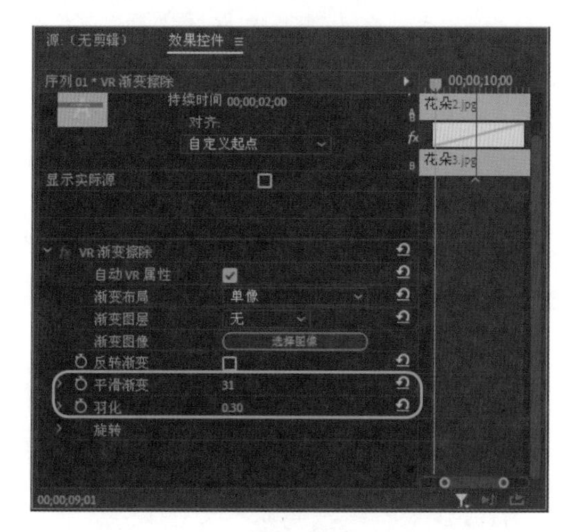

图5-62

Step11：至此，本案例效果制作完成。在【节目监视器】面板中预览视频过渡的图像效果，如图 5-63 所示。

图5-63

5.3.6 内滑类过渡效果

【内滑】类视频过渡效果主要通过画面滑动来进行素材 A 和素材 B 的过渡切换。【内滑】视频过渡效果组中包含【中心拆分】【内滑】【带状内滑】和【拆分】效果。

实战 6：使用【中心拆分】【内滑】【带状内滑】【推】制作美味水果

使用【中心拆分】【内滑】【带状内滑】和【推】视频过渡效果制作美味水果的具体操作方法如下：

Step01：新建一个名称为【5.3.6】的项目文件，和一个预设【标准 48kHz】的序列。

Step02：在【项目】面板中导入【水果 1】~【水果 5】图像文件，如图 5-64 所示。

图5-64

Step03：在【项目】面板中选择所有的图像文件，按住鼠标左键并拖曳，将其添加至【时间轴】面板中的视频轨道上，如图 5-65 所示。

Step04：在【节目监视器】面板中，依次调整各个图像的显示大小，如图 5-66 所示。

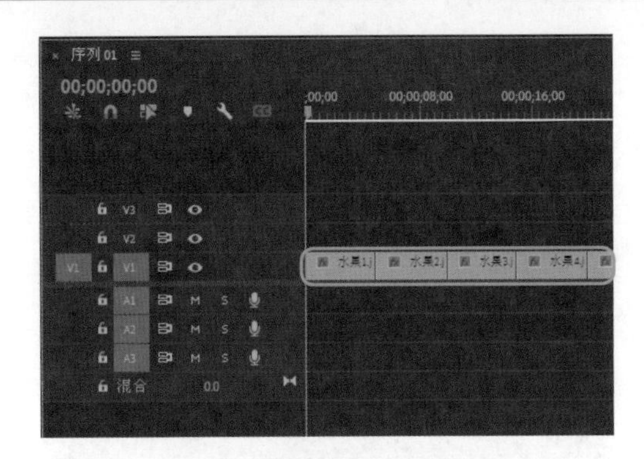

图5-65

图5-66

Step05：在【效果】面板中，❶展开【视频过渡】列表框，选择【Slide】选项，❷再次展开列表框，选择【Center Split】视频过渡效果，如图 5-67 所示。

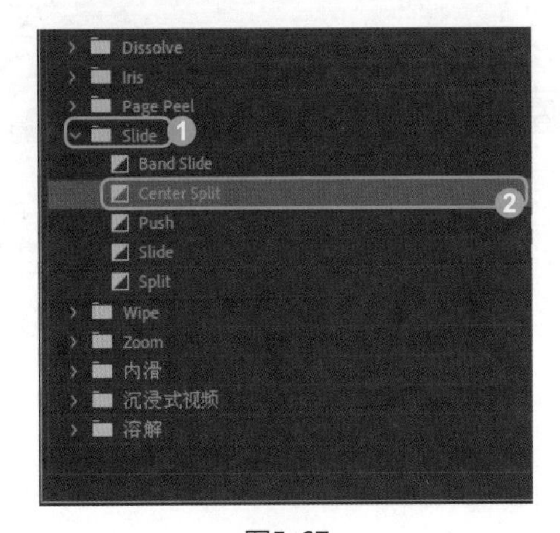

图5-67

Step06：在选择的视频过渡效果上，按住鼠标左键并拖曳，将其添加至视频轨道的【水果 1】和【水果 2】图像素材之间，完成【中心拆分】视频过渡效果的添加，并修改视频过渡效果的持续时间为 2 秒，如图 5-68 所示。

图5-68

Step07：选择新添加的视频过渡效果，在【效果控件】面板中，❶修改【边框宽度】为 2，❷修改【边框颜色】的 RGB 参数分别为 96、201、210，如图 5-69 所示，完成视频过渡效果参数的修改。

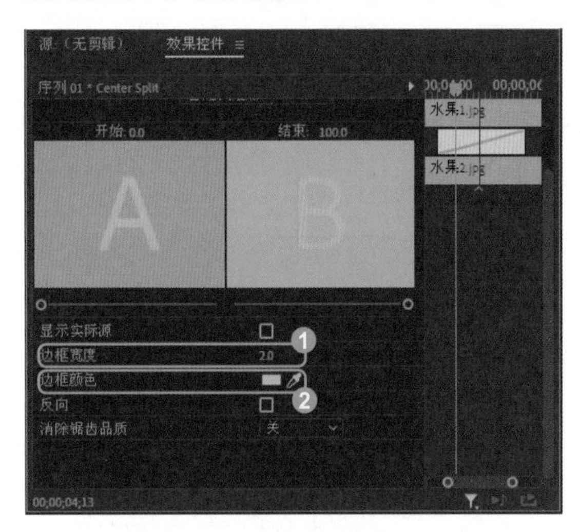

图5-69

Step08：在【效果】面板中，❶展开【视频过渡】列表框，选择【Slide】选项，❷再次展开列表框，选择【Slide】视频过渡效果，如图 5-70 所示。

图5-70

Step09：在选择的视频过渡效果上，按住鼠标左键并拖曳，将其添加至视频轨道的【水果 2】和【水果 3】图像素材之间，完成【内滑】视频过渡效果的添加，并修改视频过渡效果的持续时间为 2 秒，如图 5-71 所示。

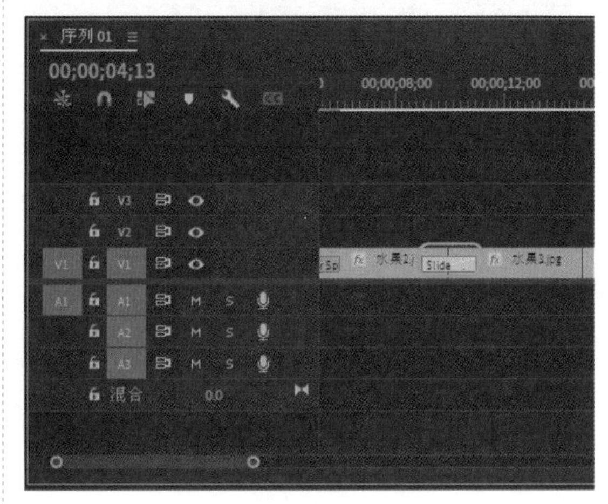

图5-71

Step10：选择新添加的视频过渡效果，在【效果控件】面板中，修改【对齐】为【中心切入】，如图 5-72 所示，完成视频过渡效果参数的修改。

Step11：在【效果】面板中，❶展开【视频过渡】列表框，选择【Slide】选项，❷再次展开列表框，选择【Band Slide】视频过渡效果，如图 5-73 所示。

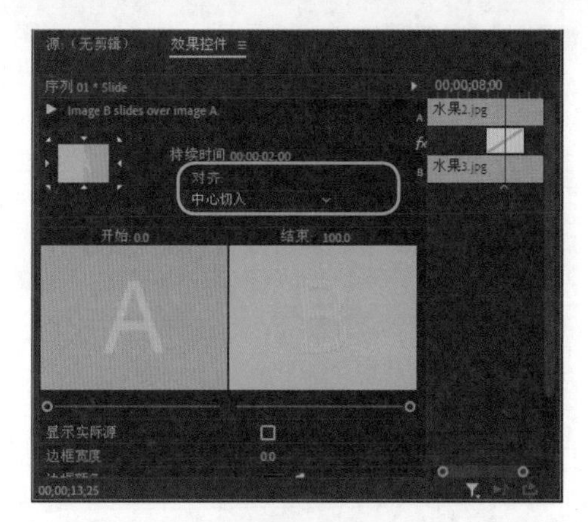

图5-72

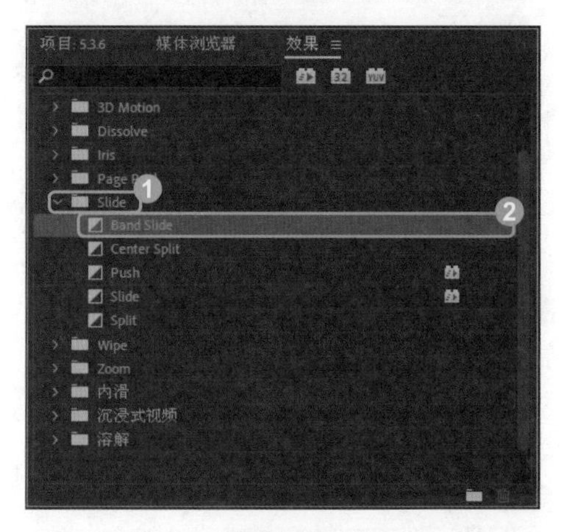

图5-73

Step12：在选择的视频过渡效果上，按住鼠标左键并拖曳，将其添加至视频轨道的【水果 3】和【水果 4】图像素材之间，完成【带状内滑】视频过渡效果的添加，并修改视频过渡效果的持续时间为 2 秒，如图 5-74 所示。

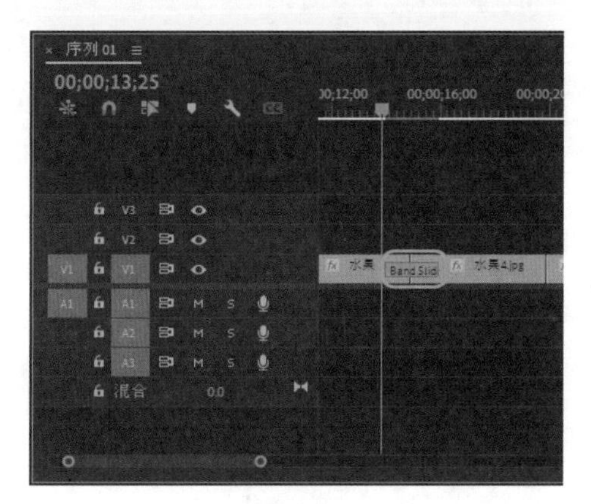

图5-74

Step13：选择新添加的视频过渡效果，在【效果控件】面板中，单击【自定义】按钮，如图 5-75 所示。

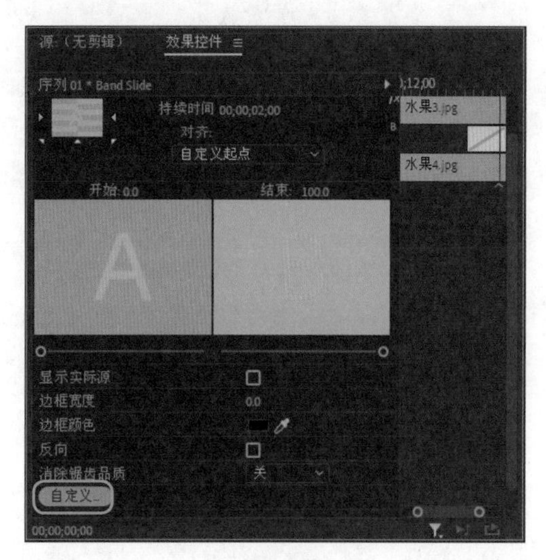

图5-75

Step14：打开【带状内滑设置】对话框，❶修改【带数量】为 5，❷单击【确定】按钮，如图 5-76 所示，完成视频过渡效果参数的修改。

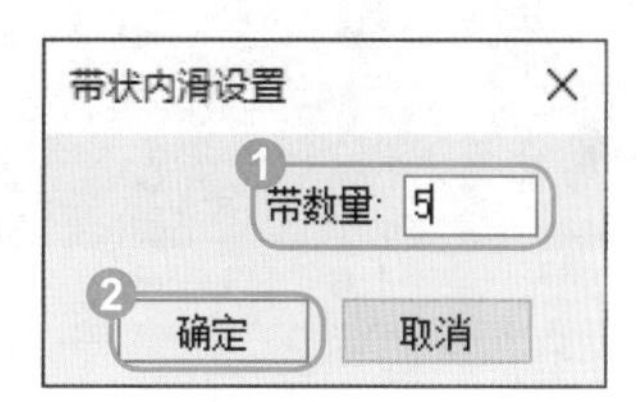

图5-76

Step15：在【效果】面板中，❶展开【视频过渡】列表框，选择【Slide】选项，❷再次展开列表框，选择【Push】视频过渡效果，如图 5-77 所示。

Step16：在选择的视频过渡效果上，按住鼠标左键并拖曳，将其添加至视频轨道的【水果 4】和【水果 5】图像素材之间，完成【推】视频过渡效果的添加，并修改视频过渡效果的持续时间为 2 秒，如图 5-78 所示。

图5-77

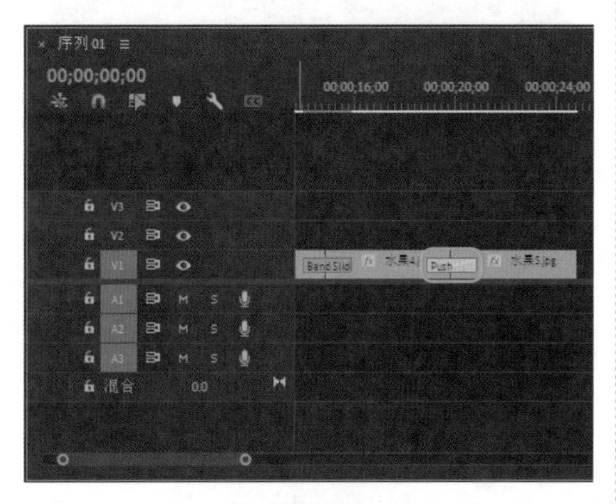

图5-78

Step17：至此，本案例效果制作完成。在【节目监视器】面板中预览视频过渡的图像效果，如图 5-79 所示。

图5-79

图5-79（续）

5.3.7 缩放类过渡效果

【缩放】视频过渡效果用来缩放整个素材的效果，或提供一些可以缩放的盒子，从而使一个素材替换另一个素材。

实战 7：使用【交叉缩放】制作可爱小狗

使用【缩放】类视频过渡效果下的【交叉缩放】视频过渡效果可以缩小素材 B，再逐渐放大它，直到占据整个画面。其具体的操作方法如下：

Step01：新建一个名称为【5.3.7】的项目文件，和一个预设【标准 48kHz】的序列。

Step02：在【项目】面板中导入【小狗 1】和【小狗 2】图像文件，如图 5-80 所示。

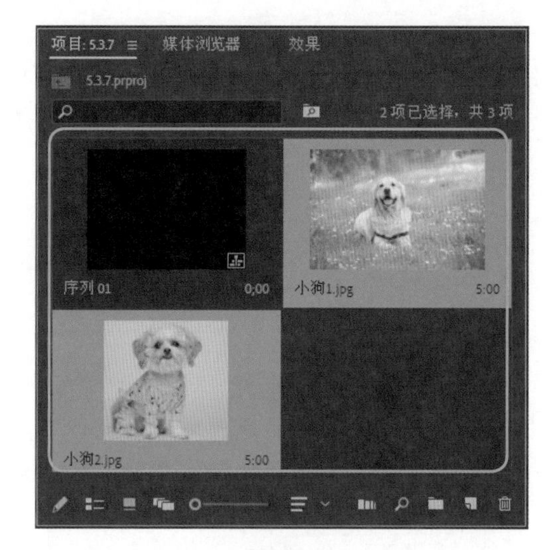

图5-80

Step03：在【项目】面板中选择所有的图像文件，按住鼠标左键并拖曳，将其添加至【时间轴】面板中的视频轨道上，如图 5-81 所示。

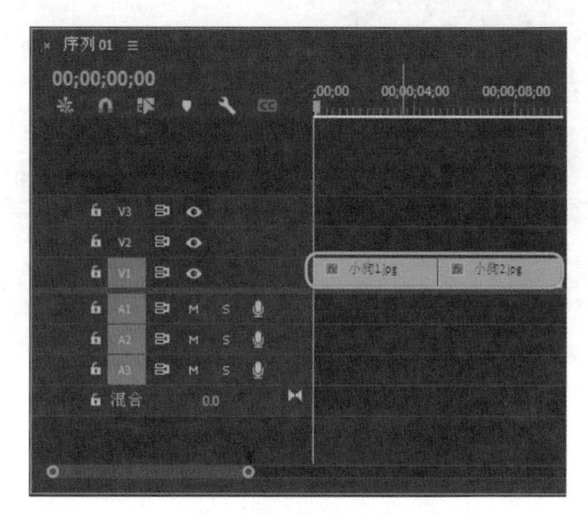

图5-81

Step04：在【节目监视器】面板中，依次调整各个图像的显示大小，如图 5-82 所示。

图5-82

Step05：在【效果】面板中，❶展开【视频过渡】列表框，选择【Zoom】选项，❷再次展开列表框，选择【Cross Zoom】视频过渡效果，如图 5-83 所示。

图5-83

Step06：在选择的视频过渡效果上，按住鼠标左键并拖曳，将其添加至视频轨道的【小狗 1】和【小狗 2】图像素材之间，完成【交叉缩放】视频过渡效果的添加，并修改视频过渡效果的持续时间为3秒，如图5-84所示。

图5-84

Step07：至此，本案例效果制作完成。在【节目监视器】面板中预览视频过渡的图像效果，如图5-85所示。

图5-85

5.3.8 页面剥落类过渡效果

【页面剥落】类视频过渡效果可以模仿翻转显示下一页的书页。【页面剥落】效果组中包含【翻页】和【页面剥落】视频过渡效果。

实战8：使用【翻页】和【页面剥落】制作经典美食

【翻页】视频过渡效果可以翻转页面，但不会发生卷曲，在翻转显示素材B图像时，可以看见素材A图像颠倒出现在页面的背面。而【页面剥落】视频过渡效果则可以让素材A图像从页面左边滚动到页面右边（没有发生卷曲）来显示素材B图像。使用【翻页】和【页面剥落】视频过渡效果制作经典美食的具体操作方法如下：

Step01：新建一个名称为【5.3.8】的项目文件，和一个预设【标准48kHz】的序列。

Step02：在【项目】面板中导入【美食1】~【美食3】图像文件，如图5-86所示。

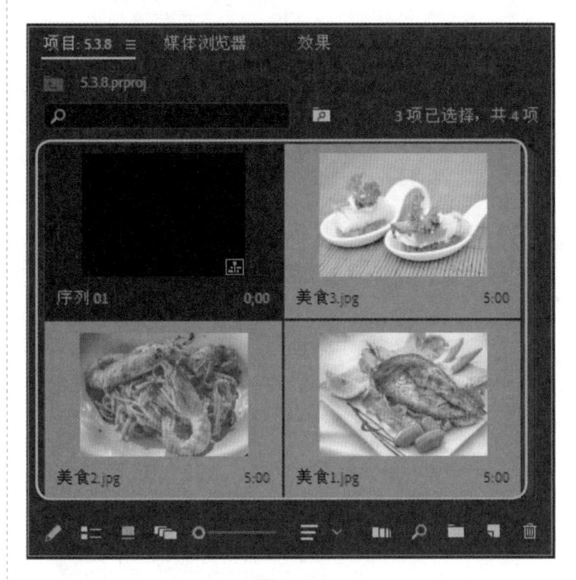

图5-86

Step03：在【项目】面板中选择所有的图像文件，按住鼠标左键并拖曳，将其添加至【时间轴】面板中的视频轨道上，如图5-87所示。

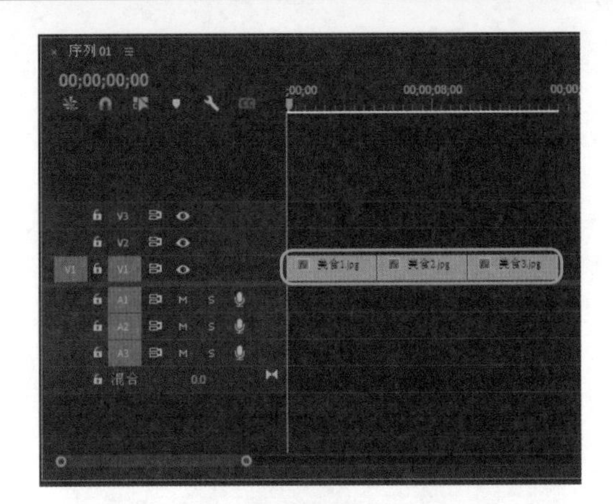

图5-87

Step04：在【节目监视器】面板中，依次调整各个图像的显示大小，如图 5-88 所示。

图5-88

Step05：在【效果】面板中，❶展开【视频过渡】列表框，选择【Page Peel】选项，❷再次展开列表框，选择【Page Turn】视频过渡效果，如图 5-89 所示。

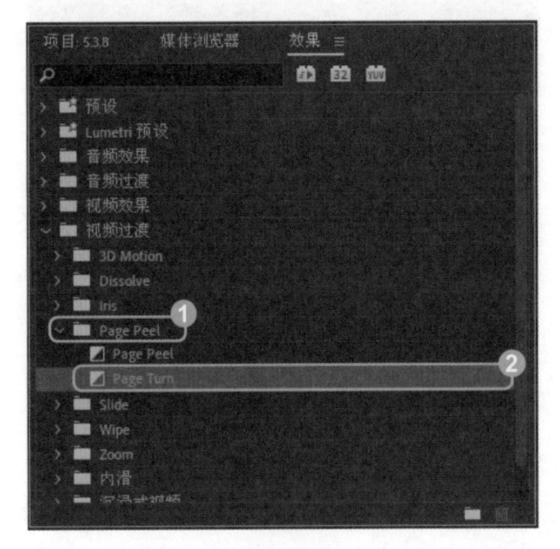

图5-89

Step06：在选择的视频过渡效果上，按住鼠标左键并拖曳，将其添加至视频轨道的【美食 1】和【美食 2】图像素材之间，完成【翻页】视频过渡效果的添加，并修改视频过渡效果的持续时间为 2 秒，如图 5-90 所示。

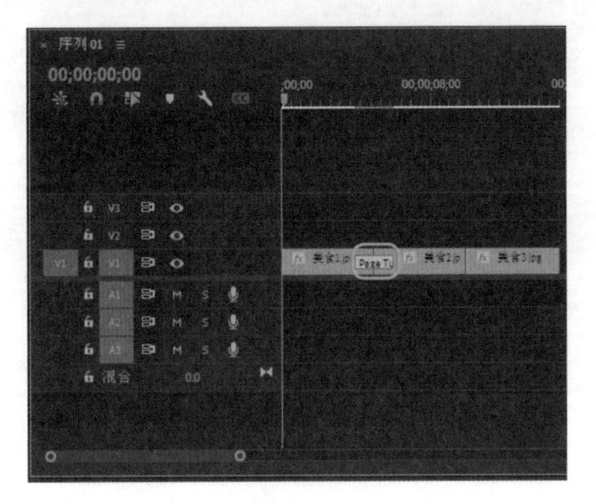

图5-90

Step07：在【效果】面板中，❶展开【视频过渡】列表框，选择【Page Peel】选项，❷再次展开列表框，选择【Page Peel】视频过渡效果，如图 5-91 所示。

图5-91

Step08：在选择的视频过渡效果上，按住鼠标左键并拖曳，将其添加至视频轨道的【美食 2】和【美食 3】图像素材之间，完成【页面剥落】视频过渡效果的添加，并修改视频过渡效果的持续时间为 2 秒，如图 5-92 所示。

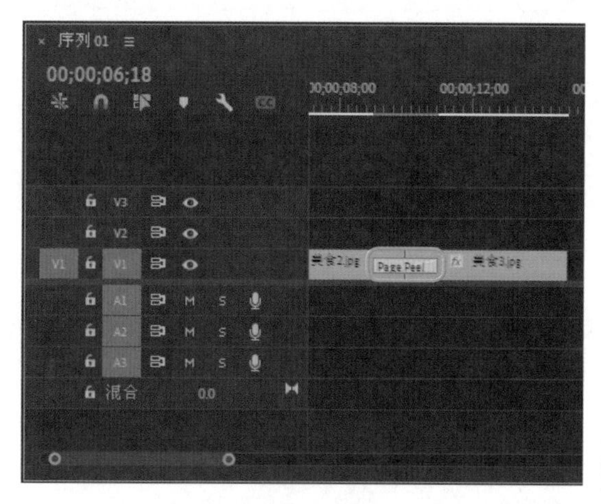

图5-92

Step09：至此，本案例效果制作完成。在【节目监视器】面板中预览视频过渡的图像效果，如图 5-93 所示。

图5-93

第6章 视频调色

- Premiere Pro 2022中视频调色的概念是什么？
- Premiere Pro 2022中视频调色的方法是什么？
- Premiere Pro 2022中视频调色的基本步骤有哪些？

调色是Premiere中非常重要的功能，它在很大程度上能够决定作品的“好坏”。不同的颜色可以传达作品的主旨内涵。运用调色这一技巧，可以在制作的影视作品中赋予特定的情感和内涵。本章将详细讲解视频调色的方法。学完这一章的内容，你就能掌握视频调色的应用了。

6.1 认识视频调色

调色是视频后期处理的“重头戏”。一幅作品的颜色能够在很大程度上影响观众的心理感受。比如，同样一张美食图片，饱和度高的图片看起来会更美味。调色技术不仅在摄影后期中占有重要的地位，在设计中也是不可忽视的一个重要组成部分。调色不仅要使元素变漂亮，更重要的是通过色彩使元素“融合”到画面中。

在进行视频调色前，要掌握好色彩的三要素，下面将逐一进行介绍。

1. 色相

色相是指色彩的相貌，是色彩最明显的特征，由色彩的波长决定。色相一般用纯色表示，是辨识色彩的基础元素，也是区分不同色彩的名称。将三原色在圆形图中的对等三分位置上分别定位，可演变为6色相、12色相、24色相，如图6-1所示。

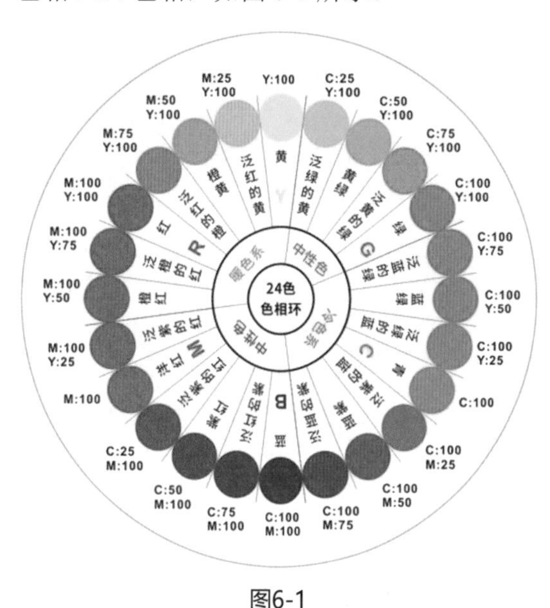

图6-1

2. 饱和度

饱和度是指色彩的鲜艳程度，也称色彩的饱和度。饱和度取决于该色中含色成分和消色成分（灰色）的比例。含色成分越多，饱和度越高；消色成分越多，饱和度越低。纯的颜色都是高度饱和的，如鲜红、鲜绿。混杂上白色、灰色或其他色调的颜色是不饱和的颜色，如绛紫、粉红、黄褐等，如图6-2所示。

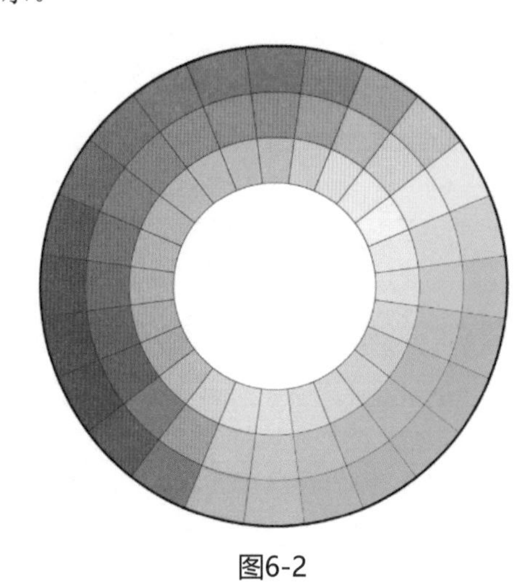

图6-2

3. 亮度

亮度是指色彩的明亮程度。各种有色物体由于它们的反射光量的区别而产生颜色的明暗强弱。

色彩的亮度一般有两种情况：一是同一色相的不同亮度；二是各种颜色的不同亮度。色彩的亮度变化往往会影响到饱和度，如红色加入黑色以后亮度降低了，同时饱和度也降低了；如果红色加白则亮度提高了，饱和度却降低了。如图6-3所示为亮度的明暗对比效果。

图6-3

6.2 视频调色的方法和基本步骤

在掌握了视频调色的基础概念后，还需要了解视频调色的方法和操作步骤。本节将对视频调色的方法和基本步骤进行详细介绍。

1. 视频调色的方法

一个好的视频，调色是至关重要的，像好莱坞大片一样，每一部电影的色调都跟剧情息息相关。调色不仅可以给视频画面赋予一定的艺术美感，同样也可以为视频注入一些情感。视频的调色方法有以下几种：

- 调整画面对比度

很多时候，由于拍摄环境的限制，光照的对比太强会导致拍摄出的视频曝光过渡等。此时可以通过后期的视频处理，对视频中的某个场景或人物进行调色或替换等操作。当视频拍摄时的画面太灰，缺少饱和度时，可以通过调色功能中的曲线工具，让画面暗的部分更暗，亮的部分更亮，让整个画面的亮度分布在更多的层次跨度，这样就可以在不丢失细节的情况下增加画面的整体对比度。

- 白平衡校色

当摄像机在拍摄的时候白平衡色温设置不正确，画面将会偏蓝或者偏红。这时就需要进行后期的校色。在 Premiere 软件中，调色很简单，使用白平衡的调色视频效果就可以快速完成白平衡的校色功能。

- 营造艺术效果

视频调色技术大大扩展了影视后期制作人员的想象力和创造力，如进行去色或者单色处理，从而营造出一种过去或者梦幻的效果；换掉画面中的花朵的颜色或人物衣服的颜色，营造出色彩差异效果；为了表达某种情绪，将整体效果调成某种偏色效果等。

2. 视频调色的基本步骤

在 Premiere Pro 2020 软件中进行视频调色的步骤很简单，用户只需要先新建一个项目和序列文件，然后导入视频文件，最后在【效果】面板中选择各种调色视频效果进行调色即可。

6.3 校正视频色彩

色彩校正用于校正素材图像的颜色，并在校正素材时，通过亮度、对比度、颜色平衡、通道混合器等颜色校正特效进行校正操作。本节将详细讲解校正视频色彩的基本操作方法。

6.3.1 实战 1：使用【亮度与对比度】效果调整偏灰的视频

【亮度与对比度】视频效果主要用来调整视频或图像的亮度与色调，其具体的操作方法如下：

Step01：新建一个名称为【6.3.1】的项目文件，在【项目】面板中导入【水母】图像文件，如图 6-4 所示。

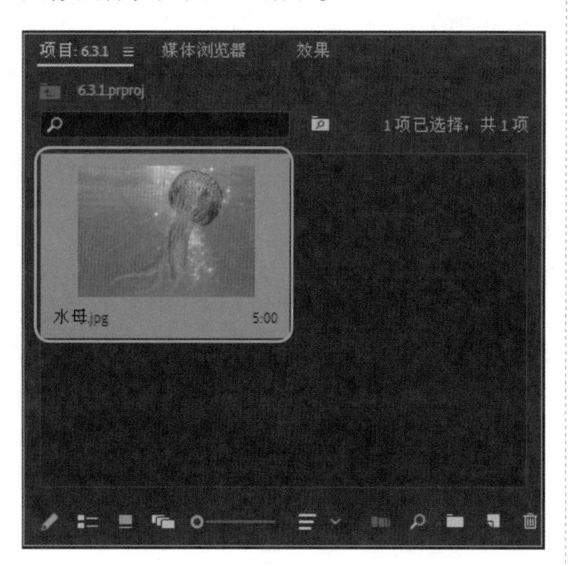

图6-4

Step02：选择新导入的图像文件，按住鼠标左键并拖曳，将其添加至【视频 1】轨道上，将自动添加一个序列文件，如图 6-5 所示。

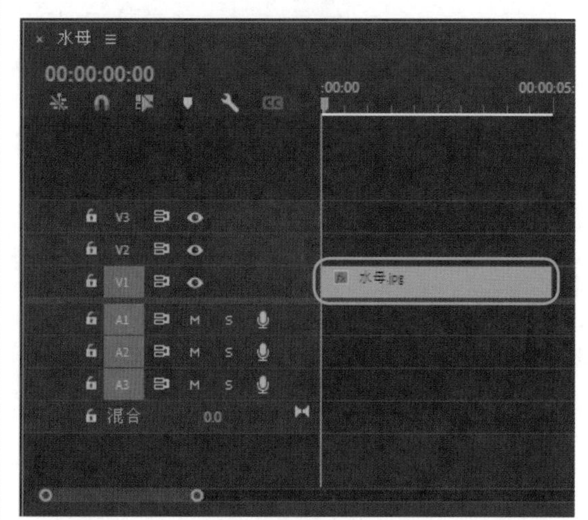

图6-5

Step03：在【节目监视器】面板中，调整图像的显示大小，如图 6-6 所示。

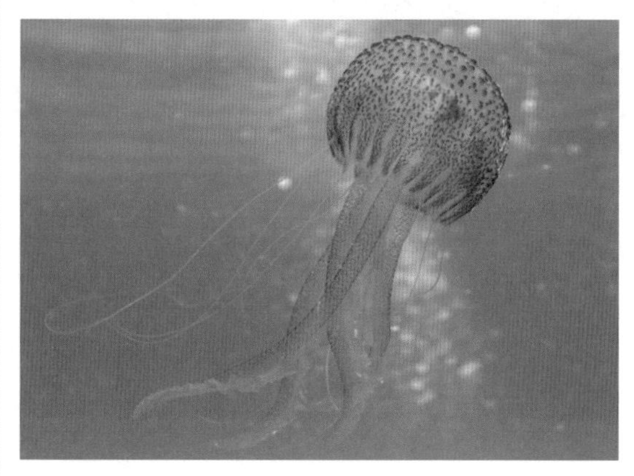

图6-6

Step04：在【效果】面板中，❶展开【视频效果】列表框，选择【颜色校正】选项，❷再次展开列表框，选择【Brightness&Contrast】视频效果，如图 6-7 所示。

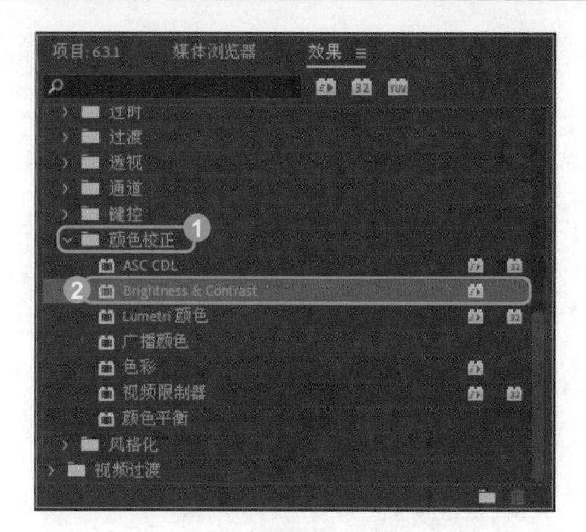

图6-7

Step05：在选择的视频效果上，按住鼠标左键并拖曳，将其添加至视频轨道的图像素材上，然后选择图像素材，在【效果控件】面板中，修改【亮度】参数为35、【对比度】参数为25，如图6-8所示。

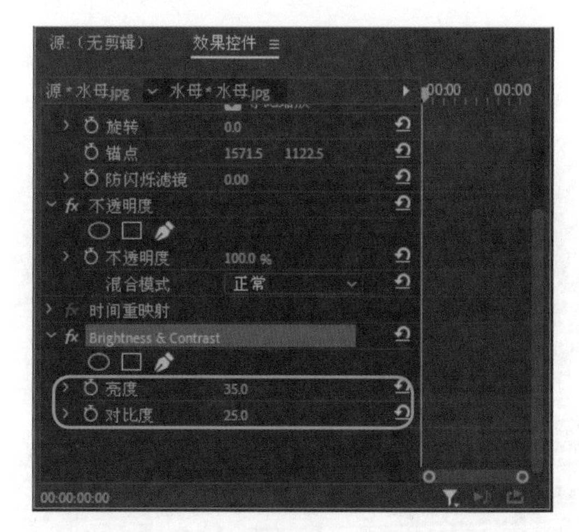

图6-8

技术看板

在【亮度和对比度】选项区中，各常用选项的含义如下：

- 亮度：用于调整图像中的亮度级别。
- 对比度：用于调整图像中最亮和最暗级之间的差异。

Step06：完成亮度与对比度的校正操作，并在【节目监视器】面板中预览校正后的最终图像效果，如图6-9所示。

图6-9

6.3.2 实战2：使用【颜色平衡（HLS）】效果调整视频画面的色感

使用【颜色平衡（HLS）】特效能够通过调整画面的色相、饱和度以及明度来达到平衡素材颜色的作用，其具体的操作方法如下：

Step01：新建一个名称为【6.3.2】的项目文件，在【项目】面板中导入【海底鱼】图像文件，如图6-10所示。

图6-10

Step02：选择新导入的图像文件，按住鼠标左键并拖曳，将其添加至【视频 1】轨道上，将自动添加一个序列文件，如图 6-11 所示。

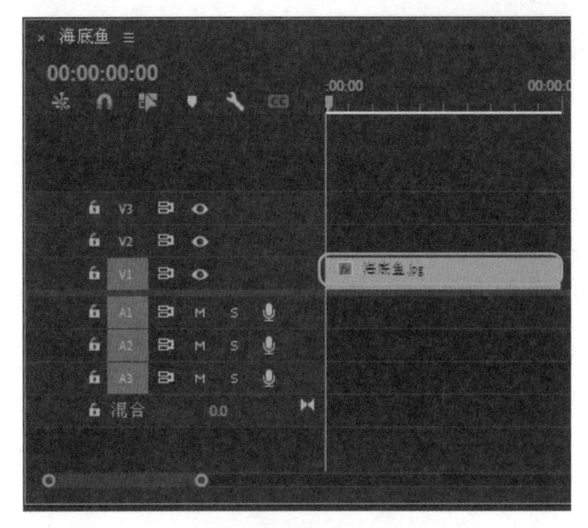

图6-11

Step03：在【节目监视器】面板中，调整图像的显示大小，如图 6-12 所示。

图6-12

Step04：在【效果】面板中，展开【视频过渡】列表框，选择【过时】选项，再次展开列表框，选择【颜色平衡（HLS）】视频过渡效果，如图 6-13 所示。

图6-13

Step05：在选择的视频效果上，按住鼠标左键并拖曳，将其添加至视频轨道的图像素材上，然后选择图像素材，在【效果控件】面板的【颜色平衡（HLS）】选项区中，❶修改【色相】为 40°、❷【亮度】为 5、【饱和度】为 8，如图 6-14 所示。

图6-14

技术看板

在【颜色平衡（HLS）】选项区中，各常用选项的含义如下：

- 色相：用于调整素材画面的色彩偏向。
- 亮度：用于调整素材画面的明亮程度。
- 饱和度：用于调整素材画面的饱和程度。

Step06：完成颜色平衡的校正操作，并在【节目监视器】面板中预览校正后的最终图像效果，如图 6-15 所示。

图6-15

6.3.3 实战 3：使用【更改为颜色】效果修改视频画面颜色

【更改为颜色】视频效果主要用于修改图像上的色相、饱和度以及指定颜色或颜色区域的亮度，其具体的操作方法如下：

Step01：新建一个名称为【6.3.3】的项目文件，在【项目】面板中导入【牡丹花】图像文件，如图 6-16 所示。

图6-16

Step02：选择新导入的图像文件，按住鼠标左键并拖曳，将其添加至【视频 1】轨道上，将自动添加一个序列文件，如图 6-17 所示。

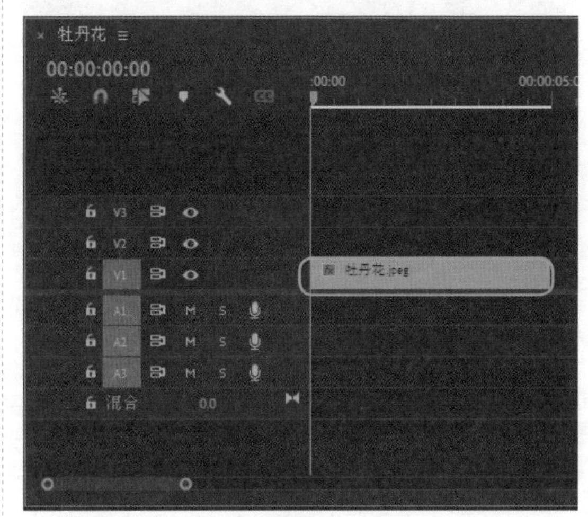

图6-17

Step03：在【节目监视器】面板中，调整图像的显示大小，如图 6-18 所示。

图6-18

Step04：在【效果】面板中，展开【视频效果】列表框，选择【过时】选项，再次展开列表框，选择【更改为颜色】视频效果，如图 6-19 所示。

图6-19

Step05：在选择的视频效果上，按住鼠标左键并拖曳，将其添加至视频轨道的图像素材上，然后选择图像素材，在【效果控件】面板的【更改为颜色】选项区中，单击【自】选项右侧的颜色块，如图 6-20 所示。

Step06：打开【拾色器】对话框，❶修改 RGB 参数分别为 231、3、29，❷单击【确定】按钮，如图 6-21 所示。

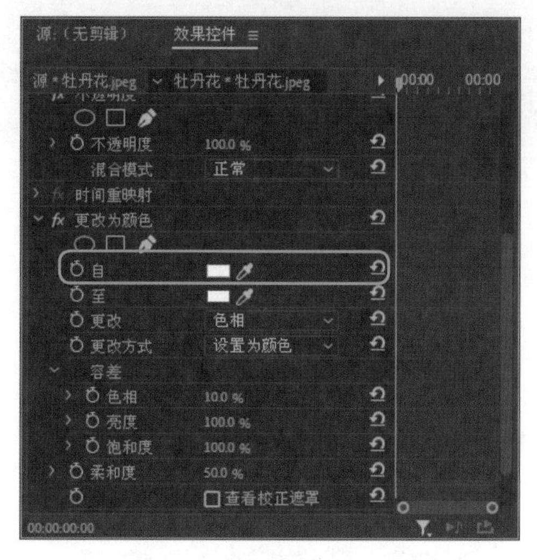

图6-20

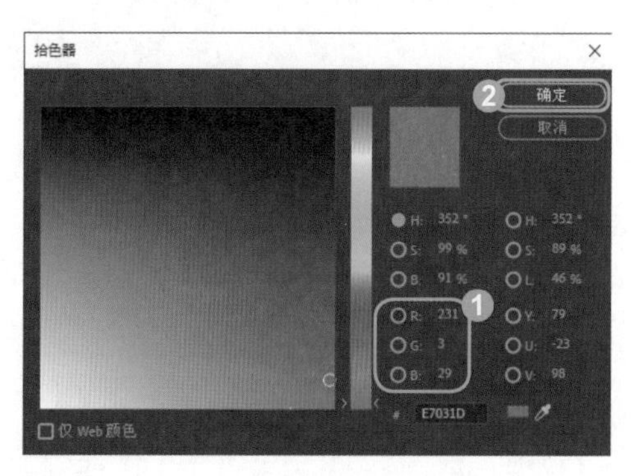

图6-21

Step07：返回【效果控件】面板，❶完成【自】颜色的修改，❷然后单击【至】选项右侧的颜色块，如图 6-22 所示。

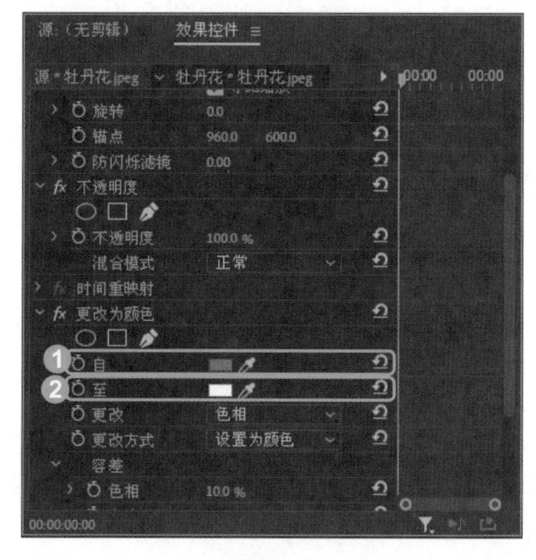

图6-22

技术看板

在【更改为颜色】选项区中，各常用选项的含义如下：

- 自：从画面中选择一种目标颜色。
- 至：用于设置目标颜色所替换的颜色。
- 更改：用于设置更改方式，包括【色相】【色相和亮度】【色相和饱和度】【色相、亮度和饱和度】4种方式。
- 更改方式：用于设置颜色的变换方式，包括【设置为颜色】【变换为颜色】两种方式。
- 容差：用于设置色相、亮度、饱和度参数值。
- 柔和度：控制颜色替换后的柔和程度。
- 查看校正遮罩：勾选该复选框，将以黑白颜色出现【自】和【至】的遮罩效果。

Step08：打开【拾色器】对话框，❶修改 RGB 参数分别为 255、0、0，❷单击【确定】按钮，如图 6-23 所示。

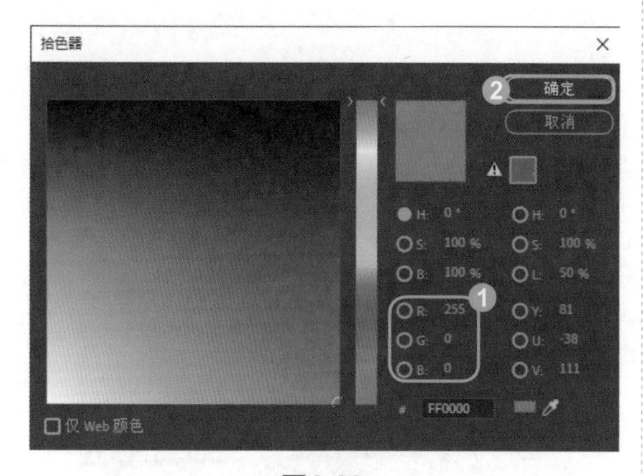

图6-23

Step09：返回【效果控件】面板，❶完成【至】颜色的修改，❷然后修改其他的选项参数值，如图 6-24 所示。

Step10：完成更改为颜色的校正操作，并在【节目监视器】面板中预览校正后的最终图像效果，如图 6-25 所示。

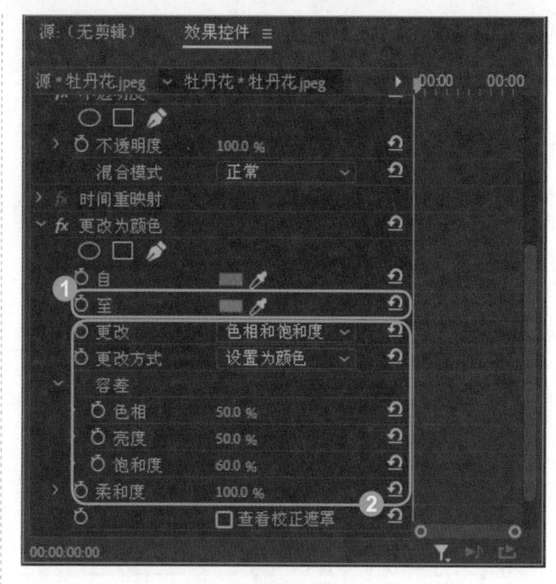

图6-24

图6-25

6.3.4 实战 4：使用【三向颜色校正器】【镜头光晕】效果制作太阳光照效果

【三向颜色校正器】视频效果可以校正阴影（图像中最暗的区域）、中间色调和高光（图像中最亮的区域）3 个部分的色彩，而【镜头光晕】视频效果则可以制作出光照效果。使用【三向颜色校正器】和【镜头光晕】视频制作太阳光照效果的具体操作方法如下：

Step01：新建一个名称为【6.3.4】的项目文件，在【项目】面板中导入【花】视频文件，如图 6-26 所示。

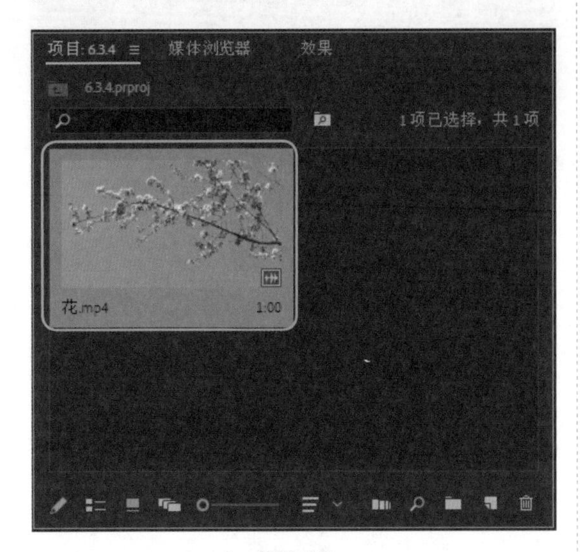

图6-26

Step02：选择新添加的视频素材，按住鼠标左键并拖曳，将其添加至【视频 1】轨道上，将自动添加一个序列文件，如图 6-27 所示。

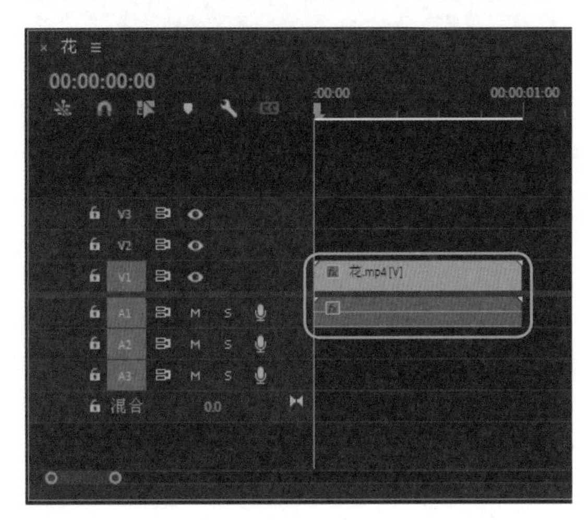

图6-27

Step03：在【节目监视器】面板中，调整视频图像的显示大小，如图 6-28 所示。

Step04：在【效果】面板中，❶展开【视频效果】列表框，选择【过时】选项，❷再次展开列表框，选择【三向颜色校正器】视频效果，如图 6-29 所示。

图6-28

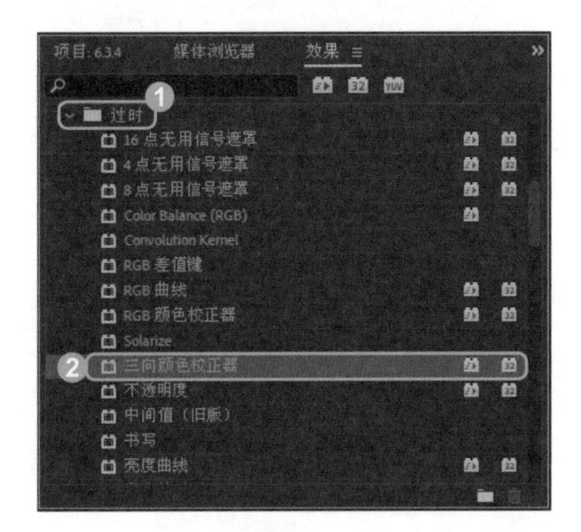

图6-29

Step05：在选择的视频效果上，按住鼠标左键并拖曳，将其添加至视频轨道的视频素材上，然后选择视频素材，在【效果控件】面板的【三向颜色校正器】选项区中，修改各参数值，如图 6-30 所示。

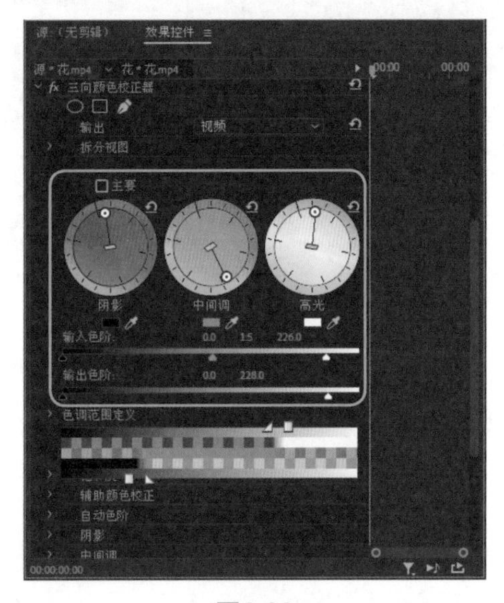

图6-30

技术看板

在【三向颜色校正器】选项区中，各个常用选项的含义如下：

- 输出：该列表框中包含【视频】和【亮度】选项。
- 拆分视图：默认情况下，【拆分视图】处于收缩状态。
- 主要：勾选该复选框后，所有三个色轮都将用作【主】色轮。一个轮中的更改将反映到其他轮中。

Step06：完成三向颜色校正器的校正操作，并在【节目监视器】面板中预览校正后的图像效果，如图 6-31 所示。

图6-31

Step07：在【效果】面板中，❶展开【视频效果】列表框，选择【生成】选项，❷再次展开列表框，选择【镜头光晕】视频效果，如图 6-32 所示。

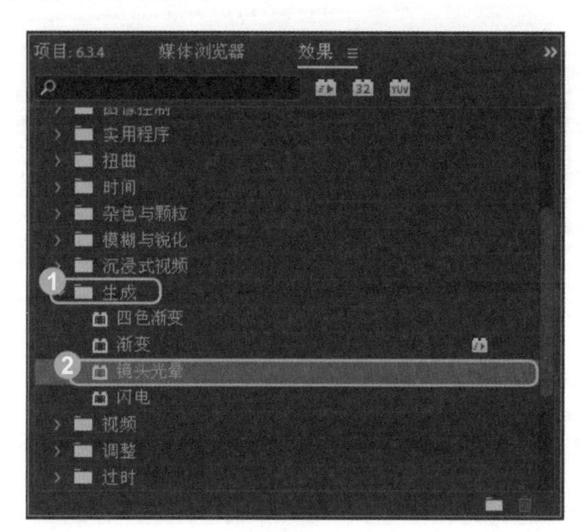

图6-32

Step08：在选择的视频效果上，按住鼠标左键并拖曳，将其添加至视频轨道的视频素材上，然后选择视频素材，在【效果控件】面板的【镜头光晕】选项区中，修改各个参数值，如图 6-33 所示。

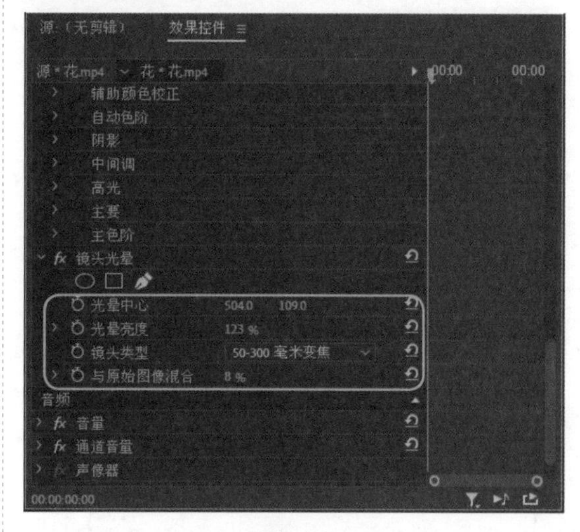

图6-33

技术看板

在【镜头光晕】选项区中，各选项的含义如下：

- 光晕中心：用于调整镜头光晕的位置。
- 光晕亮度：用于调整光晕的亮度。
- 镜头类型：用于调整光晕的镜头类型。
- 与原始图像混合：设置镜头光晕与源素材的混合程度。

Step09：完成太阳光照效果的制作，并在【节目监视器】面板中预览最终的太阳光照效果，如图 6-34 所示。

图6-34

6.3.5 实战 5：使用【Lumetri 颜色】效果制作唯美画面效果

使用【Lumetri 颜色】视频效果可以对素材文件在通道中进行颜色调整。使用【Lumetri 颜色】视频效果制作唯美画面的具体操作方法如下：

Step01：新建一个名称为【6.3.5】的项目文件，在【项目】面板中导入【贝壳】图像文件，如图 6-35 所示。

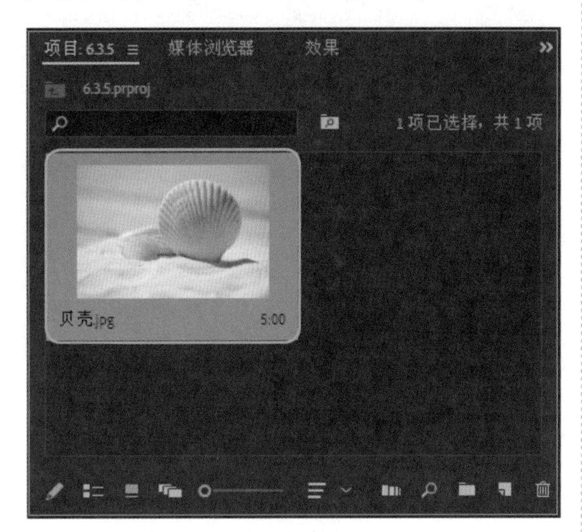

图6-35

Step02：选择新导入的图像文件，按住鼠标左键并拖曳，将其添加至【时间轴】面板中的视频轨道上，将自动添加一个序列文件，如图 6-36 所示。

图6-36

Step03：在【节目监视器】面板中，调整图像的显示大小，如图 6-37 所示。

图6-37

Step04：在【效果】面板中，❶展开【视频效果】列表框，选择【颜色校正】选项，❷再次展开列表框，选择【Lumetri 颜色】视频效果，如图 6-38 所示。

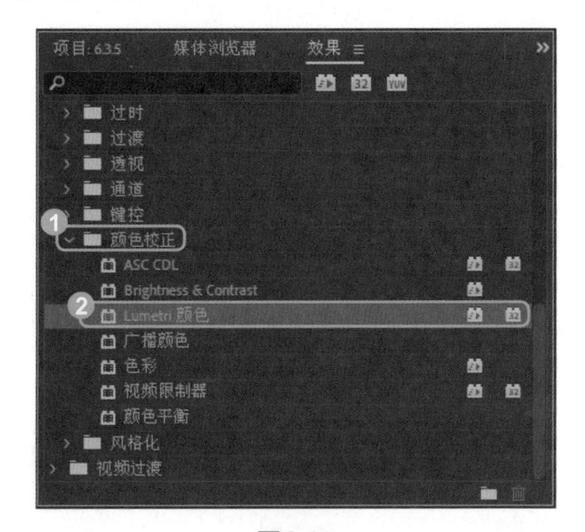

图6-38

Step05：在选择的视频效果上，按住鼠标左键并拖曳，将其添加至视频轨道的图像素材上，然后选择图像素材，然后在【效果控件】面板的【Lumetri 颜色】选项区中修改各个参数值，如图 6-39 所示。

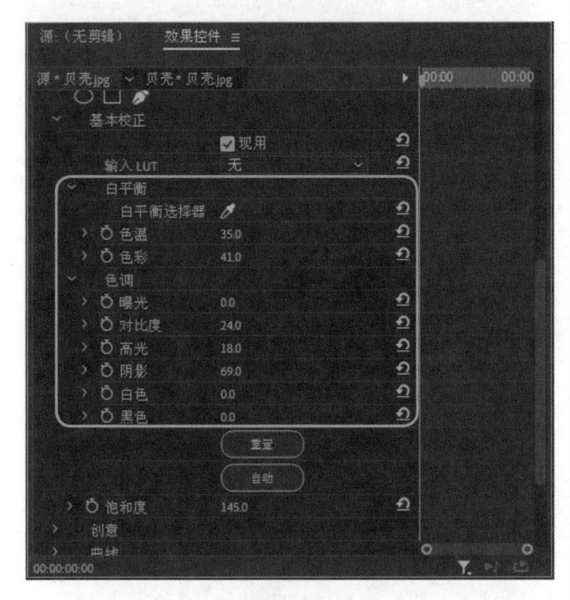

图6-39

技术看板

在【Lumetri 颜色】选项区中，各选项的含义如下：

- 高动态范围：勾选该复选框，可以【Lumetri颜色】面板的HDR模式。
- 基本校正：用于调整图像素材的色温、对比度、曝光程度等。
- 创意：勾选【现用】复选框，启用【创意】效果。
- 曲线：用于调整素材的不同曲线效果。
- 色轮：勾选【现用】复选框，启用【色轮】效果。
- HSL辅助：对图像文件中颜色的调整具有辅助作用。
- 晕影：对图像文件中的颜色数量、中点、圆度、羽化效果的调节。

Step06：完成 Lumetri 颜色的校正操作，并在【节目监视器】面板中预览校正后的最终图像效果，如图 6-40 所示。

图6-40

6.3.6 实战 6：使用【通道混合器】效果制作卡通画面效果

【通道混合器】视频效果主要用于创建棕褐色或浅色的图像效果，其具体的操作方法如下：

Step01：新建一个名称为【6.3.6】的项目文件，在【项目】面板中导入【漫画美女】图像文件，如图 6-41 所示。

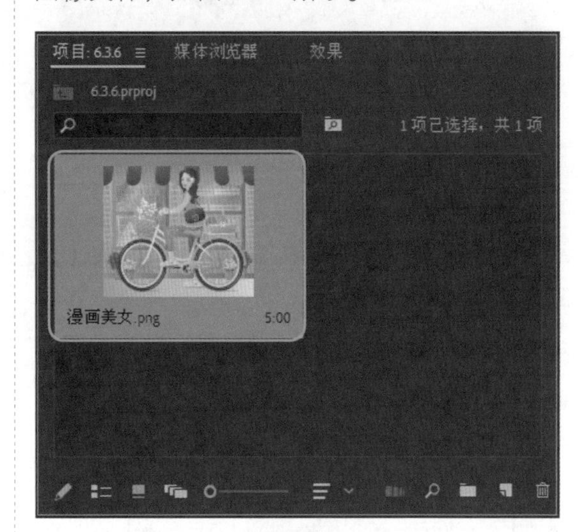

图6-41

Step02：在【项目】面板中选择图像文件，按住鼠标左键并拖曳，将其添加至【时间轴】

面板中的视频轨道上，将自动新建一个序列文件，如图 6-42 所示。

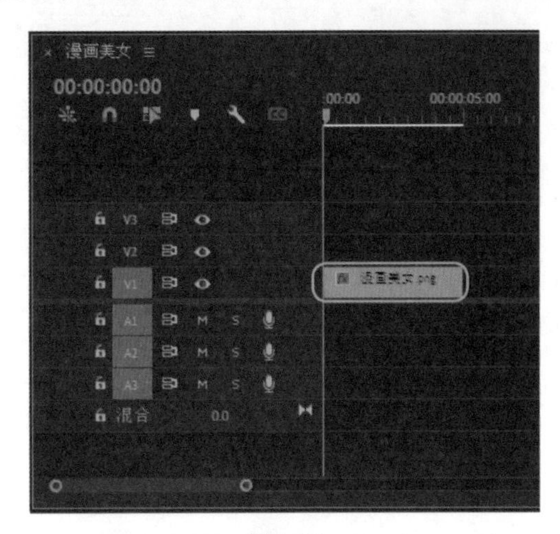

图6-42

Step03：在【节目监视器】面板中，调整图像的显示大小，如图 6-43 所示。

图6-43

Step04：在【效果】面板中，展开【视频效果】列表框，选择【过时】选项，再次展开列表框，选择【通道混合器】视频效果，如图 6-44 所示。

Step05：在选择的视频效果上，按住鼠标左键并拖曳，将其添加至视频轨道的图像素材上，然后选择图像素材，在【效果控件】面板的【通道混合器】选项区中修改各个参数值，如图 6-45 所示。

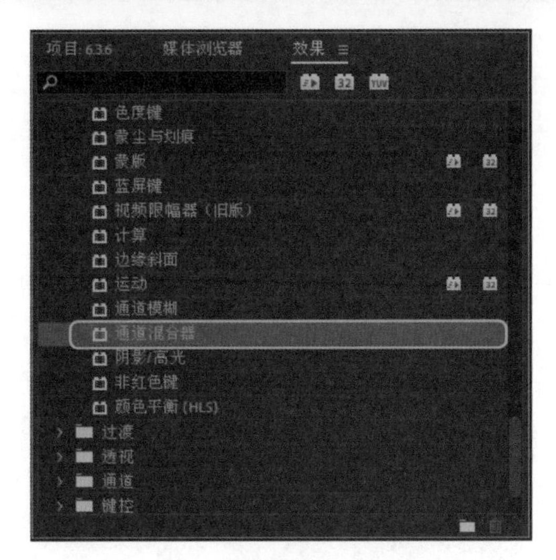

图6-44

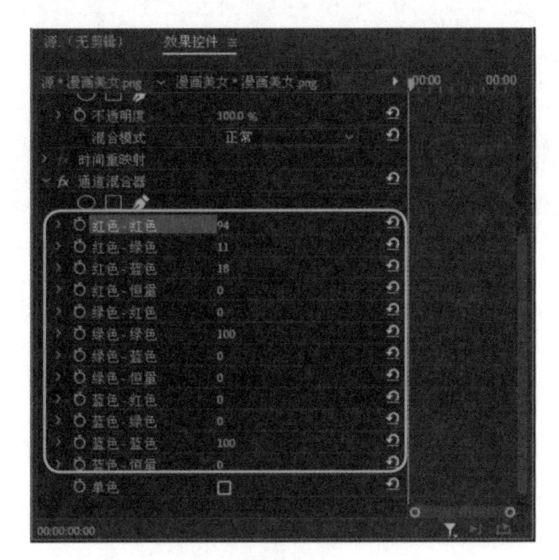

图6-45

Step06：完成通道混合器的校正操作，并在【节目监视器】面板中预览校正后的最终图像效果，如图 6-46 所示。

图6-46

6.4 调整视频色彩

在调整图像色彩时，通过自动颜色、自动色阶、自动对比度、卷积内核等调整特效进行调整操作。本节将详细讲解在项目文件中调整视频素材色彩的具体方法。

6.4.1 自动调整视频颜色、色阶、对比度

使用【自动颜色】【自动色阶】和【自动对比度】视频效果可以通过搜索图像的方式来标识暗调、中间调和高光，以调整图像的对比度、颜色以及素材整体色彩的混合。

实战 7：自动调整美味寿司画面的色彩

使用自动调整功能可以自动调整图像素材的颜色、色阶和对比度参数，其具体的操作方法如下：

Step01：新建一个名称为【6.4.1】的项目文件，在【项目】面板中导入【美女】图像文件，如图 6-47 所示。

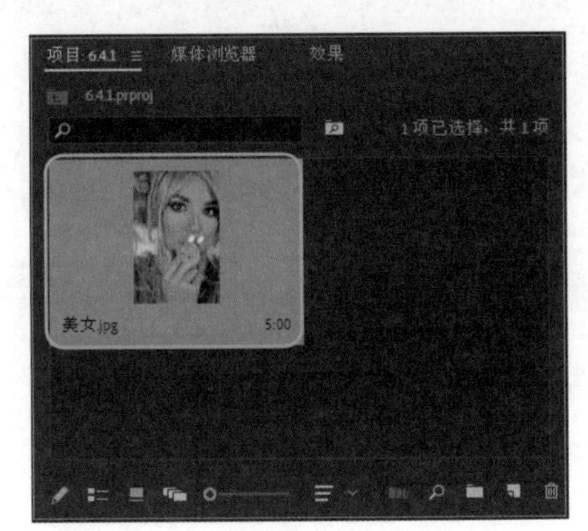

图6-47

Step02：在【项目】面板中选择图像文件，按住鼠标左键并拖曳，将其添加至【时间轴】面板中的视频轨道上，将自动新建一个序列文件，如图 6-48 所示。

Step03：在【节目监视器】面板中，调整图像的显示大小，如图 6-49 所示。

图6-48

图6-49

Step04：在【效果】面板中，展开【视频效果】列表框，选择【过时】选项，再次展开列表框，选择【自动颜色】视频效果，如图 6-50 所示。

图6-50

Step05：在选择的视频效果上，按住鼠标左键并拖曳，将其添加至视频轨道的图像素材上，然后选择图像素材，在【效果控件】面板的【自动颜色】选项区中修改各个参数值，如图 6-51 所示。

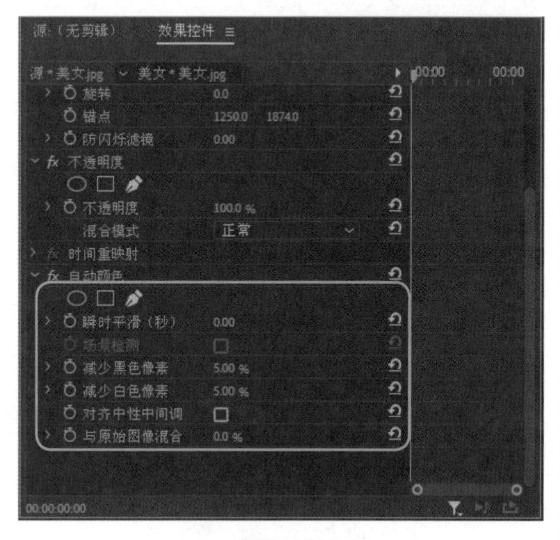

图6-51

技术看板

在【自动颜色】选项区中，各选项的含义如下：

- 瞬时平滑（秒）：用于调整素材文件的平滑程度。
- 场景检测：根据【瞬时平滑】参数自动检测颜色。
- 减少黑色像素：用于控制暗部像素在画面中占的百分比。
- 减少白色像素：用于控制亮部像素在画面中占的百分比。
- 对齐中性中间调：勾选该复选框，可以对齐画面中的中间调颜色。
- 与原始图像混合：用于调整自动控制后的颜色与原始图像的混合程度。

Step06：完成【自动颜色】视频效果的应用，然后在【节目监视器】面板中预览校正后的图像效果，如图 6-52 所示。

图6-52

Step07：在【效果】面板中，展开【视频效果】列表框，选择【过时】选项，再次展开列表框，选择【自动色阶】视频效果，如图 6-53 所示。

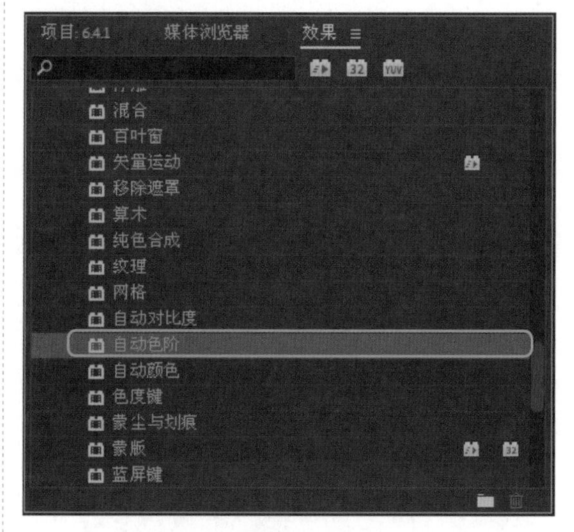

图6-53

Step08：在选择的视频效果上，按住鼠标左键并拖曳，将其添加至视频轨道的图像素材上，然后选择图像素材，在【效果控件】面板的【自动色阶】选项区中修改【减少白色像素】参数为 3%，如图 6-54 所示。

Step09：完成【自动色阶】视频效果的应用，然后在【节目监视器】面板中预览校正后的图像效果，如图 6-55 所示。

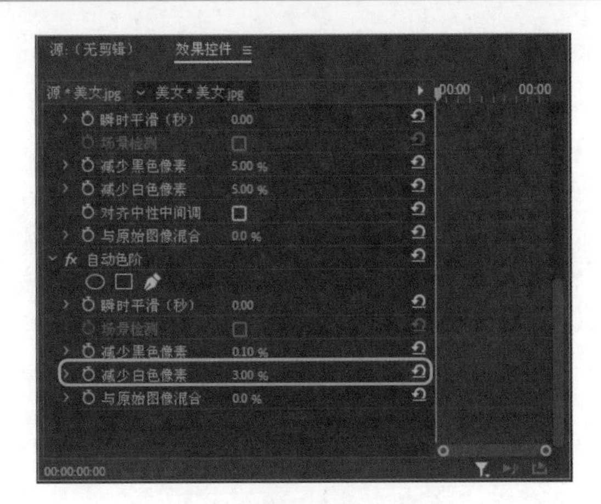

图6-54

图6-55

Step10：在【效果】面板中，展开【视频效果】列表框，选择【过时】选项，再次展开列表框，选择【自动对比度】视频效果，如图 6-56 所示。

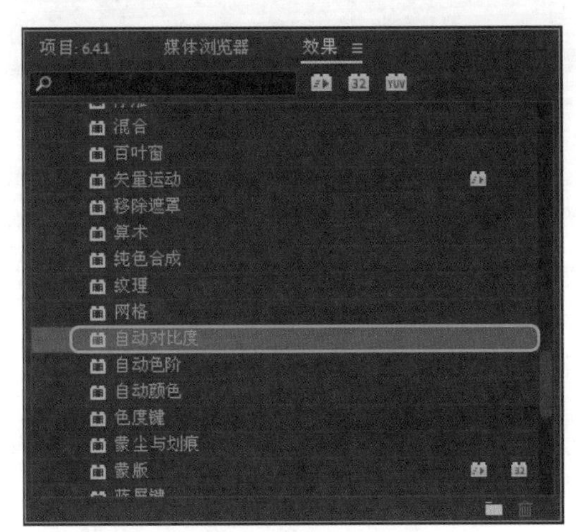

图6-56

Step11：在选择的视频效果上，按住鼠标左键并拖曳，将其添加至视频轨道的图像素材上，然后选择图像素材，在【效果控件】面板的【自动对比度】选项区中修改【减少黑色像素】参数为 5%、【减少白色像素】参数为 3%，如图 6-57 所示。

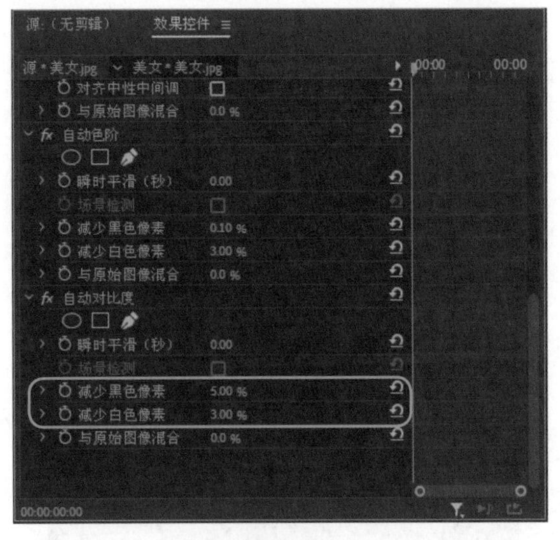

图6-57

Step12：完成【自动对比度】视频效果的应用，然后在【节目监视器】面板中预览校正后的最终图像效果，如图 6-58 所示。

图6-58

6.4.2 调整视频的光照效果

光照效果主要可以为视频添加太阳光、灯光等照明效果。

实战 8：调整猫咪视频中的光照和色阶效果

【光照效果】视频效果可以为图像添加照明；而【色阶】视频效果可以微调图像中的阴影、中间调和高光，还可以校正红、绿和蓝色通道。调整视频中的光照和色阶效果的具体操作方法如下：

Step01：新建一个名称为【6.4.2】的项目文件，在【项目】面板中导入【猫咪】图像文件，如图 6-59 所示。

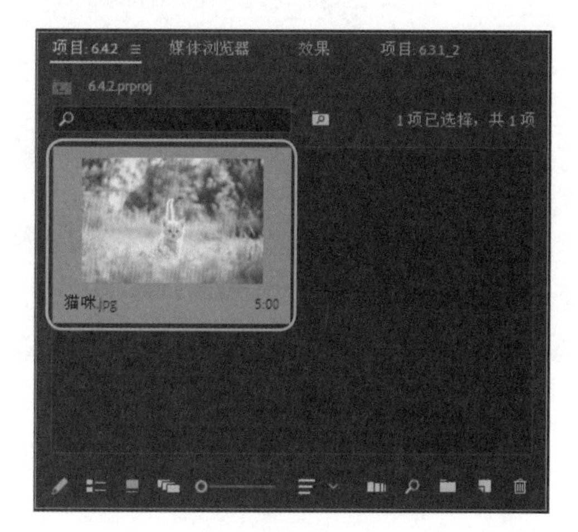

图6-59

Step02：在【项目】面板中选择图像文件，按住鼠标左键并拖曳，将其添加至【时间轴】面板中的视频轨道上，将自动新建一个序列文件，如图 6-60 所示。

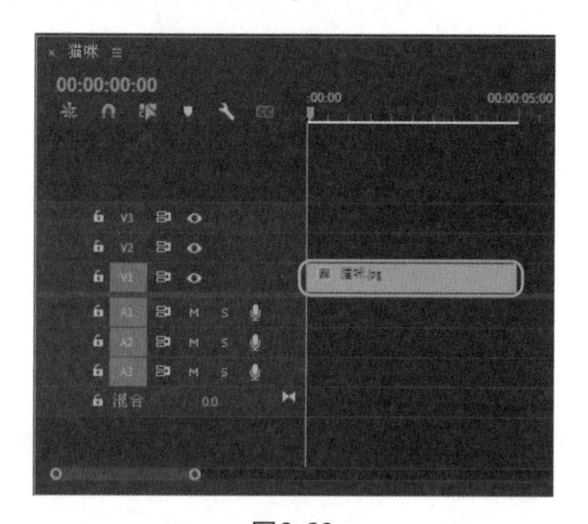

图6-60

Step03：在【节目监视器】面板中，调整图像的显示大小，如图 6-62 所示。

图6-61

Step04：在【效果】面板中，❶展开【视频效果】列表框，选择【调整】选项，❷再次展开列表框，选择【光照效果】视频效果，如图 6-62 所示。

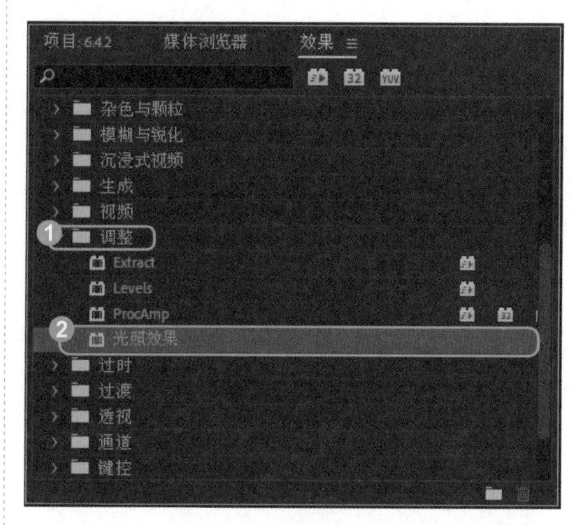

图6-62

Step05：在选择的视频效果上，按住鼠标左键并拖曳，将其添加至视频轨道的图像素材上，然后选择图像素材，在【效果控件】面板的【光照效果】选项区中修改各个参数值，如图 6-63 所示。

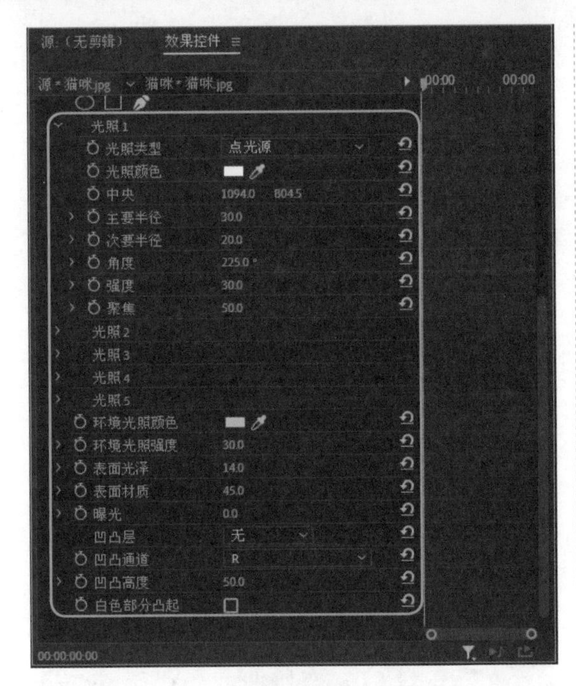

图6-63

技术看板

在【光照效果】选项区中，各常用选项的含义如下：

- 光照：用于为素材添加多个灯光效果。
- 环境光照颜色：用于调整素材周围环境的颜色倾向。
- 环境光照强度：用于控制周围环境光的强弱程度。
- 表面光泽：用于设置素材中光源的明暗程度。
- 表面材质：用于设置素材中表面的材质效果。
- 曝光：用于控制灯光的曝光强弱程度。
- 凹凸层：在素材中选择产生浮雕效果的通道。
- 凹凸通道：设置浮雕的产生通道。
- 凹凸高度：设置浮雕的深浅和大小。
- 白色部分凸起：勾选该复选框，可以反转浮雕的方向。

Step06：完成光照效果的调整操作，然后在【节目监视器】面板中预览光照效果的图像效果，如图 6-64 所示。

图6-64

Step07：在【效果】面板中，❶展开【视频效果】列表框，选择【调整】选项，❷再次展开列表框，选择【Levels】视频效果，如图 6-65 所示。

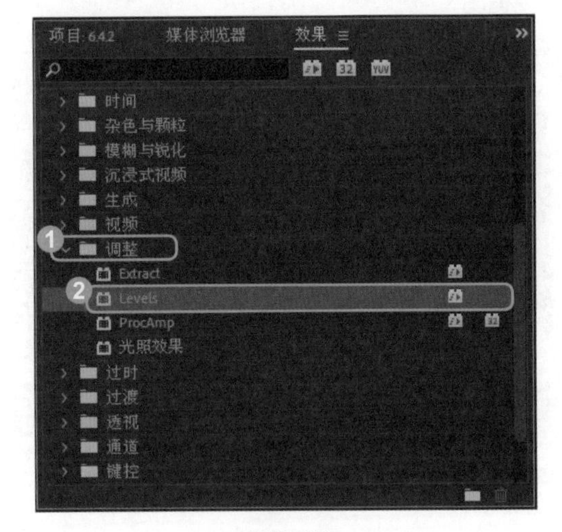

图6-65

Step08：在选择的视频效果上，按住鼠标左键并拖曳，将其添加至视频轨道的图像素材上，然后选择图像素材，在【效果控件】面板的【色阶】选项区中修改各个参数值，如图 6-66 所示。

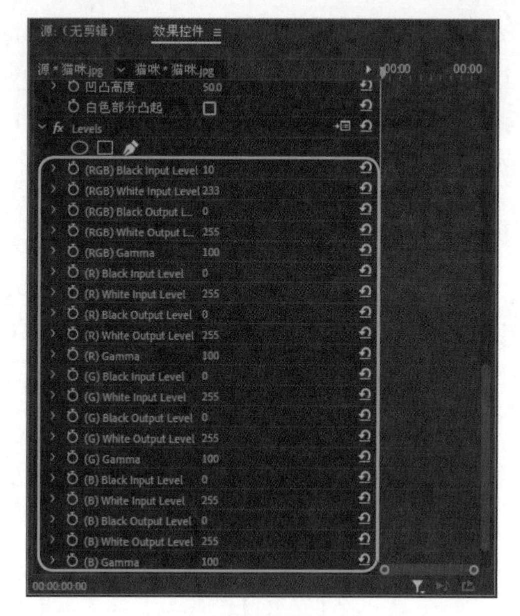

图6-66

Step09：至此，本案例效果制作完成。在【节目监视器】面板中预览最终的图像效果，如图 6-67 所示。

图6-67

6.4.3 调整视频的阴影 / 高光

通过调整视频的阴影和高光效果可以提亮图像素材的整体光照效果。

实战 9：使用【阴影 / 高光】效果制作浪漫海滩

使用【阴影 / 高光】视频效果可以直接处理素材上的逆光问题。在应用了该视频效果后可以使阴影变亮，并减少高光。具体操作方法如下：

Step01：新建一个名称为【6.4.3】的项目文件，在【项目】面板中导入【海滩】图像文件，如图 6-68 所示。

图6-68

Step02：在【项目】面板中选择图像文件，按住鼠标左键并拖曳，将其添加至【时间轴】面板中的视频轨道上，将自动新建一个序列文件，如图 6-69 所示。

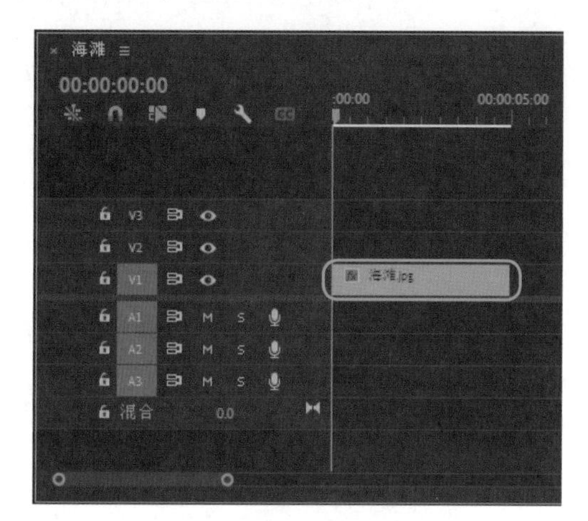

图6-69

Step03：在【节目监视器】面板中，调整图像的显示大小，如图 6-70 所示。

图6-70

Step04：在【效果】面板中，展开【视频效果】列表框，选择【过时】选项，再次展开列表框，选择【阴影 / 高光】视频效果，如图 6-71 所示。

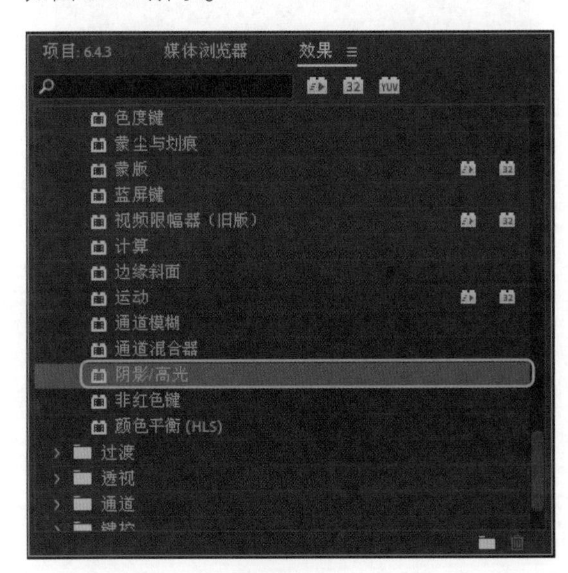

图6-71

Step05：在选择的视频效果上，按住鼠标左键并拖曳，将其添加至视频轨道的图像素材上，然后选择图像素材，在【效果控件】面板的【阴影 / 高光】选项区中，❶取消勾选【自动数量】复选框，❷修改【阴影数量】为 100、【高光数量】为 36，如图 6-72 所示。

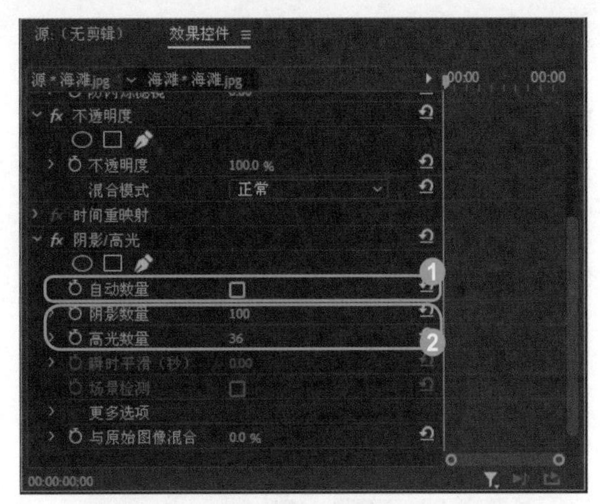

图6-72

技术看板

在【阴影 / 高光】选项区中，各常用选项的含义如下：

- 自动数量：勾选该复选框，可以自动调整素材文件的阴影和高光部分。
- 阴影数量：用于控制素材文件中的阴影数量。
- 高光数量：用于控制素材文件中的高光数量。

Step06：完成阴影 / 高光的调整操作，然后在【节目监视器】面板中预览调整后最终的图像效果，如图 6-73 所示。

图6-73

6.4.4 提取黑白色

使用【提取】视频效果，可以将彩色画面单独提取为黑白色画面。

实战 10：利用【黑白】效果制作单色画面

利用【黑白】效果制作单色画面的具体操作方法如下：

Step01：新建一个名称为【6.4.4】的项目文件，在【项目】面板中导入【玻璃画面】图像文件，如图 6-74 所示。

图6-74

Step02：在【项目】面板中选择图像文件，按住鼠标左键并拖曳，将其添加至【时间轴】面板中的视频轨道上，将自动新建一个序列文件，如图 6-75 所示。

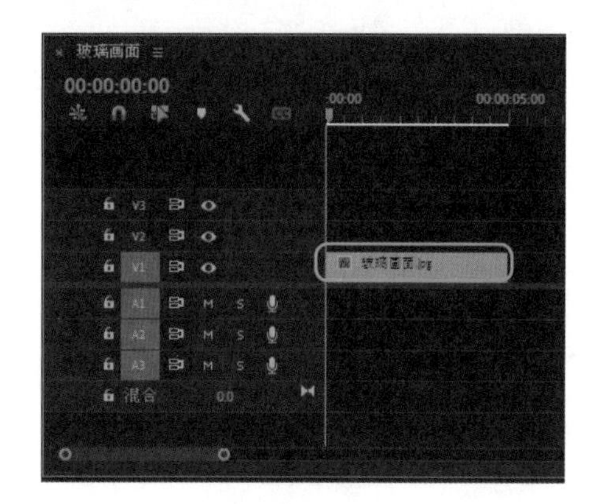

图6-75

Step03：在【节目监视器】面板中，调整图像的显示大小，如图 6-76 所示。

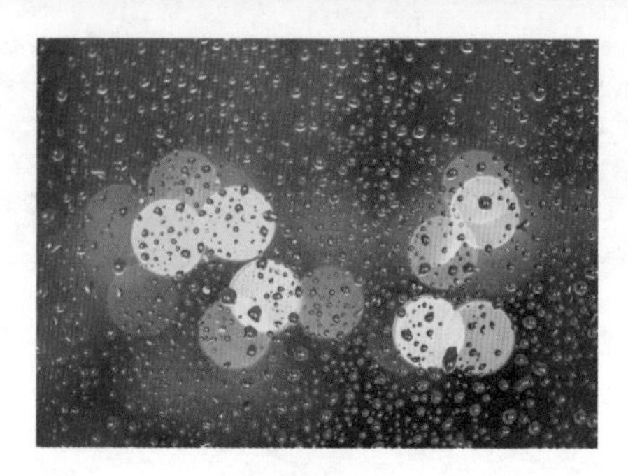

图6-76

Step04：在【效果】面板中，展开【视频效果】列表框，❶选择【图像控制】选项，❷再次展开列表框，选择【黑白】视频效果，如图 6-77 所示。

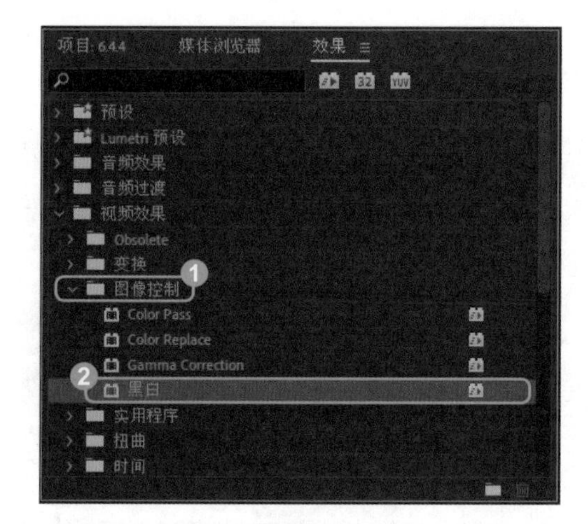

图6-77

Step05：在选择的视频效果上，按住鼠标左键并拖曳，将其添加至视频轨道的图像素材上，完成单色画面的制作；然后在【节目监视器】面板中预览调整后最终的图像效果，如图 6-78 所示。

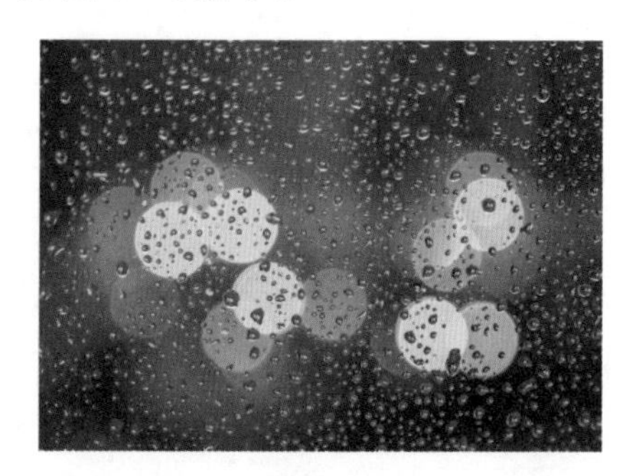

图6-78

第 7 章

视频抠像

- Premiere Pro 2022中视频抠像的概念是什么？
- Premiere Pro 2022中视频抠像的作用是什么？
- Premiere Pro 2022中常用的抠像手法有哪些？

抠像是影视制作中较为常用的技术手段，通过抠像技术可以抠除人像背景，将人像与其他图像合成为更奇妙的画面效果。抠像技术可以使一个实景画面更有层次感和设计感，是实现制作虚拟场景的重要途径之一。本章将详细讲解视频抠像的方法。学完这一章的内容，你就能掌握视频抠像的应用了。

7.1 认识视频抠像

抠像是指人或物在绿棚或蓝棚中表演，然后在 Premiere 等后期软件中抠除绿色或蓝色背景，更换为合适的背景画面，进而人就可以和背景很好地结合在一起，制作出更具视觉冲击力的画面效果。在进行视频抠像之前，首先需要了解视频抠像的相关基础知识，本节将对视频抠像的作用、概念等知识逐一进行介绍。

7.1.1 抠像有什么作用

抠像的主要作用将画面中的某一种颜色进行抠除转换为透明色，一般用在影视制作中，其最终的目的是为了将人物与背景进行融合。在对视频进行抠像时，背景的颜色不仅仅局限于绿色和蓝色两种，而是任何与演员服饰、妆容等区分开来的纯色都可以实现该技术，以此提升虚拟演播室的效果。如图 7-1 所示为视频抠像的前后对比效果。

图7-1

7.1.2 哪些视频适合抠像

一般情况下，不是每个视频都适合抠像的，在进行视频抠像前，最好找纯色背景的视频画面。适合抠像的视频有以下几种。

1. 蓝屏视频

蓝屏视频的主体物背景为蓝色，且前景物体不可以包含蓝色，如图 7-2 所示。

图7-2

2. 绿屏视频

绿屏视频的主体物背景为绿色，且前景物体不可以包含绿色，如图 7-3 所示。

图7-3

7.2 常用抠像手法

在 Premiere 中常用的抠像手法有 Alpha 通道抠像、遮罩抠像和透明叠加抠像等。本节将详细讲解各种常用的抠像手法。

7.2.1 Alpha 通道

Alpha 通道是一个 8 位的灰度通道，该通道用 256 级灰度来记录图像中的透明度信息，定义透明、不透明和半透明区域，其中黑表示透明，白表示不透明，灰表示半透明。在新的或现有的 Alpha 通道中，可以将任意选区存储为蒙版。

实战 1：使用【Alpha 调整】制作个人写真

【Alpha 调整】视频效果可以选择一个画面作为参考，按照它的灰度等级决定该画面的叠加效果，并可以通过调整不透明度数值得到不同的画面效果。

Step01：新建一个名称为【7.2.1】的项目文件，在【项目】面板中导入【美女 1】和【美女 2】图像文件，如图 7-4 所示。

图7-4

Step02：选择新导入的【美女 1】图像文件，按住鼠标左键并拖曳，将其添加至【视频 1】轨道上，将自动添加一个序列文件，如图 7-5 所示。

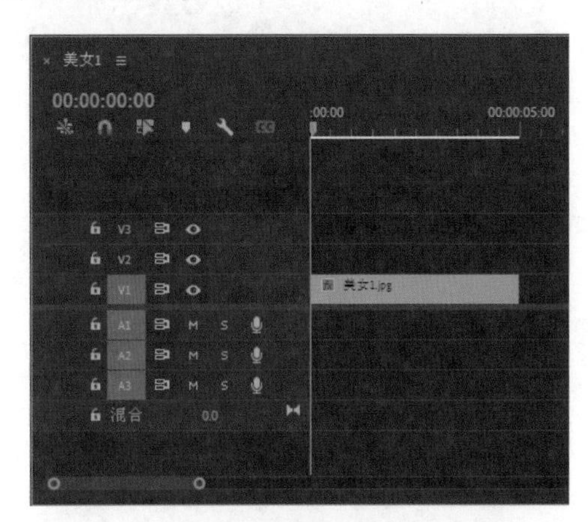

图7-5

Step03：在【节目监视器】面板中，调整图像的显示大小，如图 7-6 所示。

图7-6

Step04：在【项目】面板中选择【美女 2】图像文件，按住鼠标左键并拖曳，将其添加至【视频 2】轨道上，并调整其持续时间长度，如图 7-7 所示。

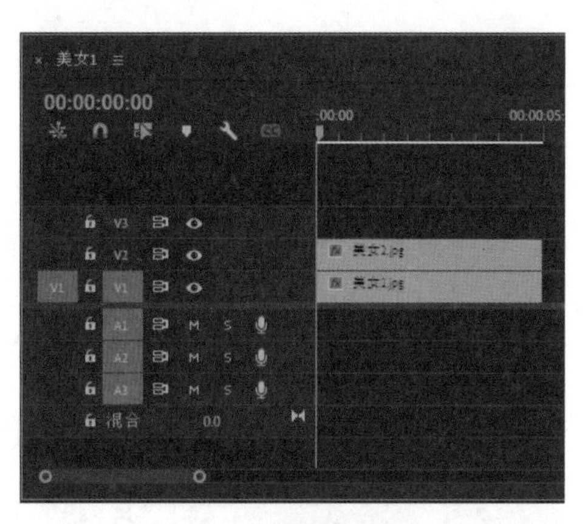

图7-7

Step05：在【节目监视器】面板中，调整【美女 2】图像的显示大小，如图 7-8 所示。

图7-8

Step06：在【效果】面板中，❶展开【视频效果】列表框，选择【键控】选项，❷再次展开列表框，选择【Alpha 调整】视频效果，如图 7-9 所示。

Step07：在选择的视频效果上，按住鼠标左键并拖曳，将其添加至【视频 2】轨道的图像素材上，然后选择图像素材，在【效果控件】面板的【Alpha 调整】选项区中，修改各个参数值，添加一组关键帧，如图 7-10 所示。

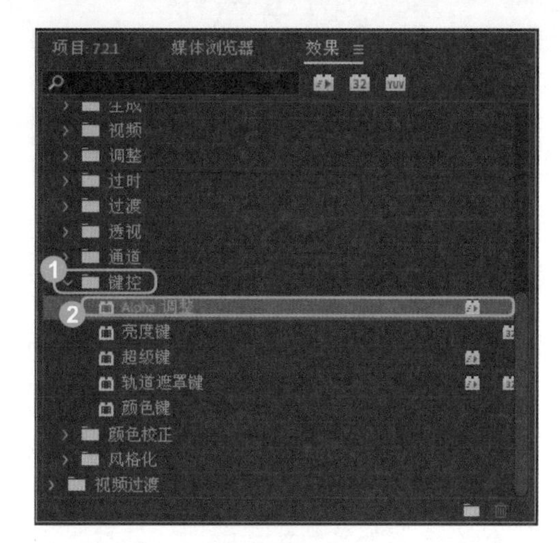

图7-9

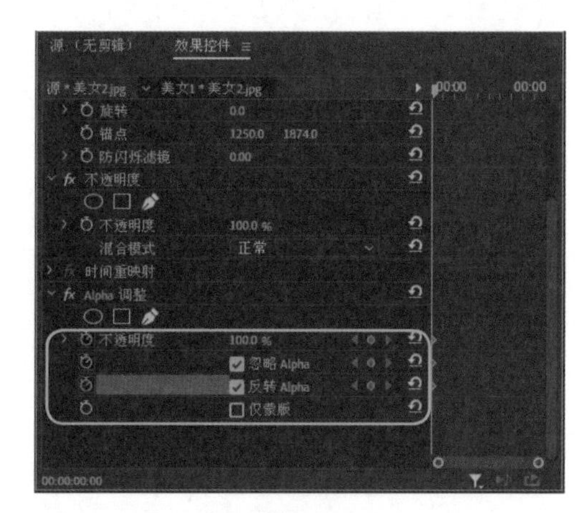

图7-10

技术看板

在【Alpha 调整】选项区中，各常用选项的含义如下：

- 不透明度：用于调整Alpha通道中图层的透明度效果。
- 忽略Alpha：勾选该复选框，可以忽略Alpha通道。
- 反转Alpha：勾选该复选框，可以反转Alpha通道。
- 仅蒙版：勾选该复选框，可以显示Alpha通道的蒙版。

Step08：将时间线移至 00:00:01:03 的位置，在【效果控件】面板的【Alpha 调整】选项区中修改各参数值，添加一组关键帧，如图 7-11 所示。

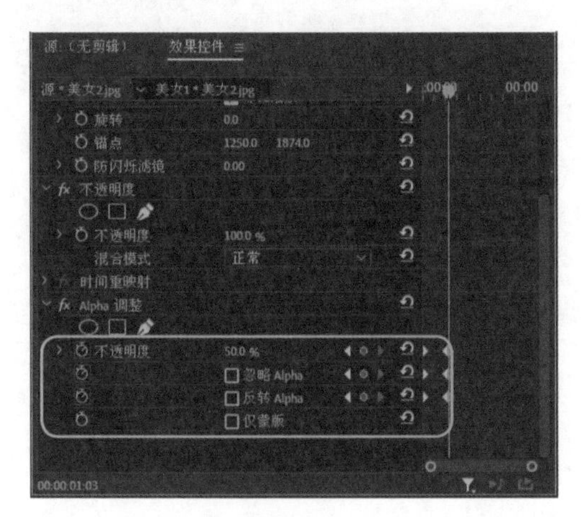

图7-11

Step09：将时间线移至 00:00:02:19 的位置，在【效果控件】面板的【Alpha 调整】选项区中修改各个参数值，添加一组关键帧，如图 7-12 所示。

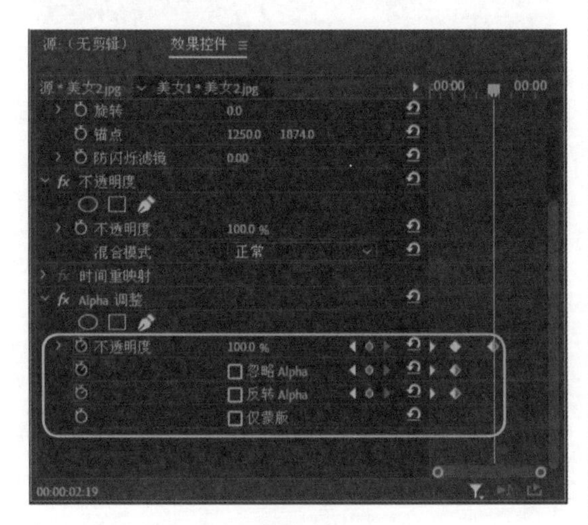

图7-12

Step10：即可使用【Alpha 调整】视频效果制作个人写真效果，并在【节目监视器】面板中预览最终的个人写真图像效果，如图 7-13 所示。

图7-13

7.2.2 遮罩效果

遮罩是所有处理图形图像的应用程序所依赖的合成基础。当素材不含 Alpha 通道时，则需要通过遮罩来建立透明区域。

在 Premiere 中，常见的遮罩包含差值遮罩、设置遮罩以及轨道遮罩等。下面将逐一进行介绍。

实战 2：使用【差值遮罩】制作美丽小鸟

【差值遮罩】视频效果的主要作用是去除一个素材与另一个素材中相匹配的图像区域，其具体的操作方法如下：

Step01：新建一个名称为【7.2.2（1）】的项目文件和一个预设【标准 48kHz】的序列，在【项目】面板中导入【小鸟 1】和【小鸟 2】图像文件，如图 7-14 所示。

图7-14

Step02：依次选择新导入的图像文件，按住鼠标左键并拖曳，将其添加至【视频 1】和【视频 2】轨道上，如图 7-15 所示。

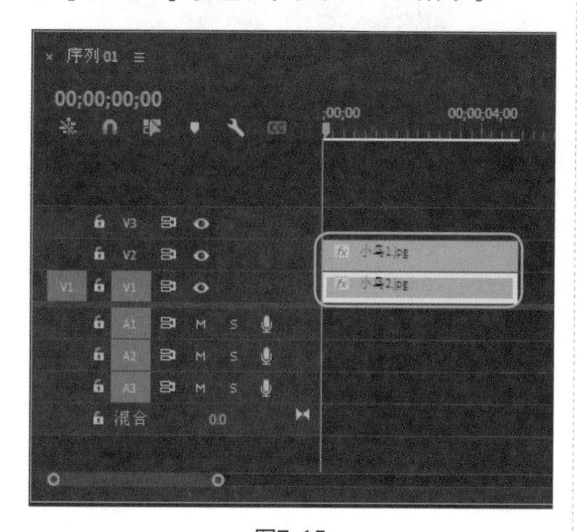

图7-15

Step03：在【节目监视器】面板中，依次调整各个图像的显示大小，如图 7-16 所示。

图7-16

Step04：在【效果】面板中，展开【视频效果】列表框，选择【过时】选项，再次展开列表框，选择【差值遮罩】视频效果，如图 7-17 所示。

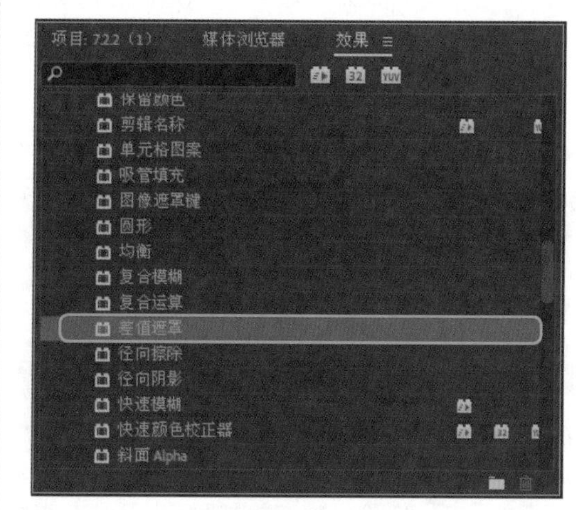

图7-17

Step05：在选择的视频效果上，按住鼠标左键并拖曳，将其添加至【视频 2】轨道的图像素材上，然后选择图像素材，在【效果控件】面板的【差值遮罩】选项区中，❶修改【差值图层】为【视频 1】、❷【匹配柔和度】为 89%、【差值前模糊】为 6.0，如图 7-18 所示。

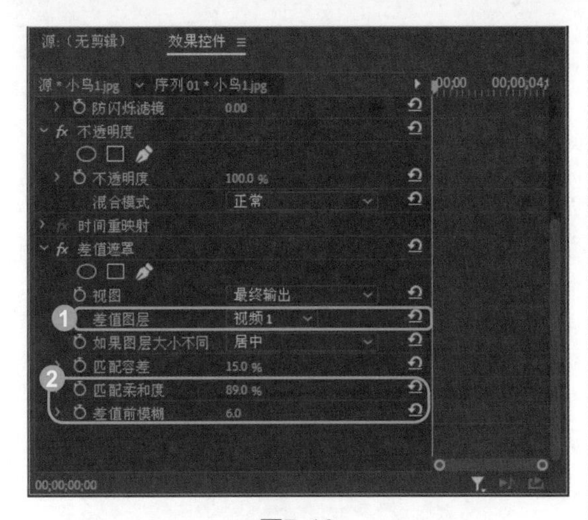

图7-18

技术看板

在【差值遮罩】选项区中，各常用选项的含义如下：

- 视图：用于设置合成图像的最终显示效果。
- 差值图层：设置与当前素材产生差值的图层。
- 如果图层大小不同：用于设置当差异层与当前素材层的尺寸不同时的匹配方式。该列表框中包含【居中】和【伸展以适配】2个选项。
- 匹配容差：用于设置图层之间的容差匹配值。
- 匹配柔和度：用于设置图层之间的匹配柔和度。
- 差值前模糊：用于设置不同像素块的差值模糊效果。

Step06：即可使用【差值遮罩】视频效果制作美丽小鸟，并在【节目监视器】面板中预览最终的图像效果，如图 7-19 所示。

图7-19

实战 3：使用【设置遮罩】制作文字逐字显示效果

【设置遮罩】视频效果可以使用一个遮罩形状来控制素材的透明区域，其具体的操作方法如下：

Step01：新建一个名称为【7.2.2（2）】的项目文件，在【项目】面板中导入【花】图像文件，如图 7-20 所示。

图7-20

Step02：选择新导入的图像文件，按住鼠标左键并拖曳，将其添加至【视频 1】轨道上，将自动添加一个序列文件，如图 7-21 所示。

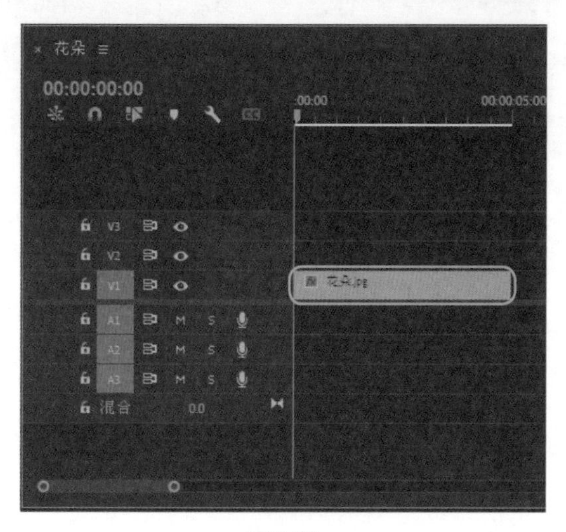

图7-21

Step03：在【节目监视器】面板中，调整图像的显示大小，如图 7-22 所示。

图7-22

Step04：在【工具】面板中，单击【垂直文字工具】按钮，在【节目监视器】面板中单击鼠标左键，弹出文本输入框，输入文本，如图 7-23 所示。

图7-23

Step05：选择新输入的文本，在【效果控件】面板的【文本】选项区中修改字体格式，如图 7-24 所示。

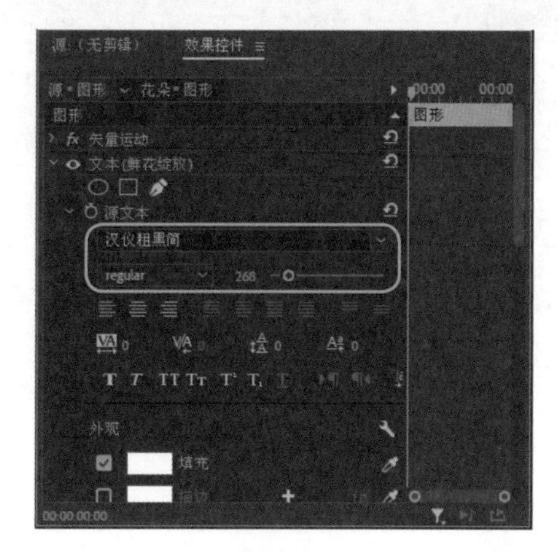

图7-24

Step06：完成文本字体格式的修改，然后将文本移动至合适的位置，如图 7-25 所示。

图7-25

Step07：在【时间轴】面板的【视频 2】轨道上将自动添加一个字幕文件，并调整其持续时间长度，如图 7-26 所示。

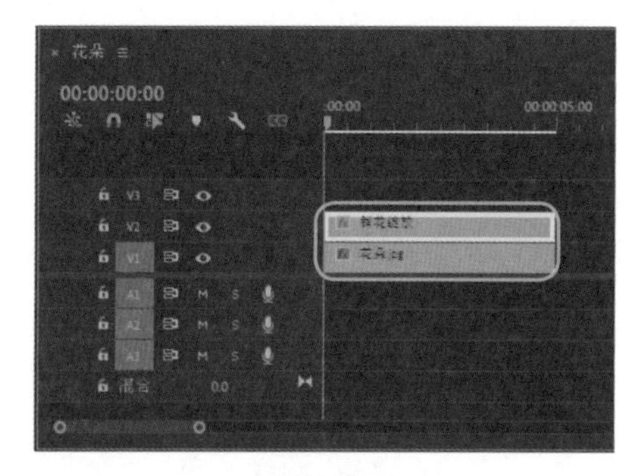

图7-26

Step08：在【效果】面板中，❶展开【视频效果】列表框，选择【Obsolete】选项，❷再次展开列表框，选择【Set Matte】视频效果，如图 7-27 所示。

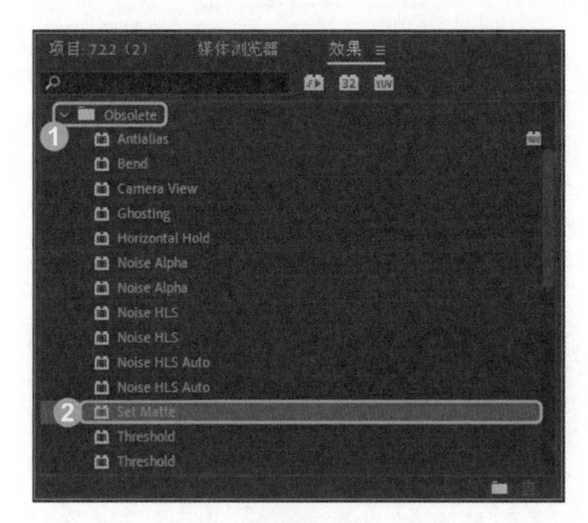

图7-27

Step09：在选择的视频效果上，按住鼠标左键并拖曳，将其添加至【视频 2】轨道的素材上，然后选择素材，在【效果控件】面板的【设置轨道】选项区中，单击【创建 4 点多边形蒙版】按钮▢，如图 7-28 所示。

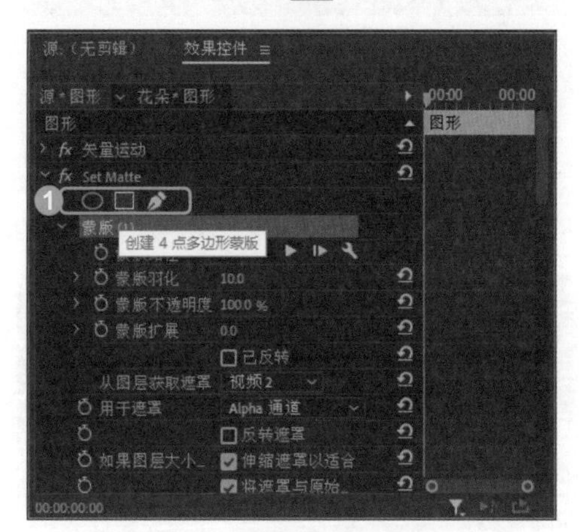

图7-28

Step10：在【节目监视器器】面板中显示 4 点多边形蒙版图形，通过蒙版上的控制点调整蒙版图形的大小和形状，如图 7-29 所示。

图7-29

Step11：在【效果控件】面板的【设置遮罩】选项区中，❶单击【向前跟踪所选蒙版 1 个帧】按钮▶，添加一组关键帧，❷修改【用于遮罩】为【色相】，如图 7-30 所示。

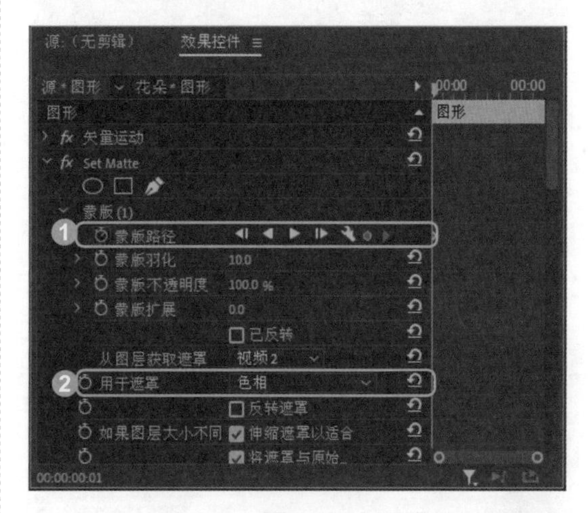

图7-30

Step12：将时间线移至 00:00:04:05 的位置，在【节目监视器】面板中通过蒙版上的控制点调整蒙版图形的大小和形状，如图 7-31 所示。

图7-31

Step13：在【效果控件】面板的【设置遮罩】选项区中添加一组关键帧，如图 7-32 所示。

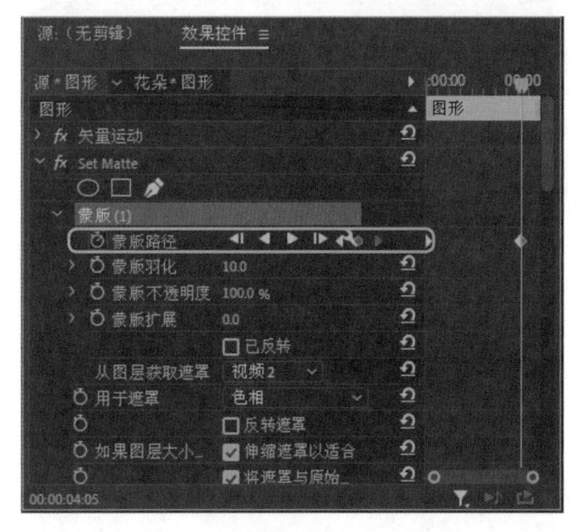

图7-32

Step14：即可使用【设置遮罩】制作文字逐字显示的效果，并在【节目监视器】面板中预览最终的图像效果，如图 7-33 所示。

图7-33

实战 4：使用【轨道遮罩】制作春暖花开

使用【轨道遮罩】视频效果可以通过亮度值来定义蒙版图层的透明度，其具体操作方法如下：

Step01：新建一个名称为【7.2.2（3）】的项目文件和一个预设【标准 48kHz】的序列，在【项目】面板中导入【背景】【花朵 1】和【花朵 2】图像文件，如图 7-34 所示。

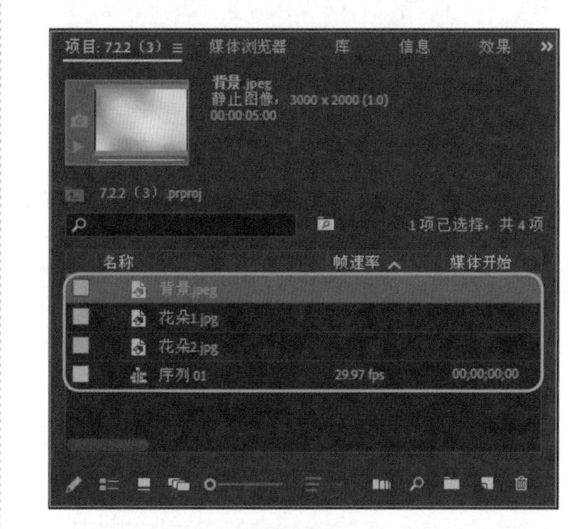

图7-34

Step02：依次选择新导入的图像素材，按住鼠标左键并拖曳，将其添加至【视频 1】【视频 2】和【视频 3】轨道上，如图 7-35 所示。

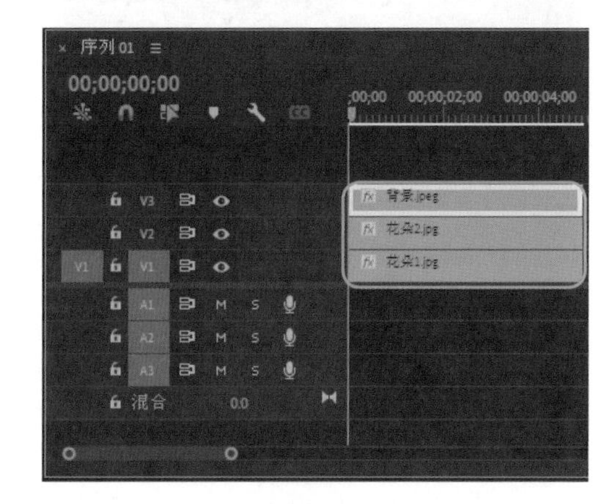

图7-35

Step03：在【节目监视器】面板中，调整各个图像的显示大小，如图 7-36 所示。

图7-36

Step04：在【效果】面板中，❶展开【视频效果】列表框，选择【键控】选项，❷再次展开列表框，选择【轨道遮罩键】视频效果，如图 7-37 所示。

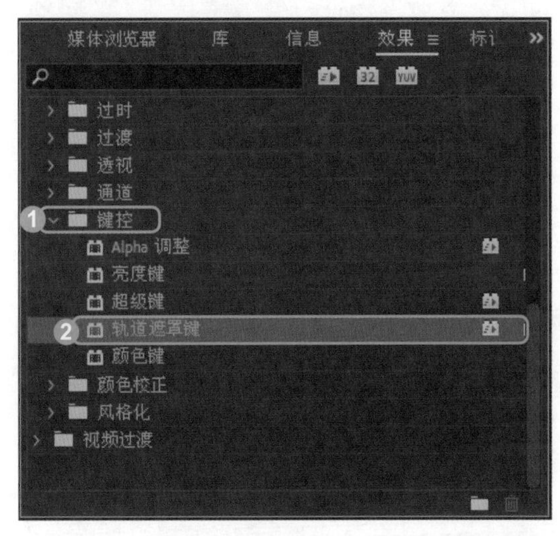

图7-37

Step05：在选择的视频效果上，按住鼠标左键并拖曳，将其添加至【视频 2】轨道的图像素材上，然后选择【视频 2】轨道上的图像素材，在【效果控件】面板的【轨道遮罩键】选项区中修改各个参数值，如图 7-38 所示。

Step06：完成轨道遮罩操作，并在【节目监视器】面板中预览使用轨道遮罩后的图像效果，如图 7-39 所示。

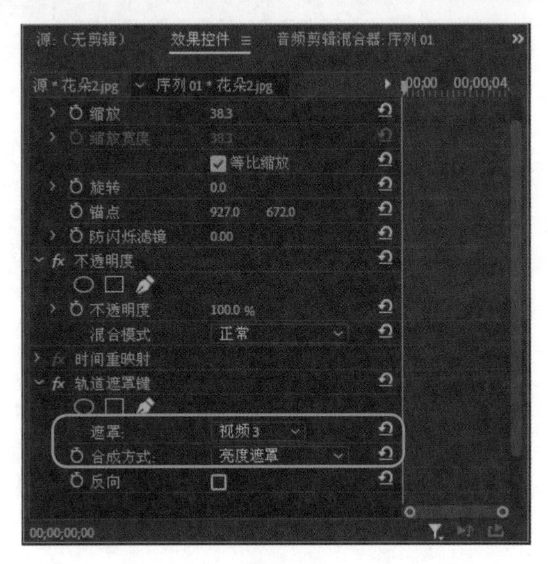

图7-38

图7-39

7.2.3 透明叠加视频

在 Premiere 软件中，不仅可以使用遮罩叠加，还可以进行各种透明叠加来进行抠像。本节将详细讲解透明叠加视频的操作方法。

实战 5：使用【亮度键】制作产品展示

使用【亮度键】视频效果可以去除素材中较暗的图像区域。其具体操作方法如下：

Step01：新建一个名称为【7.3.3（1）】的项目文件，在【项目】面板中导入【背景 1】和【女鞋】图像文件，如图 7-40 所示。

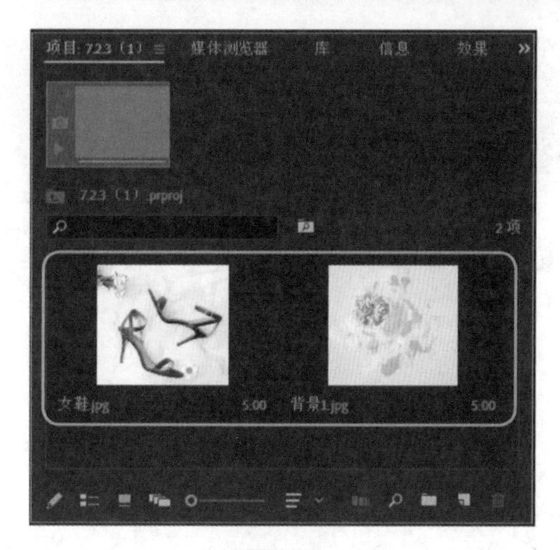

图7-40

Step02：依次选择新导入的图像素材，按住鼠标左键并拖曳，将其添加至【视频 1】【视频 2】轨道上，自动新建一个序列文件，如图 7-41 所示。

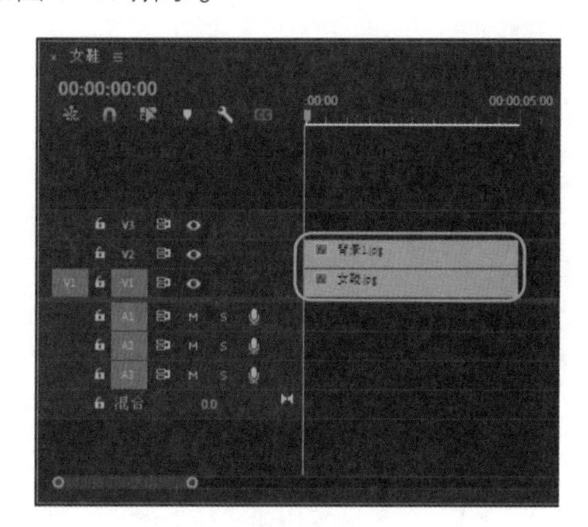

图7-41

Step03：在【节目监视器】面板中，调整图像的显示大小，如图 7-42 所示。

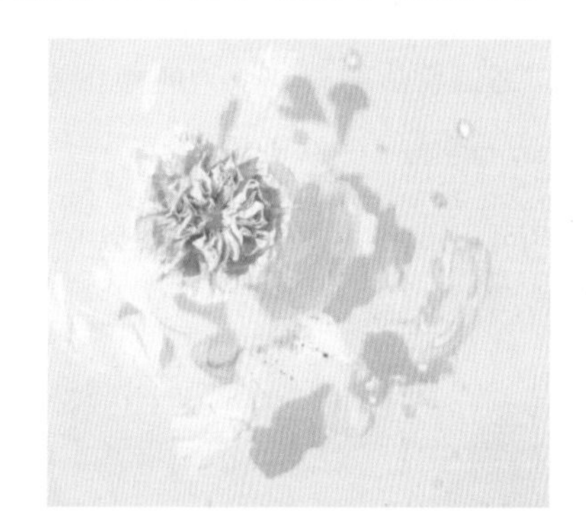

图7-42

Step04：在【效果】面板中，❶展开【视频效果】列表框，选择【键控】选项，❷再次展开列表框，选择【亮度键】视频效果，如图 7-43 所示。

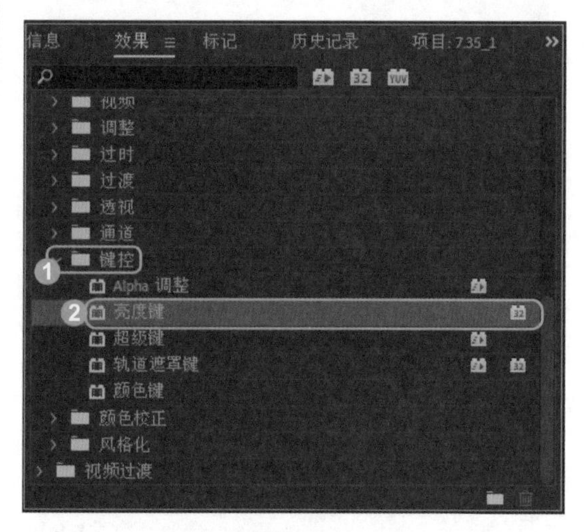

图7-43

Step05：在选择的视频效果上，按住鼠标左键并拖曳，将其添加至【视频 2】轨道的图像素材上，然后选择图像素材，在【效果控件】面板的【亮度键】选项区中修改【阈值】为 10%、【屏蔽度】为 70%，如图 7-44 所示。

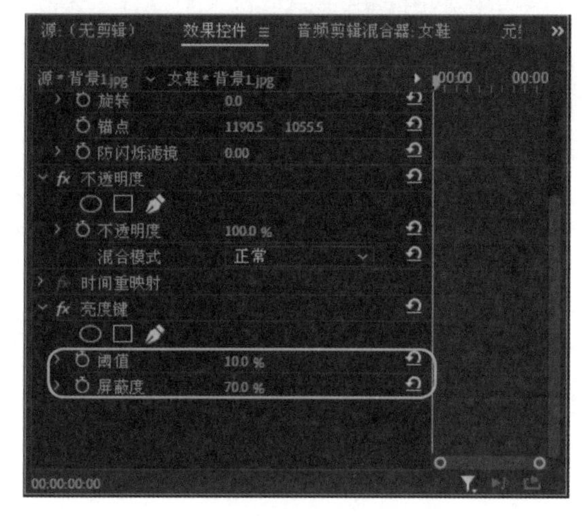

图7-44

Step06：即可使用【亮度键】制作产品展示，并在【节目监视器】面板中预览最终的图像效果，如图 7-45 所示。

技术看板

在【亮度键】选项区中，各常用选项的含义如下：

- 阈值：用于修改被去除的暗色值。
- 屏蔽度：用于控制界限范围的透明度。

图7-45

实战 6：使用【颜色键】制作蜜蜂采蜜

使用【颜色键】视频效果可以为需要透明的颜色来设置透明效果。其具体的操作方法如下：

Step01：新建一个名称为【7.2.3（2）】的项目文件和一个预设【标准 48kHz】的序列，在【项目】面板中导入【蜜蜂】和【花朵背景】图像文件，如图 7-46 所示。

图7-46

Step02：依次选择新导入的图像素材，按住鼠标左键并拖曳，将其添加至【视频 1】【视频 2】轨道上，如图 7-47 所示。

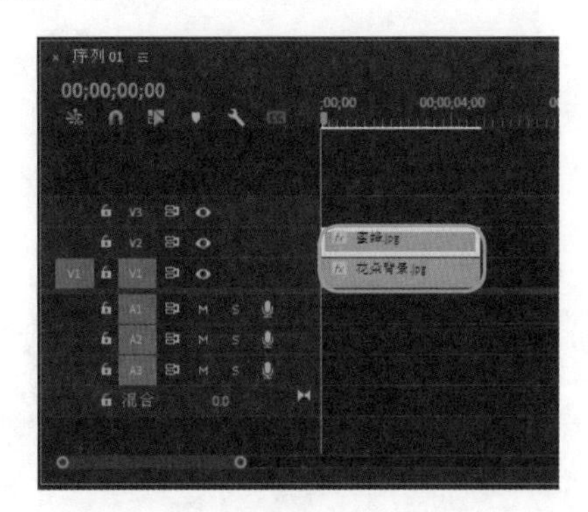

图7-47

Step03：在【节目监视器】面板中，调整图像的显示大小，如图 7-48 所示。

图7-48

Step04：在【效果】面板中，❶展开【视频效果】列表框，选择【键控】选项，❷再次展开列表框，选择【颜色键】视频效果，如图 7-49 所示。

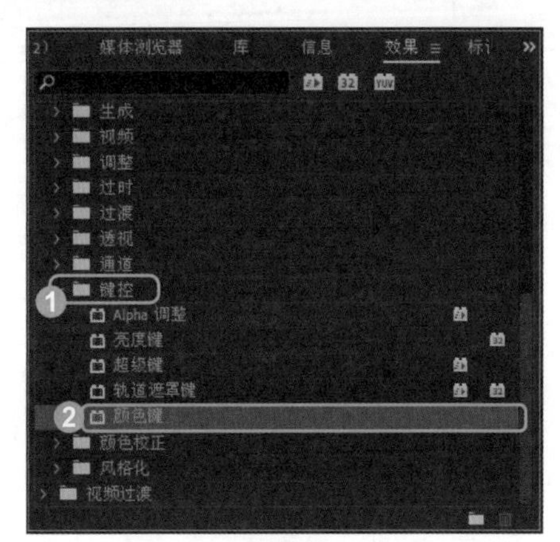

图7-49

Step05：在选择的视频效果上，按住鼠标左键并拖曳，将其添加至【视频 2】轨道的图像素材上，然后选择图像素材，在【效果控件】面板的【颜色键】选项区中❶修改【主要颜色】的 RGB 参数分别为 154、139、198，❷修改【颜色容差】为 70、【边缘细化】为 2、【羽化边缘】为 20，如图 7-50 所示。

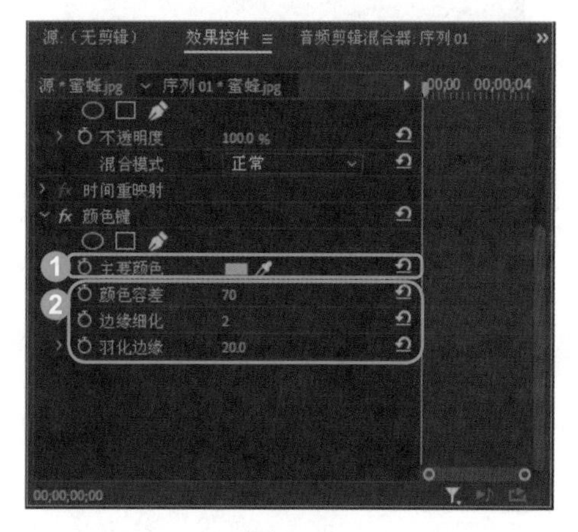

图7-50

技术看板

在【颜色键】选项区中，各常用选项的含义如下：

- 主要颜色：用于设置抠像效果的目标颜色。
- 颜色容差：用于设置目标颜色的透明度。
- 边缘细化：用于设置素材边缘的细化程度。
- 羽化边缘：用于设置素材边缘的柔和程度。

Step06：即可使用【颜色键】制作蜜蜂采蜜效果，并在【节目监视器】面板中预览最终的图像效果，如图 7-51 所示。

图7-51

实战 7：使用【超级键】制作美女漫画效果

使用【超级键】视频效果可以在画面中指定需要抠除的颜色，并使该颜色消失在画面中。其具体的操作方法如下：

Step01：新建一个名称为【7.2.3（3）】的项目文件和一个预设【标准 48kHz】的序列，在【项目】面板中导入【漫画 1】和【漫画 2】图像文件，如图 7-52 所示。

图7-52

Step02：依次选择新导入的图像素材，按住鼠标左键并拖曳，将其添加至【视频 1】【视频 2】轨道上，如图 7-53 所示。

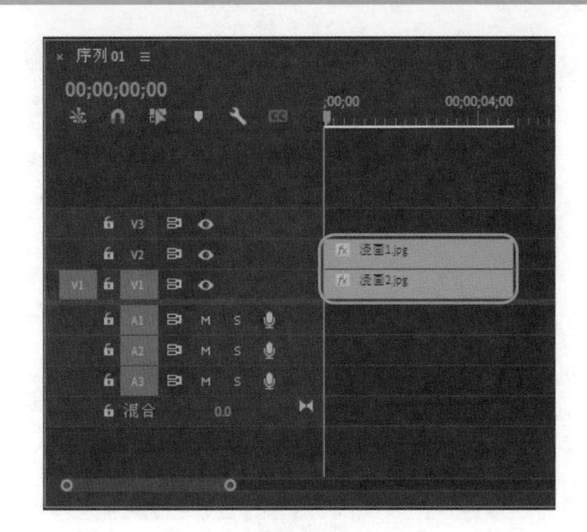

图7-53

Step03：在【节目监视器】面板中，调整各个图像的显示大小，如图 7-54 所示。

图7-54

Step04：在【效果】面板中，❶展开【视频效果】列表框，选择【键控】选项，❷再次展开列表框，选择【超级键】视频效果，如图 7-55 所示。

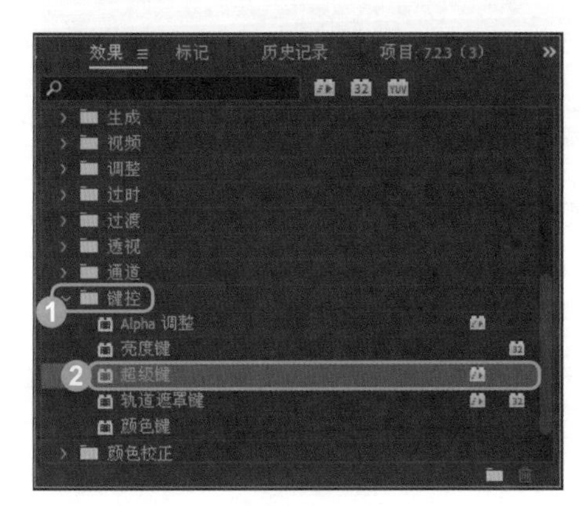

图7-55

Step05：在选择的视频效果上，按住鼠标左键并拖曳，将其添加至【视频 2】轨道的图像素材上，然后选择图像素材，在【效果控件】面板的【超级键】选项区中修改各个参数值，如图 7-56 所示。

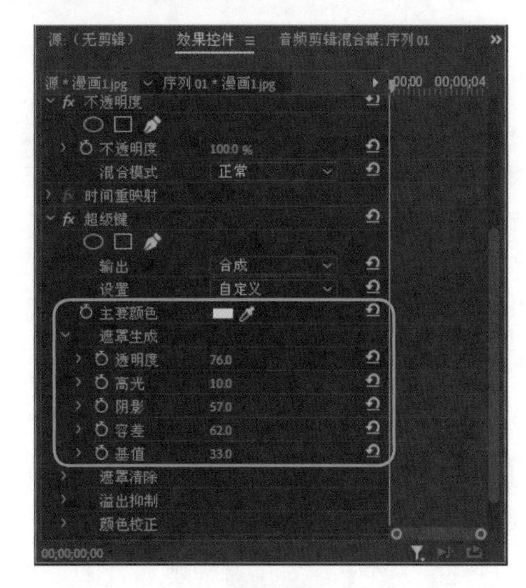

图7-56

技术看板

在【超级键】选项区中，各常用选项的含义如下：

- 输出：用于选择素材的输出类型。
- 设置：用于选择素材的抠像类型。
- 主要颜色：用于设置透明颜色的针对对象。
- 遮罩生成：用于设置素材的遮罩方式。
- 遮罩清除：用于设置素材遮罩的属性类型。
- 溢出抑制：用于调整溢出色彩的抑制参数。
- 颜色校正：用于校正素材文件的颜色。

Step06：即可使用【超级键】制作美女漫画效果，然后在【节目监视器】面板中预览最终的图像效果，如图 7-57 所示。

图7-57

实战 8：使用【非红色键】制作蝴蝶飞舞

使用【非红色键】视频效果可以将图像上的背景变成透明色。其具体操作方法如下：

Step01：新建一个名称为【7.2.3（4）】的项目文件，在【项目】面板中导入【蝴蝶】图像文件，如图 7-58 所示。

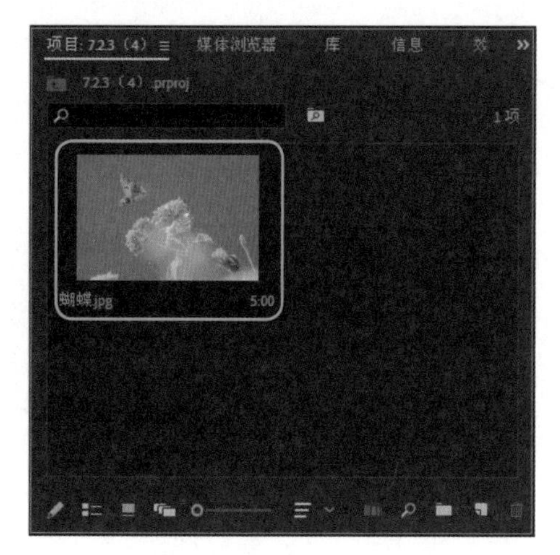

图7-58

Step02：在【项目】面板中选择图像文件，按住鼠标左键并拖曳，将其添加至【时间轴】面板中的视频轨道上，将自动新建一个序列文件，如图 7-59 所示。

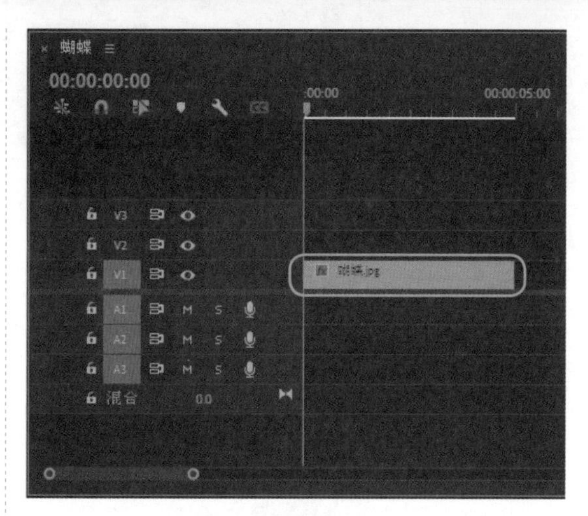

图7-59

Step03：在【节目监视器】面板中，调整图像的显示大小，如图 7-60 所示。

图7-60

Step04：在【效果】面板中，展开【视频效果】列表框，选择【过时】选项，再次展开列表框，选择【非红色键】视频效果，如图 7-61 所示。

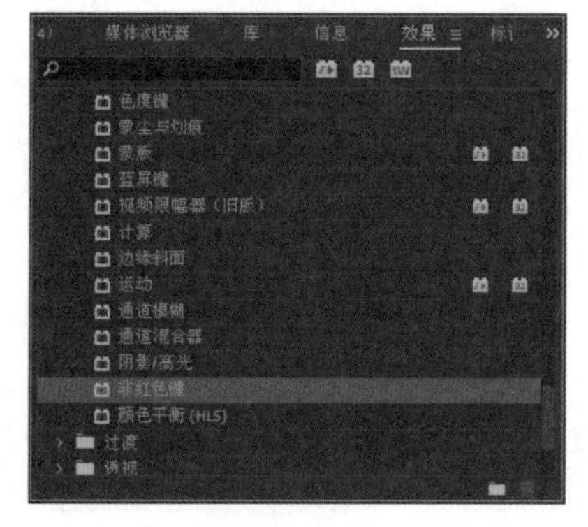

图7-61

Step05：在选择的视频效果上，按住鼠标左键并拖曳，将其添加至视频轨道的图像素材上，然后选择图像素材，在【效果控件】面板的【非红色键】选项区中，❶修改【屏蔽度】为33%，❷修改【去边】为【绿色】，如图7-62所示。

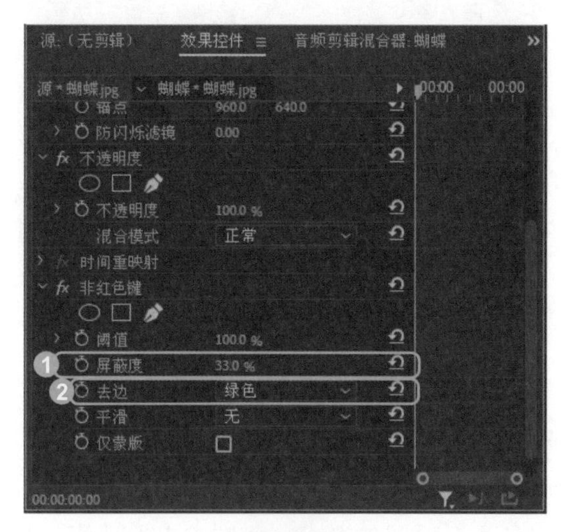

图7-62

技术看板

在【非红色键】选项区中，各常用选项的含义如下：

- 阈值：用于调整素材文件的透明度。
- 屏蔽度：用于调整在应用了【非红色键】视频效果后的控制位置和图像屏蔽度。
- 去边：用于选择去除素材的绿色边缘或蓝色边缘。
- 平滑：用于设置素材文件的平滑度，包含【高】和【低】两种平滑度。
- 仅蒙版：勾选该复选框，则素材文件显示自身的蒙版状态。

Step06：即可使用【非红色键】制作蝴蝶飞舞，然后在【节目监视器】面板中预览最终的图像效果，如图7-63所示。

图7-63

实战9：使用【透明度】制作蓝色花朵

通过修改【透明度】参数可以改变视频轨道的透明度来创建混合效果。其具体的操作方法如下：

Step01：新建一个名称为【7.2.3（5）】的项目文件和一个预设【标准48kHz】的序列，在【项目】面板中导入【蓝色花朵1】和【蓝色花朵2】图像文件，如图7-64所示。

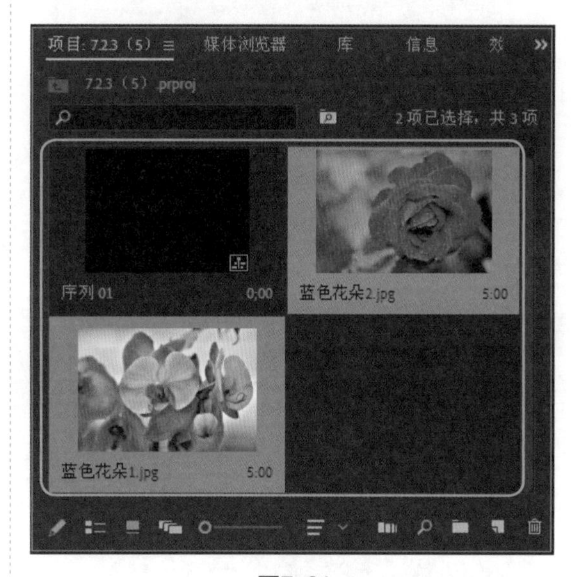

图7-64

Step02：依次选择新导入的图像素材，按住鼠标左键并拖曳，将其添加至【视频1】【视频2】轨道上，如图7-65所示。

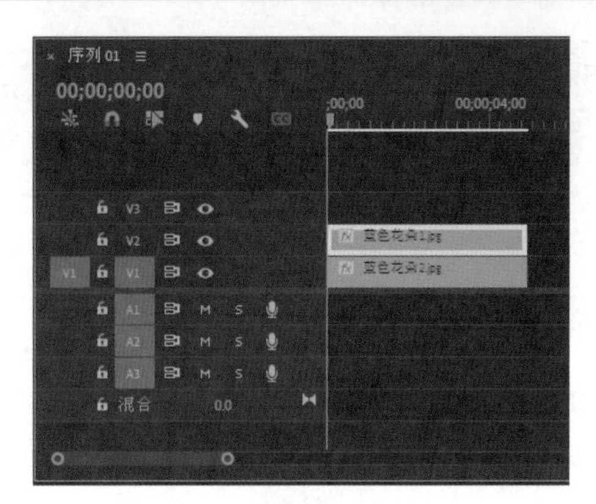

图7-65

Step03：在【节目监视器】面板中，调整图像的显示大小，如图 7-66 所示。

图7-66

Step04：选择【视频 2】轨道上的图像素材，在【效果控件】面板的【不透明度】选项区中，修改【不透明度】参数为 30%，如图 7-67 所示。

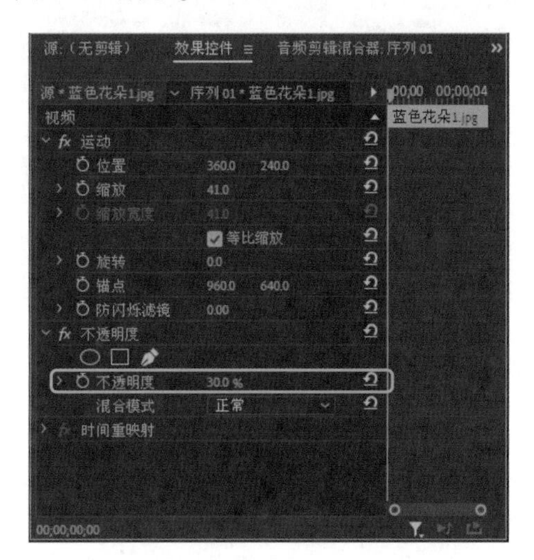

图7-67

Step05：即可使用透明叠加制作蓝色花朵，并在【节目监视器】面板中预览最终的图像效果，如图 7-68 所示。

图7-68

实战 10：使用【混合模式】制作水中海龟

【混合模式】可以用于合成图像效果，但是不会对图像造成任何实质性的破坏。其具体操作方法如下：

Step01：新建一个名称为【7.2.3（6）】的项目文件和一个预设【标准 48kHz】的序列，在【项目】面板中导入【水底世界】和【海龟】图像文件，如图 7-69 所示。

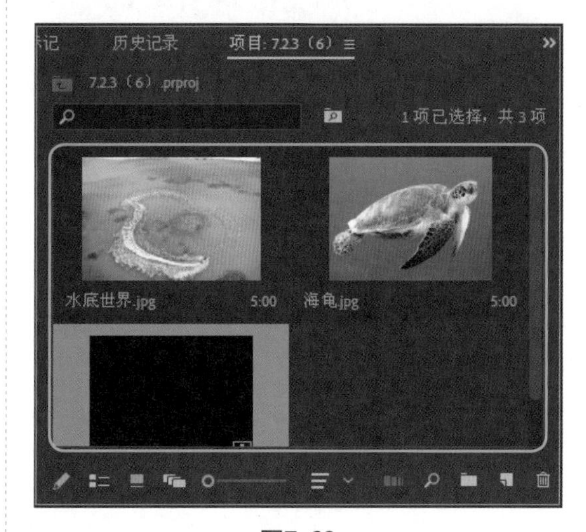

图7-69

Step02：在【项目】面板中选择图像文件，按住鼠标左键并拖曳，将其添加至【时间轴】面板中的视频轨道上，将自动新建一个序列文件，如图 7-70 所示。

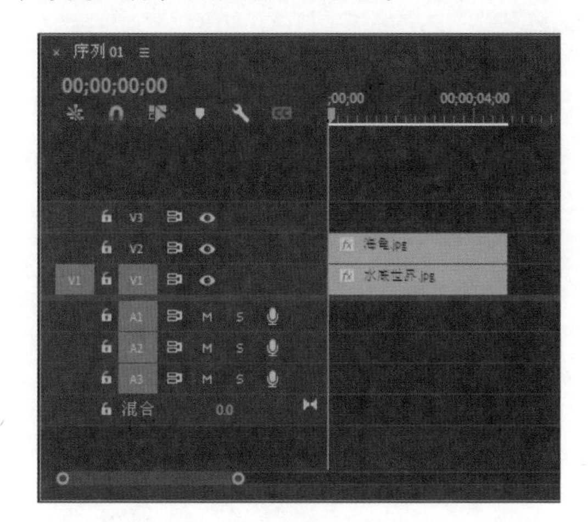

图7-70

Step03：在【节目监视器】面板中，调整图像的显示大小，如图 7-71 所示。

图7-71

Step04：选择【视频 2】轨道上的图像素材，在【效果控件】面板的【不透明度】选项区中，修改【混合模式】为【强光】，如图 7-72 所示。

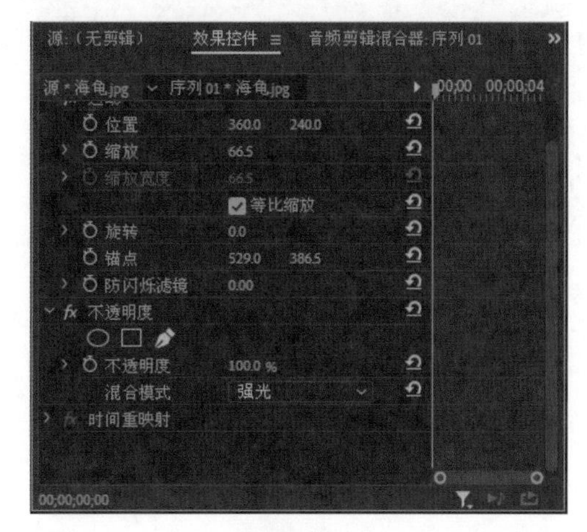

图7-72

Step05：即可使用混合模式叠加制作水中海龟，并在【节目监视器】面板中预览最终的图像效果，如图 7-73 所示。

图7-73

第8章

制作关键帧动画

- Premiere Pro 2022中关键帧和关键帧插值的概念是什么？
- Premiere Pro 2022中设置关键帧动画的方法有哪些？
- Premiere Pro 2022中关键帧的基本操作有哪些？
- Premiere Pro 2022中有哪些常用的关键帧动画？

关键帧动画是指在原有的视频画面中，运用关键帧合成或创建出移动、变形和缩放等运动效果。在制作影视视频的过程中，适当添加一些关键帧动画效果，可以增加影视节目的效果。本章将详细讲解关键帧动画的制作方法。学完这一章的内容，你就能掌握关键帧动画的制作了。

8.1 认识关键帧

关键帧动画通过为素材在不同的时间设置不同的属性，从而在这一过程中产生动画的变换效果。在进行关键帧动画制作之前，首先需要了解关键帧动画的相关基础知识。本节将对关键帧的基础知识逐一进行介绍。

8.1.1 什么是关键帧

关键帧是指动画上关键的时刻，至少有两个关键时刻才构成画面。可以通过设置动作、效果、音频及多种其他属性参数使画面形成连贯的动画效果。

8.1.2 关键帧插值

在 Premiere 中，关键帧插值包含线性插值和贝塞尔曲线插值两种模式，如图 8-1 所示，通过关键帧插值可以使两个关键帧之间的过渡变得缓和，自然。

图8-1

8.2 关键帧的基本操作

添加运动关键帧可以为素材图像制作出动感效果。但在编辑运动路径之前，需要掌握运动关键帧的设置方法，包括添加关键帧、关键帧的调节、关键帧的复制和粘贴、关键帧的切换以及关键帧的删除等。本节将详细讲解关键帧的基本操作方法。

8.2.1 创建关键帧

添加关键帧是为了让影片素材形成运动效果。因此，一段运动的画面通常需要两个以上的关键帧。创建关键帧的方法有以下几种。

1. 通过【切换动画】按钮创建关键帧

在【效果控件】面板中，每个属性前都有一个【切换动画】按钮，单击该按钮，即可启用关键帧，如图 8-2 所示，在启用关键帧后，会自动添加一个关键帧效果，且【切换动画】按钮呈蓝色显示。

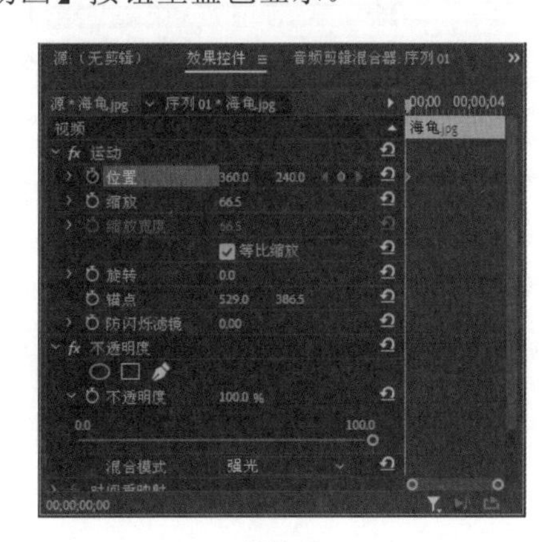

图8-2

2. 使用【添加 / 移除关键帧】按钮创建关键帧

【添加 / 移除关键帧】按钮用于创建第 2 个以后的关键帧。在【效果控件】面板中，指定时间位置，然后修改对应的属性参数，单击【添加 / 移除关键帧】按钮 ，添加一个关键帧，如图 8-3 所示。

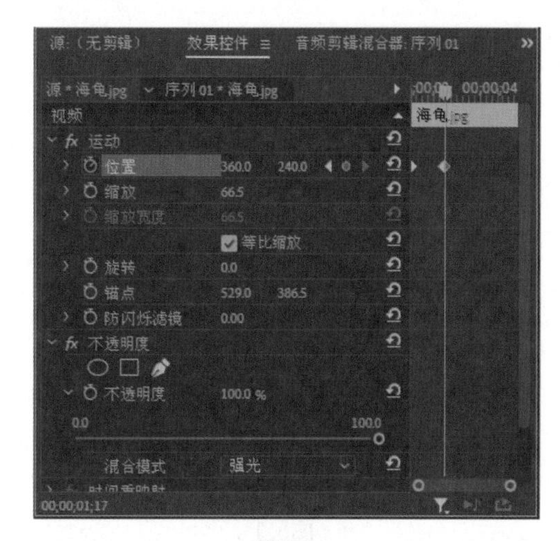

图8-3

8.2.2 调整关键帧

添加完一个关键帧后，任何时候都可以重新访问这个关键帧并进行调节，适当地调节关键帧的位置和属性，可以使动画效果更加流畅。

1. 移动关键帧

移动关键帧所在的位置可以控制动画的节奏，移动关键帧时，不仅可以移动单个关键帧，还可以移动多个关键帧。

在【效果控件】面板中创建完关键帧后，选择某个需要移动的关键帧，按住鼠标左键并向左右拖曳，可以移动单个关键帧，如图 8-4 所示。

如果想移动多个关键帧，则可以在【效果控件】面板中选择多个关键帧，按住鼠标左键并向左右拖曳，可以移动多个关键帧，如图 8-5 所示。

图8-4

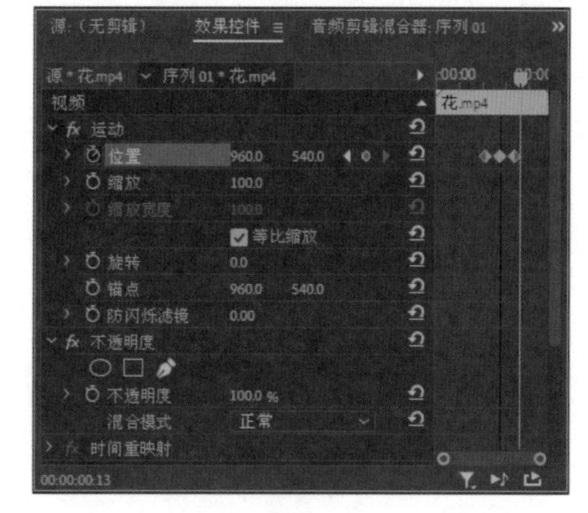

图8-5

2. 调节关键帧

在【效果控件】面板中，不仅可以移动关键帧，还可以调节关键帧。调节关键帧的方法很简单，在【效果控件】面板中选择需要调节的关键帧，此时鼠标指针呈 形状，按住鼠标左键将其拖曳至合适位置，即可完成关键帧的调节，如图 8-6 所示。

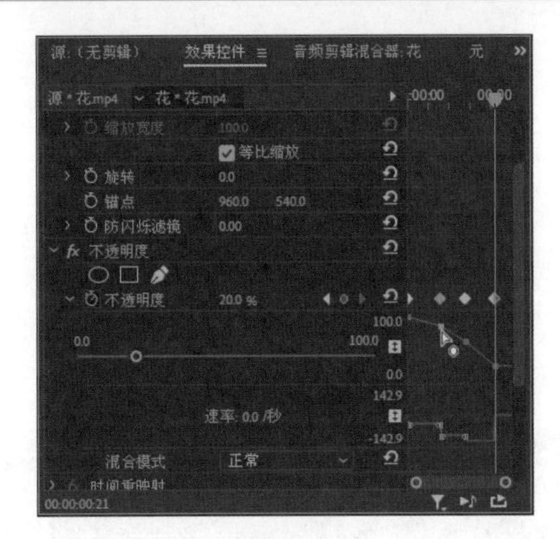

图8-6

8.2.3 复制、粘贴和删除关键帧

在 Premiere 软件中，还可以对关键帧进行复制、粘贴和删除操作。

1. 复制和粘贴关键帧

在编辑关键帧的过程中，可以将一个关键帧点复制粘贴到时间线中的另一位置，该关键帧点与原关键帧点具有相同的属性。

复制和粘贴关键帧的操作方法很简单，在【效果控件】面板中单击鼠标右键，打开快捷菜单，选择【复制】命令，如图 8-7 所示，复制关键帧。

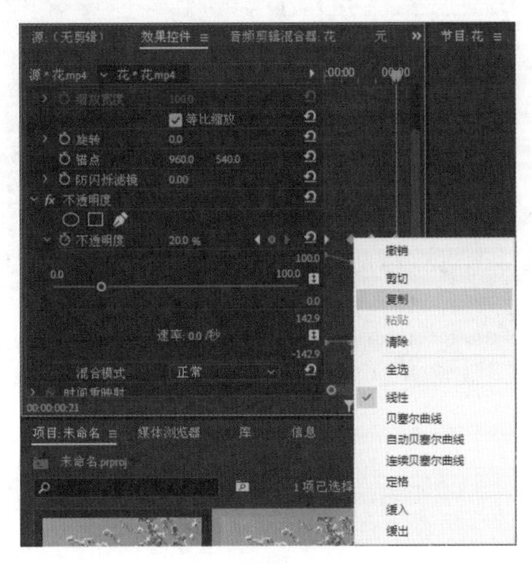

图8-7

在【效果控件】面板中单击鼠标右键，打开快捷菜单，选择【粘贴】命令，如图 8-8 所示，即可粘贴一份相同的关键帧。

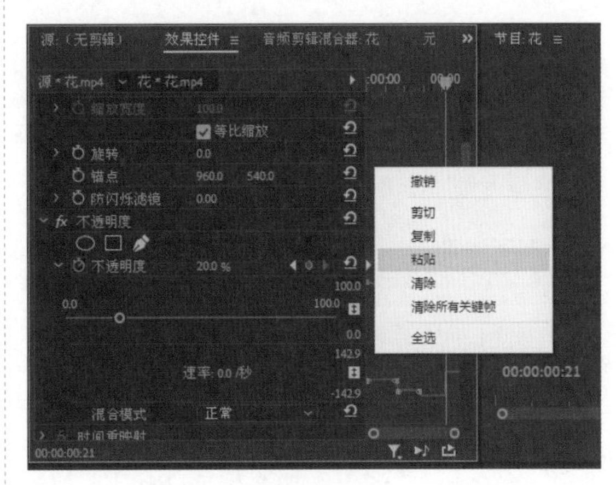

图8-8

2. 删除关键帧

在编辑过程中，可能会需要删除关键帧点。为此，只需简单地选择关键帧，并按 Delete 键删除即可，也可以在选择关键帧后，单击鼠标右键，在弹出的快捷菜单中选择【清除】命令，如图 8-9 所示。

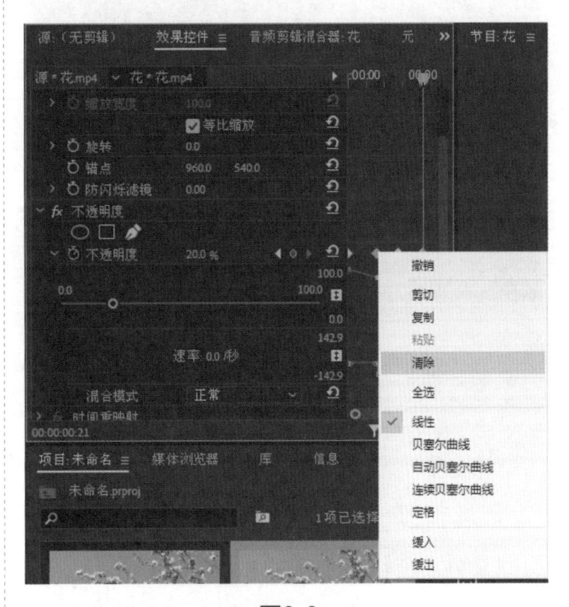

图8-9

在删除关键帧时，还可以单击【添加 / 移除关键帧】按钮实现。

8.3 制作常见的关键帧动画

在掌握了关键帧的概念和基本操作后，接下来需要制作常见的关键帧动画来巩固所学知识。常见的关键帧动画包含缩放、飞行、旋转降落、镜头推拉和画中画等，本节将逐一进行介绍。

8.3.1 实战 1：制作缩放动画

使用缩放运动效果可以将素材图像以从小到大或从大到小的形式展现在用户的面前。制作缩放动画的具体操作步骤如下：

Step01：新建一个名称为【8.3.1】的项目文件和一个预设【标准 48kHz】的序列，在【项目】面板中导入【紫色花朵】图像文件，如图 8-10 所示。

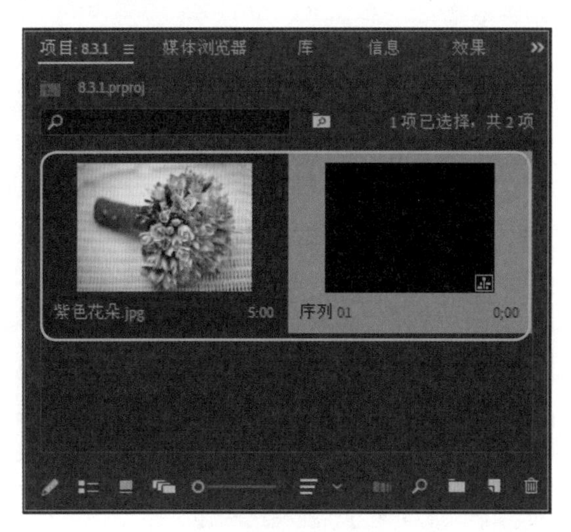

图8-10

Step02：选择新导入的【紫色花朵】图像文件，按住鼠标左键并拖曳，将其添加至【视频 1】轨道上，如图 8-11 所示。

Step03：在视频轨道上选择【紫色花朵】图像文件，在【效果控件】面板中修改【缩放】参数为 110，添加一组关键帧，如图 8-12 所示。

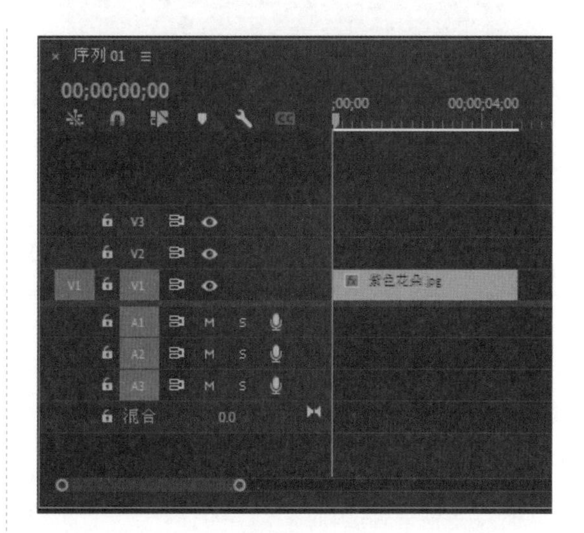

图8-11

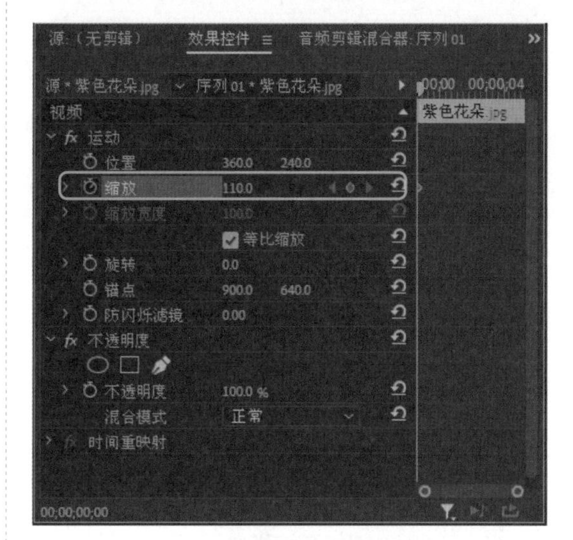

图8-12

Step04：将时间线移至 00:00:04:23 的位置，修改【缩放】参数为 43，添加一组关键帧，如图 8-13 所示。

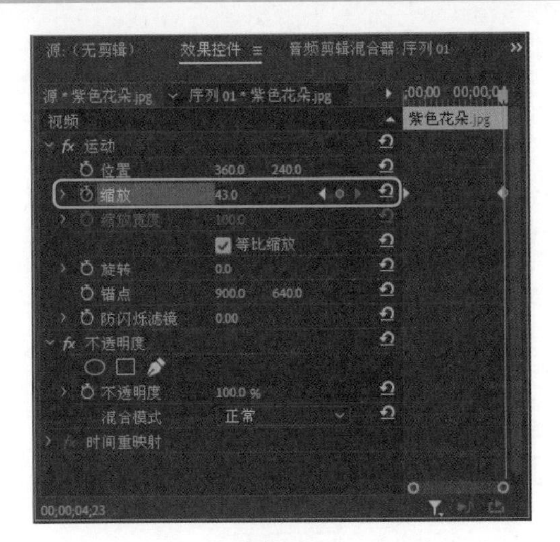

图8-13

Step05：完成缩放动画的制作，然后在【节目监视器】面板中单击【播放 - 停止切换】按钮，预览缩放动画效果，如图 8-14 所示。

图8-14

8.3.2 实战 2：制作飞行动画

在制作运动特效的过程中，用户可以通过设置【位置】选项的参数得到一段镜头飞过的画面效果。其具体的操作方法如下：

Step01：新建一个名称为【8.3.2】的项目文件和一个预设【标准 48kHz】的序列，在【项目】面板中导入【篮球】和【篮球架】图像文件，如图 8-15 所示。

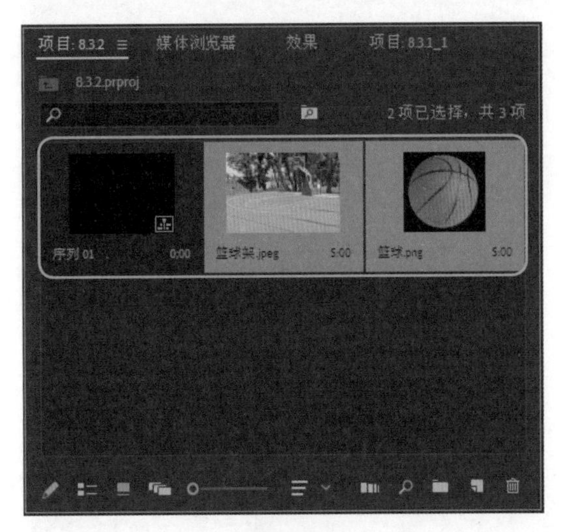

图8-15

Step02：依次选择新导入的图像文件，按住鼠标左键并拖曳，将其添加至【视频 1】和【视频 2】轨道上，如图 8-16 所示。

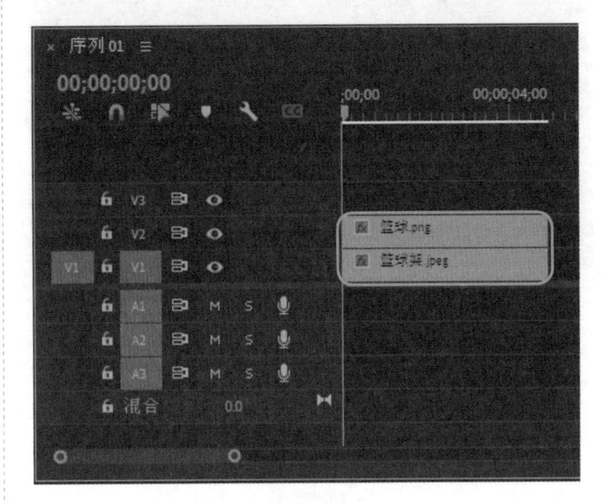

图8-16

Step03：在【视频 1】轨道上选择图像素材，然后在【效果控件】面板中修改【缩放】参数为 85，如图 8-17 所示，完成图像显示大小的调整。

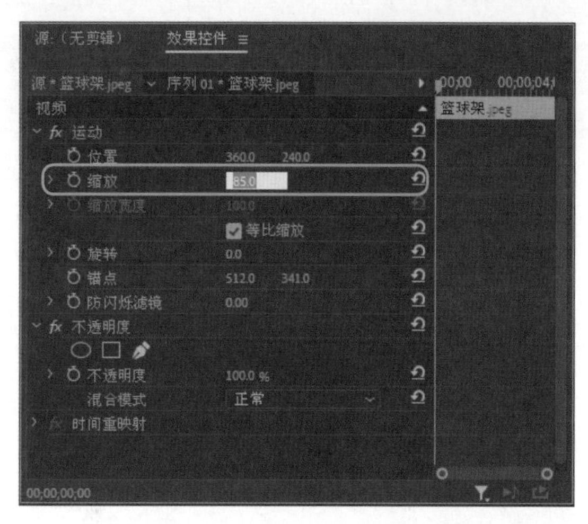

图8-17

Step04：在【视频2】轨道上选择图像素材，❶修改【位置】参数为114和390，添加一组关键帧，❷修改【缩放】参数为18，如图8-18所示。

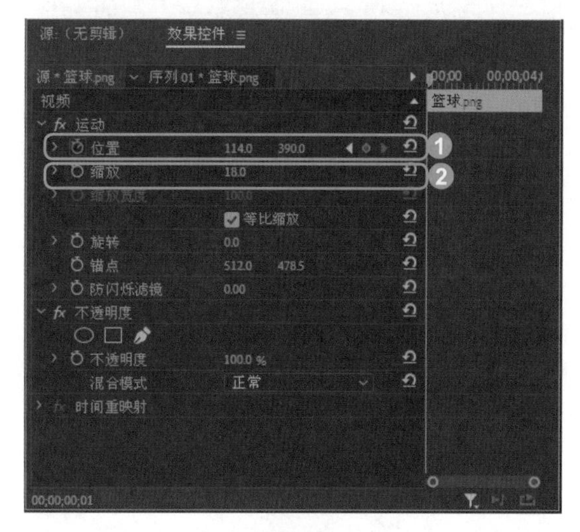

图8-18

Step05：将时间线移至00:00:01:07的位置，修改【位置】参数为195和350，添加一组关键帧，如图8-19所示。

Step06：将时间线移至00:00:02:19的位置，修改【位置】参数为380和295，添加一组关键帧，如图8-20所示。

Step07：将时间线移至00:00:03:27的位置，修改【位置】参数为460和140，添加一组关键帧，如图8-21所示。

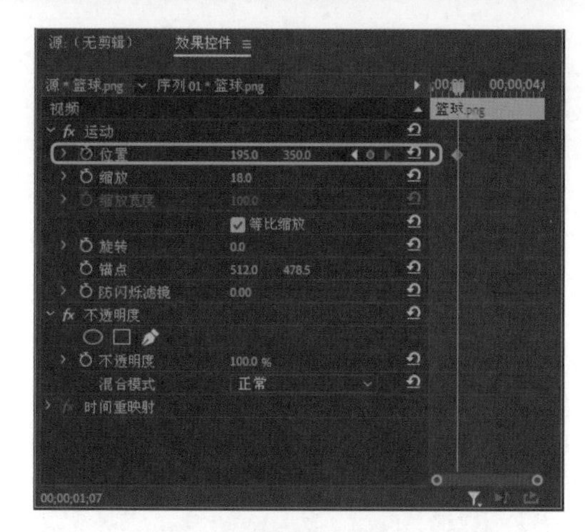

图8-19

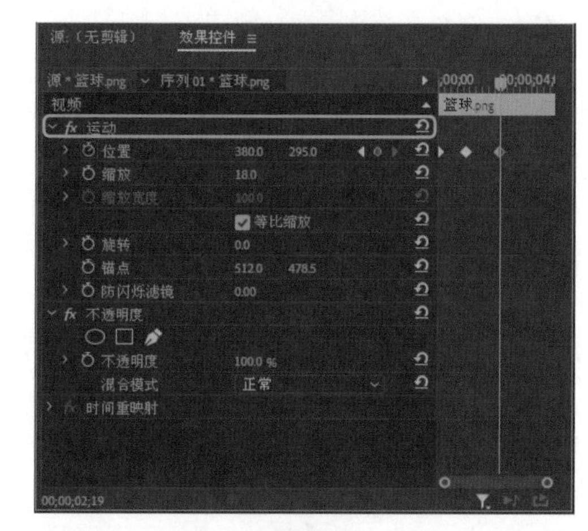

图8-20

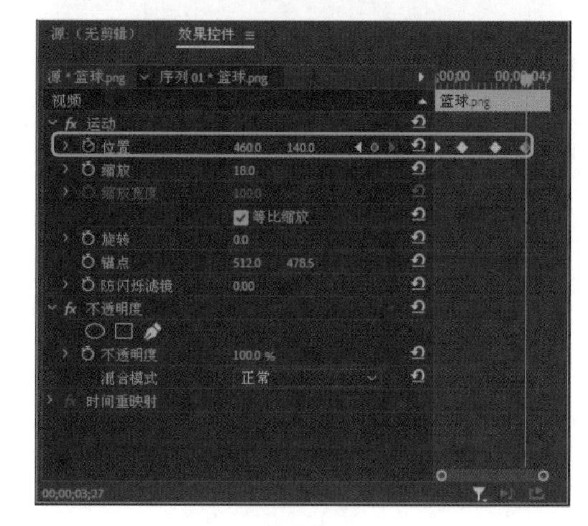

图8-21

Step08：完成飞行动画的制作，然后在【节目监视器】面板中单击【播放-停止切换】按钮，预览飞行动画效果，如图8-22所示。

图8-22

8.3.3　实战 3：制作旋转降落

使用【旋转】选项可以将素材围绕指定的轴进行旋转，并通过添加关键帧制作出旋转降落的效果。其具体的操作方法如下：

Step01：新建一个名称为【8.3.3】的项目文件和一个预设【标准 48kHz】的序列，在【项目】面板中导入【花瓣】和【花朵背景】图像文件，如图 8-23 所示。

Step02：依次选择新导入的图像文件，按住鼠标左键并拖曳，将其添加至【视频 1】和【视频 2】轨道上，如图 8-24 所示。

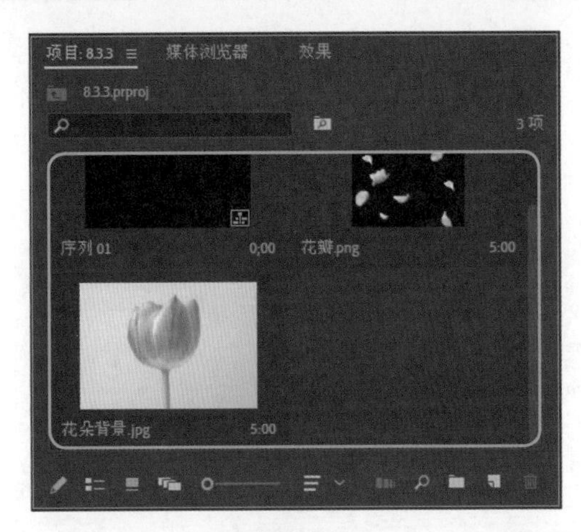

图8-23

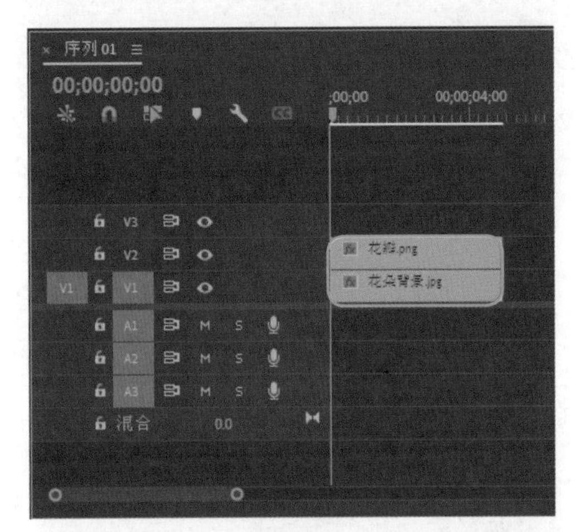

图8-24

Step03：在【视频 1】轨道上选择图像素材，然后在【效果控件】面板中修改【缩放】参数为 30，如图 8-25 所示，完成图像显示大小的修改。

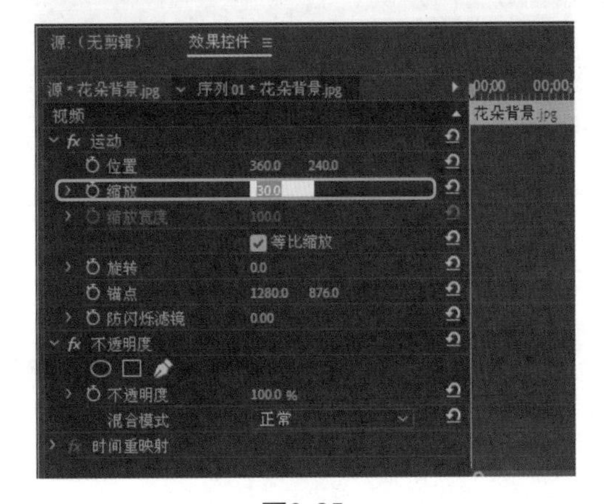

图8-25

Step04：在【视频 2】轨道上选择图像素材，修改【位置】参数为 203 和 -60、【旋转】参数为 16°，添加一组关键帧，如图 8-26 所示。

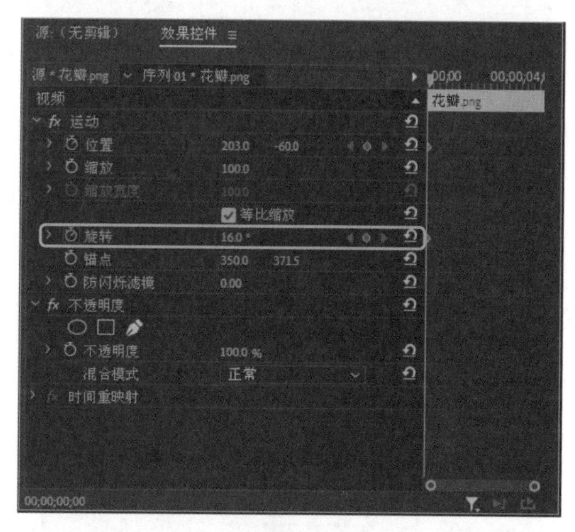

图8-26

Step05：将时间线移至 00:00:01:04，修改【位置】参数为 229 和 45.8、【旋转】参数为 57°，添加一组关键帧，如图 8-27 所示。

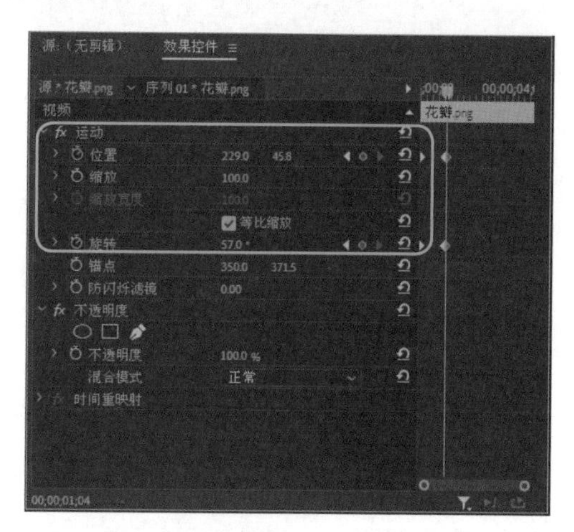

图8-27

Step06：将时间线移至 00:00:03:01，修改【位置】参数为 282 和 125.8、【旋转】参数为 115°，添加一组关键帧，如图 8-28 所示。

Step07：将时间线移至 00:00:03:29，修改【位置】参数为 358 和 360.8、【旋转】参数为 156°，添加一组关键帧，如图 8-29 所示。

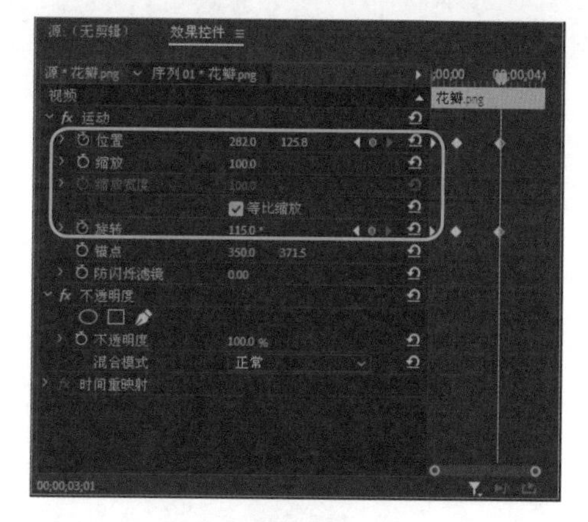

图8-28

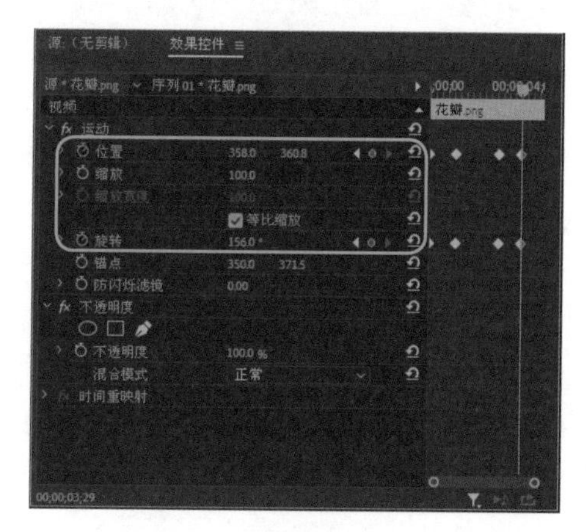

图8-29

Step08：在【效果控件】面板的【不透明度】选项区中，修改【混合模式】为【强光】，完成混合模式的修改，如图 8-30 所示。

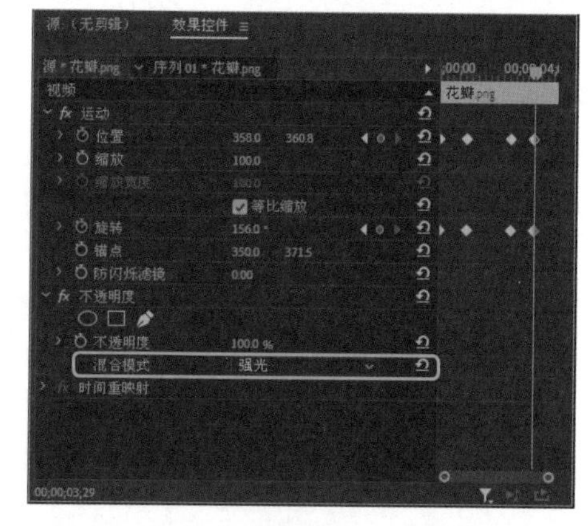

图8-30

Step09：完成旋转降落动画的制作，然后在【节目监视器】面板中单击【播放 - 停止切换】按钮，预览旋转降落动画效果，如图 8-31 所示。

图8-31

8.3.4 实战 4：制作镜头推拉

在视频节目中，制作镜头的推拉可以增加画面的视觉效果。其具体操作方法如下：

Step01：新建一个名称为【8.3.4】的项目文件和一个预设【标准 48kHz】的序列，在【项目】面板中导入【公路】和【汽车】图像文件，如图 8-32 所示。

Step02：依次选择新导入的图像素材，按住鼠标左键并拖曳，将其添加至【视频 1】和【视频 2】轨道上，如图 8-33 所示。

图8-32

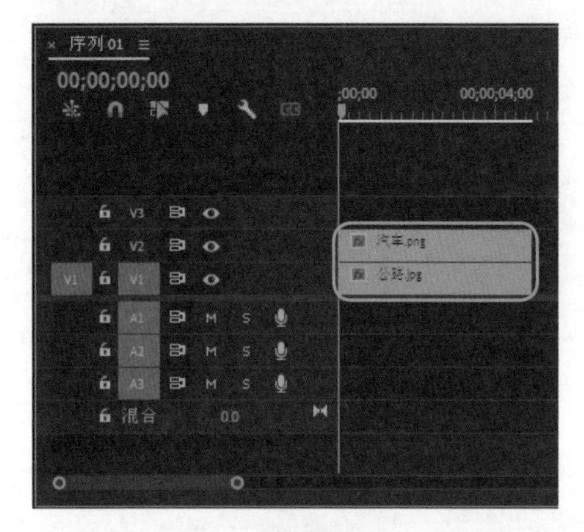

图8-33

Step03：在【视频 1】轨道上选择图像素材，然后在【效果控件】面板中修改【缩放】参数为 65，如图 8-34 所示，完成图像显示大小的修改。

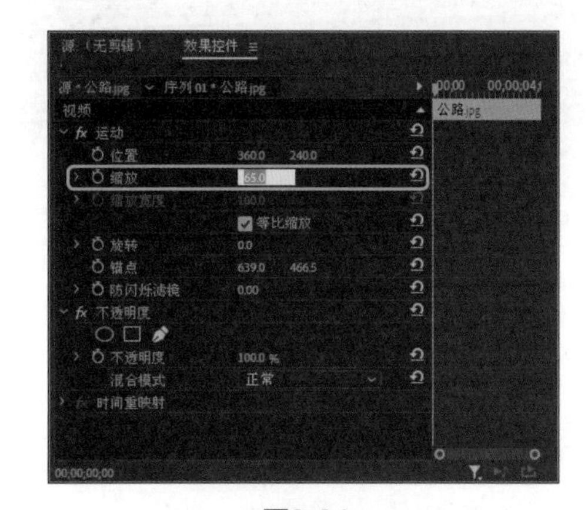

图8-34

Step04：在【视频 2】轨道上选择图像

素材，在【效果控件】面板中修改【位置】参数为 419 和 233、【缩放】参数为 10，添加一组关键帧，如图 8-35 所示。

Step05：将时间线移至 00:00:01:10 的位置，在【效果控件】面板中修改【位置】参数为 449 和 250、【缩放】参数为 15，添加一组关键帧，如图 8-36 所示。

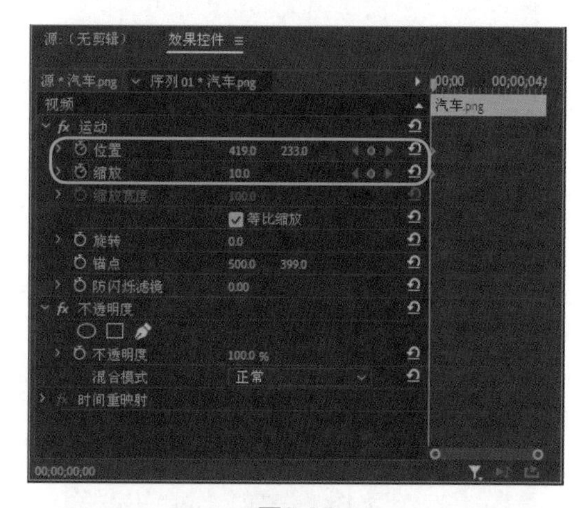

图8-35

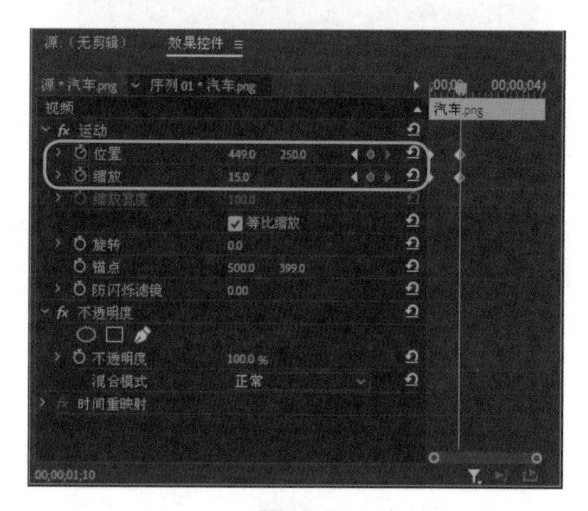

图8-36

Step06：将时间线移至 00:00:02:27 的位置，在【效果控件】面板中修改【位置】参数为 468 和 267、【缩放】参数为 25，添加一组关键帧，如图 8-37 所示。

Step07：将时间线移至 00:00:04:10 的位置，在【效果控件】面板中修改【位置】参数为 485 和 345、【缩放】参数为 45，添加一组关键帧，如图 8-38 所示。

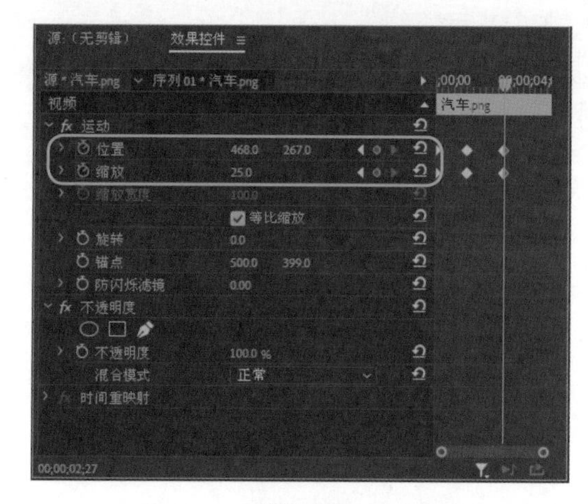

图8-37

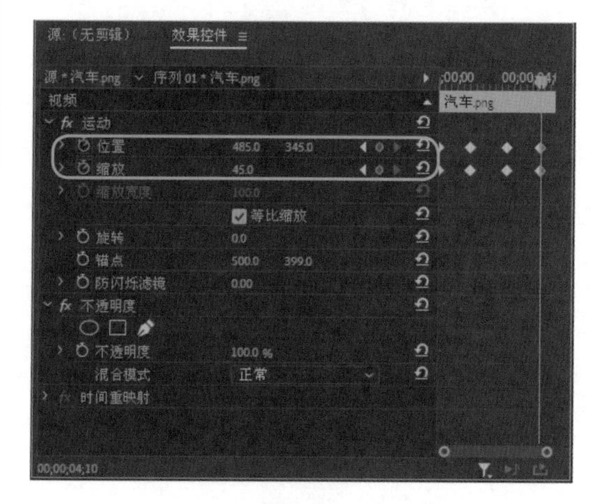

图8-38

Step08：完成镜头推拉动画的制作，然后在【节目监视器】面板中单击【播放 - 停止切换】按钮，预览镜头推拉动画效果，如图 8-39 所示。

图8-39

图8-39（续）

8.3.5 实战 5：制作画中画动画

画中画动画是一种视频内容呈现方式，在一个视频全屏播出的同时，于画面的小面积区域上同时播出另一部视频，被广泛用于电视、视频录像、监控、演示设备。其具体操作方法如下：

Step01：新建一个名称为【8.3.5】的项目文件和一个预设【标准 48kHz】的序列，在【项目】面板中导入【平板电脑】【钢笔】【产品背景】和【笔记本电脑】图像文件，如图 8-40 所示。

Step02：在【项目】面板中，选择【产品背景】图像文件，按住鼠标左键并拖曳，将其添加至【视频 1】轨道上，如图 8-41 所示。

Step03：选择【视频 1】轨道上的图像素材，在【效果控件】面板中修改【缩放】参数为 40，如图 8-42 所示。

图8-40

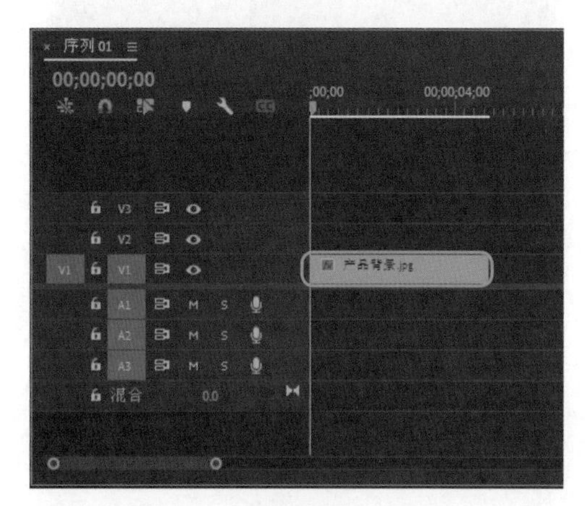

图8-41

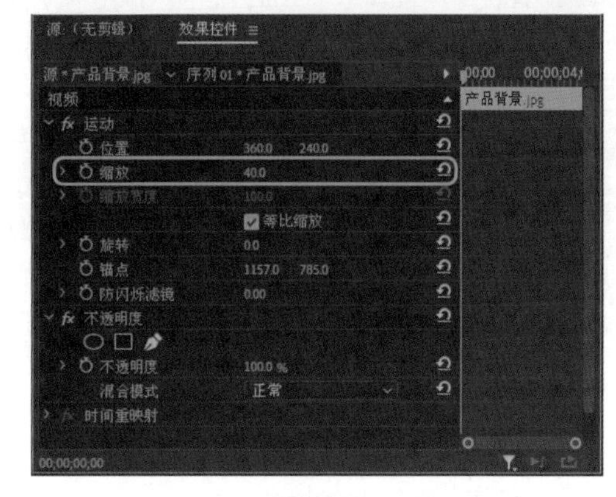

图8-42

Step04：完成图像显示大小的修改，并在【节目监视器】面板中预览调整后的图像效果，如图 8-43 所示。

图8-43

Step05：在【项目】面板中，选择【笔记本电脑】图像文件，按住鼠标左键并拖曳，将其添加至【视频 2】轨道上，如图 8-44 所示。

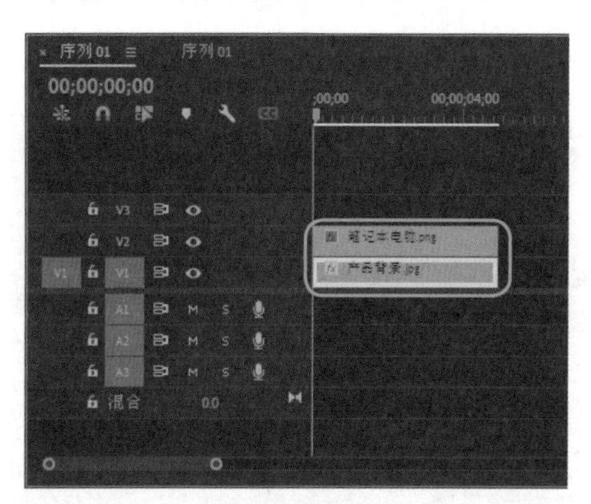

图8-44

Step06：选择【视频 2】轨道上的图像素材，在【效果控件】面板中修改【位置】为 384 和 310、【缩放】为 15，如图 8-45 所示。

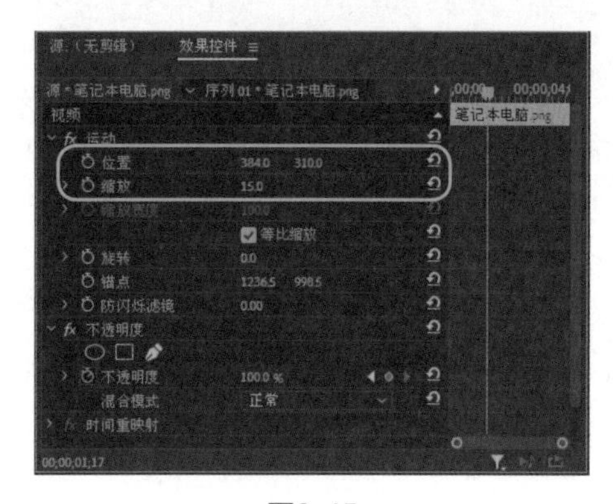

图8-45

Step07：完成图像显示大小和位置的修改，并在【节目监视器】面板中预览调整后的图像效果，如图 8-46 所示。

图8-46

Step08：继续在【效果控件】面板中修改【不透明度】参数为 0%，添加一组关键帧，如图 8-47 所示。

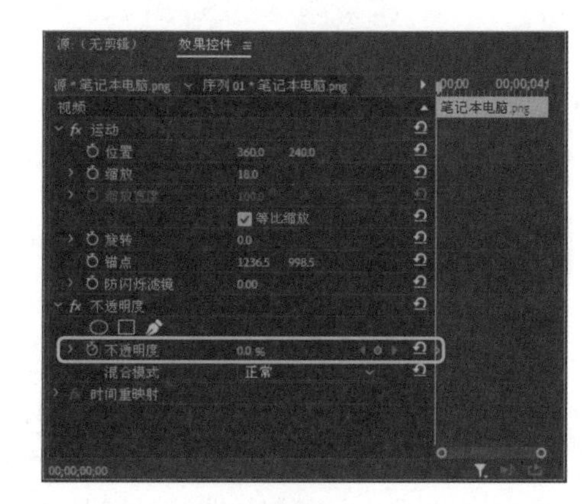

图8-47

Step09：将时间线移至 00:00:01:00 的位置，继续在【效果控件】面板中修改【不透明度】参数为 100%，添加一组关键帧，如图 8-48 所示。

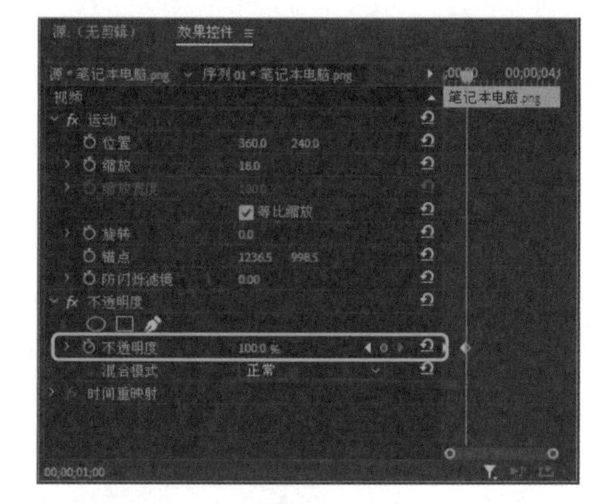

图8-48

Step10：在【项目】面板中，选择【平板电脑】图像文件，按住鼠标左键并拖曳，将其添加至【视频 3】轨道上，如图 8-49 所示。

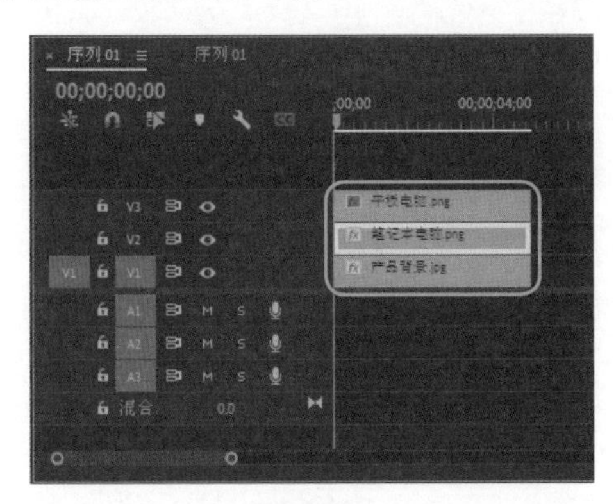

图8-49

Step11：选择【视频 3】轨道上的图像素材，在【效果控件】面板中修改【位置】为 -106 和 389、【缩放】为 70，添加一组关键帧，如图 8-50 所示。

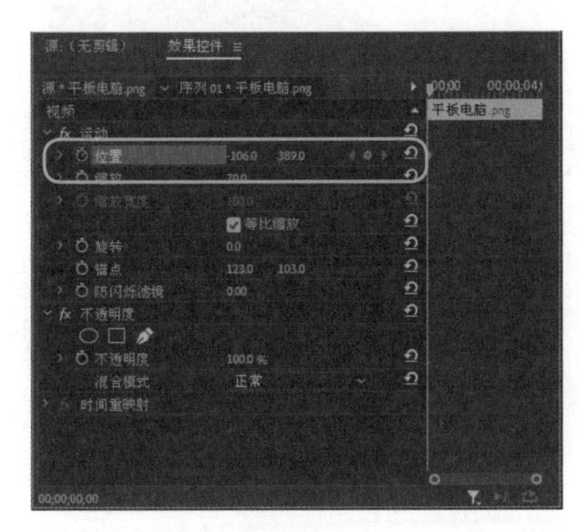

图8-50

Step12：将时间线移至 00:00:01:26 的位置，在【效果控件】面板中修改【位置】为 246 和 389，添加一组关键帧，如图 8-51 所示。

Step13：将时间线移至 00:00:03:05 的位置，在【效果控件】面板中修改【位置】为 98 和 389，添加一组关键帧，如图 8-52 所示。

Step14：在【项目】面板中，选择【钢笔】图像文件，按住鼠标左键并拖曳，将其添加至【视频 4】轨道上，如图 8-53 所示。

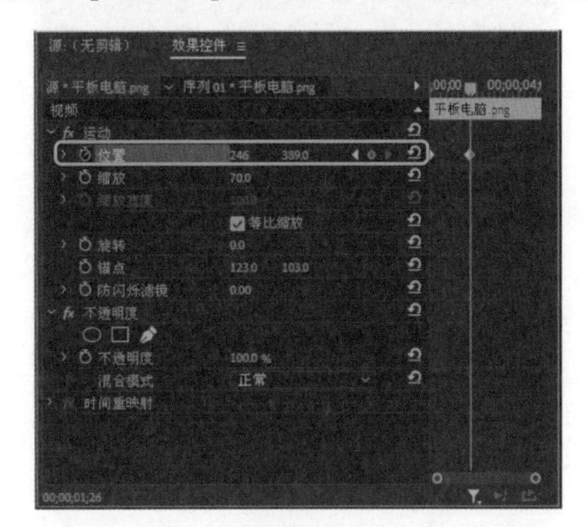

图8-51

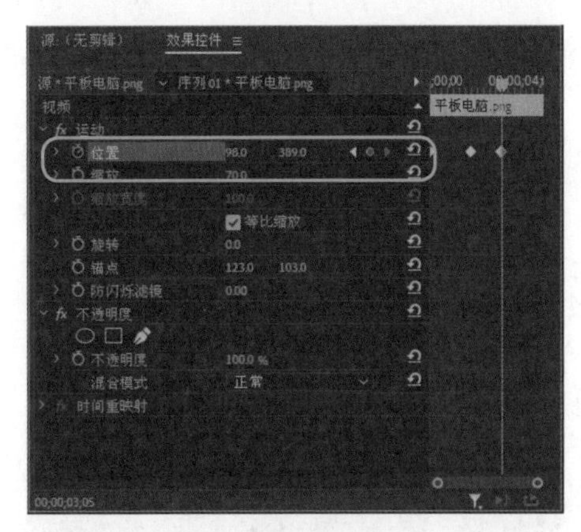

图8-52

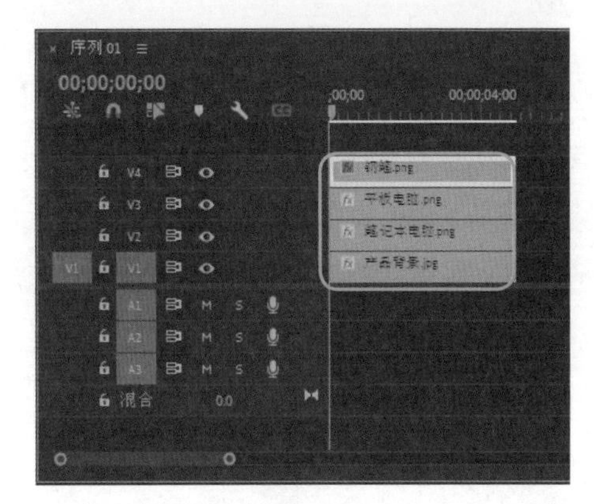

图8-53

Step15：选择【视频 4】轨道上的图像素材，在【效果控件】面板中修改【位置】为 823 和 397、【缩放】为 22，添加一组关键帧，如图 8-54 所示。

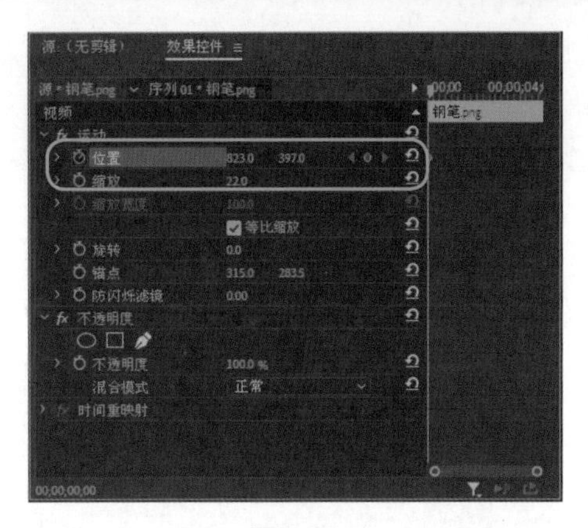

图8-54

Step16：将时间线移至00:00:02:01的位置，在【效果控件】面板中修改【位置】为737和397，添加一组关键帧，如图8-55所示。

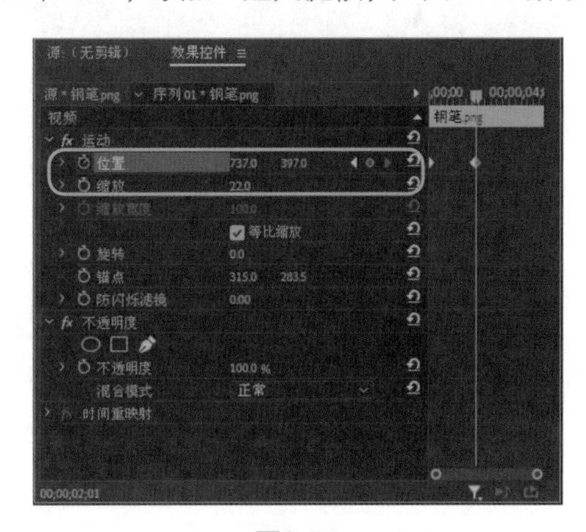

图8-55

Step17：将时间线移至00:00:03:21的位置，在【效果控件】面板中修改【位置】为644和397，添加一组关键帧，如图8-56所示。

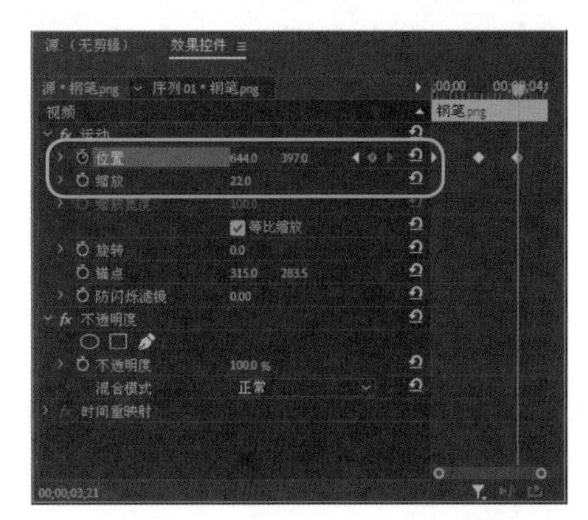

图8-56

Step18：至此，画中画动画效果制作完成。在【节目监视器】面板中预览最终的图像效果，如图8-57所示。

图8-57

Premiere Pro

2022

视频制作案例实战

应用篇

Premiere Pro 2022 软件是视频制作爱好者和专业人士必不可少的视频编辑工具。它可以提升视频创作效果和创作自由度。Premiere 提供了采集、剪辑、调色、美化音频、字幕添加、输出、DVD 刻录等一整套流程，足以完成视频创作工作流上遇到的所有挑战，满足创建高质量作品的要求。本篇从视频编辑的实际应用出发，详细讲解 Premiere Pro 在短视频、片头动画、广告动画、电子相册等领域的典型应用。

Pr

Premiere Pro 2022

第9章 制作短视频

- 短视频的分类
- 短视频的特点
- 案例1：制作抖音快闪短视频
- 案例2：制作抖音卡点短视频
- 案例3：制作网店主图短视频
- 案例4：制作商品详情页短视频
- 案例5：制作Vlog广告短视频

随着社会的高速发展，人们的生活节奏越来越快，短视频成为占据人们碎片化时间的一大消遣方式及信息来源，并且在移动社交平台和自媒体技术的迅猛发展下，短视频创造了巨大的商机，成为互联网经济的全新增长点。在制作短视频的过程中，也需要围绕着时代发展趋势以及短视频的特点去进行制作。本章将详细讲解短视频的制作思路和方法。

9.1 认识短视频

在学习 Premiere 制作短视频之前，首先了解短视频的概念、分类和特点等，只有掌握了不同短视频的基本特征，才能使用 Premiere 编辑出高点击率、高播放量和高完播率的短视频。

9.1.1 短视频的分类

短视频顾名思义是播放时间很短的视频，因此短视频又称为短片视频，通常把在互联网上传播时长在 5 分钟以内的视频都称为短视频。通过各种网络新媒体平台为载体进行播放，能够在移动状态和短时休闲状态下观看的、高频推送的视频内容都称为短视频。

下面将介绍几类主要的短视频类型。

（1）微纪录片型。此类型的短视频内容形式多数以纪录片的形式进行呈现，内容制作精良，对此类型的短视频制作技术要求较高，所以多采用专业的视频制作软件 Premiere 进行后期制作。

（2）广告型。短视频广告是以时间较短的视频承载的广告。此类型的短视频广告内容形式主要是企业宣传、产品营销推广等。短视频广告的应用场景主要为抖音、快手等手机应用的开屏 CPT 广告、购物应用主页商品短视频、微信广告等。此类型的短视频对制作也有着较高的要求。

（3）情景微电影短视频。此类型的短视频是具有完整策划和系统制作体系支持的具有完整故事情节的“微 (超短) 时”的视频短片，内容融合了幽默搞怪、时尚潮流、古装历史、清纯校园、家庭亲情等主题，可以单独成篇，也可系列成剧。此类视频短剧在互联网上有非常广泛的传播。此类短视频需要具备电影的所有要素，例如时间、地点、人物、主题和故事情节等，所要求的视频制作技术也需要运用影视剪辑节奏进行制作。

（4）创意剪辑型。此类短视频多制作精美震撼，或者搞笑鬼畜、卡点快闪，或者加入解说、评论等元素进行拼接剪辑，主要需要运用灵活的创意和剪辑技巧。

（5）网红 IP 型。利用网红的 IP 形象在互联网上的较高认知度，制作贴近大众生活的短视频内容。

（6）街头采访型。街头采访类型的短视频也是目前短视频的热门表现形式之一，其制作流程相对其他的短视频简单，且话题性强。

（7）短新闻型。短视频在新闻传播中的应用已成常态，新闻型短视频具备着及时性、亲近性、易接受等特点。同时受用户规模和使用时长的影响。短视频新闻的制作内容追求首发、现场感，主要以实时拍摄、及时分享为主，而其以同期声等方式再现新闻现场的生动场景，给受众更直接、更直观的感官体验，其配上简短的文字说明，让受众更容易接受，这种“文本解说 + 短视频”的方式更受受众的喜爱。

除了以上主流的几种类型的短视频外，还有动漫形式、对白形式、技能分享等类型的短视频。

9.1.2 短视频的特点

说到短视频，我们可以用三个字来形容，就是短、平、快。“短”指的是片长短、内容短，能够满足受众去利用碎片化的时间观看。“平”是指平民化、大众化，受众通过观看短视频能够进行平等交流，而不是发布命令。“快”是指短视频能够快速迭代，创作速度、制作速度快，从而能形成标准化的视频制作模板。

短视频的制作并不像电影制作那样需要有表达形式和团队的配置要求，它生产流程相对简单，制作门槛低，参与性强。主要有以下几个特点：

（1）短视频具有内容丰富、短小精悍的特点，它的时长最长限制在 15 秒到 5 分钟之间，内容涵盖范围广，主要内容有幽默八卦、社会热点、技能分享、广告创意等，这些短视频短小精悍、题材多样、灵动有趣、娱乐性强，而且相较于传统媒体，短视频节奏更快，内容也更加紧凑，符合用户的碎片化阅读习惯，也更方便传播。

（2）短视频门槛低，创作过程简单，对创作者的要求较低。当然，低门槛并不一定代表低质量，而是代表着人人可参与视频制作，完成短视频的拍摄、制作与上传。

（3）短视频需要富有创意，内容要求更加丰富，表现形式更加多元化，更加符合受众的需求，这就要求创作者运用充满个性和创造力的制作和剪辑手法来创作出精美、有趣的短视频。

（4）短视频传播迅速，互动性强。短视频传播渠道多样化，很容易实现裂变式传播与熟人间的传播，可以轻松方便地实现在平台上分享自己制作的视频，以及观看、评论、点赞他人的视频，丰富的传播渠道拓展了短视频的传播力度、范围、交互性。

（5）短视频的观点鲜明，内容集中，更容易被观众理解和接受。

（6）短视频目标精准，触发营销效应。各大平台都有其独特的算法，能将商品更精准地推送给目标用户，促进营销量最大化。

9.2 案例 1：制作抖音快闪短视频

抖音快闪短视频主要应用于短视频平台，能够在短时间内搭配动感的音乐，快速地展示图文内容。本例将详细介绍使用 Premiere Pro 2022 制作抖音快闪短视频的方法，本例完成后的效果如图 9-1 所示。

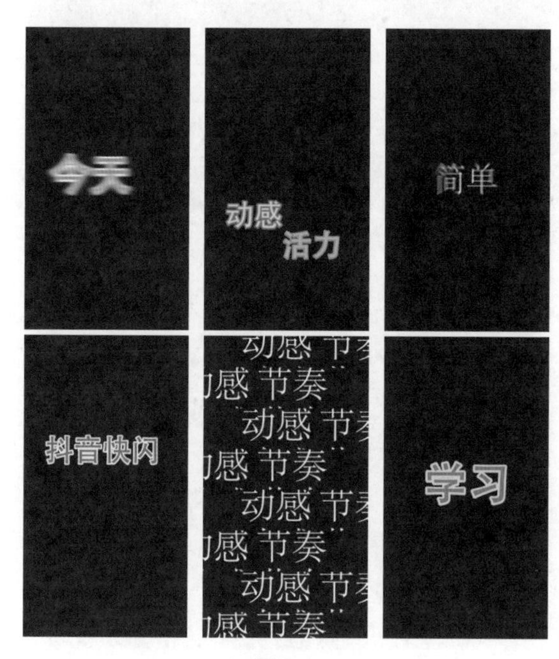

图9-1

制作步骤

Step01：打开 Premiere Pro 2022，❶新建一个名称为【抖音快闪短视频】的项目文件，在【项目】面板的空白处单击鼠标右键，在弹出的快捷菜单中选择【新建】命令，展开子菜单，❷选择【序列】命令，如图 9-2 所示。

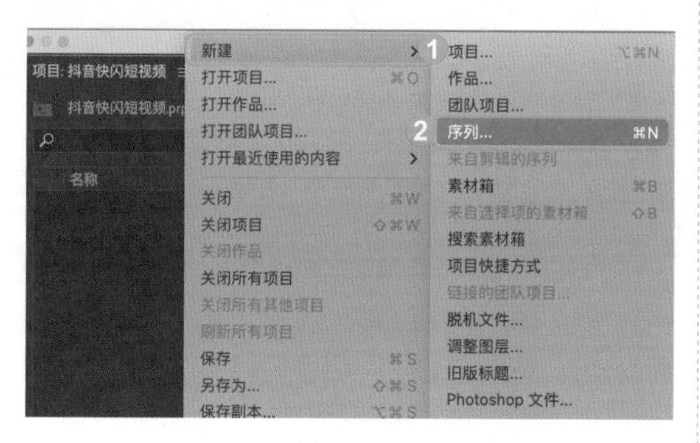

图9-2

Step02：打开【新建序列】对话框，❶在【可用预设】列表框中选择【标准 48kHz】选项，❷在【序列名称】文本框中输入【总合层】，如图 9-3 所示。

图9-3

Step03：❶切换至【设置】选项卡，❷在【编辑模式】列表框中，选择【自定义】选项，❸修改【帧大小】参数为 1080 和 1920，❹像素长宽比修改为【方形像素 (1.0)】，单击【确定】按钮，如图 9-4 所示。

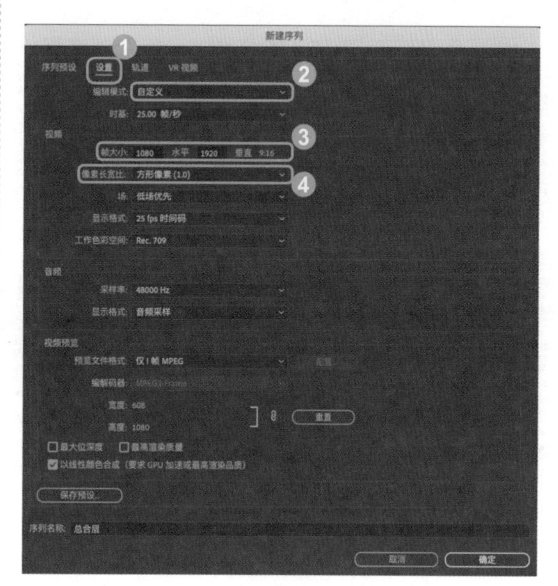

图9-4

Step04：完成序列文件的新建操作，并在【项目】面板中显示，画幅比例显示为竖屏 6:19，如图 9-5 所示。

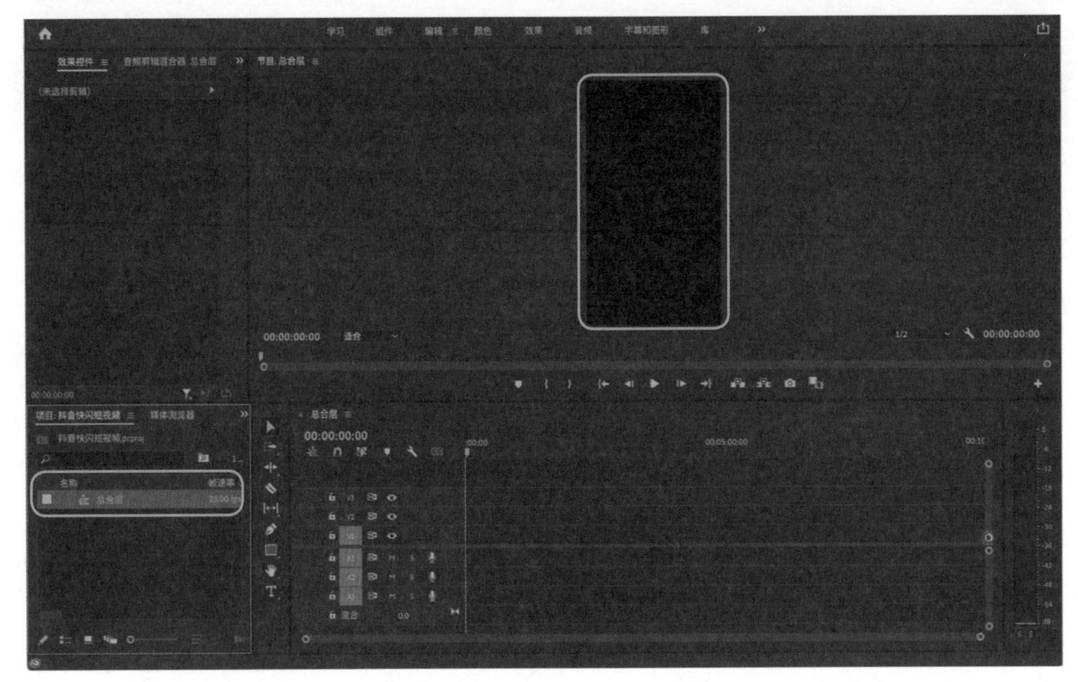

图9-5

Step05：在【项目】面板的空白处单击右键，选择【新建素材箱】，如图 9-6 所示。

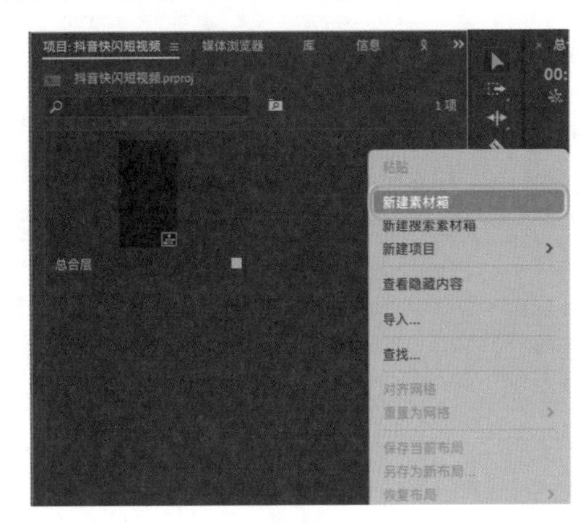

图9-6

Step06：❶在【素材箱】面板的空白处双击鼠标左键，打开【导入】对话框，在相应的文件夹中选择需要导入的音乐素材，❷单击【打开】按钮，如图 9-7 所示。

Step07：将选择的音乐添加至【素材箱】面板中，如图 9-8 所示。

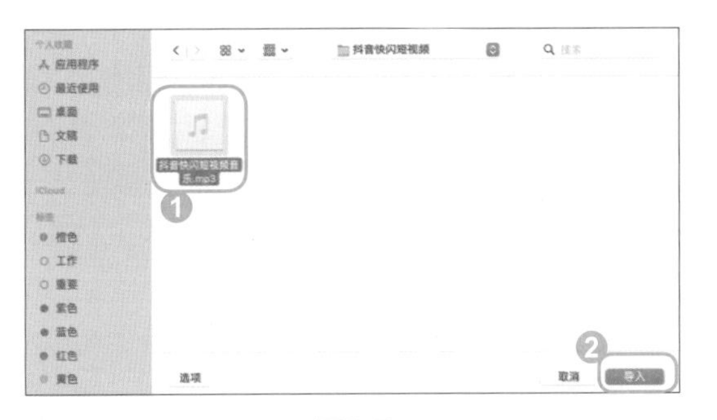

图9-7

图9-8

Step08：将【素材箱】中的音乐文件单击按住，拖入时间线中，如图 9-9 所示。

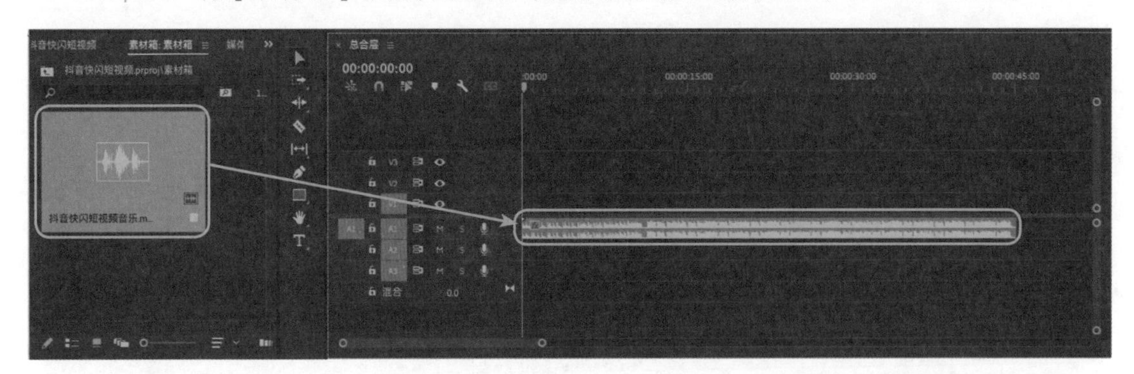

图9-9

Step09：在【素材箱】面板中，❶选择【新建】，❷再选择【旧版标题】，如图 9-10 所示。

Step10：❶首先单击【文字工具】，❷在视频所需要的位置上单击鼠标左键后，❸在【字幕框】面板中输入所需的文案文字，例如“今天”，如图 9-11 所示。

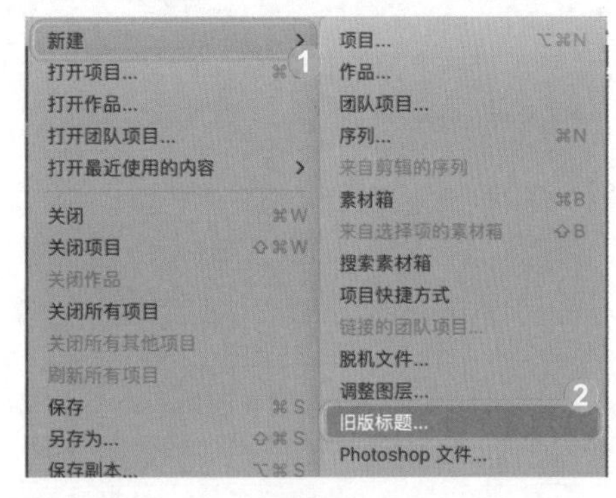

图9-10

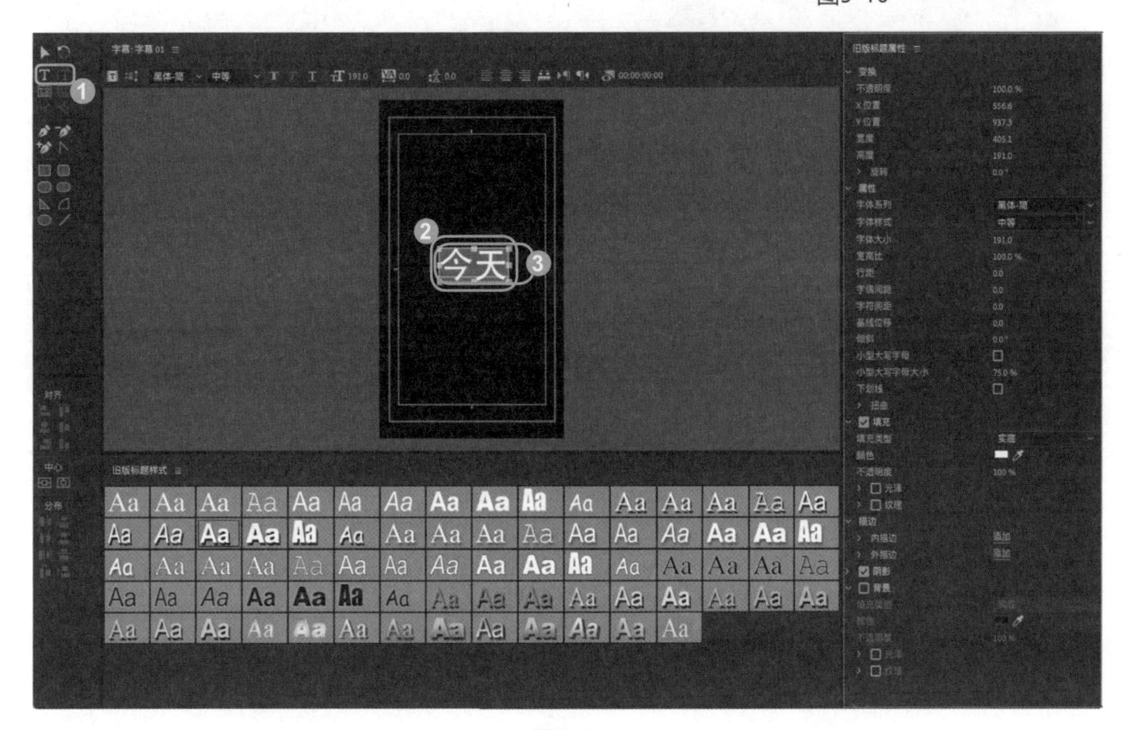

图9-11

Step11：在面板右侧的【旧版标题属性】面板进行文字颜色、字体、大小、边框、阴影的设置。例如，选择文本“今天”，❶在【属性】一栏设置【字体系列】为黑体 - 简、【字体样式】为中等，❷在【填充】一栏设置【颜色】为蓝色，❸【描边】选择【外描边】，【类型】为【边缘】，【大小】调整为【33】，【填充类型】选择【实底】，【颜色】填充为【白色】。关闭旧版标题面板。效果如图 9-12 所示。

Step12：❶在项目面板的【素材箱】内会出现刚刚新建的素材【字幕 01】，❷将【字幕 01】拖入时间线中。效果如图 9-13 所示。

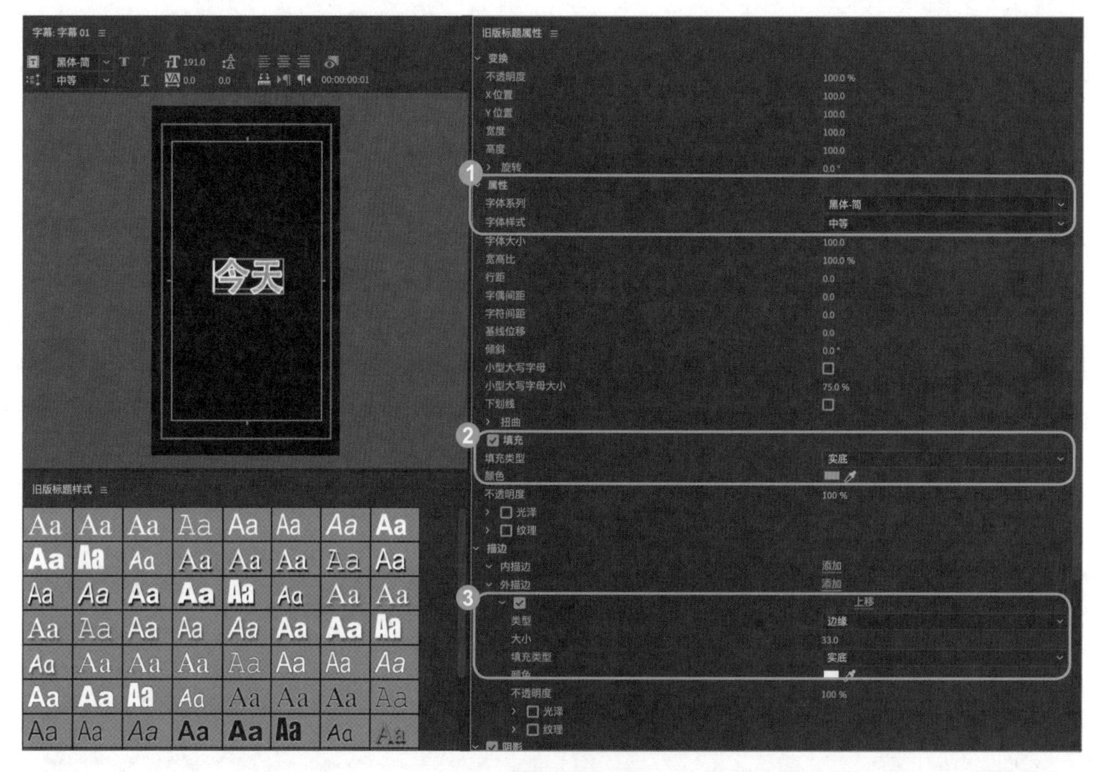

图9-12

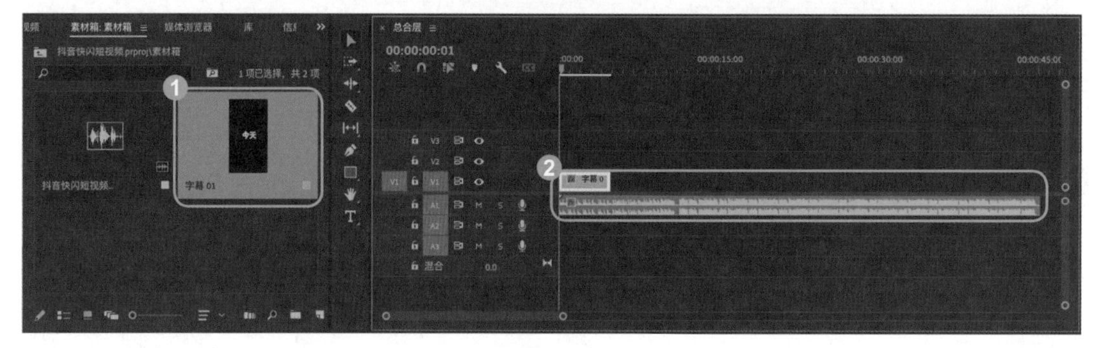

图9-13

Step13：❶单击【序列】面板，使工作范围框选在序列面板上，❷拖曳【长度条】放大序列上音乐文件的波形，寻找音乐的峰值。效果如图 9-14 所示。

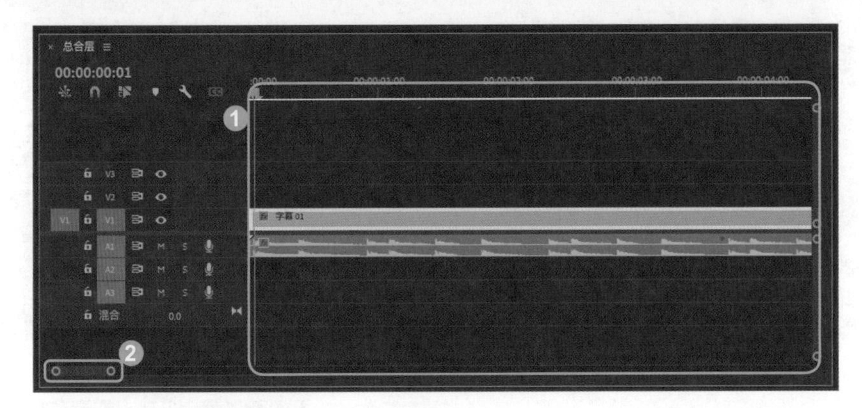

图9-14

Step14：❶根据音乐的最高与最低的峰值节点，❷使用【剃刀工具】将【字幕 01】的长度截取至峰值最小处。效果如图 9-15 所示。

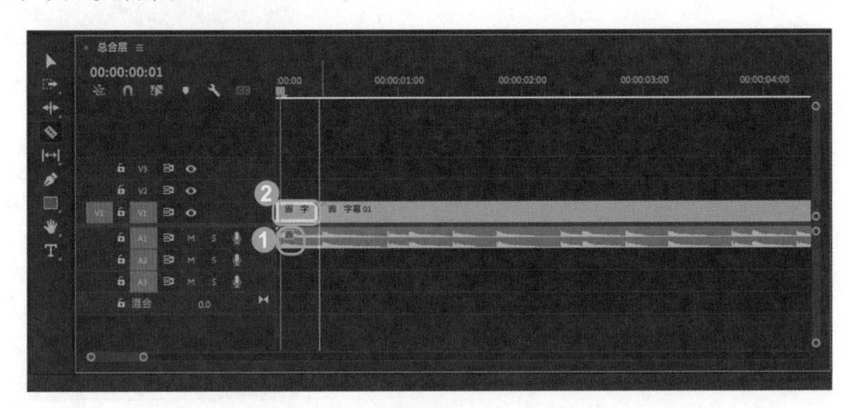

图9-15

Step15：按照【Step10】将文案制作为字幕，为每个字幕更换不同颜色，文字排版。效果如图 9-16 所示。

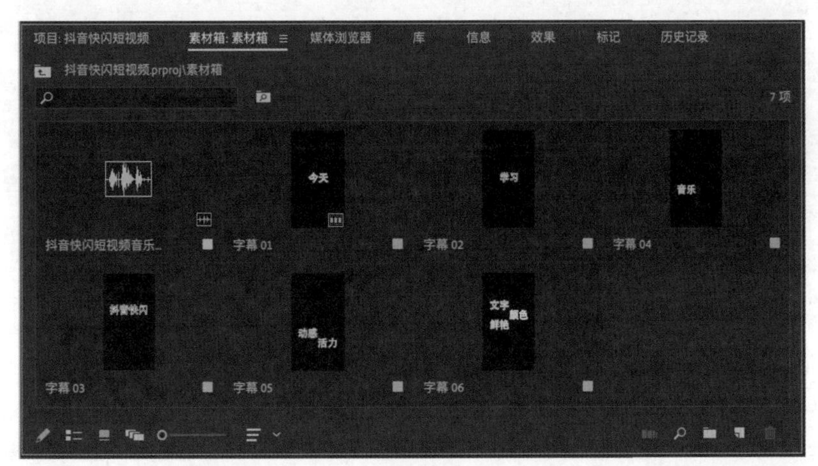

图9-16

Step16：❶将【Step14】制作的所有字幕按照排列顺序交错位置，重复拖曳到时间轴上。❷重复播放检查画面与音乐之间的配合效果，进行细微调整。效果如图 9-17 所示。

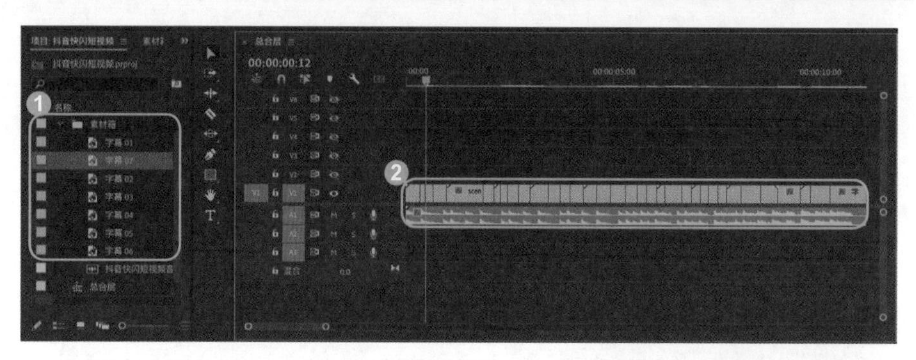

图9-17

Step17：文字与音乐基本配合后，为部分字幕添加画面效果，❶单击【效果】面板，❶选择【视频过渡】，❸再选择【内滑】中的【急摇】效果。效果如图 9-18 所示。

Step18：将【急摇】效果拖曳到第一个字幕素材条上。效果如图 9-19 所示。

Step19：单击第一个字幕素材条上的【急摇】效果，出现红色光标后向左拖曳效果，使效果【急摇】缩短。效果如图 9-20 所示。

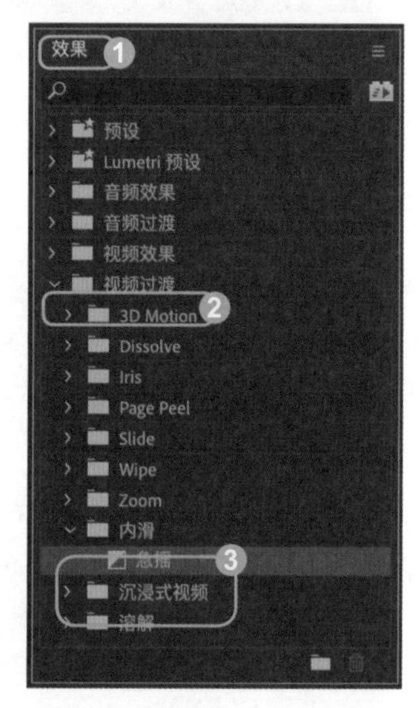

图9-18

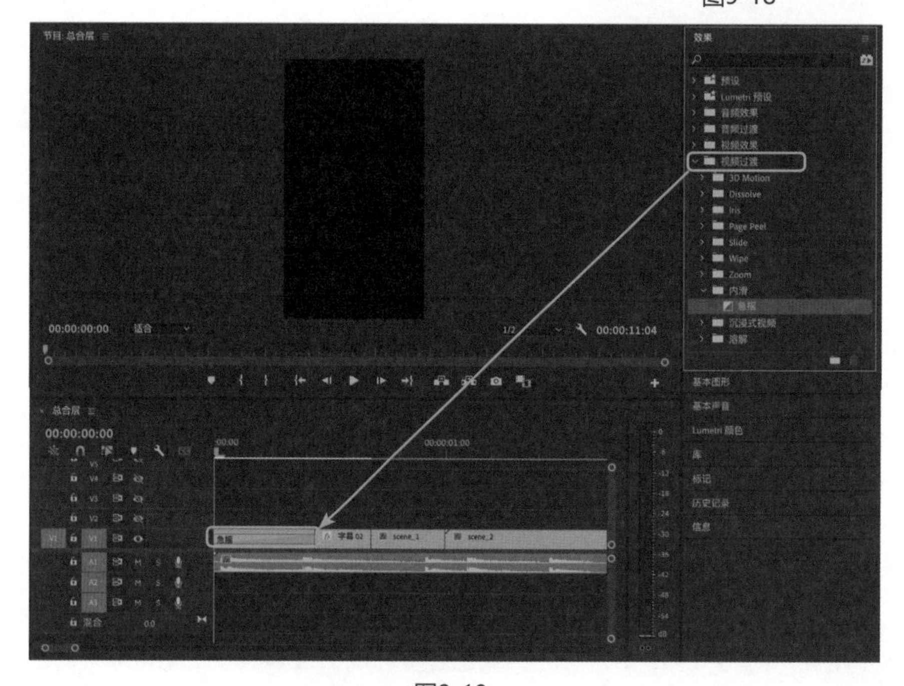

图9-19

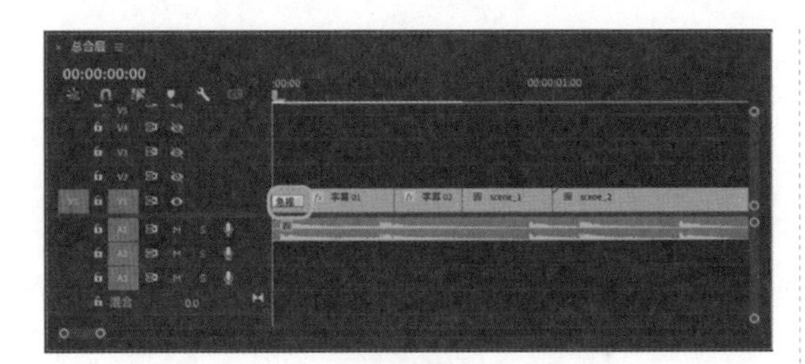

图9-20

Step20：按照【Step16】添加效果的步骤，为需要出现效果的字幕素材部分添加效果，最后将多余的音乐部分使用【剃刀工具】剪断并删除。至此，本案例效果制作完成。效果如图 9-21 所示。

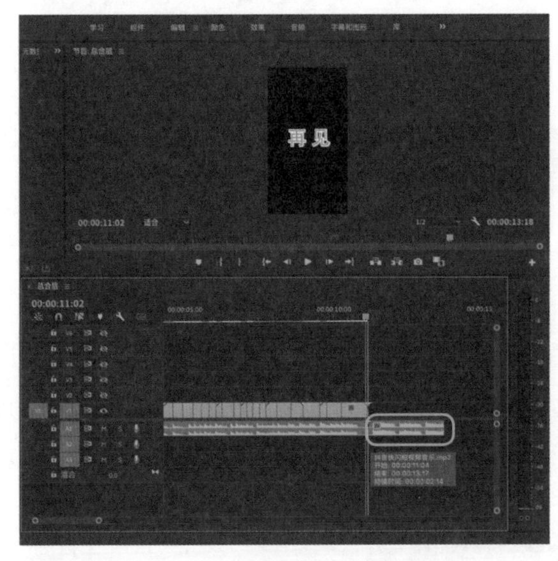

图9-21

Step21：❶单击【文件】菜单，在弹出的下拉菜单中❷选择【导出】命令，展开子菜单，❸选择【媒体】命令，如图 9-22 所示。

Step22：❶打开【导出设置】对话框，在【格式】列表框中选择【H.264】选项，❷在【预设】列表框中选择【匹配源 - 高比特率】选项，❸单击【输出名称】右侧的文本链接修改输出文件名，修改 MP4 视频文件的保存路径，修改文件名称为【抖音快闪短视频.mp4】，如图 9-23 所示。

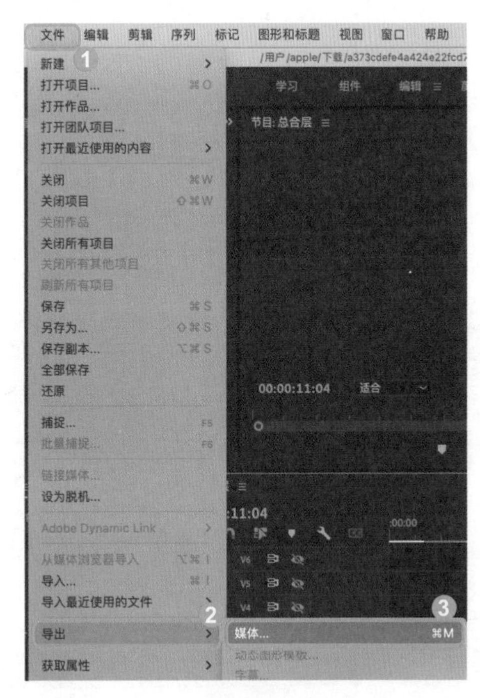

图9-22

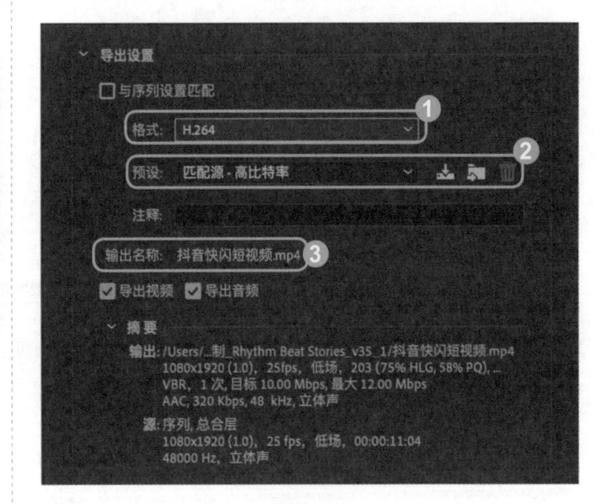

图9-23

Step23：在【导出设置】对话框的右下角单击【导出】按钮，打开【编码总合成】对话框，显示渲染进度，稍后将完成 MP4 视频文件的导出操作。

9.3 案例 2：制作抖音卡点短视频

抖音卡点短视频近几年在网络上非常流行，它最大的特点就是视频所配的音乐的节奏感要强，虽然音乐不一定要动感的音乐，但一定要有节奏感。制作时，主要把握 3 点：①让视频匹配音乐，踩好节点；②给视频添加字幕；③为视频画面添加恰当的过渡，让过渡更好看，更自然。本例将制作效果如图 9-24 所示的抖音卡点短视频。以节奏的音乐为基础，让视频画面与音乐的节奏搭配，同时展示文案、图片内容，让视频的画面与音乐动感十足。

图9-24

制作步骤

Step01：打开 Premiere Pro 2022，新建一个名称为【抖音卡点短视频】的项目文件，在【项目】面板的空白处单击鼠标右键，❶在弹出的快捷菜单中选择【新建】命令，❷展开子菜单，选择【序列】命令，如图 9-25 所示。

图9-25

Step02：打开【新建序列】对话框，❶在【可用预设】列表框中选择【标准 48kHz】选项，❷在【序列名称】文本框中输入【总合层】，如图 9-26 所示。

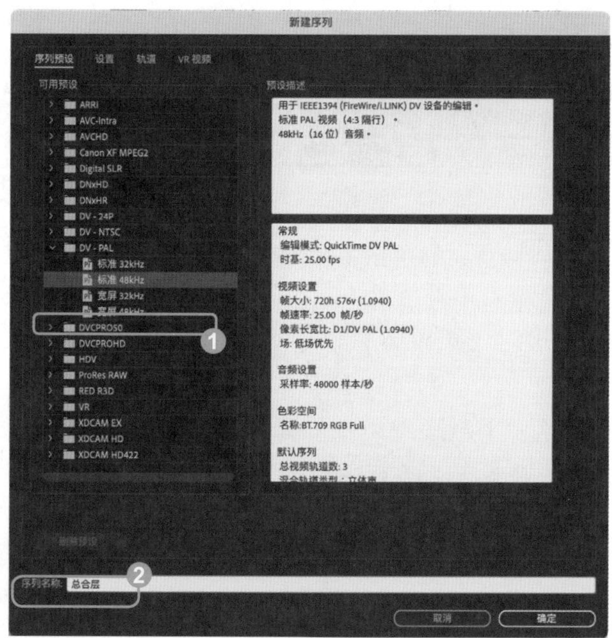

图9-26

Step03：❶切换至【设置】选项卡，❷在【编辑模式】列表框中选择【自定义】选项，❸修改【帧大小】参数为 1080 和 1920，❹像素长宽比更改为【方形像素 (1.0)】，单击【确定】按钮，如图 9-27 所示。

Step04：完成序列文件的新建操作，并在【项目】面板中显示，画幅比例显示为竖屏 6:19，如图 9-28 所示。

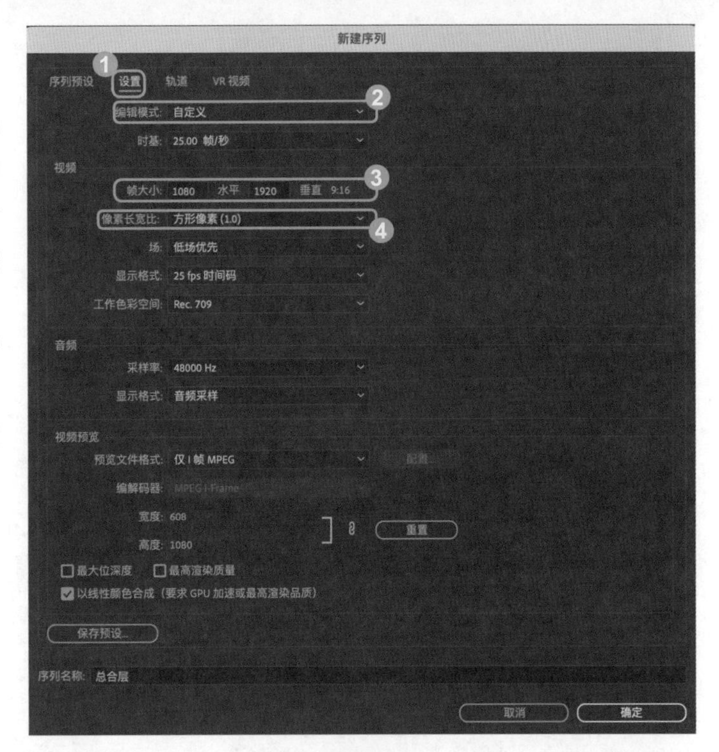

图9-27

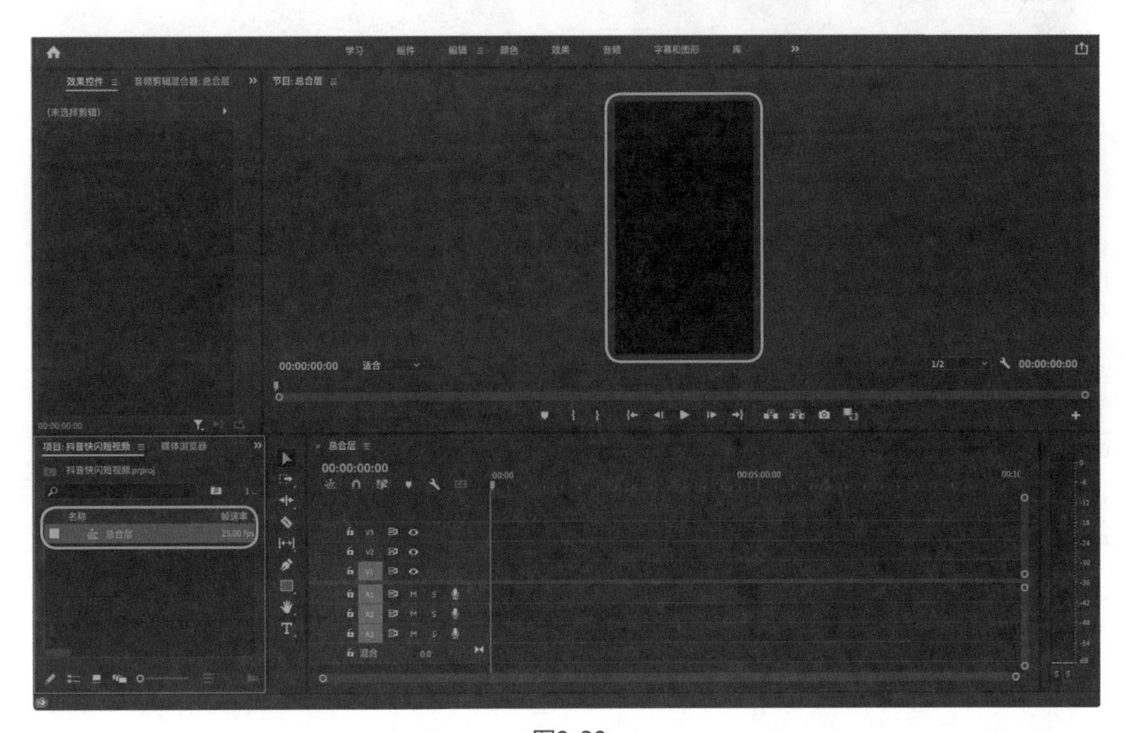

图9-28

Step05：在【项目】面板的空白处单击鼠标右键，选择【新建素材箱】，如图 9-29 所示。

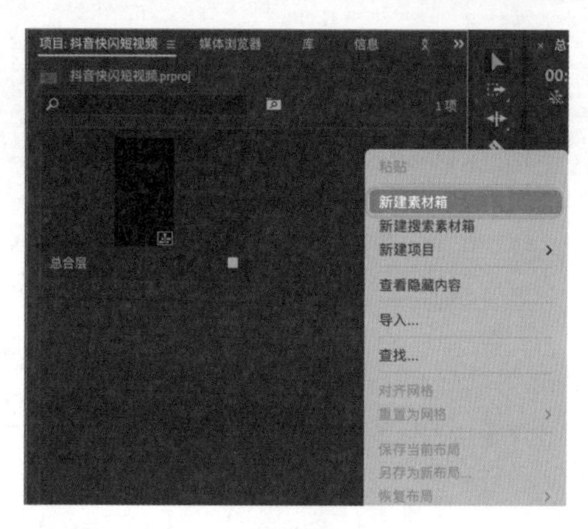

图9-29

Step06：按照【Step05】的方法新建 3 个【素材箱】，并分别重命名为【文字】【图片】【音乐】。效果如图 9-30 所示。

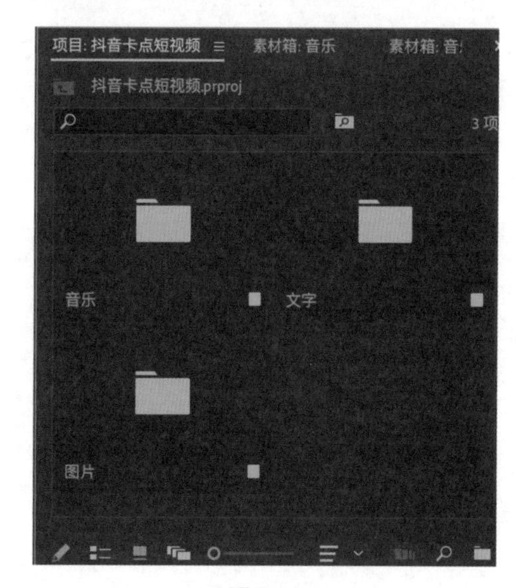

图9-30

Step07：❶在【项目】面板的空白处双击鼠标左键，打开【导入】对话框，在相应的文件夹中选择需要导入的音乐、图片素材，❷单击【导入】按钮，如图 9-31 所示。

Step08：将选择的音乐、图片素材分别拖曳至【音乐】【图片】素材箱中，进行素材分类。效果如图 9-32 所示。

Step09：在素材箱【文字】面板中，❶选择【新建】，❷再选择【旧版标题】，如图 9-33 所示。

图9-31

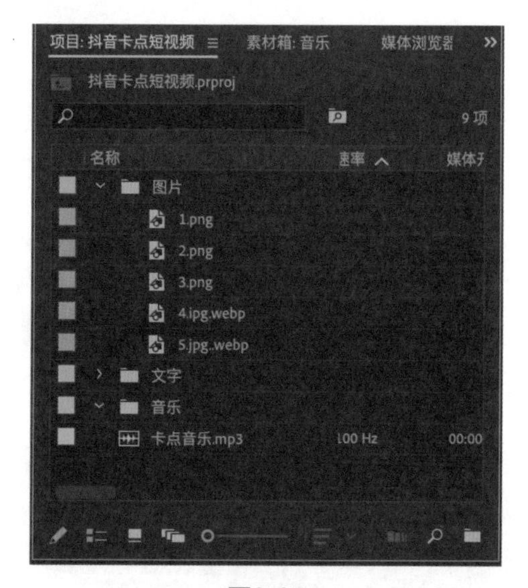

图9-32

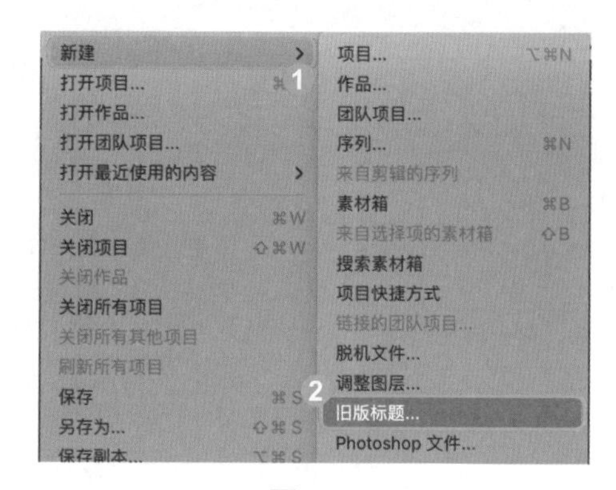

图9-33

Step10：❶首先单击【文字工具】，❷在视频所需要的位置上单击鼠标左键后，❸在【字幕框】面板中输入所需的文案文字，例如“旅行”，如图 9-34 所示。

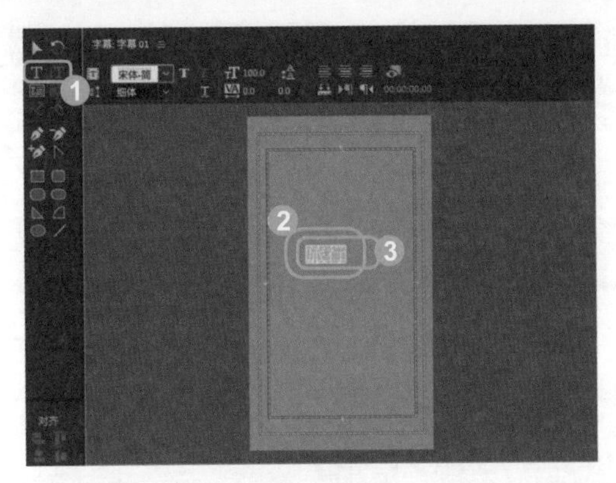

图9-34

Step11：在面板右侧的【旧版标题属性】面板进行文字颜色、字体、大小、边框、阴影的设置。例如，选择文本“旅行”，❶在【属性】一栏设置【字体系列】为黑体 - 简、【字体样式】为中等、【字体大小】为 212，❷在【填充】一栏【颜色】选择浅蓝色，❸然后勾选【阴影】，【颜色】选择深蓝色，【不透明度】修改为 50%。关闭旧版标题面板。效果如图 9-35 所示。

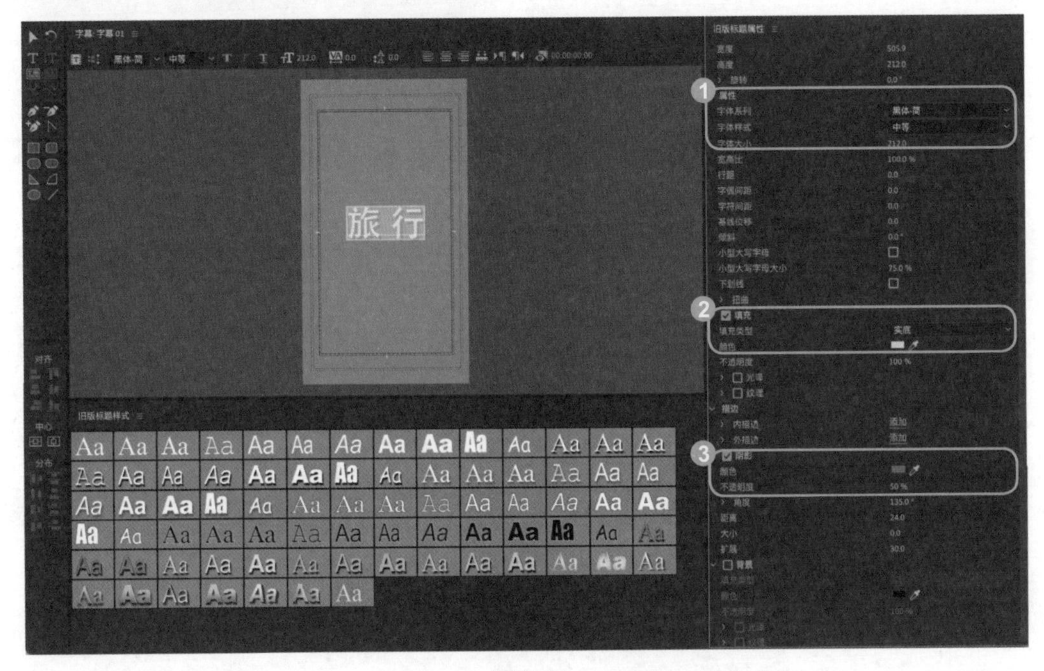

图9-35

Step12：按照【Step11】将文案制作为字幕，为每个字幕更换不同颜色，文字排版。效果如图 9-36 所示。

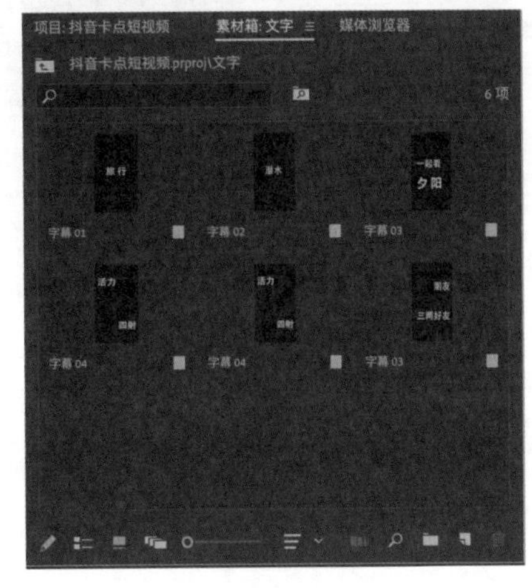

图9-36

Step13：将【音乐】素材箱中的音乐文件单击按住，拖入时间线中，如图 9-37 所示。

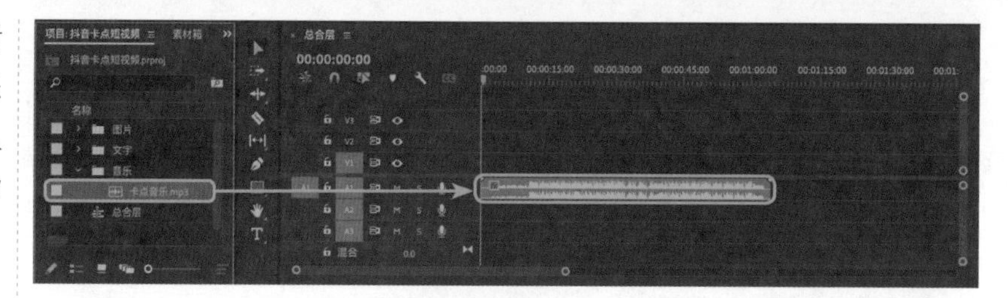

图9-37

Step14：❶打开项目面板中的【图片】素材箱，❷将所有图片按文件名 1、2、3、4、5 的顺序拖入时间线中，重复排列三次。效果如图 9-38 所示。

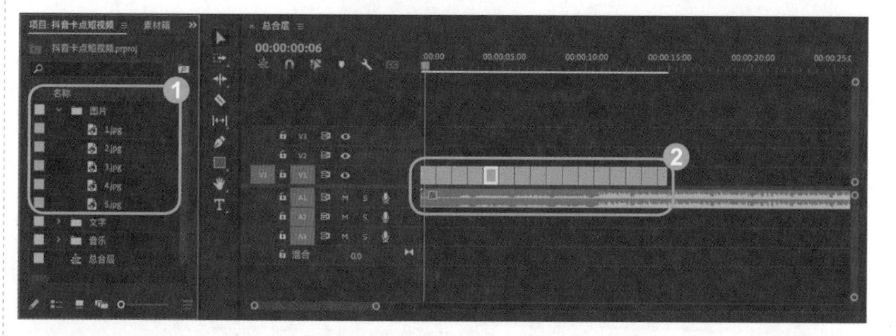

图9-38

Step15：❶打开项目面板中的【文字】素材箱，❷将所有字幕素材按照对应图片顺序拖入时间线中，重复排列三次。效果如图 9-39 所示。

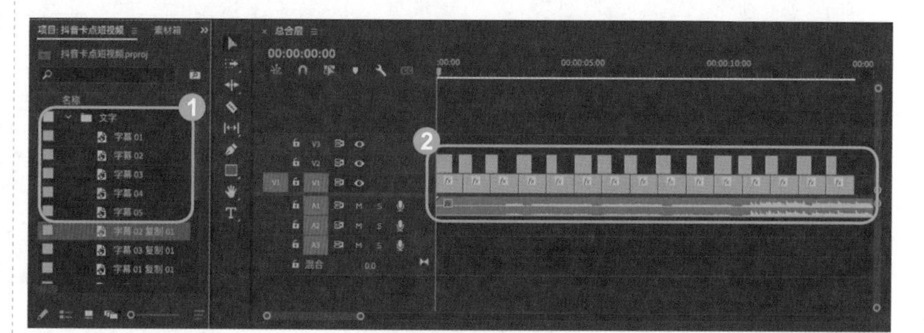

图9-39

Step16：❶单击【序列】面板，使工作范围框选在序列面板上，❷拖曳【长度条】放大序列上音乐文件的波形，寻找音乐的峰值，根据音乐峰值调整图片、字幕素材长度。重复播放检查画面与音乐之间的配合效果，进行细微调整，效果如图 9-40 所示。

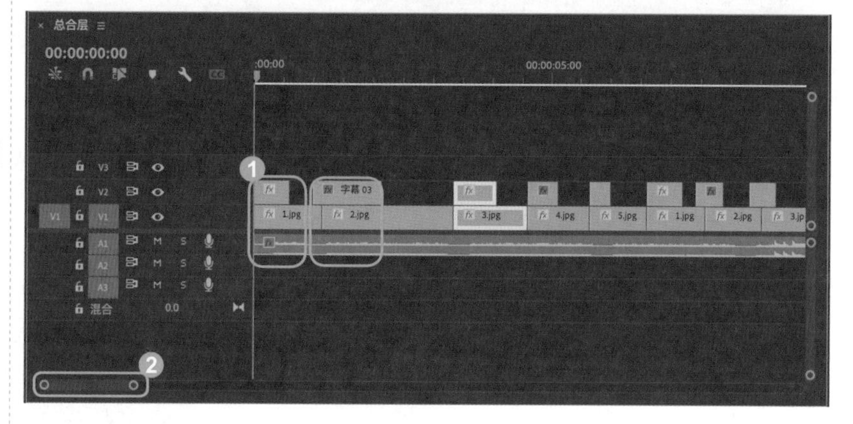

图9-40

Step17：图片、文字、音乐基本配合后，为部分字幕添加画面效果，❶单击【效果】面板，❷选择【视频过渡】，❸再选择【沉浸式视频】中的【VR 默比乌斯缩放】效果。效果如图 9-41 所示。

Step18：将【VR 默比乌斯缩放】效果拖曳到第一个字幕素材条上。效果如图 9-42 所示。

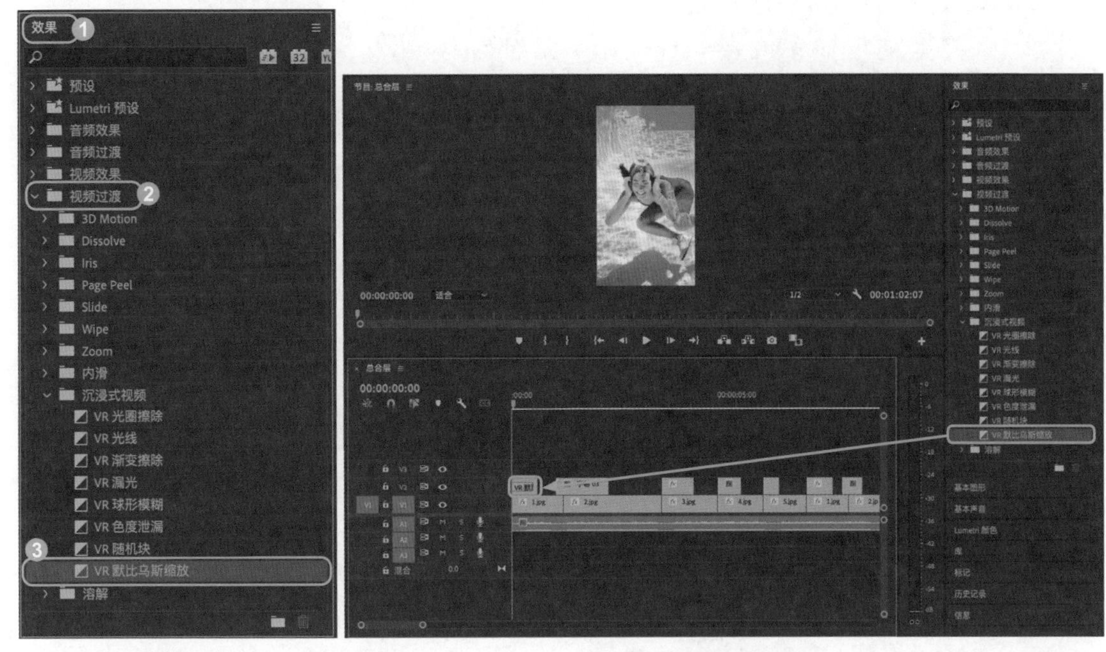

图9-41

图9-42

Step19：单击第一个字幕素材条上的【VR 默比乌斯缩放】效果，出现红色光标后向左拖曳效果，使【VR 默比乌斯缩放】效果缩短。效果如图 9-43 所示。

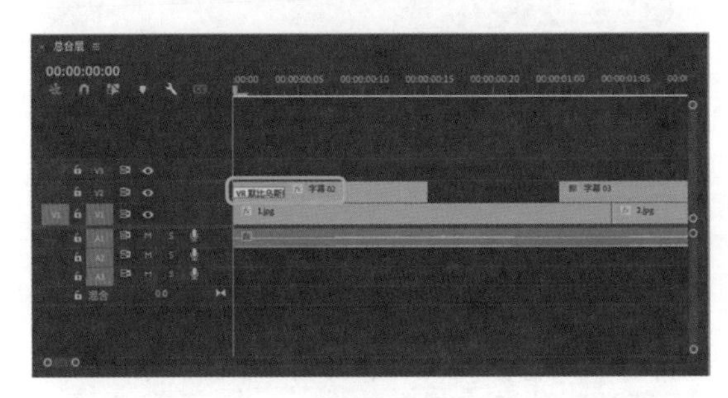

图9-43

Step20：按照【Step19】添加效果的步骤，为需要出现效果的字幕素材部分添加效果，效果如图 9-44 所示。

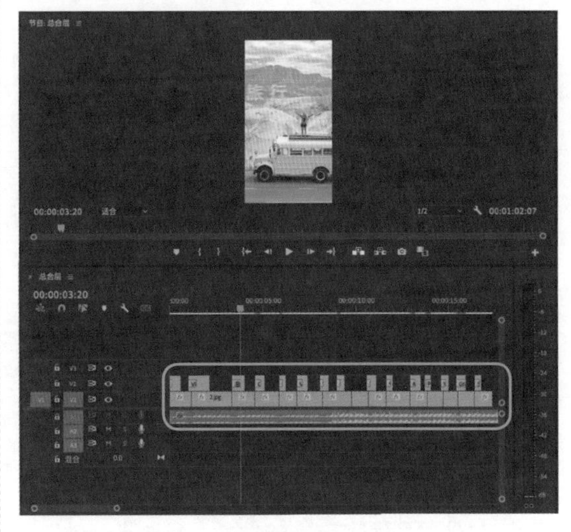

图9-44

Step21：字幕特效完成后，为图片素材添加画面效果，选择【效果】面板的【视频过渡】中的【Slide】选项，拖曳到文件名为【1.jpg】【2.jpg】的图像文件中间作为过渡衔接。效果如图 9-45 所示。

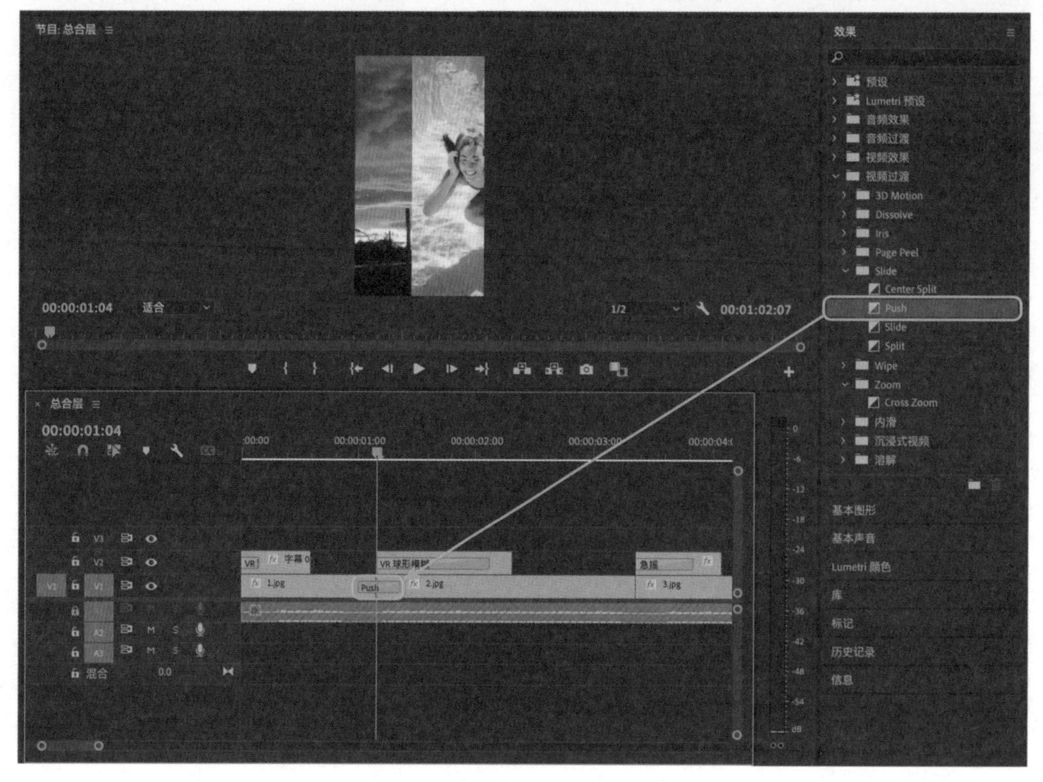

图9-45

Step22：❶选择文件名为【3.jpg】的图像文件，在【效果控件】面板的【ƒx 运动】选项区中，❷修改【位置】参数为852、960，添加一组关键帧。效果如图9-46所示。

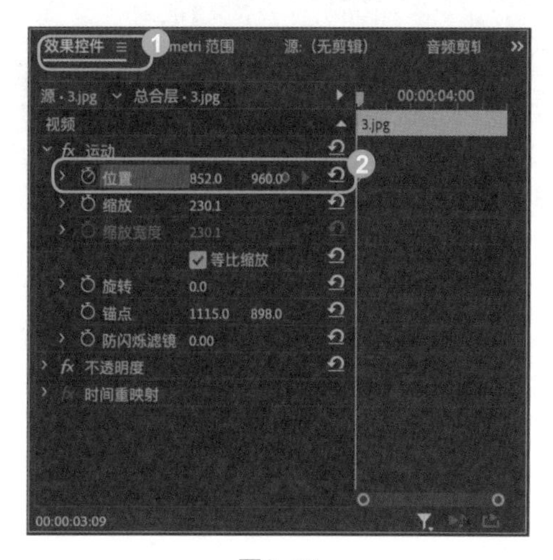

图9-46

Setp23：❶将时间线移至00:00:03:15的位置，在【效果控件】面板的【ƒx 运动】中的【位置】选项区里，❷将【位置】参数修改为491、960，添加一组关键帧，如图9-47所示。

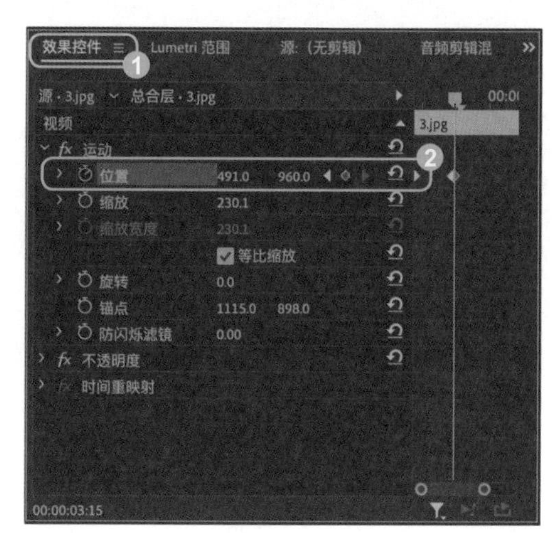

图9-47

Step24：按照【Step21】~【Step23】添加效果以及添加关键帧的步骤，为需要出现效果的图片素材部分添加效果，最后将多余的音乐部分使用【剃刀工具】剪断并删除。至此，本案例效果制作完成。效果如图 9-48 所示。

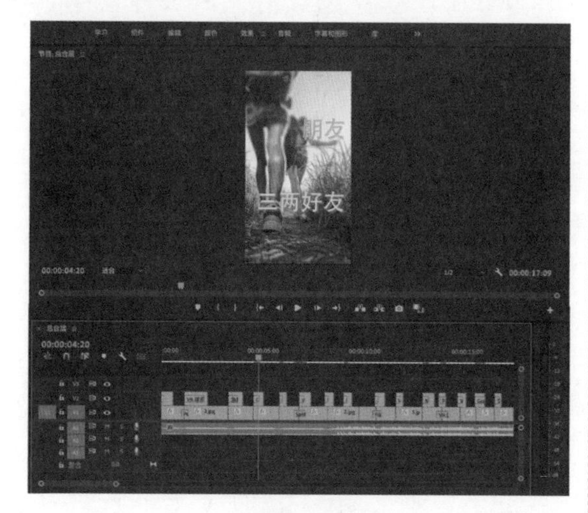

图9-48

Step25：❶单击【文件】菜单，在弹出的下拉菜单中❷选择【导出】命令，展开子菜单，❸选择【媒体】命令，如图 9-49 所示。

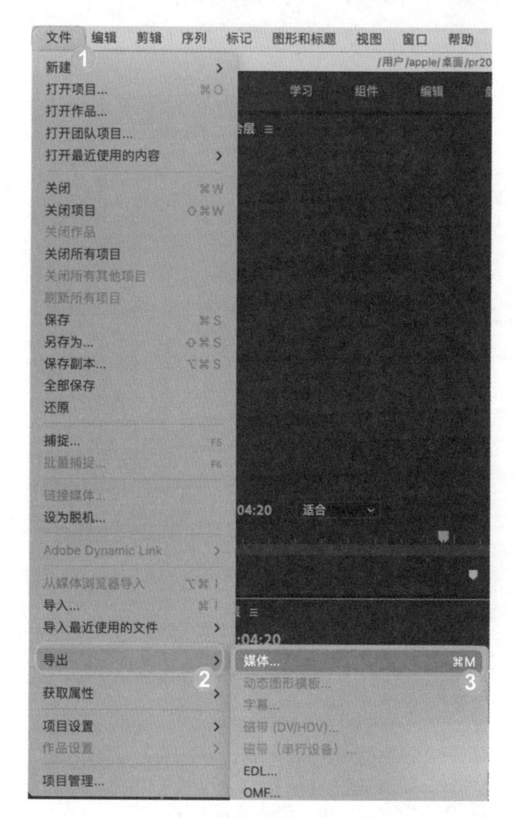

图9-49

Step26：❶打开【导出设置】对话框，在【格式】列表框中选择【H.264】选项，❷在【预设】列表框中选择【匹配源 - 高比特率】选项，❸单击【输出名称】右侧的文本链接修改输出文件名，修改为【抖音卡点短视频】，然后修改 MP4 视频文件的保存路径，如图 9-50 所示。

Step27：在【导出设置】对话框的右下角单击【导出】按钮，打开【编码总合成】对话框，显示渲染进度，稍后将完成 MP4 视频文件的导出操作。

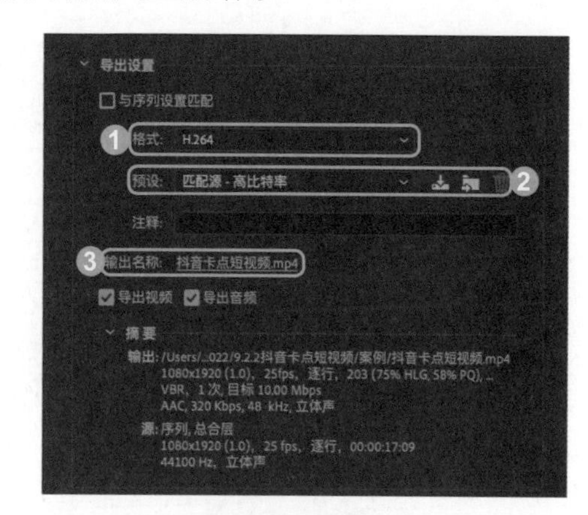

图9-50

9.4 案例 3：制作网店主图短视频

网店主图短视频主要是应用于淘宝、天猫、拼多多等网店商品的主图，其视频长度通常在 9 ~ 60s。网店主图短视频不仅可以展示商品的功能、细节、卖点，还可以播报新品上市、活动商品或爆款商品等信息。通过主图短视频，买家可以快速了解商品信息和活动信息。优质的网店主图短视频可以吸引买家的眼球，增加停留时间，提高店铺转化率。网店主图短视频主要有三种画幅比例，分别是 16:9、1:1、3:4。本例将讲解制作画幅比例为 3:4 的淘宝主图视频的方法与技巧，完成后的效果如图 9-51 所示。

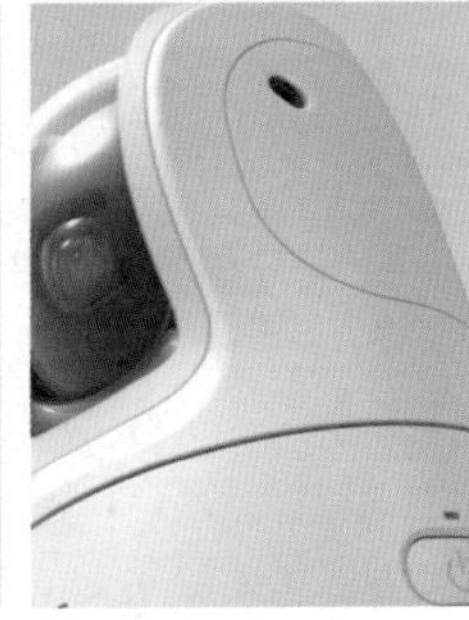

图9-51

制作步骤

Step01：打开 Premiere Pro 2022，新建一个名称为【淘宝主图短视频】的项目文件，在【项目】面板的空白处单击鼠标右键，❶在弹出的快捷菜单中选择【新建】命令，❷展开子菜单，选择【序列】命令，如图 9-52 所示。

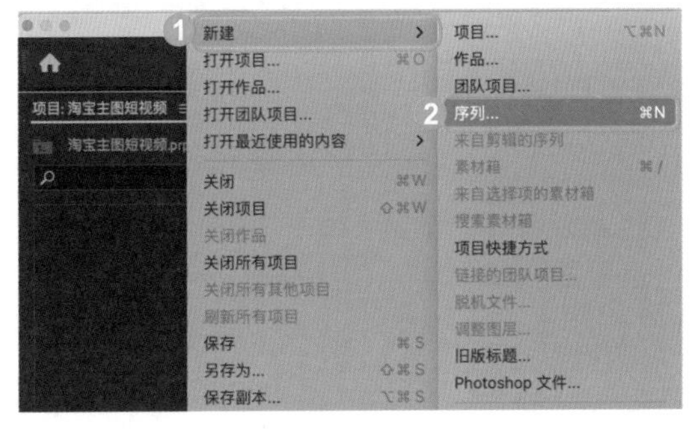

图9-52

Step02：打开【新建序列】对话框，❶在【序列预设】列表框中选择【标准 48kHz】选项，❷在【序列名称】文本框中输入【总合层】，如图 9-53 所示。

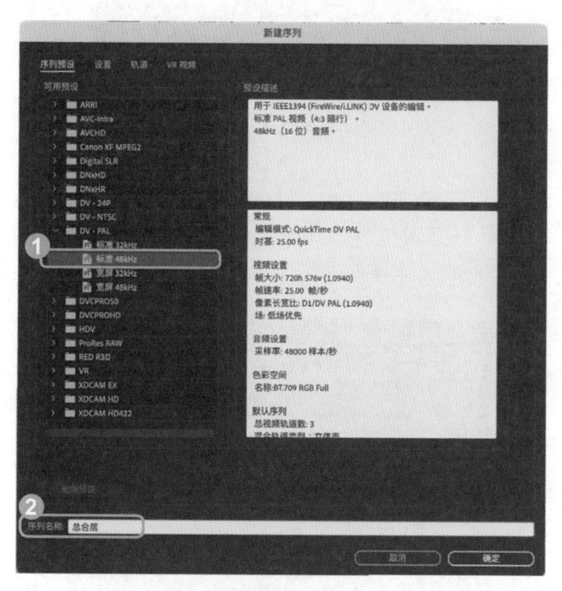

图9-53

Step03：❶切换至【设置】选项卡，❷在【编辑模式】列表框中选择【自定义】选项，❸修改【帧大小】参数为水平：1080、垂直：1440，❹像素长宽比更改为【方形像素 (1.0)】，单击【确定】按钮，如图 9-54 所示。

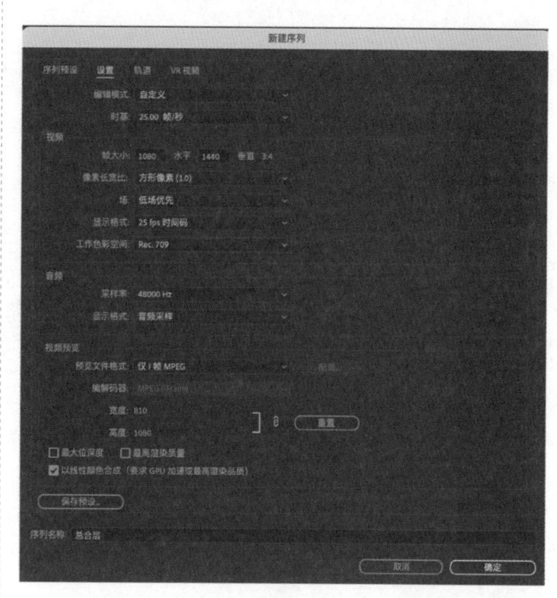

图9-54

Step04：完成序列文件的新建操作，并在【项目】面板中显示，画幅比例显示为竖屏 3:4，如图 9-55 所示。

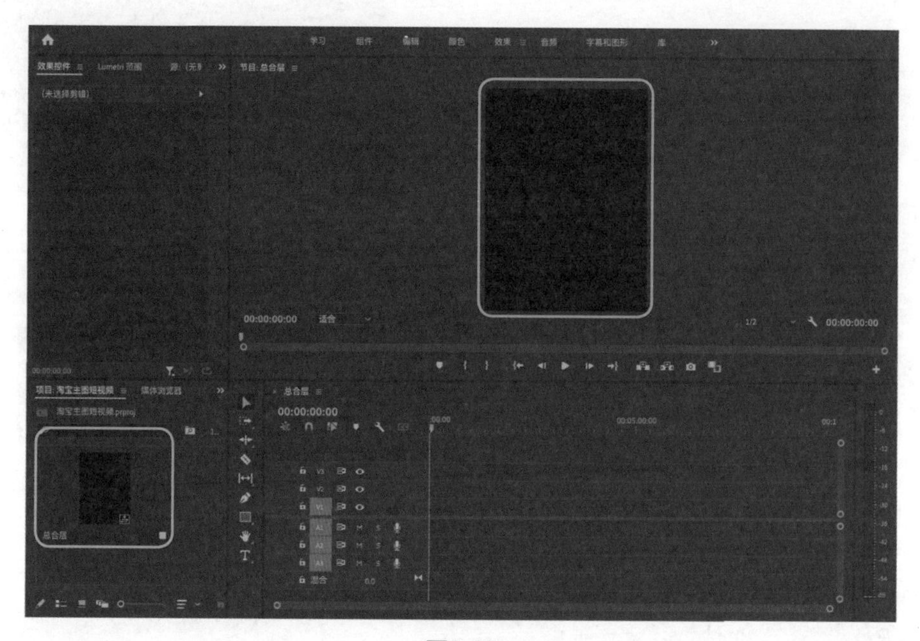

图9-55

Step05：在【项目】面板的空白处双击鼠标左键，打开【导入】对话框，❶在对应的素材文件夹中选择音乐素材、背景素材以及产品介绍素材，❷单击【导入】按钮，如图 9-56 所示。

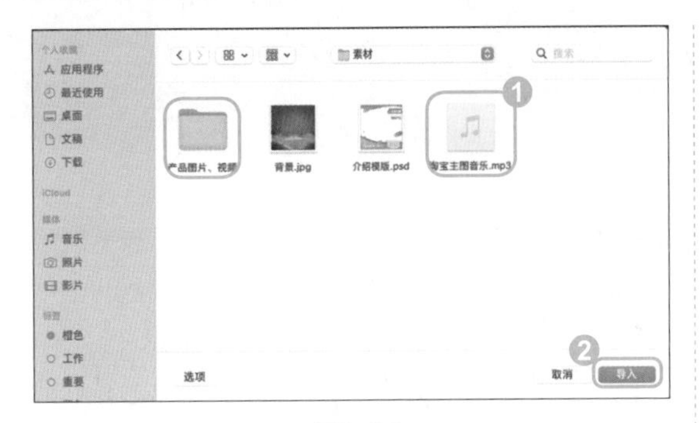

图9-56

Step06：在【项目】面板的空白处双击鼠标左键，打开【导入】对话框，❶在对应的文件夹中选择 PSD 格式的介绍模板素材，❷单击【导入】按钮，如图 9-57 所示。

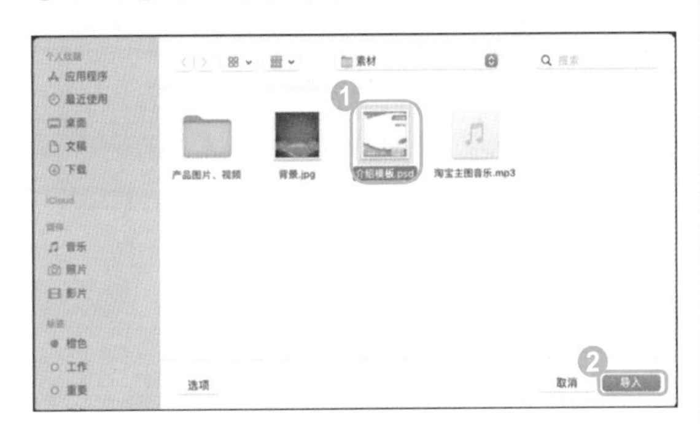

图9-57

Step07：打开【导入分层文件：介绍模板】对话框，❶在【导入为】列表框中选择【合并所有图层】选项，❷单击【确定】按钮，如图 9-58 所示。

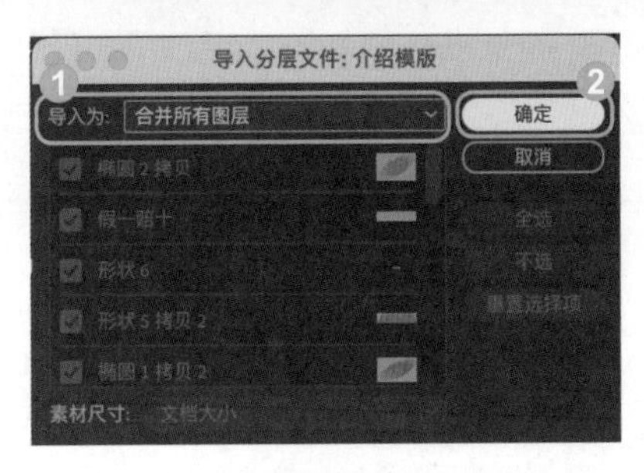

图9-58

Step08：将选择的 PSD 文件素材添加至【项目】面板中，所有的素材文件全部导入。效果如图 9-59 所示。

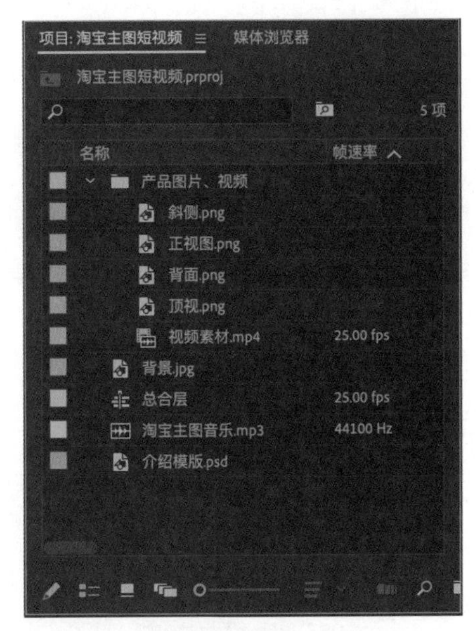

图9-59

Step09：将音乐素材单击按住，拖入时间线中，如图 9-60 所示。

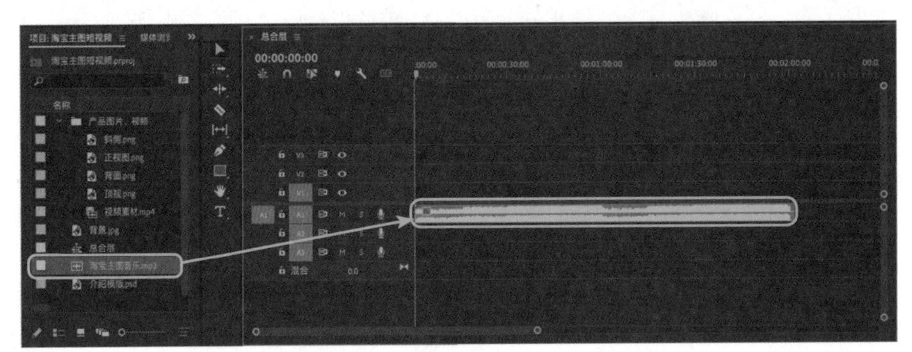

图9-60

Step10：❶单击【序列】面板，使工作范围框选在序列面板上，❷拖曳【长度条】放大序列上音乐文件的波形，❸将音乐素材最前端的空白部分使用【剃刀工具】剪断并删除。效果如图 9-61 所示。

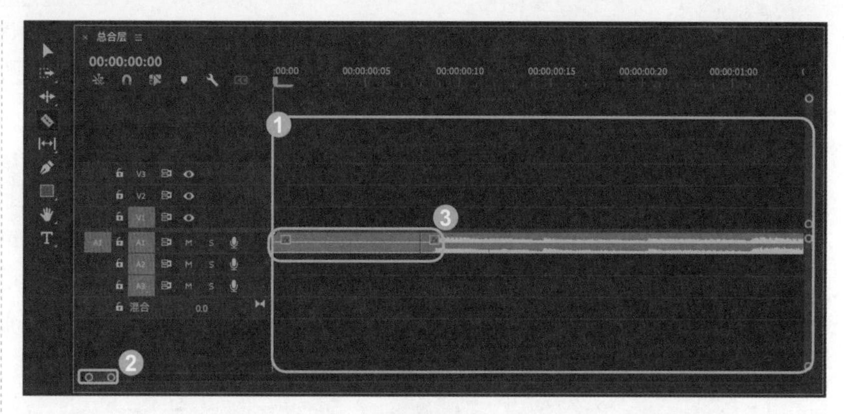

图9-61

Step11：❶使用【选择】工具将光标定位在音乐素材的开端，❷单击鼠标右键，❸选择【应用默认过渡】，如图 9-62 所示。

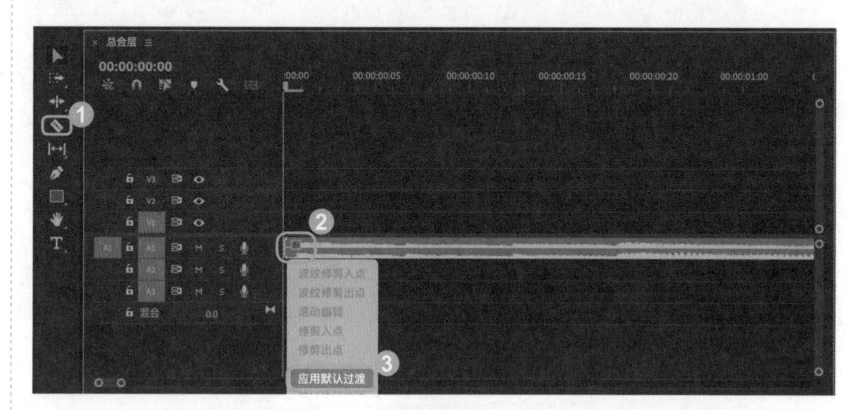

图9-62

Step12：将产品的图片素材按照正视、斜侧、顶视、背面的顺序拖入【V2】时间轴，并按照 1min 调整所有图片素材长度。效果如图 9-63 所示。

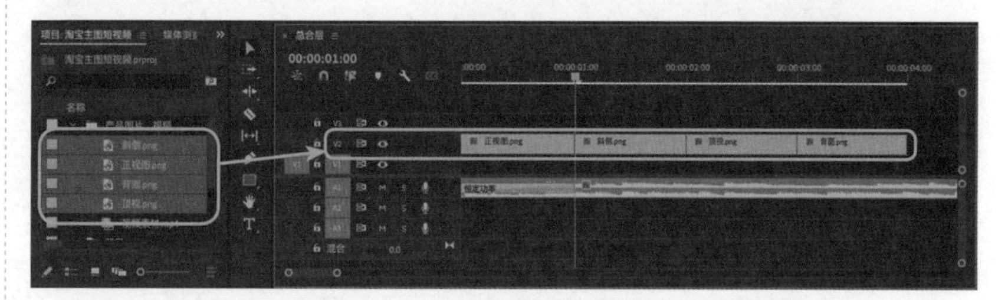

图9-63

Step13：将背景图片素材拖入【V1】时间轴，并按照 4min 调整素材长度。效果如图 9-64 所示。

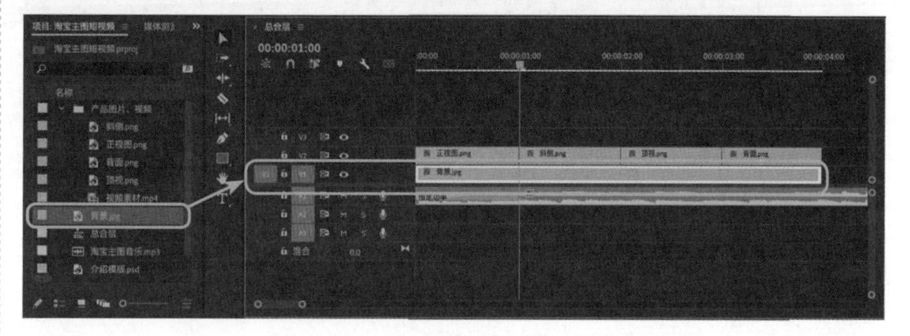

图9-64

Step14：❶选择背景图片素材，❷在【效果控件】面板选择【*f*x 运动】，使用【缩放】修改背景图片的大小，填充整个画面。效果如图 9-65 所示。

Step15：❶将介绍模板 PSD 素材拖入【V3】时间轴，按照 4min 调整素材长度，❷在【效果控件】面板选择【fx 运动】，使用【缩放】修改介绍模板素材的大小，填充整个画面。效果如图 9-66 所示。

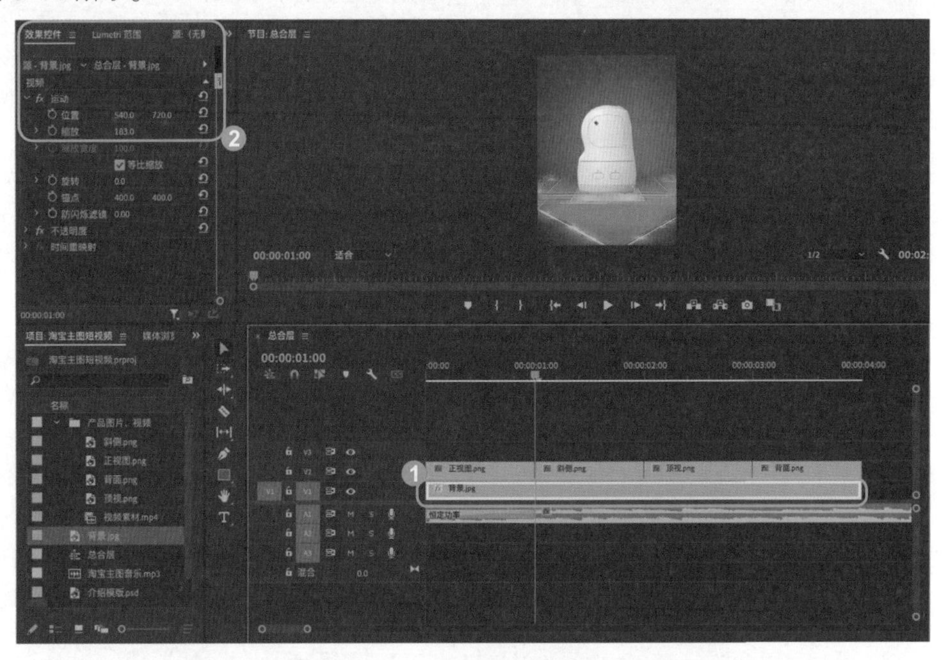

图9-65

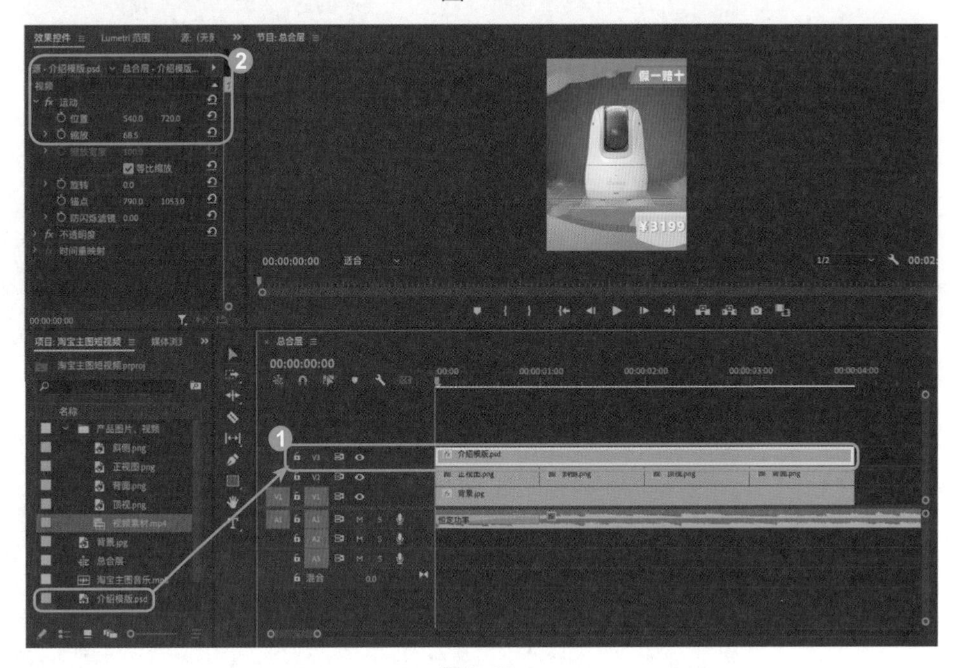

图9-66

Step16：❶在【项目】面板，单击【新建素材箱】，❷并重命名为【产品介绍文字】。效果如图 9-67 所示。

图9-67

Step17：在【产品介绍文字】素材箱面板中，❶选择【新建】，❷再选择【旧版标题】，如图 9-68 所示。

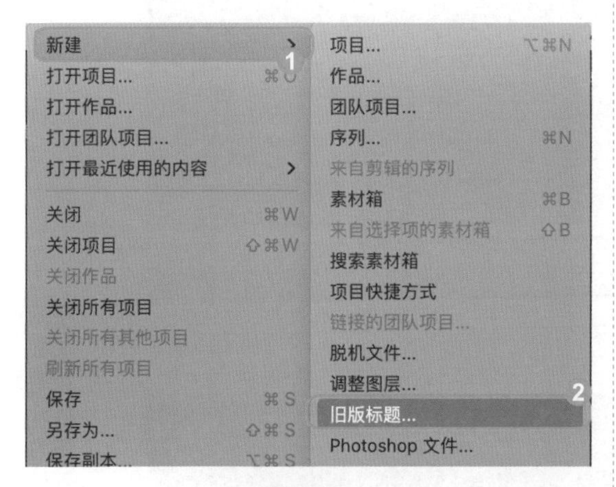

图9-68

Step18：❶单击【文字工具】，❷在视频所需要的位置上单击鼠标左键后，在【字幕框】面板中输入所需的文案文字，例如“正品包邮”，如图 9-69 所示。

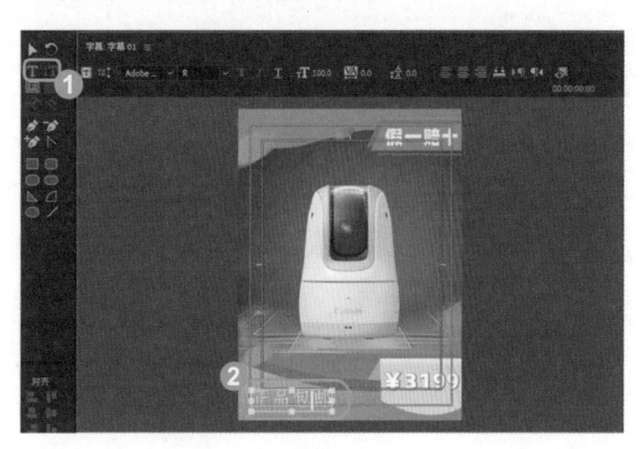

图9-69

Step19：在面板右侧的【旧版标题属性】面板进行文字颜色、字体、大小、边框、阴影的设置。例如，选择文本“正品包邮”，❶在【属性】一栏设置【字体系列】为黑体 - 简、【字体样式】为中等、【字体大小】为 129.0，在❷【填充】一栏【颜色】选择白色，❸然后勾选【阴影】，【颜色】选择深蓝色，【角度】修改为 135°，【距离】修改为 9.0，【大小】修改为 63.0。关闭旧版标题面板。效果如图 9-70 所示。

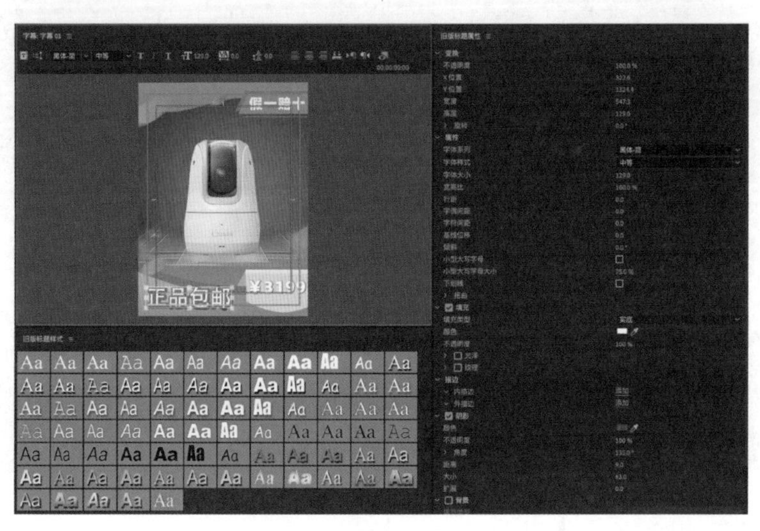

图9-70

Step20：按照【Step19】制作 3 个字幕素材，即“1280 万像素”“灵活小巧”“自动拍摄”。效果如图 9-71 所示。

Step21：❶将【Step20】制作的所有字幕素材按照顺序拖入时间线【V4】中，❷并按照 1min 调整所有文字素材的长度。效果如图 9-72 所示。

Step22：为产品图片添加画面效果，❶点击【效果】面板，❷选择【视频过渡】，选择【内滑】中的【急摇】效果，❸拖至正视图与斜侧中间的连接处，并调整效果长短。效果如图 9-73 所示。

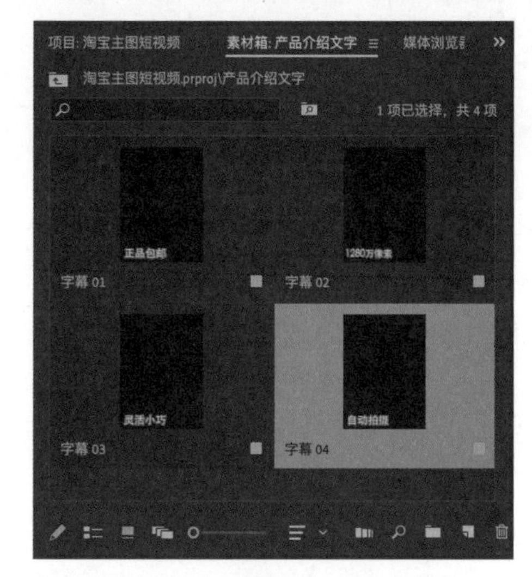

图9-71

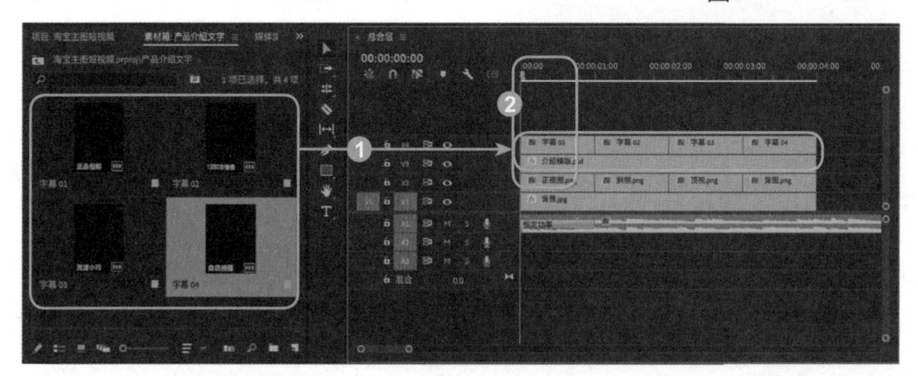

图9-72

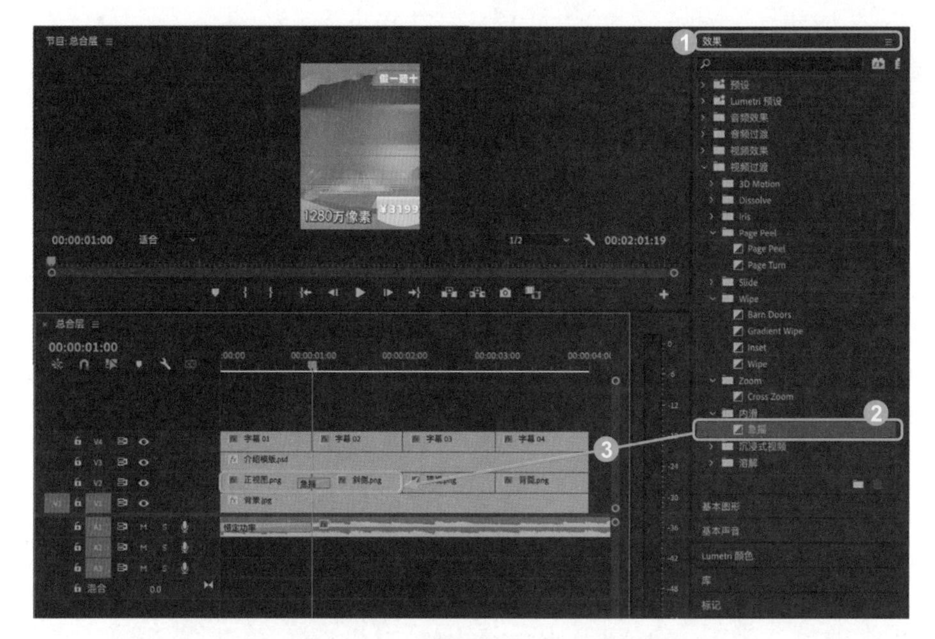

图9-73

Step23：按照【Step22】添加效果的步骤，将【Zoom】中的【Cross Zoom】拖至斜侧、俯视图片连接处，将【Wipe】中的【Barn Doors】拖至俯视、背面图片连接处添加效果。效果如图 9-74 所示。

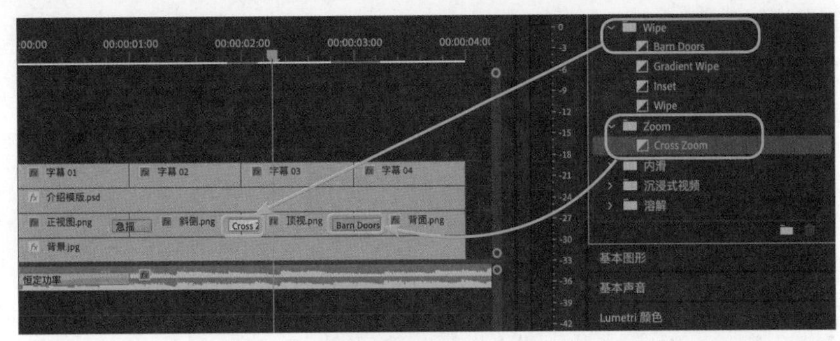

图9-74

Step24：将素材箱【产品图片、视频】中的视频素材拖入时间轴【V1】图片素材之后。效果如图 9-75 所示。

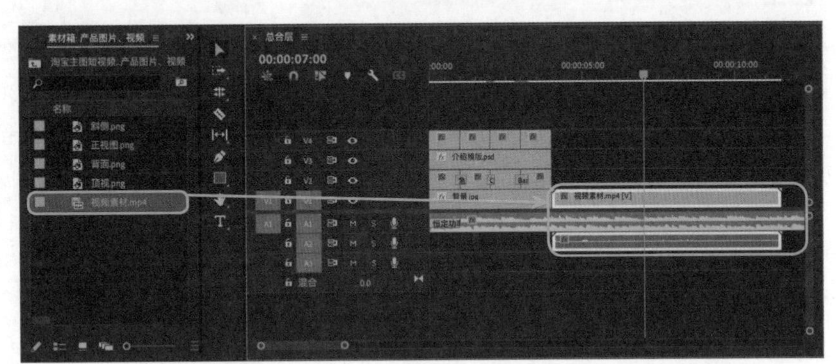

图9-75

Step25：选中视频素材，单击鼠标右键，选择【取消链接】，如图 9-76 所示。

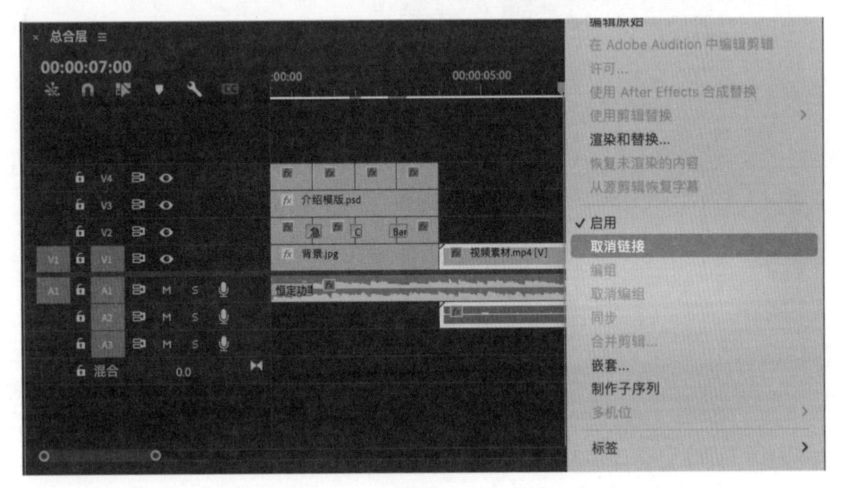

图9-76

Step26：删除视频素材原始音轨，❶将多余的音乐部分使用【剃刀工具】剪断并删除，❷使用【选择】工具将光标定位在音乐素材的末端，单击鼠标右键，❸选择【应用默认过渡】，并拉长过渡效果。至此，本案例效果制作完成。效果如图 9-77 所示。

图9-77

Step27：❶单击【文件】菜单，在弹出的下拉菜单中❷选择【导出】命令，展开子菜单，❸选择【媒体】命令，如图 9-78 所示。

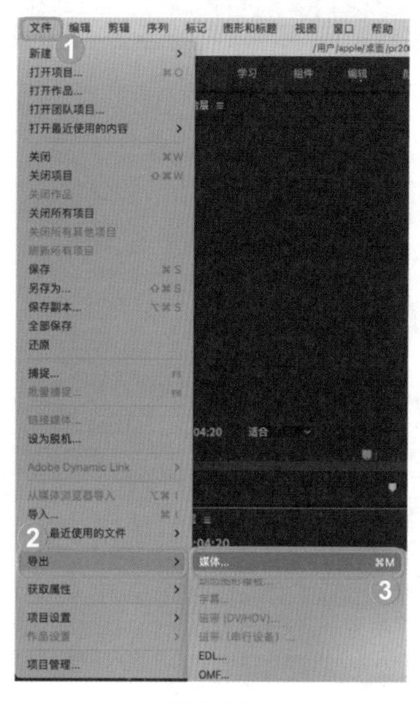

图9-78

Step28：❶打开【导出设置】对话框，在【格式】列表框中选择【H.264】选项，❷在【预设】列表框中选择【匹配源 - 高比特率】选项，❸单击【输出名称】右侧的文本链接修改输出文件名，修改为【淘宝主图短视频】，然后修改 MP4 视频文件的保存路径，如图 9-79 所示。

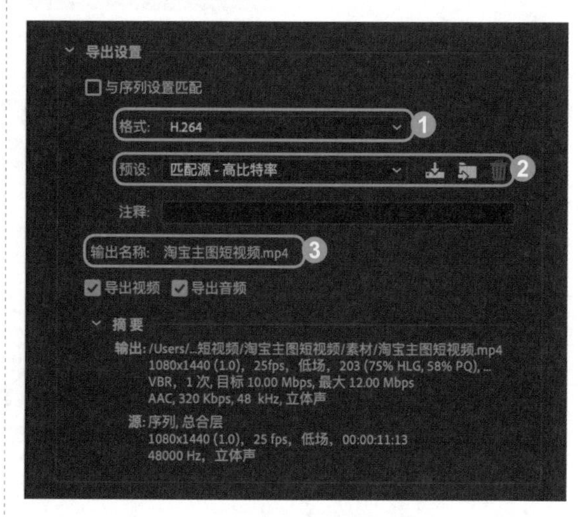

图9-79

Step29：在【导出设置】对话框的右下角单击【导出】按钮，打开【编码总合成】对话框，显示渲染进度，稍后将完成 MP4 视频文件的导出操作。

9.5 案例 4：制作详情页短视频

详情页短视频主要应用于网店，它分为内容视频和商品视频，制作详情页视频的目的是为了打动消费者，让消费者对商品有更深入的了解，从而促使他们快速购买本商品。详情页短视频主要进行商品的应用场景、搭配、效果的展示。在详情页添加视频可以更加生动地展示商品风貌，通过动态的场景，配合轻柔的音乐，效果事半功倍。

制作商品详情页短视频要注意以下几点：

① 视频要清晰，清晰的画质不仅可以展示商品的设计亮点，吸引用户的眼球，还可以提升用户的观看体验。

② 对于功能性产品，一定要全面展示出产品的功能和卖点。

③ 可以从价格、材质、功能优势、设计亮点等与竞品产品对比，以提高本产品的竞争力和转换率。

④ 对于没有解说的详情页短视频，可以配上恰当的背景音乐。详情页短视频主要有三种画幅比例：16:9、1:1、3:4。

本例以 16:9 的淘宝详情页短视频为例，讲解详情页短视频的制作方法，完成后的效果如图 9-80 所示。

图9-80

制作步骤

Step01：打开 Premiere Pro 2022，新建一个名称为【淘宝详情页短视频】的项目文件，在【项目】面板的空白处单击鼠标右键，❶在弹出的快捷菜单中选择【新建】命令，❷展开子菜单，选择【序列】命令，如图 9-81 所示。

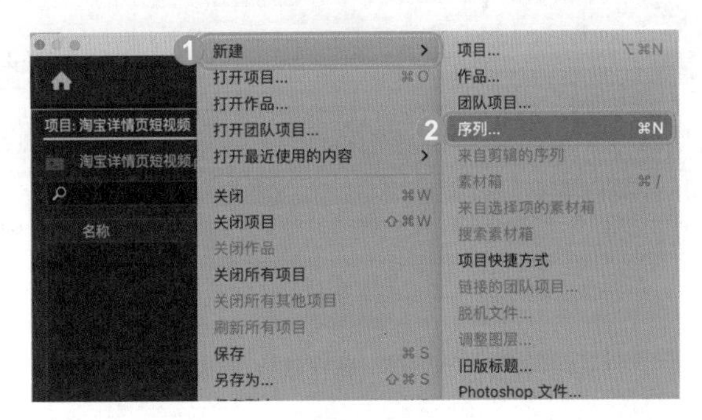

图9-81

Step02：打开【新建序列】对话框，❶在【可用预设】列表框中选择【宽屏 48kHz】选项，❷在【序列名称】文本框中输入【总合层】，❸单击【确定】按钮，如图 9-82 所示。

Step03：完成序列文件的新建操作，并在【项目】面板中显示，画幅比例显示为方形屏幕 16:9，如图 9-83 所示。

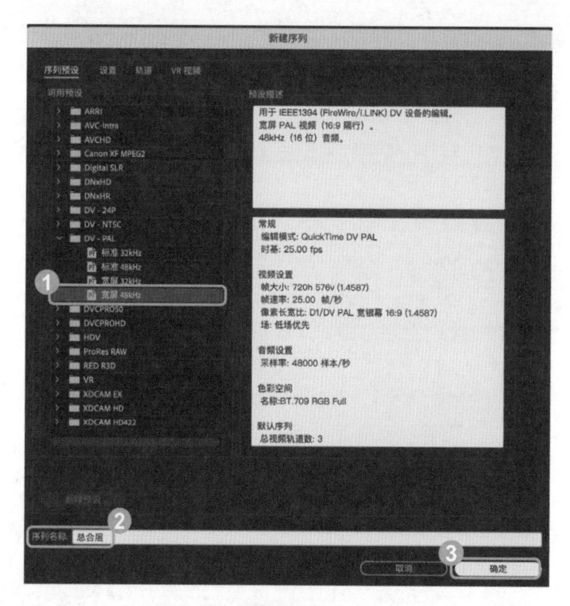

图9-82

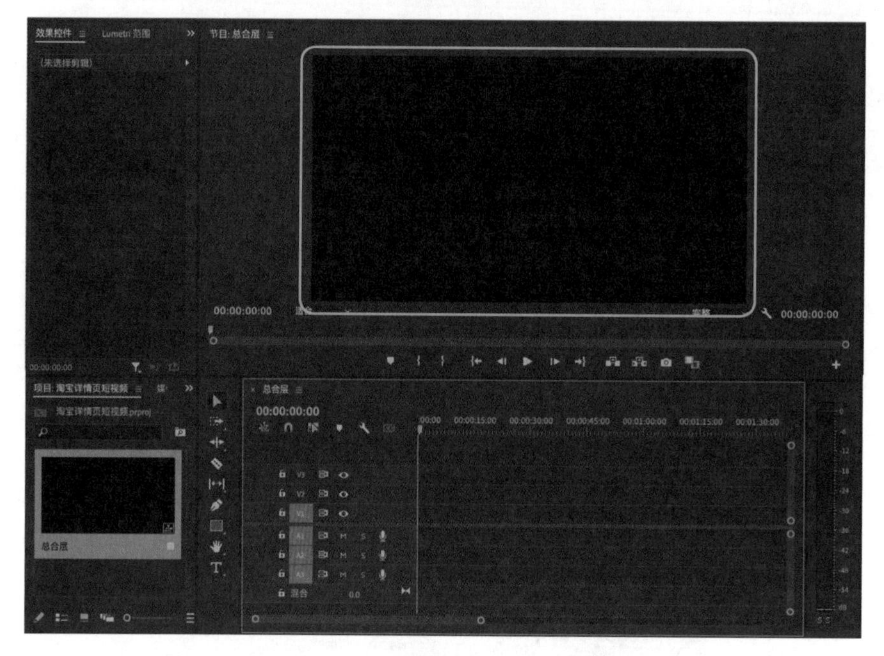

图9-83

Step04：在【项目】面板的空白处单击右键，选择【新建素材箱】，如图 9-84 所示。

Step05：在【素材箱】面板的空白处双击鼠标左键，打开【导入】对话框，❶在对应的素材文件夹中选择音乐素材、产品图片、产品视频素材，❷单击【导入】按钮，如图 9-85 所示。

Step06：在【素材箱】面板的空白处双击鼠标左键，打开【导入】对话框，❶在对应的文件夹中选择【边框素材】PSD 格式素材，❷单击【导入】按钮，如图 9-86 所示。

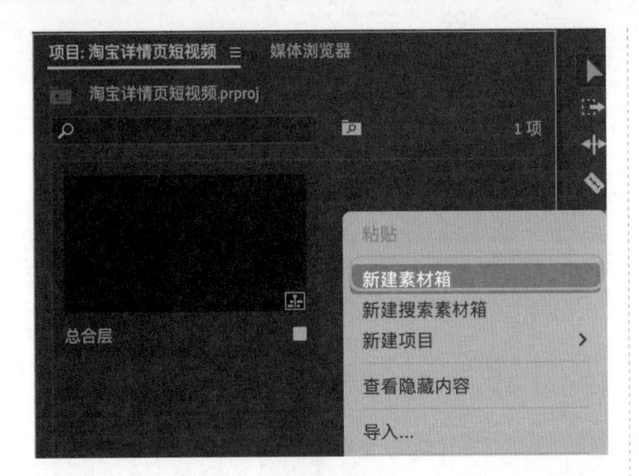

图9-84

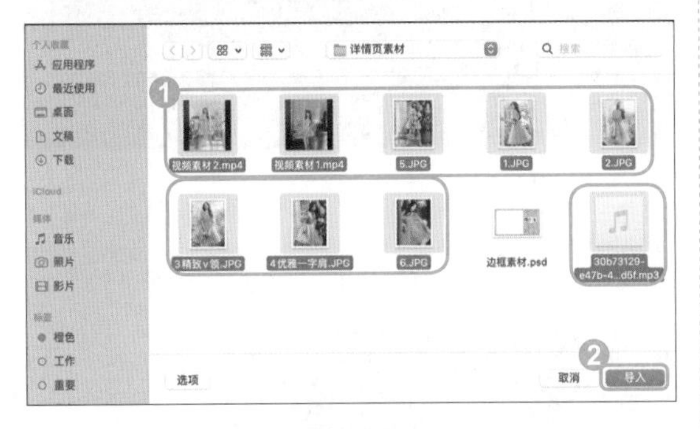

图9-85

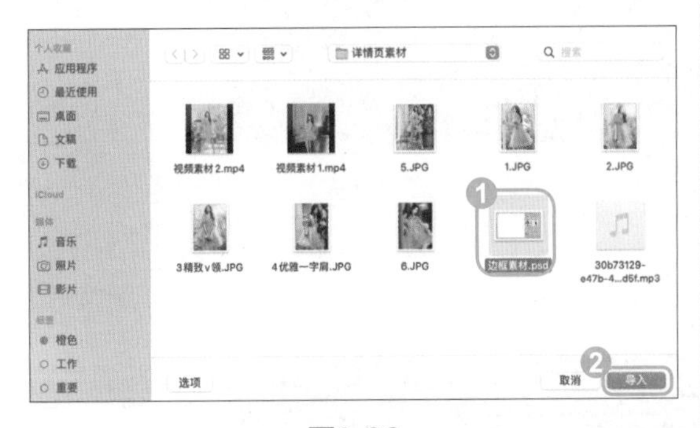

图9-86

Step07：打开【导入分层文件：边框素材】对话框，❶在【导入为】列表框中，选择【合并所有图层】选项，❷单击【确定】按钮，如图 9-87 所示。

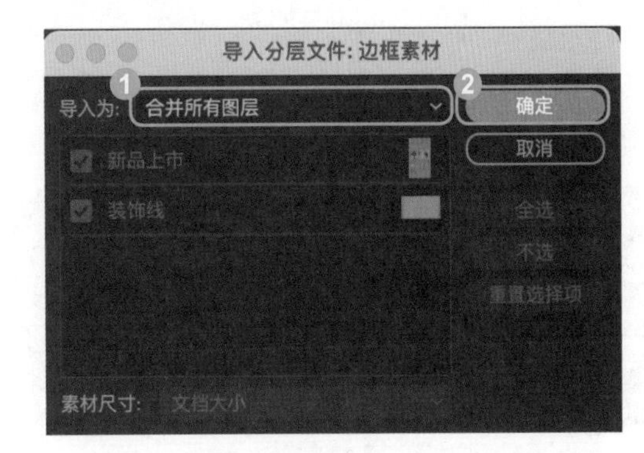

图9-87

Step08：将选择的 PSD 文件素材添加至【项目】面板中，所有的素材文件全部导入。效果如图 9-88 所示。

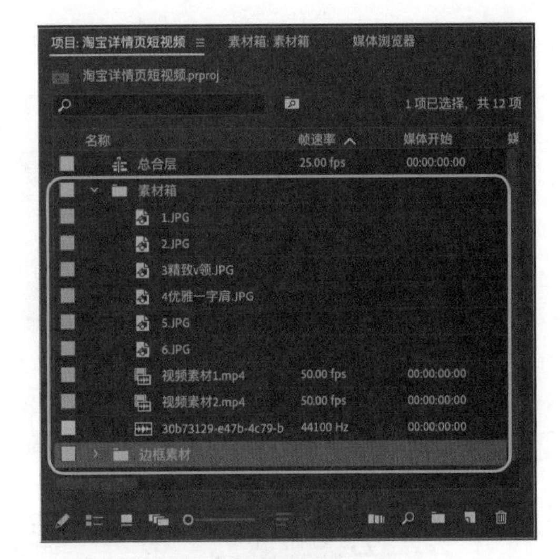

图9-88

Step09：将音乐素材单击按住，拖入时间线，如图 9-89 所示。

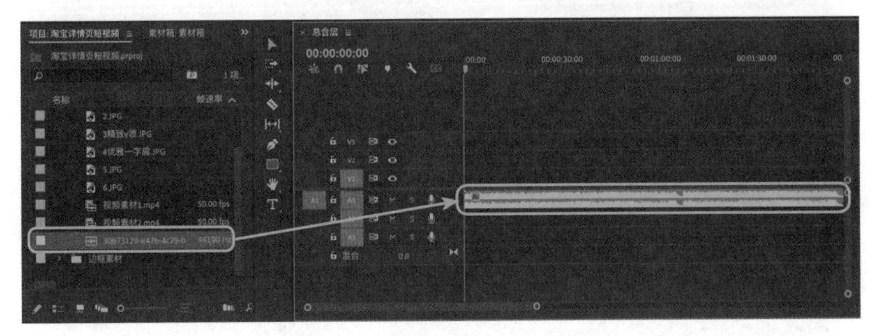

图9-89

Step10：❶单击【序列】面板，使工作范围框选在序列面板上，❷拖曳【长度条】放大序列上音乐文件的波形，❸将音乐素材最前端的空白部分使用【剃刀工具】剪断并删除。效果如图 9-90 所示。

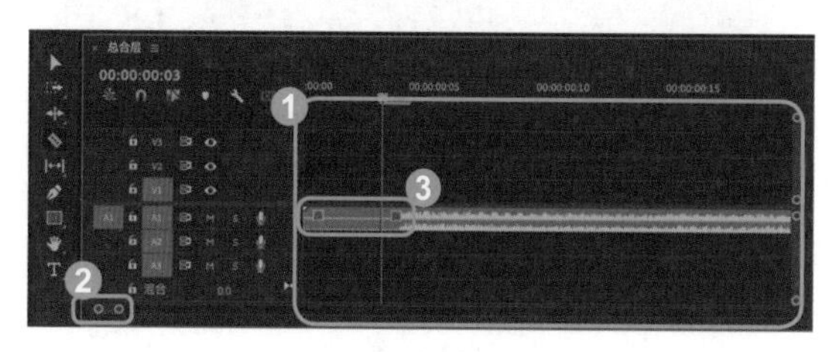

图9-90

Step11：❶使用【选择】工具，将光标定位在音乐素材的开端，❷单击鼠标右键，❸选择【应用默认过渡】，如图 9-91 所示。

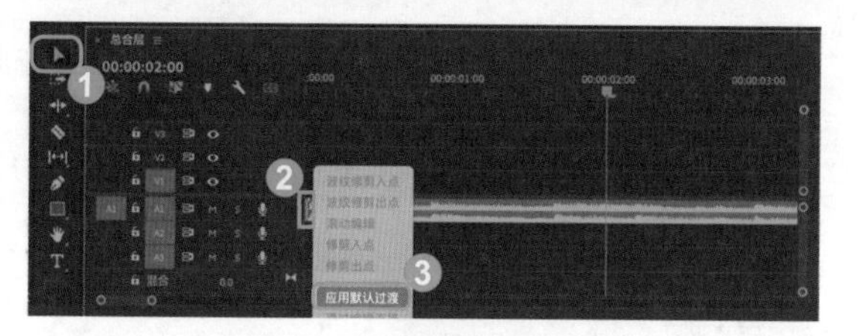

图9-91

Step12：向右拖曳拉长【恒定功率】至 00:00:02:00，如图 9-92 所示。

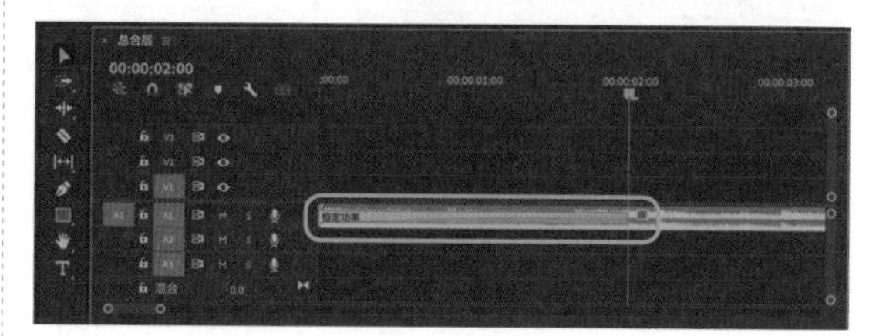

图9-92

Step13：❶将 PSD 素材【边框素材】拖入【V4】时间轴，❷并拉长至 20min。效果如图 9-93 所示。

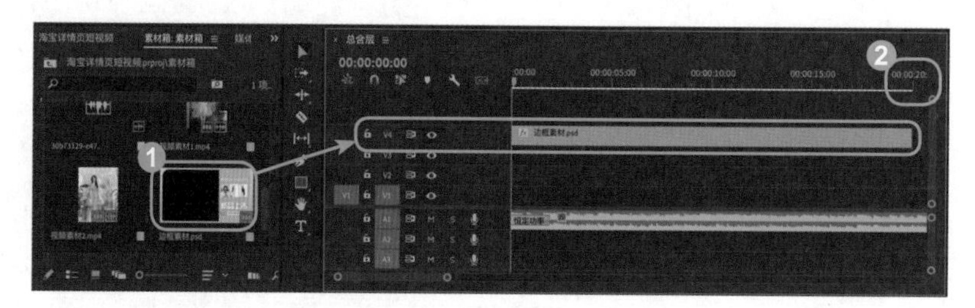

图9-93

Step14：❶选中 PSD 素材【边框素材】，❷在【效果控件】面板中，将【*f*x 运动】中的【缩放】调整至 140.0，使边框填充整个画面。效果如图 9-94 所示。

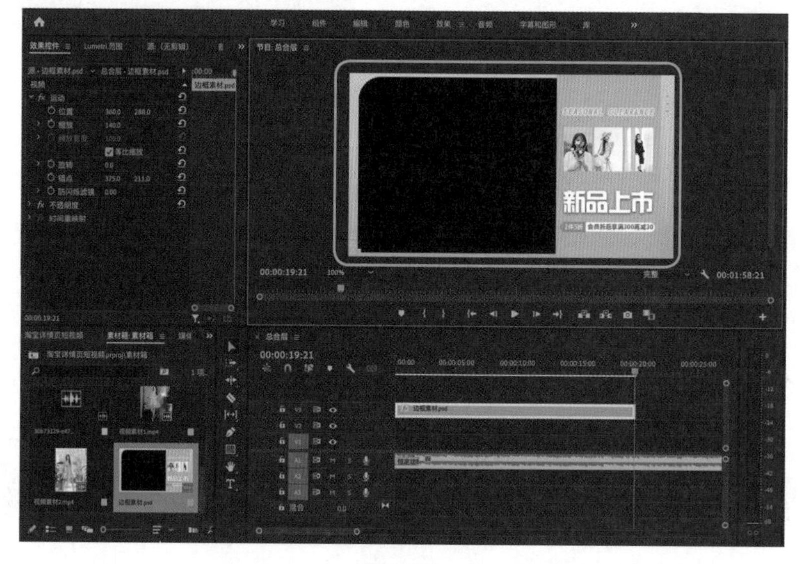

图9-94

Step15：❶在【素材箱】面板的空白处单击右键，选择【新建项目】，❷再选择【颜色遮罩】，如图 9-95 所示。

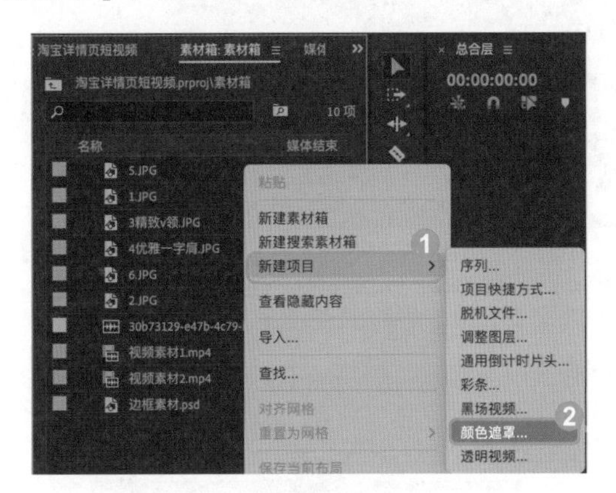

图9-95

Step16：在【新建颜色遮照】对话框中单击【确定】按钮，如图 9-96 所示。

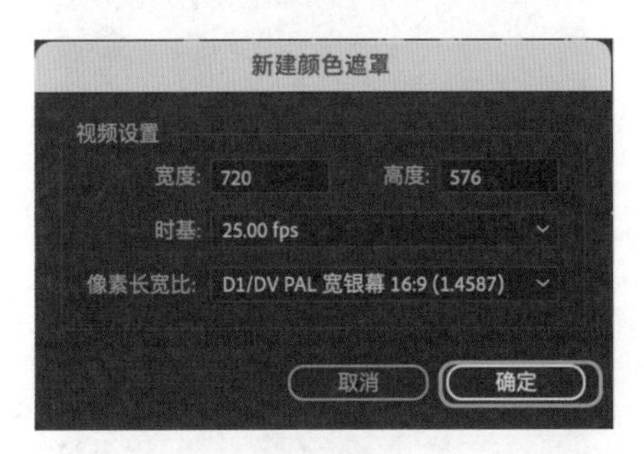

图9-96

Step17：❶在【拾色器】对话框中选择【R：167】【G：253】【B：200】，❷单击【确定】按钮，如图 9-97 所示。

图9-97

Step18：❶修改【选择新遮照的名称】为淡绿色背景，❷单击【确定】按钮，如图 9-98 所示。

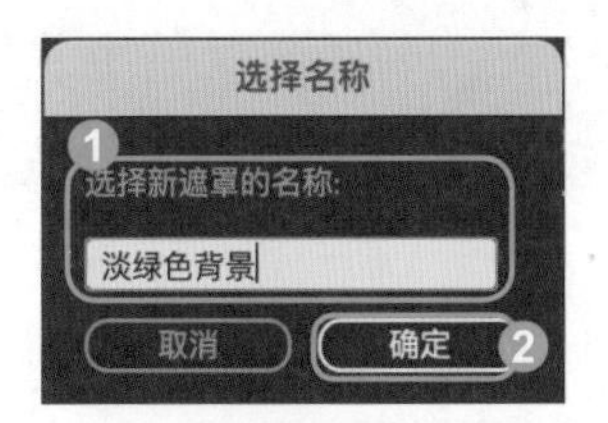

图9-98

Step19：将淡绿色背景拖入时间轴【V1】，拉长至 20min，如图 9-99 所示。

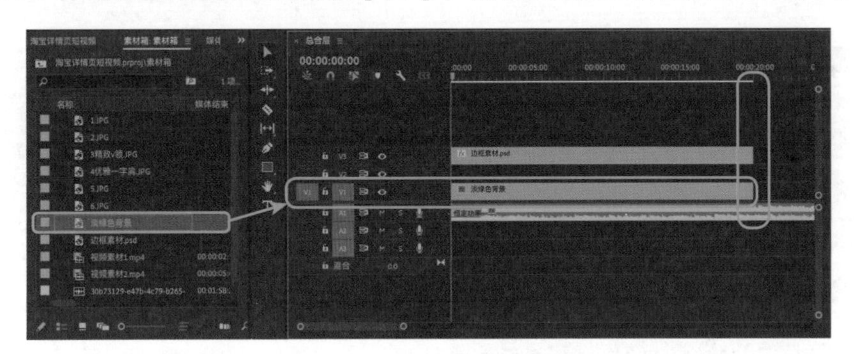

图9-99

Step20：❶将产品的图片、视频素材按照 1.jpg、2.jpg、视频素材 1、3 精致 v 领 .jpg、4 优雅一字肩 .jpg、视频素材 2、5.jpg、6.jpg 的顺序拖入【V3】时间轴，❷并将图片按照 1min 调整图 1、图 2、图 5、图 6 的素材长度，将图 3、图 4 的长度调整为 1.5min。效果如图 9-100 所示。

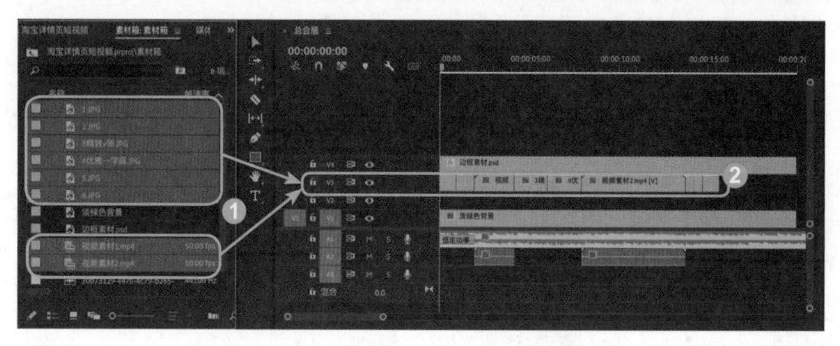

图9-100

Step21：❶选中【V3】时间轴上的全部素材，按键盘上的【Ctrl+C】快捷键，❷单击【V1】【切换轨道锁】，❸在【V2】时间轴上按【Ctrl+V】快捷键。效果如图 9-101 所示。

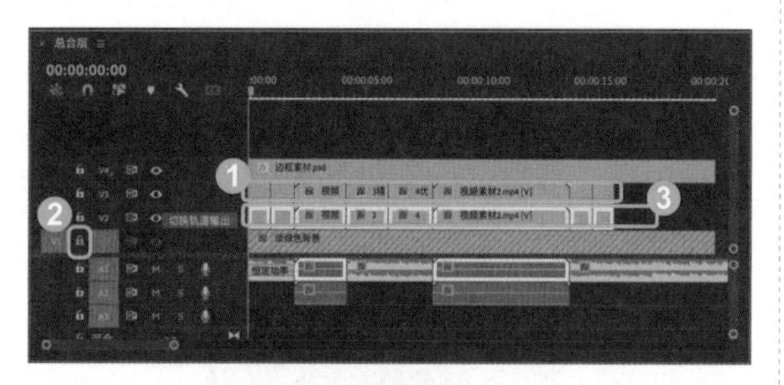

图9-101

Step22：❶选中【V3】时间轴上 1.jpg 素材，❷在【效果】面板选择【视频效果】，选择【模糊与锐化】中的【高斯模糊】，❸拖入【V2】轨道上的 1.jpg 素材上。效果如图 9-102 所示。

图9-102

Step23：选中图片【1.jpg】，❶在【效果控件】面板中，❷选择【ƒx 高斯模糊】，将【模糊度】调整至 50.0。效果如图 9-103 所示。

图9-103

Step24：❶单击【ƒx 高斯模糊】，按键盘上的【Ctrl+C】快捷键，❷选中时间轴【V2】轨道上的所有素材后，按键盘上的【Ctrl+V】快捷键。效果如图 9-104 所示。

Step25：❶选中时间轴【V3】上的轨道素材 1.jpg，❷为【效果控件】面板的【ƒx 运动】中的【位置】和【缩放】选项各添加一个关键帧。效果如图 9-105 所示。

Step26：❶将播放指示器拖至 00:00:00:15，❷将【效果控件】面板的【ƒx 运动】中的【位置】调整为 239.0、429.0，【缩放】调整为 86.0，各添加一个关键帧。效果如图 9-106 所示。

图9-104

图9-105

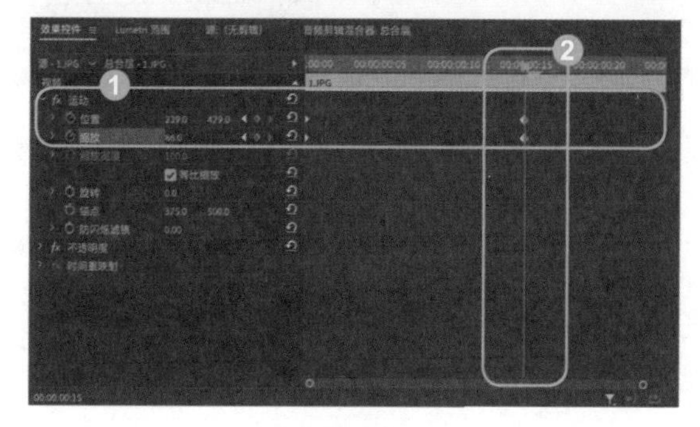

图9-106

Step27：按照【Step26】将【V3】轨道上所有的视频、图片素材按照想要达成的效果制作关键帧，如图 9-107 所示。

图9-107

Step28：在【素材箱】面板中，❶选择【新建】，❷再选择【旧版标题】，如图 9-108 所示。

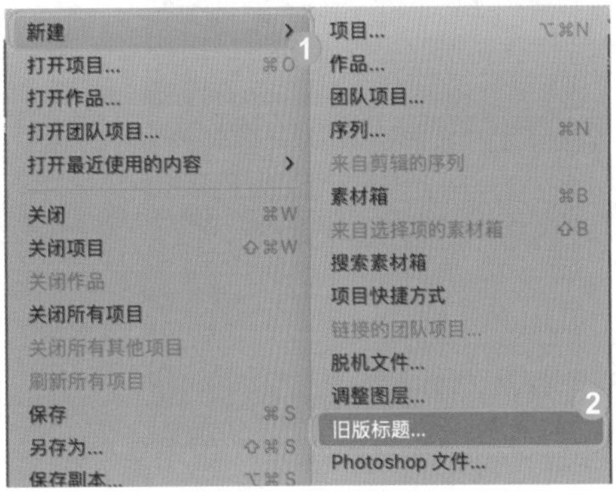

新建 ❶ | 项目... ⌥⌘N
打开项目... ⌘O | 作品...
打开作品... | 团队项目...
打开团队项目... | 序列... ⌘N
打开最近使用的内容 | 来自剪辑的序列
关闭 ⌘W | 素材箱 ⌘B
关闭项目 ⇧⌘W | 来自选择项的素材箱 ⇧B
关闭作品 | 搜索素材箱
关闭所有项目 | 项目快捷方式
关闭所有其他项目 | 链接的团队项目...
刷新所有项目 | 脱机文件...
保存 ⌘S | 调整图层... ❷
另存为... ⇧⌘S | 旧版标题...
保存副本... ⌥⌘S | Photoshop 文件...

图9-108

Step29：❶单击【文字工具】，❷在视频所需要的位置上单击鼠标左键后，在【字幕框】面板中输入所需的文案文字，例如“精致 V 领”，如图 9-109 所示。

Step30：在面板右侧的【旧版标题属性】面板进行文字颜色、字体、大小、边框、阴影的设置。例如，选择文本“正品包邮”，❶在【属性】一栏设置【字体系列】为黑体-简、【字体样式】为中等、【字体大小】为 38.0，❷在【填充】一栏【颜色】选择黑色，❸然后勾选【阴影】，【颜色】选择白色，【角度】修改为 135.0°，【距离】修改为 2.0，【大小】修改为 8.0，【扩展】为 30.0。关闭旧版标题面板。效果如图 9-110 所示。

图9-109

图9-110

Step31：按照【Step28】制作 1 个字幕素材“优雅一字肩”。效果如图 9-111 所示。

Step32：❶将制作的所有字幕 01、02 素材按照顺序拖入时间线【V5】轨道中，❷放置在 3.jpg、4.jpg 上方，并按图片长度调整文字素材长度。效果如图 9-112 所示。

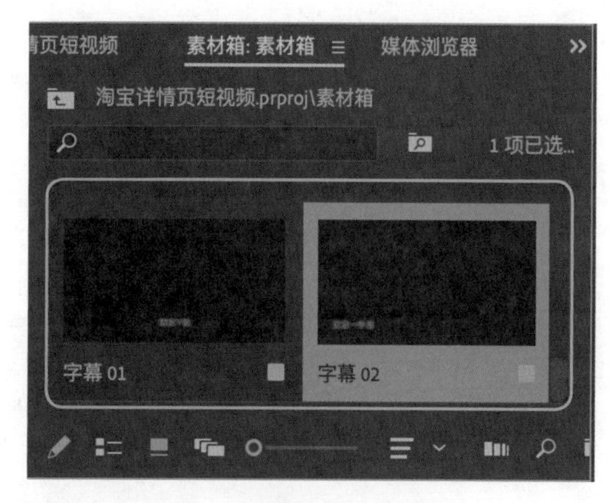

图9-111

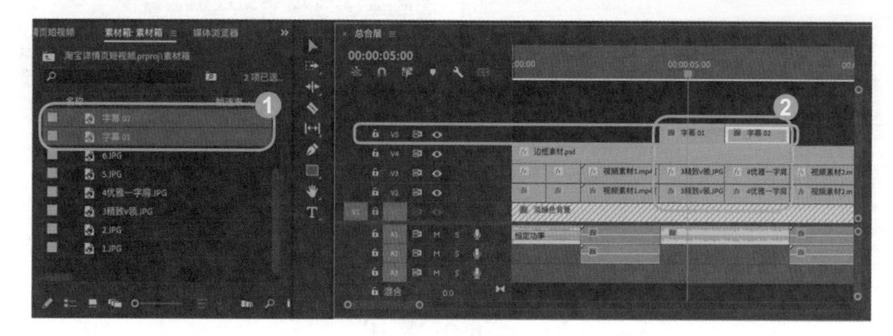

图9-112

Step33：将多余的音乐部分使用【剃刀工具】剪断并删除，❶使用【选择】工具将光标定位在音乐素材的末端，单击鼠标右键，❷选择【应用默认过渡】，并拉长过渡效果。至此，本案例效果制作完成。效果如图 9-113 所示。

图9-113

Step34：❶单击【文件】菜单，在弹出的下拉菜单中❷选择【导出】命令，展开子菜单，❸选择【媒体】命令，如图 9-114 所示。

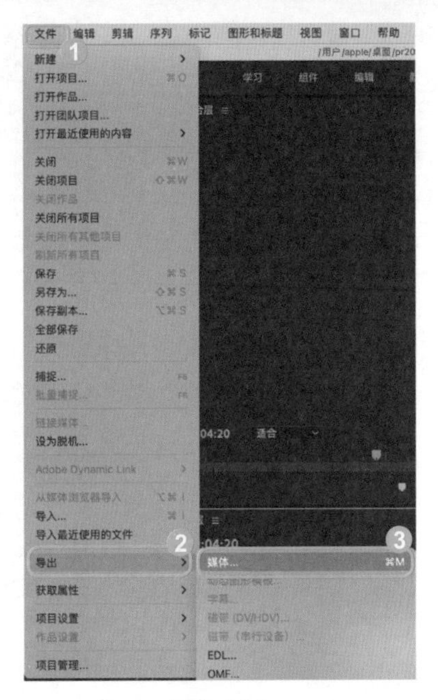

图9-114

Step35：❶打开【导出设置】对话框，在【格式】列表框中选择【H.264】选项，❷在【预设】列表框中选择【匹配源 - 高比特率】选项，❸单击【输出名称】右侧的文本链接修改输出文件名，修改为【淘宝详情页短视频】，然后修改 MP4 视频文件的保存路径，如图 9-115 所示。

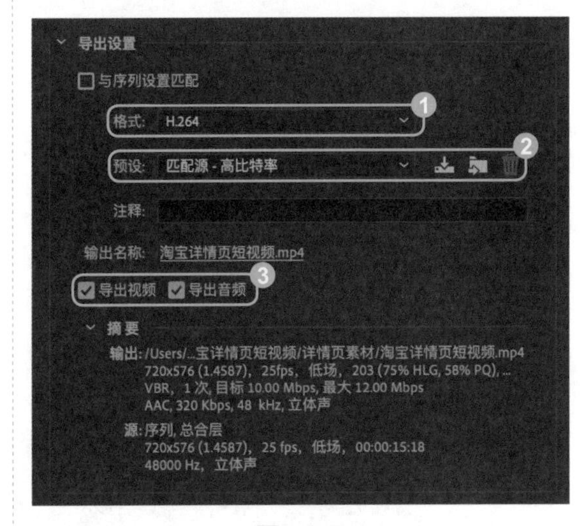

图9-115

Step36：在【导出设置】对话框的右下角单击【导出】按钮，打开【编码总合成】对话框，显示渲染进度，稍后将完成 MP4 视频文件的导出操作。

9.6 案例 5：制作 Vlog 广告短视频

Vlog 即 Video Blog（视频博客）的简称，是指人格化和专业性较强的记录性视频，它是一种表达个性的新潮方式，创作者通常以自己为主角记录，集文字、图像、配乐和适当的字幕于一体，编辑成具有个人特色的视频日记。Vlog 短视频主要应用于文化旅游宣传、企业宣传、产品宣传等方面。优质的 Vlog 短视频，通过其灵活的互动性、传播迅速、制作成本低等特性在网络广泛传播。本例将讲解制作效果如图 9-116 所示的 Vlog 短视频。

图9-116

制作步骤

Step01：打开 Premiere Pro 2022，❶新建一个名称为【抖音快闪短视频】的项目文件，在【项目】面板的空白处单击鼠标右键，在弹出的快捷菜单中选择【新建】命令，展开子菜单，❷选择【序列】命令，如图 9-117 所示。

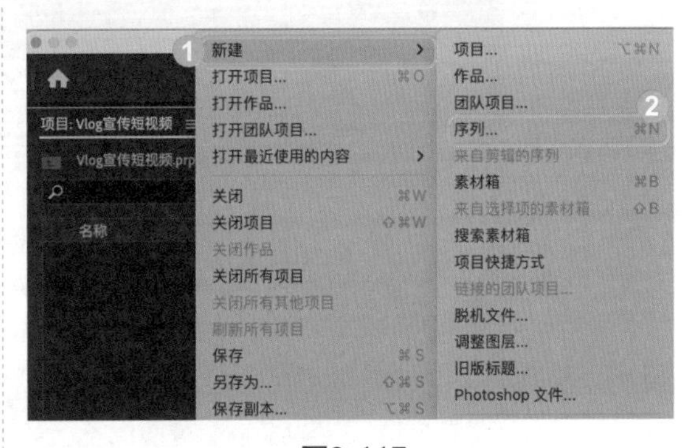

图9-117

Step02：打开【新建序列】对话框，❶在【可用预设】列表框中选择【标准48kHz】选项，❷在【序列名称】文本框中输入【总合层】，如图 9-118 所示。

图9-118

Step03：❶切换至【设置】选项卡，❷在【编辑模式】列表框中选择【自定义】选项，❸修改【帧大小】参数为 1080 和 1920，❹像素长宽比更改为【方形像素 (1.0)】，单击【确定】按钮，如图 9-119 所示。

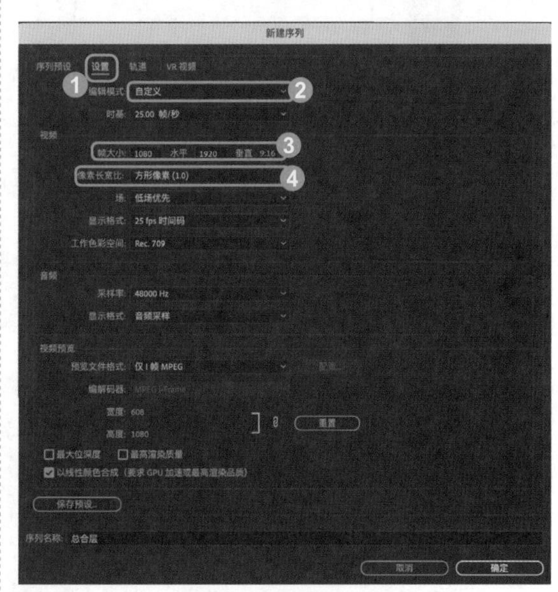

图9-119

Step04：完成序列文件的新建操作，并在【项目】面板中显示，画幅比例显示为竖屏6:19，如图 9-120 所示。

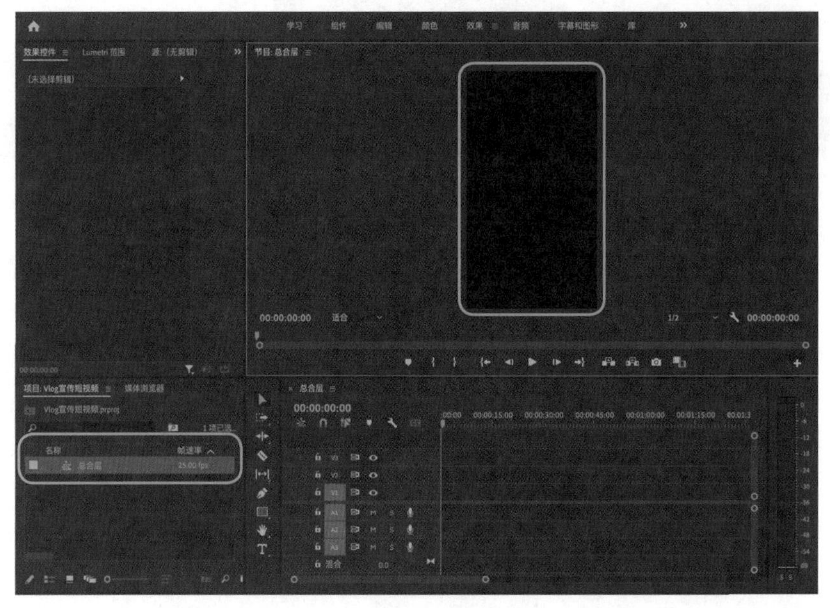

图9-120

Step05：在【项目】面板的空白处单击鼠标右键，选择【新建素材箱】选项，如图 9-121 所示。

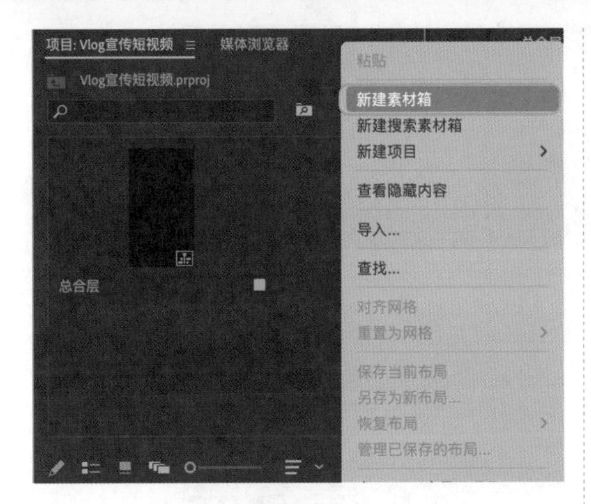

图9-121

Step06：按照【Step05】的方法新建 3 个【素材箱】，并分别重命名为【文字素材】【视频素材】【音乐素材】。效果如图 9-122 所示。

Step07：❶在【项目】面板的空白处双击鼠标左键，打开【导入】对话框，在相应的文件夹中选择需要导入的音乐、图片素材，❷单击【导入】按钮，如图 9-123 所示。

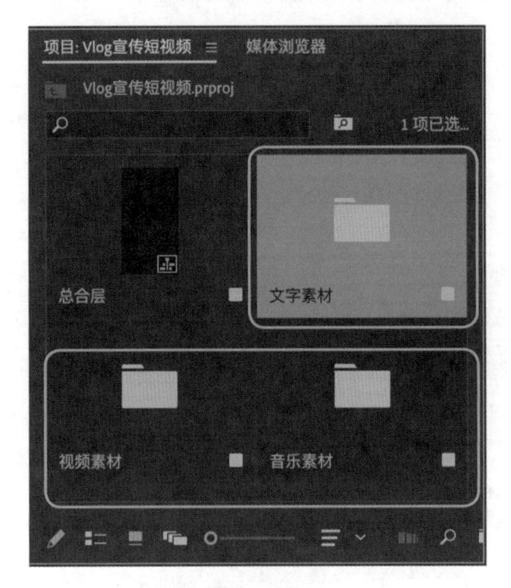

图9-122

Step08：将导入的音乐和视频分别拖曳至【音乐素材】【视频素材】素材箱中，进行素材分类。效果如图 9-124 所示。

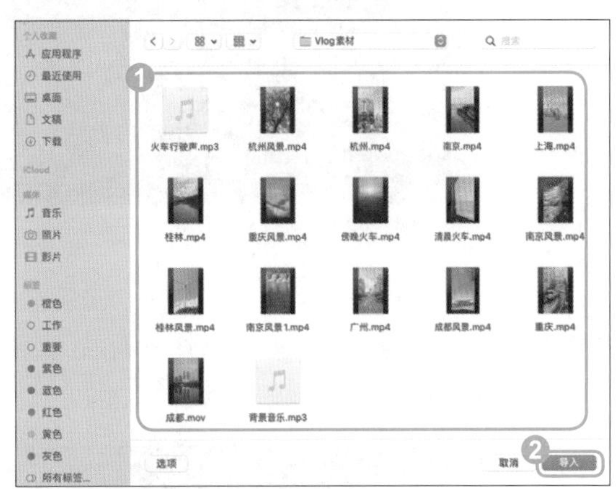

图9-123

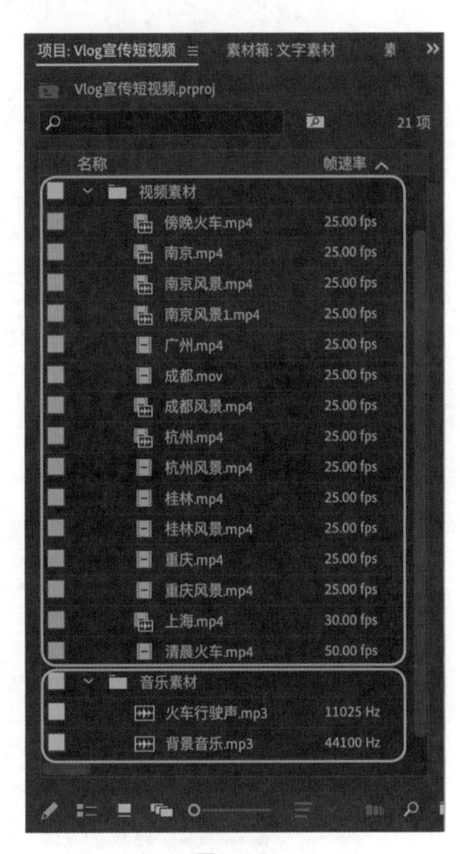

图9-124

Step09：将【音乐】素材箱中的背景音乐文件单击按住，拖入时间线中，如图 9-125 所示。

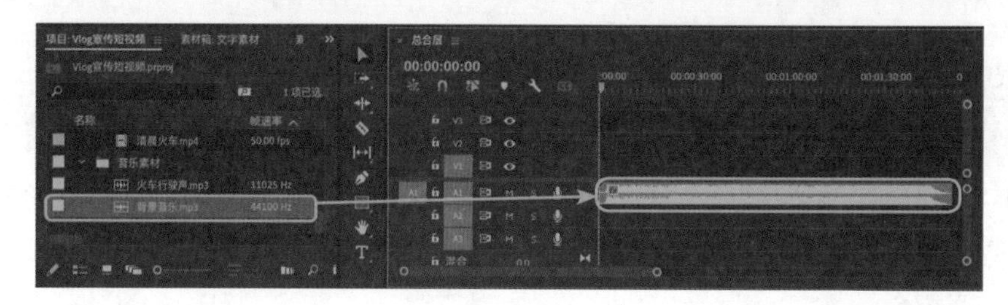

图9-125

Step10：❶打开项目面板中的【视频素材】素材箱，❷将视频素材按照脚本中事件发展的顺序拖入时间轴。案例顺序：将素材按照“上海、南京、南京风景、南京风景 1、重庆风景、重庆、成都、成都风景、傍晚列车“的顺序拖入时间线中。效果如图 9-126 所示。

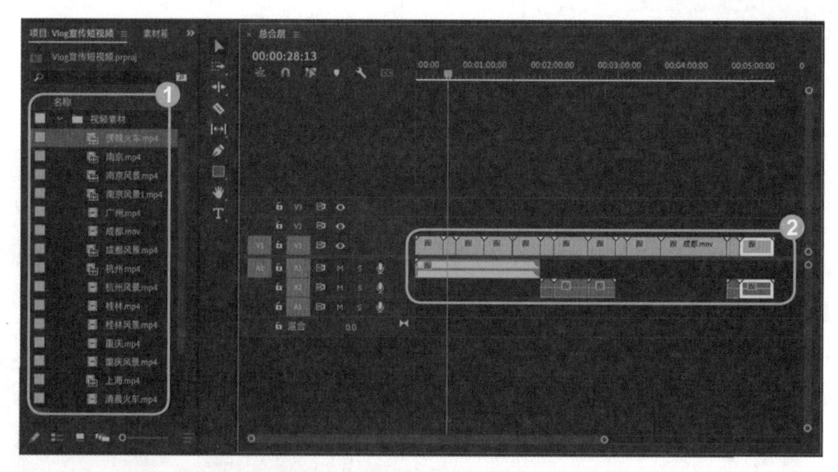

图9-126

Step11：❶选择第一个视频素材，❸在【效果控件】面板选择【 *fx* 运动】中的【缩放】，调整为 50.0，使画面大小适合整个画面尺寸。效果如图 9-127 所示。

图9-127

Step12：❶按照【Step11】将全部素材的画面大小调整至符合序列设定的画面尺寸，❷并将所有城市命名的视频素材长度调整至 10min，风景命名的素材长度调整至 5min。效果如图 9-128 所示。

图9-128

Step13：❶选中音乐素材背景音乐，❷单击鼠标右键，选择【音频增益】选项，如图 9-129 所示。

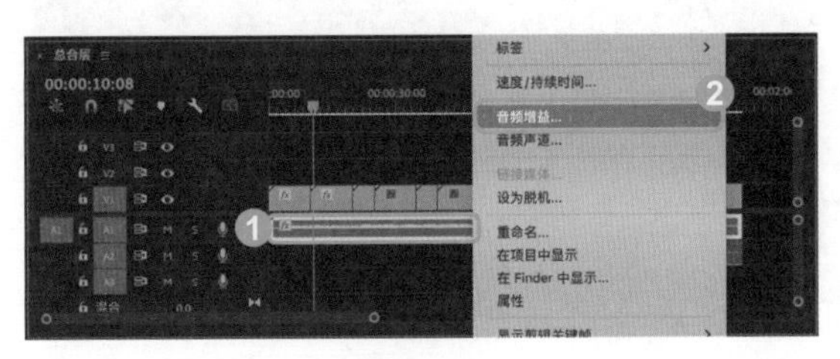

图9-129

Step14：❶在【音频增益】面板，将【调整增益值】修改为 -15dB，❷单击【确定】按钮。效果如图 9-130 所示。

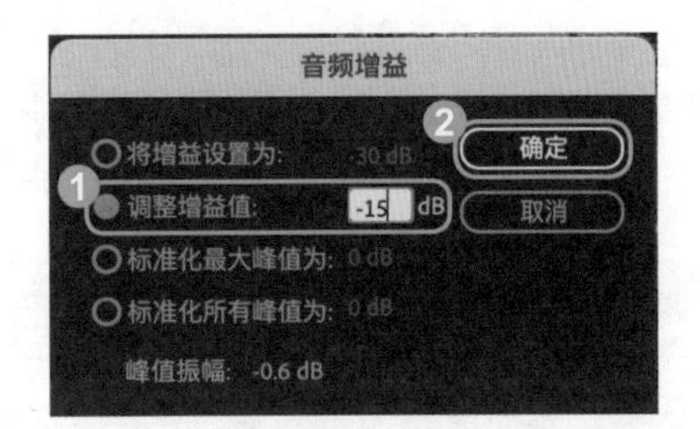

图9-130

Step15：将声音素材火车行驶声拖入时间轴起始端，并调整长度至 00:00:15:00，如图 9-131 所示。

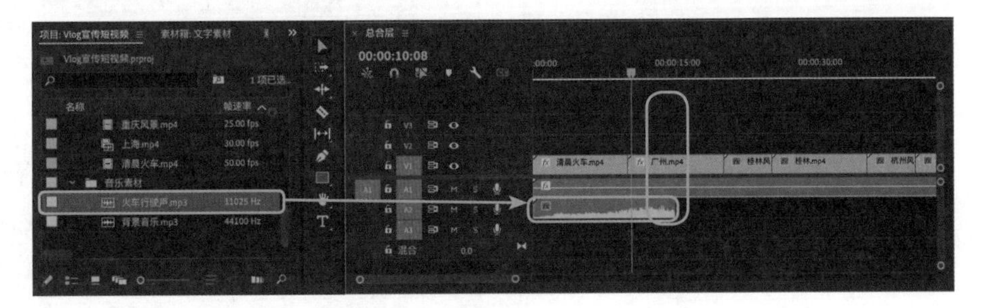

图9-131

Step16：❶使用【选择】工具，❷将光标定位在音乐素材火车行驶声的末端，单击鼠标右键，选择【应用默认过渡】选项，并向左拉长至 00:00:10:00，如图 9-132 所示。

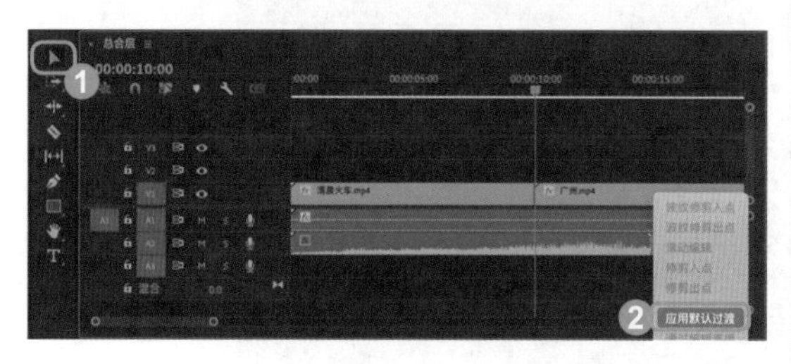

图9-132

Step17：向左拖曳拉长【恒定功率】至 00:00:10:00，如图 9-133 所示。

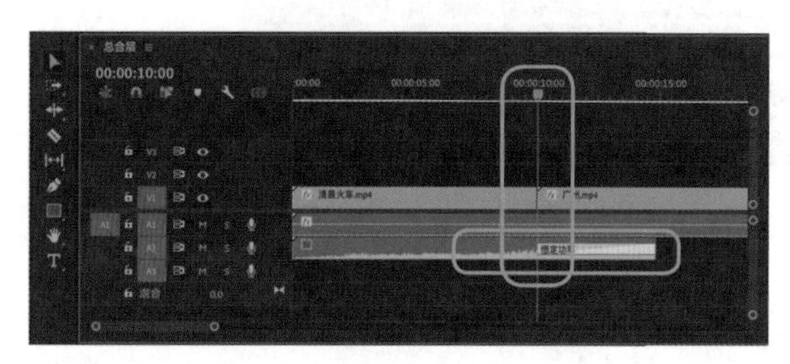

图9-133

Step18：按照【Step15、16、17】将音乐素材火车行驶声添加至最后一个素材的位置，如图 9-134 所示。

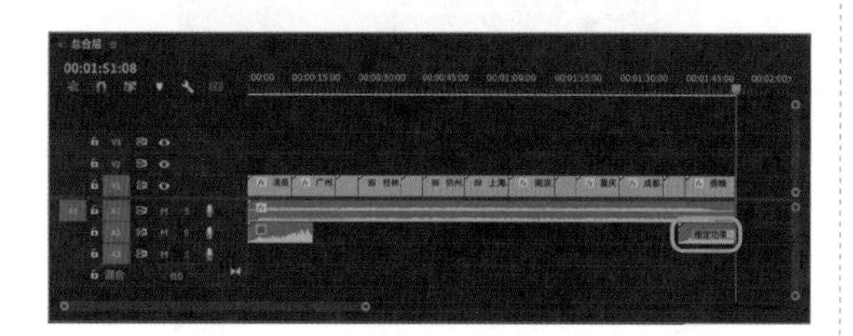

图9-134

Step19：为视频开头添加开屏效果，❶单击【效果】面板，❷选择【视频效果】，再选择【变换】中的【裁剪】效果，❸拖至第一个视频素材上，如图 9-135 所示。

Step20：❶在【效果控件】面板，选择【ƒx 裁剪】中的【顶部】和【底部】，将数值改为 50.0%，❷并在 00:00:00:00 处设置两个关键帧，如图 9-136 所示。

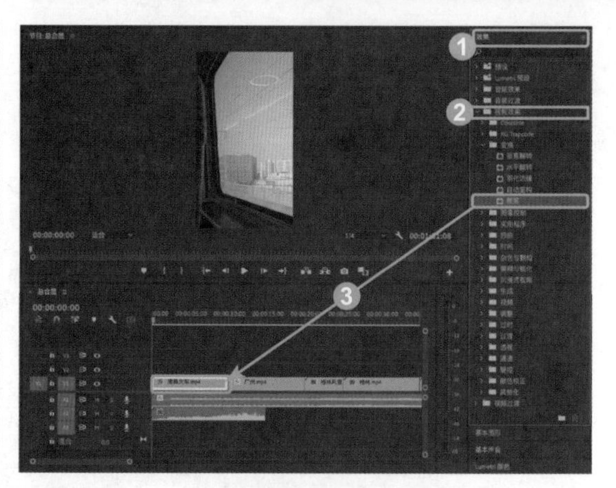

图9-135

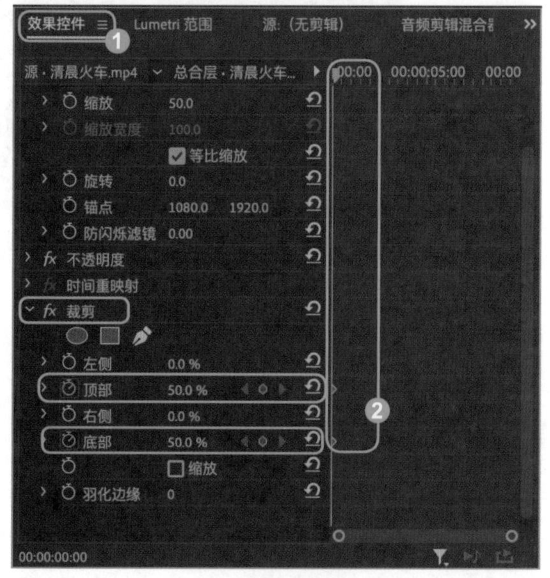

图9-136

Step21：❶将播放指示器拖至 00:00:06:00，❷在【效果控件】面板选择【ƒx 裁剪】中的【顶部】和【底部】，将数值改为 0%，并各添加一个关键帧，如图 9-137 所示。

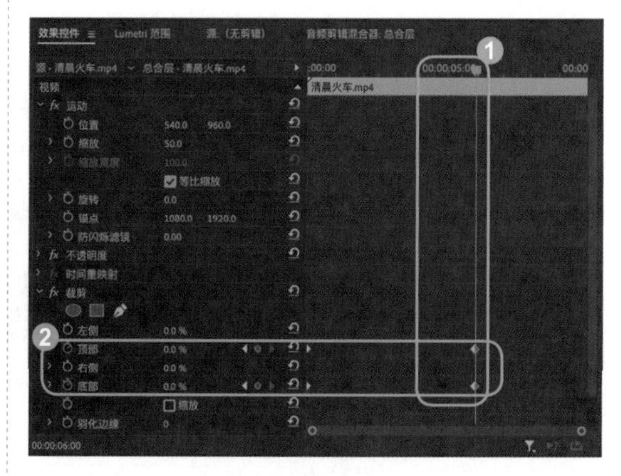

图9-137

Step22：按照【Step19】为视频开头添加闭屏效果，如图 9-138 所示。

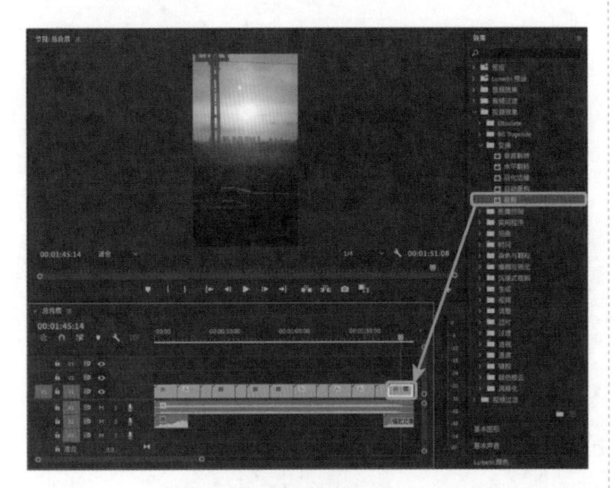

图9-138

Step23：❶在【效果控件】面板，选择【fx 裁剪】中的【顶部】和【底部】，数值为 0.0%，❷在 00:01:45:00 处设置两个关键帧，如图 9-139 所示。

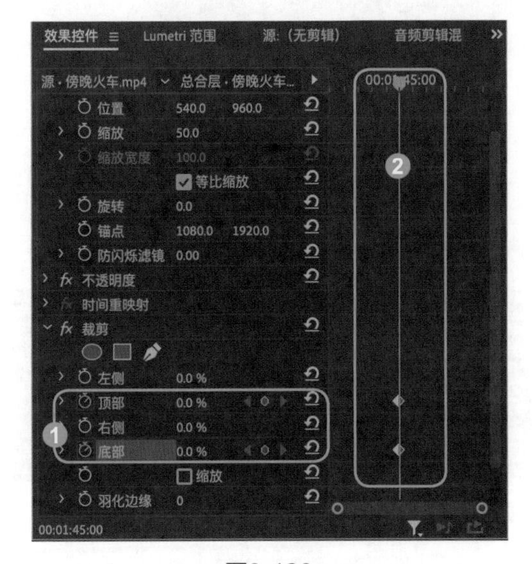

图9-139

Step24：❶将播放指示器拖至视频结尾，❷在【效果控件】面板选择【fx 裁剪】中的【顶部】和【底部】，将数值改为 50%，并各添加一个关键帧，效果如图 9-140 所示。

Step25：在素材箱的【文字素材】面板中，❶选择【新建】，❷再选择【旧版标题】，如图 9-141 所示。

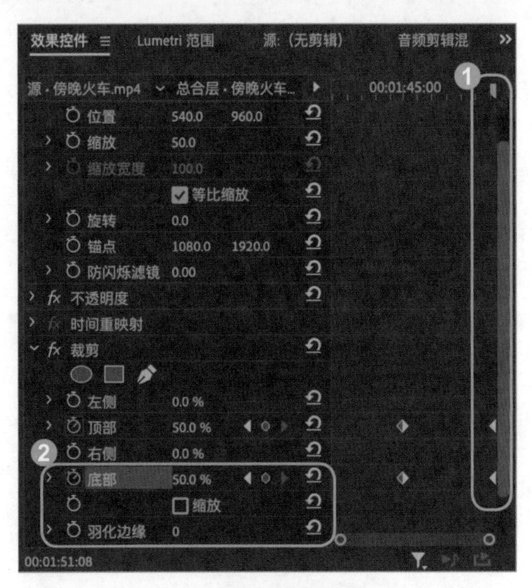

图9-140

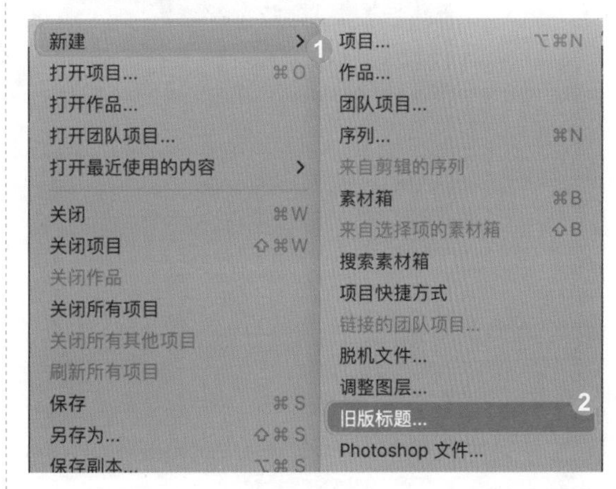

图9-141

Step26：❶单击【文字工具】，❷在视频所需要的位置上单击鼠标左键后，❸在【字幕框】面板中输入所需的文案文字，例如“世界这么大，我想去看看”，如图 9-142 所示。

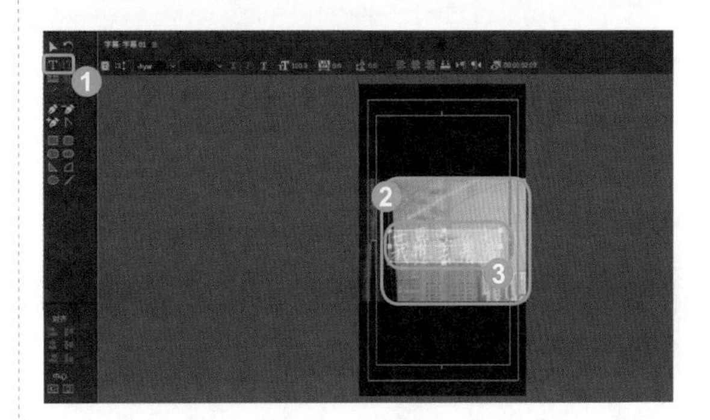

图9-142

Step27：在面板右侧的【旧版标题属性】面板进行文字颜色、字体、大小、边框、阴影的设置。例如，选择文本“世界这么大，我想去看看”，❶在【属性】一栏设置【字体系列】为宋体 - 简、【字体样式】为粗体、【字体大小】为 102.0、【宽高比】为 99.0%、【行距】为 30.0、【字符间距】为 8.0，❷在【填充】一栏【颜色】选择浅蓝色，❸然后勾选【阴影】,【颜色】选择黑色，【不透明度】修改为 50%，【角度】修改为 135.0°，【距离】修改为 10.0，【扩展】修改为 91.0。关闭旧版标题面板。效果如图 9-143 所示。

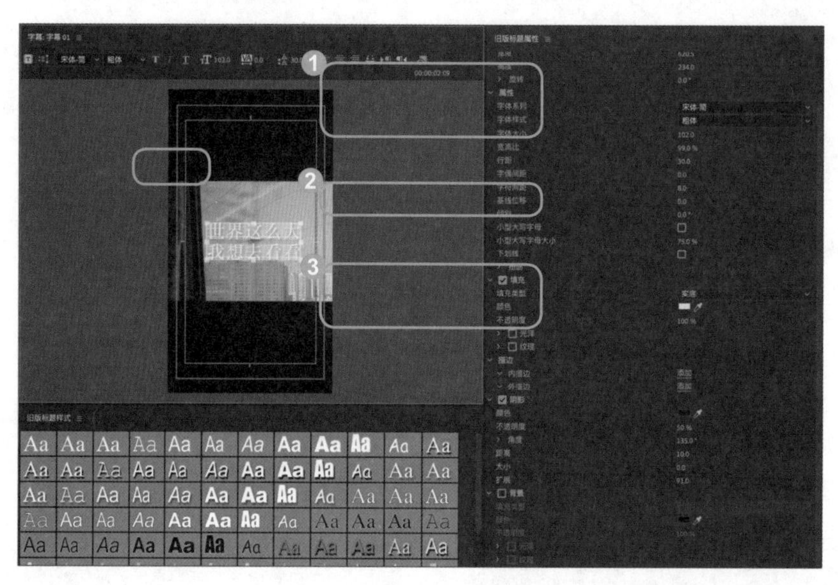

图9-143

Step28：将字幕 01 拖入时间线【V2】轨道中，放置在第一段素材上方，并将长度调整为文字素材长度，如图 9-144 所示。

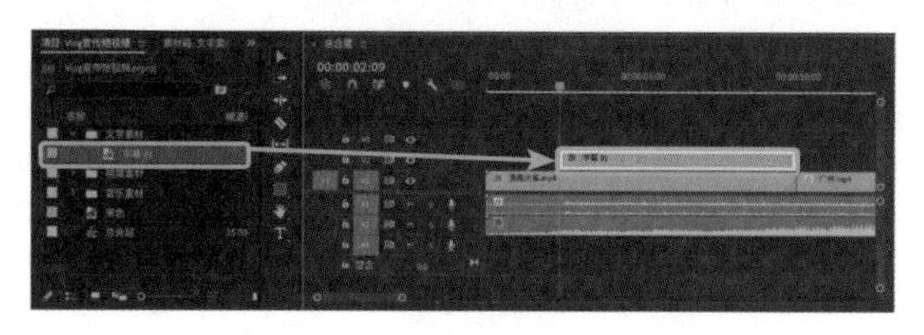

图9-144

Step29：❶单击【选择工具】，❷选择在字幕 01 的开头处单击右键，添加【应用默认过渡】，并调整长度，如图 9-145 所示。

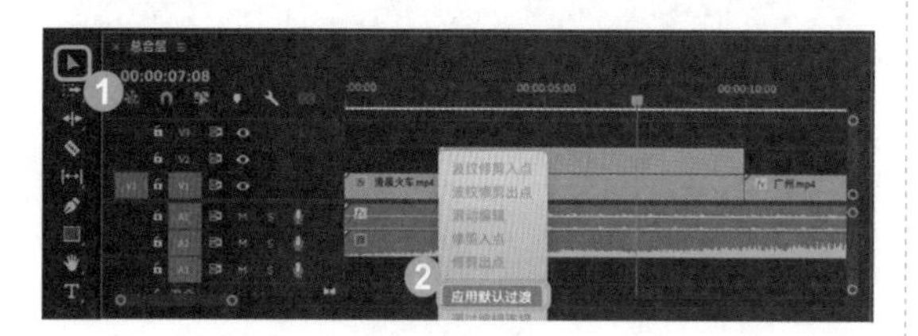

图9-145

Step30：按照【Step29】，在字幕 01 末端添加过渡效果，并调整长度，如图 9-146 所示。

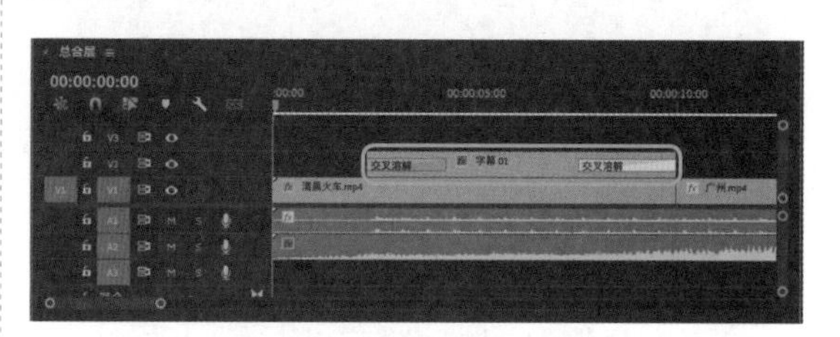

图9-146

Step31：添加转场效果，❶单击【效果】面板，❷选择【视频过渡】，再选择【溶解】中的【交叉溶解】效果，❸拖至素材广州的前端，并调整效果长短。效果如图 9-147 所示。

Step32：按照【Step31】，为所有视频添适合的加转场效果。至此，本案例效果制作完成。效果如图 9-148 所示。

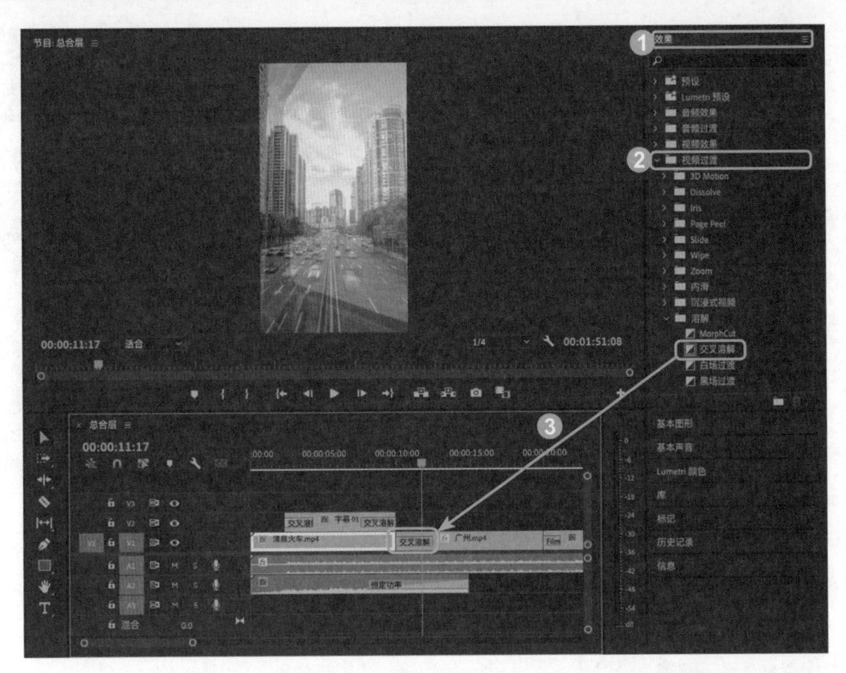

图9-147

图9-148

Step33: ❶单击【文件】菜单，在弹出的下拉菜单中❷选择【导出】命令，展开子菜单，❸选择【媒体】命令，如图 9-149 所示。

Step34: ❶打开【导出设置】对话框，在【格式】列表框中选择【H.264】选项，❷在【预设】列表框中选择【匹配源 - 高比特率】选项，❸单击【输出名称】右侧的文本链接修改输出文件名，修改为【Vlog 宣传短视频】，然后修改 MP4 视频文件的保存路径，如图 9-150 所示。

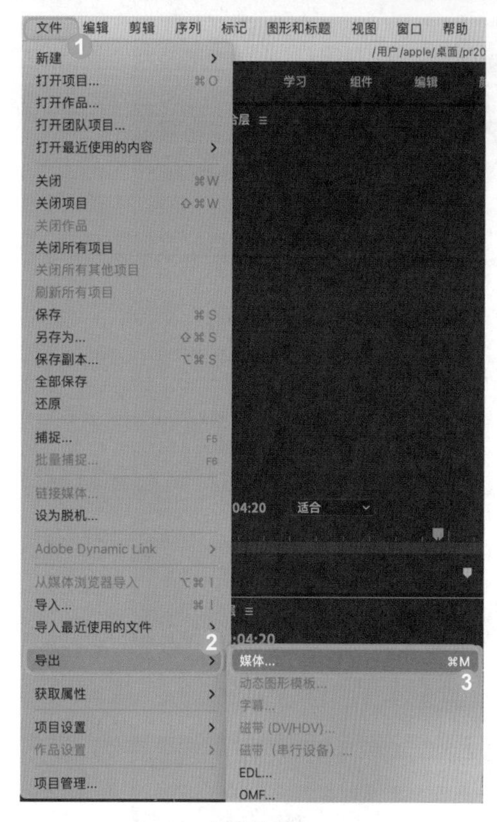

图9-149

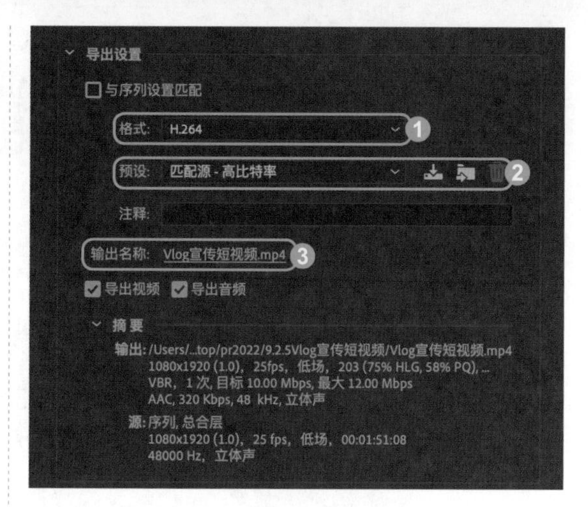

图9-150

Step35：在【导出设置】对话框的右下角单击【导出】按钮，打开【编码总合成】对话框，显示渲染进度，稍后将完成MP4视频文件的导出操作。

第10章 制作片头动画

- 片头动画的分类
- 片头动画的特点
- 片头动画的制作流程
- 案例1: 电视节目片头动画
- 案例2: 企业宣传片片头动画

片头动画是当今视频中不可或缺的组成部分，好的片头动画对视频整体的形象起到了画龙点睛的作用。片头动画通常是整部影片的浓缩，以其优质的画面和震撼的音效吸引观众的注意力。片头动画大致分为二维动画和三维动画两种，不同类型的片头动画的构思与制作也有差异。本章学习片头动画的特点和制作流程，以及电视节目片头动画和企业宣传片头动画的制作方法和技巧。

10.1 认识片头动画

使用 Premiere 制作片头动画之前，首先需要了解片头动画的类型、特点以及制作时应注意的事项等，掌握利用 Premiere 编辑不同类型的片头动画的方法。

10.1.1 片头动画的分类

片头动画放置于影视节目的开端，旨在引导、浓缩与概括整个节目，通常使用节目内容中的精彩片段、三维动画或后期特效组合制作成一段时长不超过 15 秒的动画片段。

随着电影、电视等动画制作技术的不断提升，片头的种类越来越丰富，所涉及的领域也越来越广。根据不同的应用可以把片头动画分为以下几种类型。

• 影视片头动画

影视片头动画是一种较为常见的类型，包括电影、电视剧、微电影等影视类型的片头动画。通常是根据整部影视的内容浓缩剧集的元素，将剧中的人物、动物、场景等平面化，让观众对影视有一个全新的认识，并且留下深刻的印象，如图 10-1 所示。

图10-1

• 电视栏目片头动画

电视栏目片头动画主要应用于电视栏目片头的包装制作，比如新闻栏目、纪录片栏目、综艺栏目的片头。通常，为了提升观众对栏目的关注度，可以根据电视栏目的主题与风格进行片头动画的创意与制作，如图 10-2 所示。

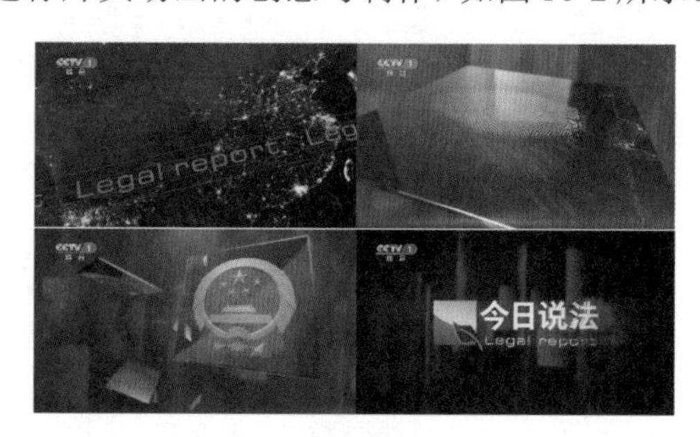

图10-2

• 游戏片头动画

游戏片头动画是一种短小精悍，能够在较短的时间内传达游戏主题内容信息，具有非常强的吸引力与互动性的片头动画，如图 10-3 所示。

图10-3

• 宣传类片头动画

宣传片有多种类型，通常包括企业宣传片、公益广告宣传片、城市规划宣传片以及旅游景点宣传片等，这类宣传片可以用来体现企业、公益组织、城市的形象，提升宣传和推广效率。如图 10-4 所示为企业宣传片头动画。

图10-4

• 产品宣传片头动画

产品宣传片头动画是较为常见的一种动画类型，通常在介绍产品之前展示企业 LOGO、企业文化、产品调性等，从而吸引客户眼球，如图 10-5 所示。

图10-5

10.1.2 片头动画的特点

片头动画在作为视频的前驱，在唤起观众注意、强化观众印象、调节观众的收视情绪和节奏等方面有着十分重要和积极的作用。通过对不同种类的片头的分析比较，优秀的片头动画应具备以下几个特点：

（1）简洁明快。通常，片头动画只有十几秒或数十秒，是限制片头动画的时间流因素。如果不是高度地精炼，则无法在如此短的时间内表达完整的内容或概念。这也是片头动画的作用所决定的，如果片头动画过于冗长拖沓，则会喧宾夺主。

（2）与主体视频风格统一。片头动画起着导向和概括的作用，需要前后呼应，同时片头动画应该根据节目主体的风格来加以把握和确定，前后保持一致，互为统一。

（3）具有创新性。片头动画需要不断创新，要体现出时代感。随着时代的向前发展，人们的欣赏水平越来越高，对片头动画的要求也越来越高，创作出让观众耳目一新、过目难忘的片头动画是创作者应追求的目标。除了需要不断创新外，还必须结合节目的主旨、风格建构起片头所特有的信息含量和“识别”特征，在众多视频中脱颖而出。

（4）具文化内涵和人文情感。优秀的片头动画通常融合了当今社会的流行文化，不仅适应观众的喜好，而且还可以增加片头动画的深度和内涵。另外，片头动画的引导作用不只是表现在内容上，还需要构建出一定的情感语境。例如，情感类、访谈类节目的片头动画需要通过画面整体色调与音乐的搭配让观众产生温暖、舒服的感觉，避免产生严肃、紧张的感觉。综艺类节目应该制作欢快、设计感十足的片头动画，给观众营造轻松自由快乐的感觉。而宣传类的片头动画则需要带给人一种专业、稳重、大气的视觉感受，使观众产生信赖感。

10.1.3 片头动画的制作流程

片头动画的制作是一个综合性的艺术创作过程，不仅需要审美和创意，还需要技术的支持。因此，需要建立较规范的制作流程，以达到理想的视觉效果。

• 创意阶段

第一步：确定片头类型。在这个阶段要明确视频的整体风格、节奏和特殊效果等，确定片头动画与视频主体的风格保持统一。

第二步：找到对标的片头动画作为参考。

第三步：进行片头动画的文案创意。

• 分镜头脚本创作、实拍阶段

第四步：设计片头动画的分镜头脚本，或文字分镜头剧本。分镜头脚本设计需要丰富的视听语言艺术，需要通过场景气氛、构图、景别、角度、灯光、色彩、运动、音响等制作出独特的视听艺术感觉。

分镜头脚本的创作要尽量深入细节部分，主要内容包括镜号、景别、视频草图、内容说明、音响、长度，必要时还要有备注说明。

第五步：需要实拍的部分进行拍摄。

• 后期合成阶段

第六步：挑选适合的音频素材，有时还需要进行作曲。

第七步：对片头动画进行后期制作，包括 2D、3D 特效等。

第八步：合成与成片输出。

以上是片头动画制作的基本过程，在实际工作当中，需要结合实际情况进行必要的调整。

10.2 案例 1：电视节目片头动画

电视节目片头动画时长通常在 15 ~ 30s，应用于电视平台的不同节目。电视节目片头动画是电视节目性质和内容的高度体现，也是电视栏目的主题内容、艺术和技术的综合表达。本例将介绍使用 Premiere Pro 2022 制作电视节目片头动画的方法和技巧，完成效果如图 10-6 所示。

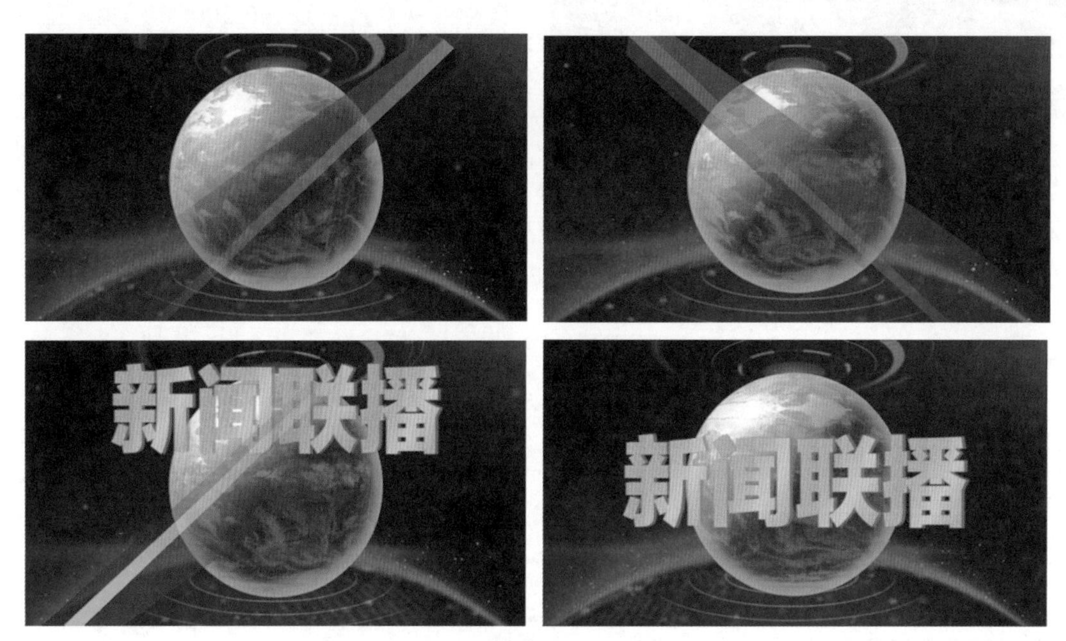

图10-6

制作步骤

Step01：打开 Premiere Pro 2022，新建一个名称为【电视节目片头动画】的项目文件，在【项目】面板的空白处单击鼠标右键，❶在弹出的快捷菜单中选择【新建项目】命令，❷展开子菜单，选择【序列】命令，如图 10-7 所示。

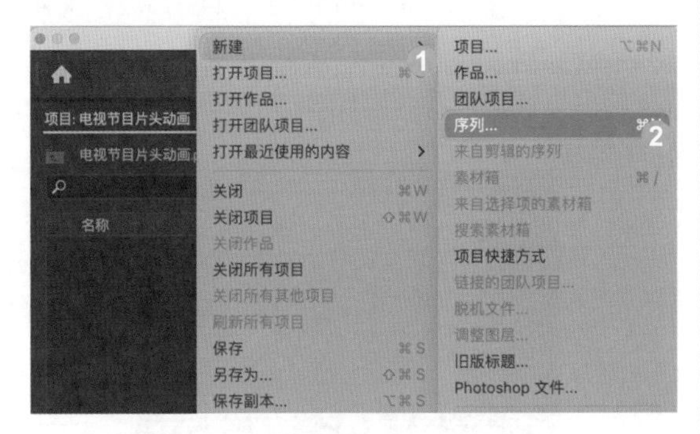

图10-7

Step02：打开【新建序列】对话框，❶在【可用预设】列表框中选择【宽屏 48kHz】选项，❷在【序列名称】文本框中输入【总合层】，❸单击【确定】按钮，如图 10-8 所示。

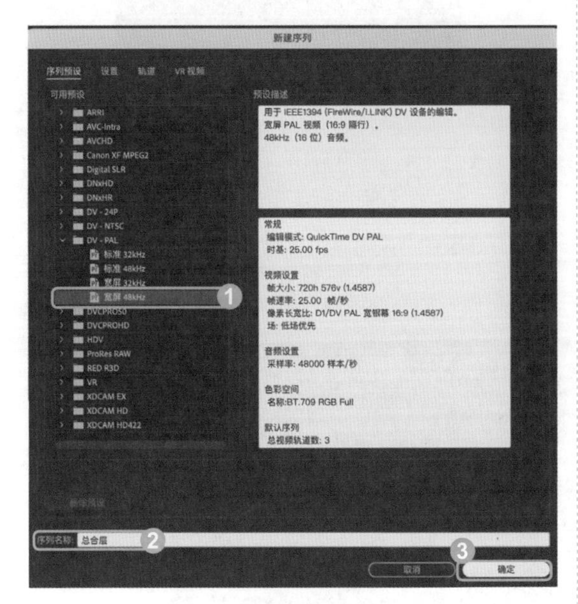

图10-8

Step03：完成序列文件的新建操作，并在【项目】面板中显示，画幅比例显示为方形屏幕 16:9，如图 10-9 所示。

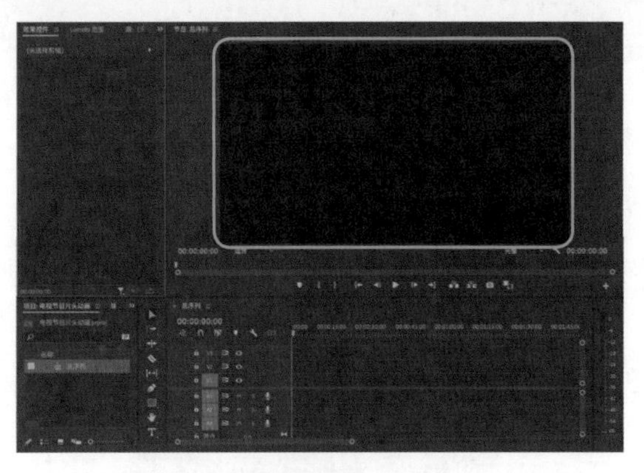

图10-9

Step04：在【项目】面板的空白处双击鼠标左键，打开【导入】对话框，❶在素材文件夹中选择音乐素材、背景视频、地球素材，❷单击【打开】按钮，如图 10-10 所示。

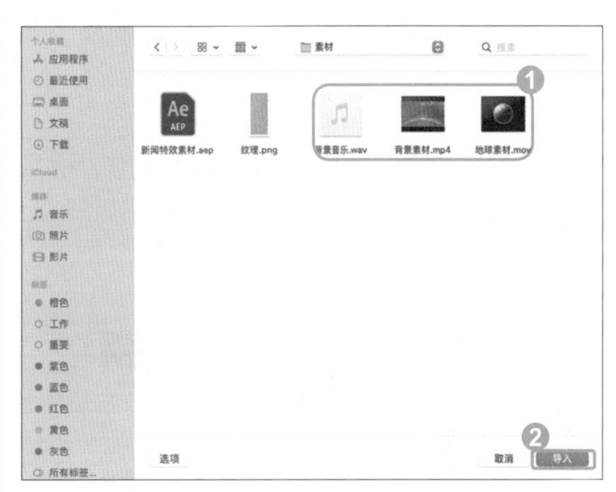

图10-10

Step05：在【项目】面板的空白处单击右键，选择【新建素材箱】选项，如图 10-11 所示。

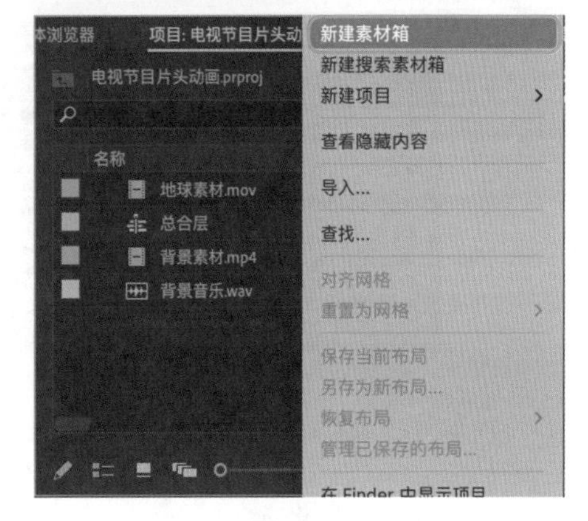

图10-11

Step06：将导入素材拖曳至【素材箱】中，进行素材管理，如图 10-12 所示。

图10-12

Step07：❶在【项目】面板的空白处双击鼠标左键，打开【导入】对话框，在素材文件夹中选择新闻特效素材 AE 文件，❷单击【导入】按钮，如图 10-13 所示。

Step08：❶显示【导入 After Effects 合成】面板，❷选择 Pre-comp3 合成，❸单击【确定】按钮，如图 10-14 所示。

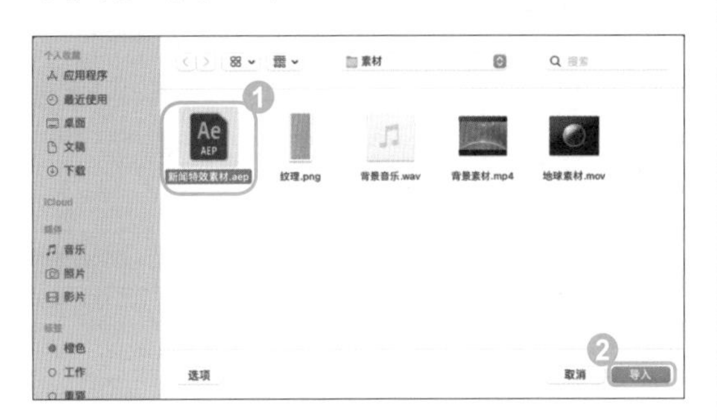

图10-13

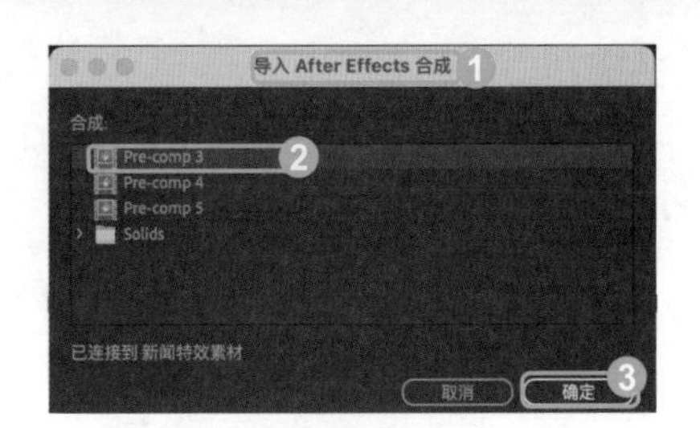

图10-14

Step09：按照步骤【Step08】将 Pre-comp4、Pre-comp5 合成依次导入，效果如图 10-15 所示。

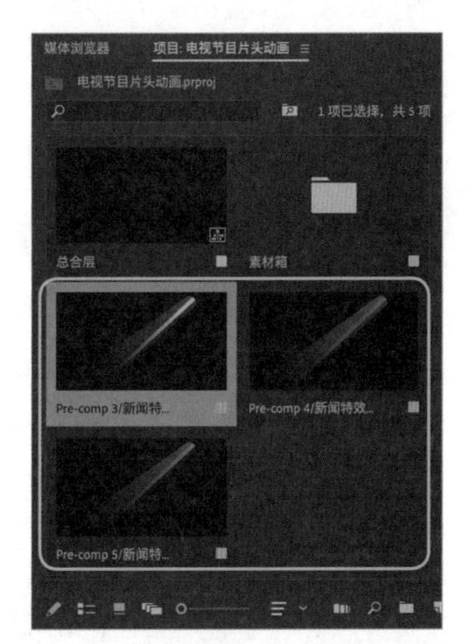

图10-15

Step10：❶将背景素材拖入时间轴【v1】轨道，❷并将长度缩短至 00:00:15:00，如图 10-16 所示。

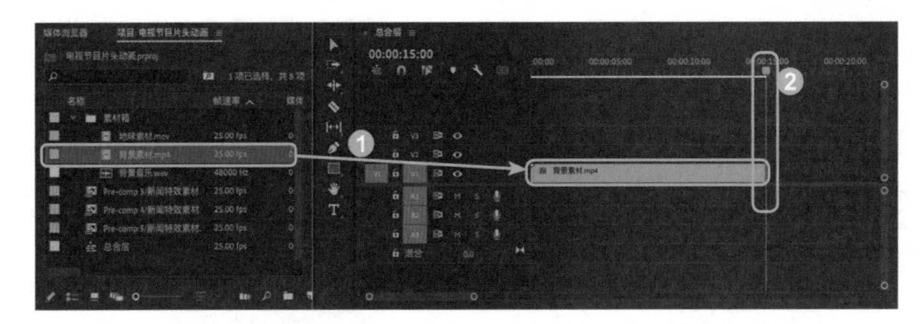

图10-16

Step11：选中背景素材文件，❶在【效果控件】面板❷选择【*f*x 缩放】中的【缩放】，将数值改为 55%，如图 10-17 所示。

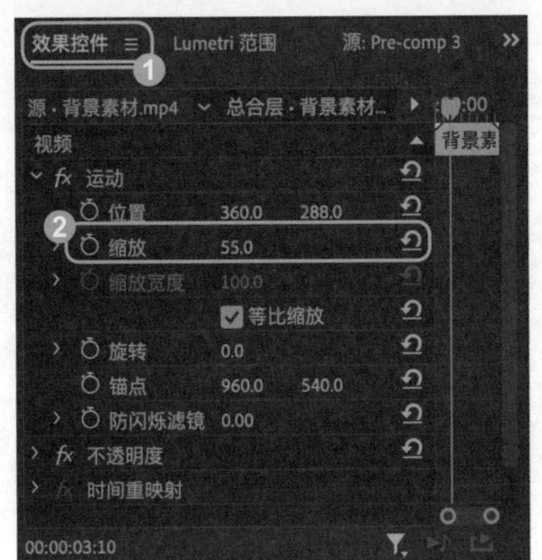

图10-17

Step12：❶将地球素材拖入时间轴【v2】轨道，❷并将长度调整至 00:00:15:00，如图 10-18 所示。

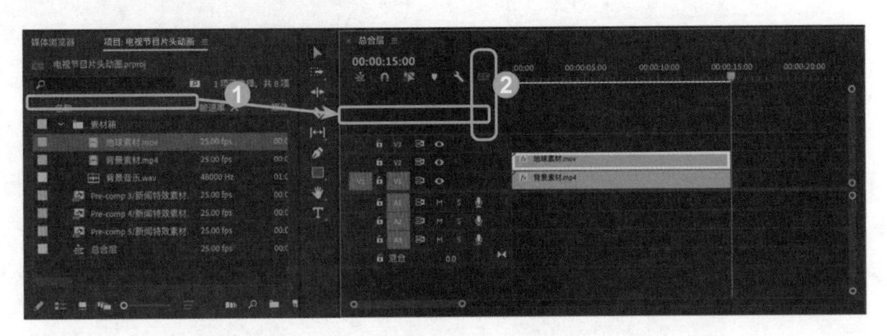

图10-18

Step13：选中地球素材文件，❶在【效果控件】面板❷选择【*fx*缩放】中的【缩放】，将数值改为 52%，如图 10-19 所示。

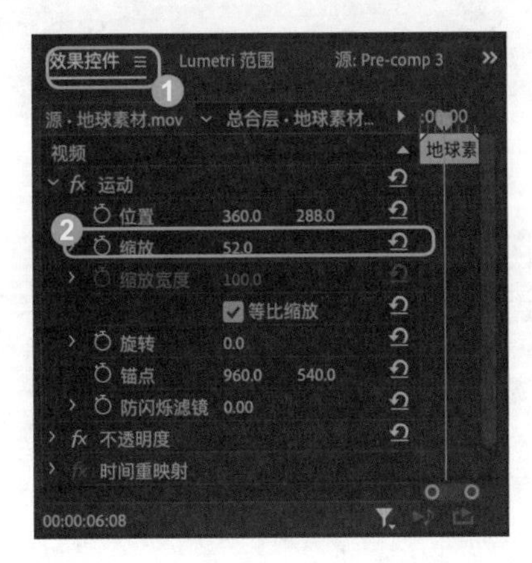

图10-19

Step14：选中地球素材文件，❶在【效果控件】面板，❷单击【*fx* 不透明度】中的椭圆形蒙版，如图 10-20 所示。

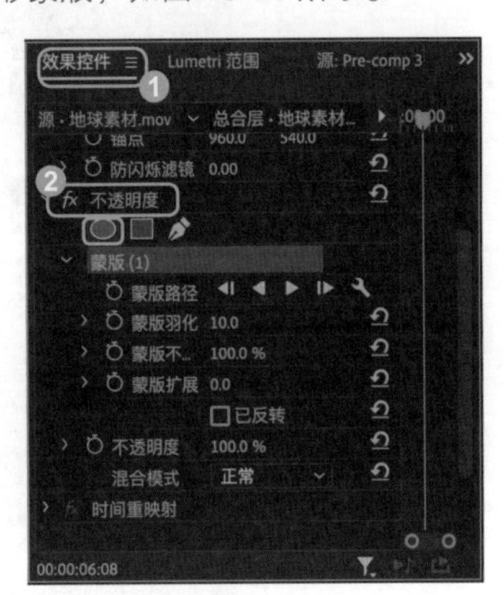

图10-20

Step15：❶将【蒙版羽化】修改为 2.0，❷选择【蒙版扩展】，修改为 196.0，将地球黑色背景抠除，如图 10-21 所示。

图10-21

Step16：调整背景素材文件的颜色，❶单击【效果】面板，❷选择【视频效果】，选择【过时】中的【fx RGB 曲线】效果，❸拖至背景素材文件上再松开鼠标，效果如图 10-22 所示。

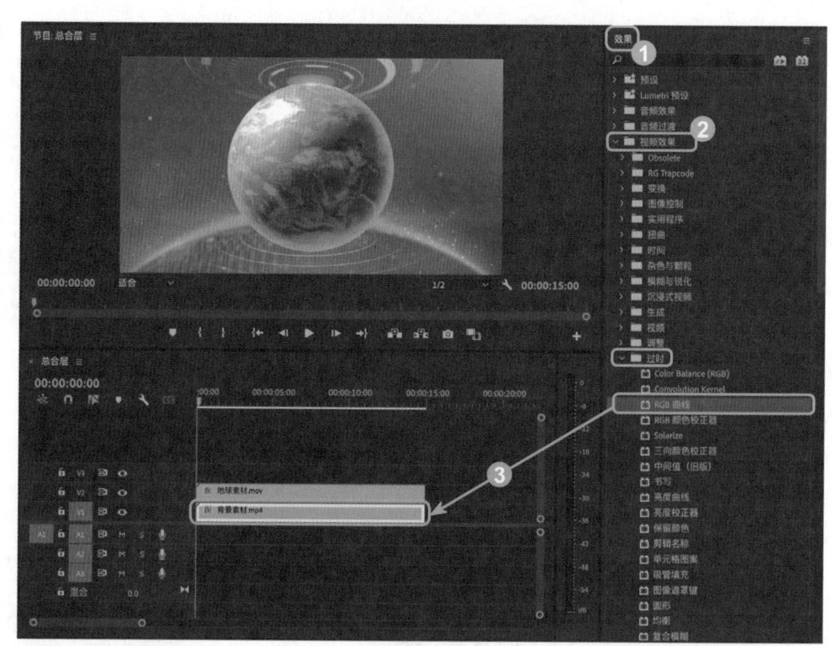

图10-22

Step17：❶在【效果控件】面板，❷调整【fx RGB 曲线】，降低背景颜色，突出主体地球，效果如图 10-23 所示。

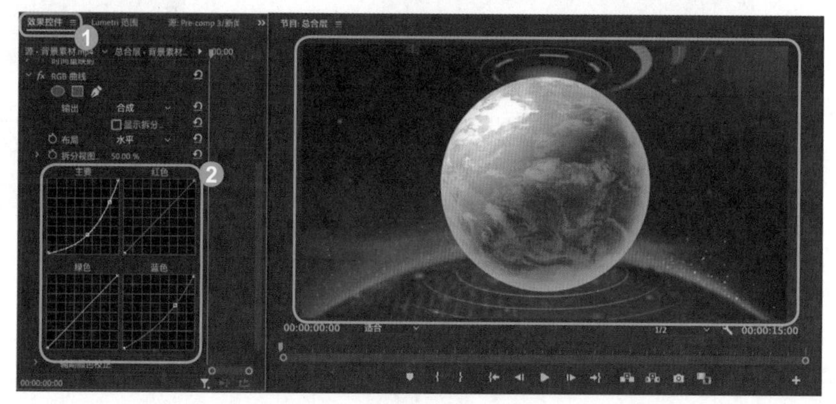

图10-23

Step18：在素材箱【文字素材】面板中，❶选择【新建】，❷再选择【旧版标题】，如图 10-24 所示。

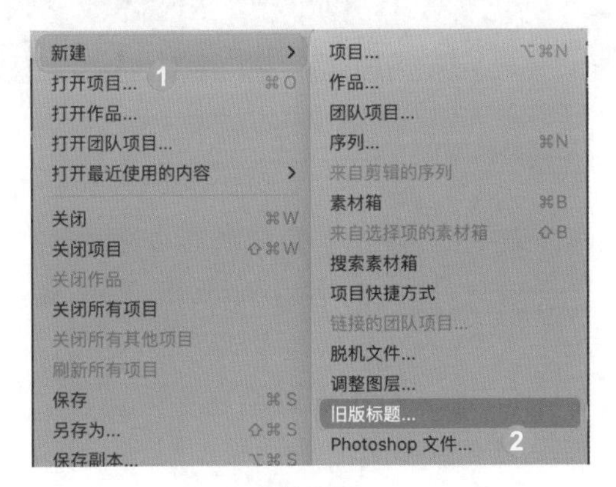

图10-24

Step19：❶单击【文字工具】，❷在地球上单击鼠标左键后，❸在【字幕框】面板中输入所需的文案文字“新闻联播”，如图 10-25 所示。

图10-25

Step20：在面板右侧的【旧版标题属性】面板进行文字颜色、字体、大小、边框、阴影的设置。选择文本【新闻联播】，【属性】一栏【字体系列】设置为兰亭黑—简，【字体样式】设置为特黑，【字体大小】设置为 100.0，【宽高比】改为 90.1%，如图 10-26 所示。

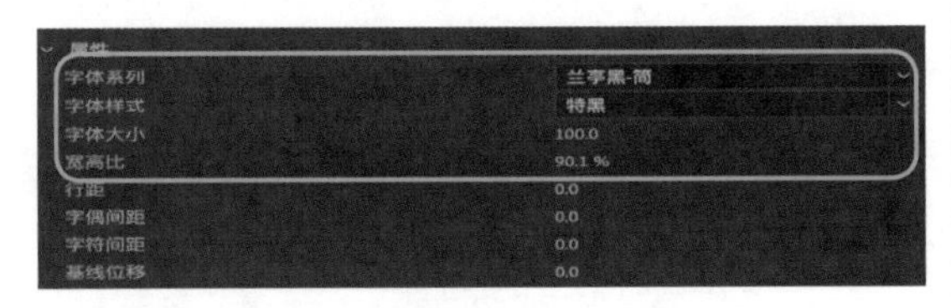

图10-26

Step21：❶勾选【填充】复选框，【填充类型】选择【径向渐变】后进行颜色调整，把 RGB 分别调整为深土黄（R：185、G:138、B：8）和浅土黄（R：229、G：176、B：30）；❷勾选【光泽】复选框，【颜色】选择白色，【不透明度】更改为 45%，【大小】更改为 79.0，【角度】更改为 300.0°，【偏移】更改为 -31.0，如图 10-27 所示。

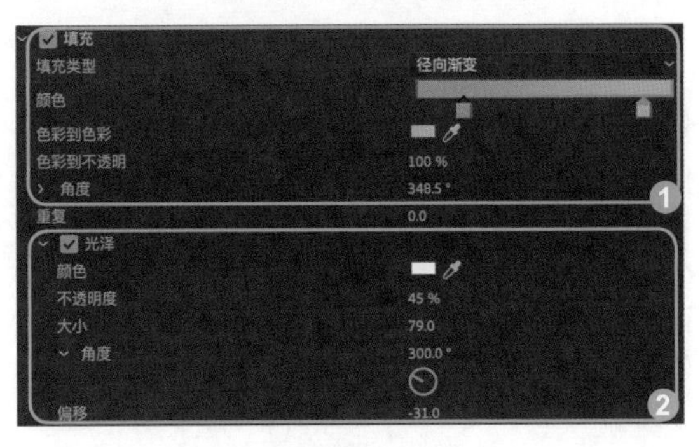

图10-27

Step22：❶勾选【纹理】复选框，❷单击【纹理】图标，如图 10-28 所示。

图10-28

Step23：❶选择纹理素材，❷单击【导入】按钮，如图 10-29 所示。

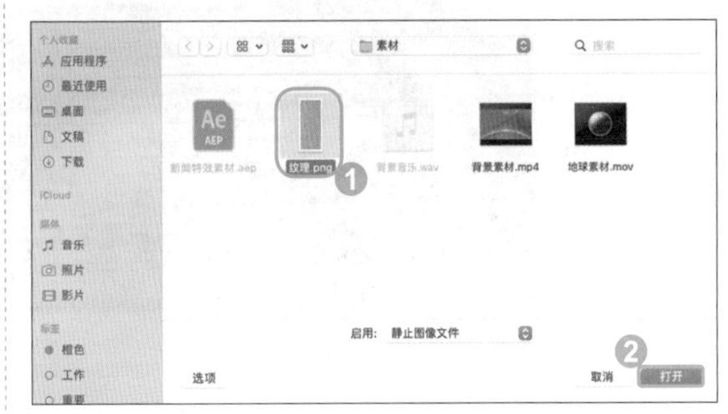

图10-29

Step24：❶在【阴影】中，颜色更改为 R：146、G：120、B：69，【不透明度】更改为 73%；❷在【角度】中，【距离】更改为 13.0，【大小】更改为 2.0，【扩展】更改为 19.0，如图 10-30 所示。

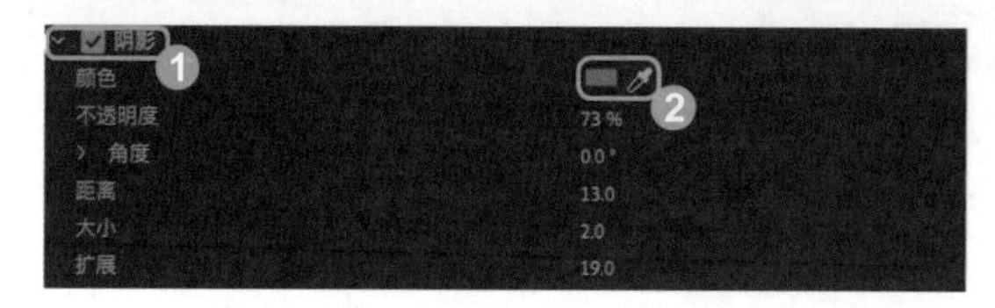

图10-30

Step25: 调整好文字效果后，关闭旧版标题面板，呈现的文字效果如图 10-31 所示。

图10-31

Step26: 将素材字幕 01 拖入时间轴【V3】，长度调整为 00:00：03:00~00:00:15:00，呈现的文字效果如图 10-32 所示。

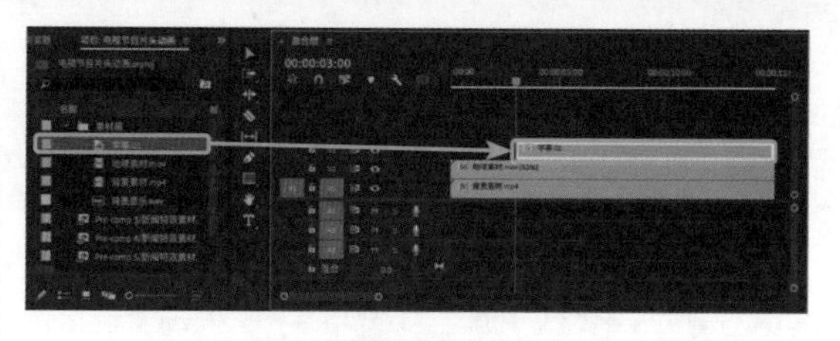

图10-32

Step27: ❶选中时间轴【V3】轨道素材字幕 01，❷在【效果控件】面板中，将【ƒx 运动】中的【位置】选项调整至 360.0、-132.0，【缩放】调整至 48.0，在 00:00:03:00 时间上各添加一个关键帧，效果如图 10-33 所示。

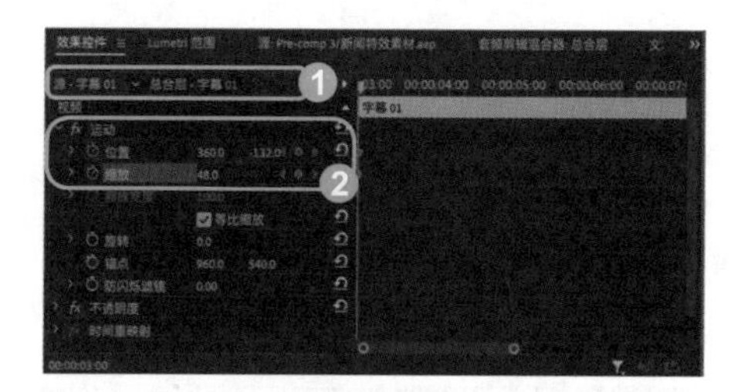

图10-33

Step28: ❶将播放指示器拖至 00:00:06:00，❷在【效果控件】面板中，将【ƒx 运动】中的【位置】调整为 239.0、429.0，【缩放】调整至 52.0，各添加一个关键帧，效果如图 10-34 所示。

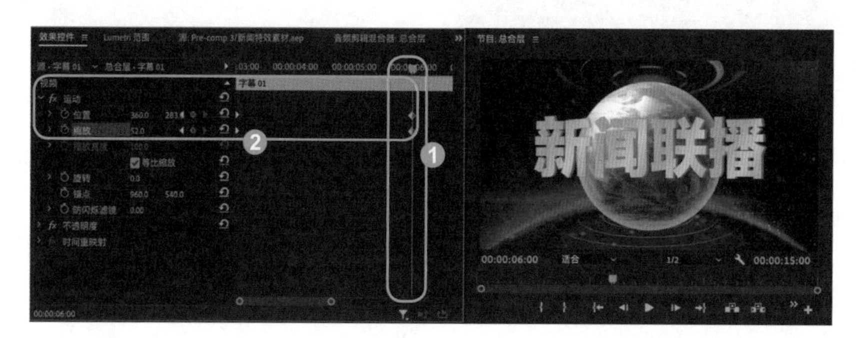

图10-34

Step29: ❶将 AE 合成 Pre-comp3、4、5 分别拖入时间轴【V4】【V5】【V6】，❷将时常调整为 1min 并重叠排列，如图 10-35 所示。

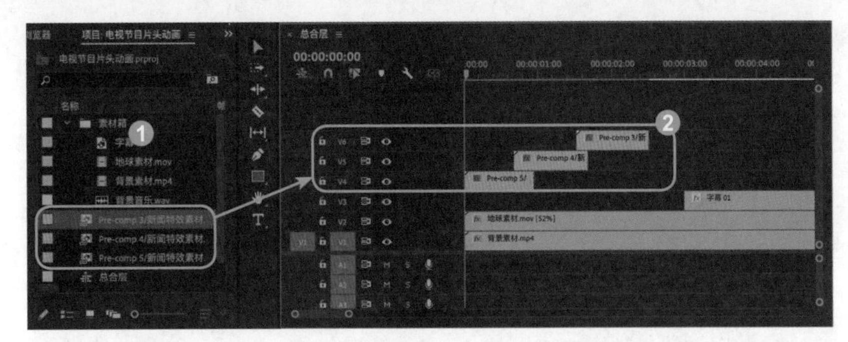

图10-35

Step30：选中时间轴【V4】轨道上的合成 Pre-comp5 素材，❶在【效果控件】面板中，将【ƒx 运动】中的【位置】选项调整至 -283.1、909.3，❷在 00:00:00:00 时间上添加一个关键帧，效果如图 10-36 所示。

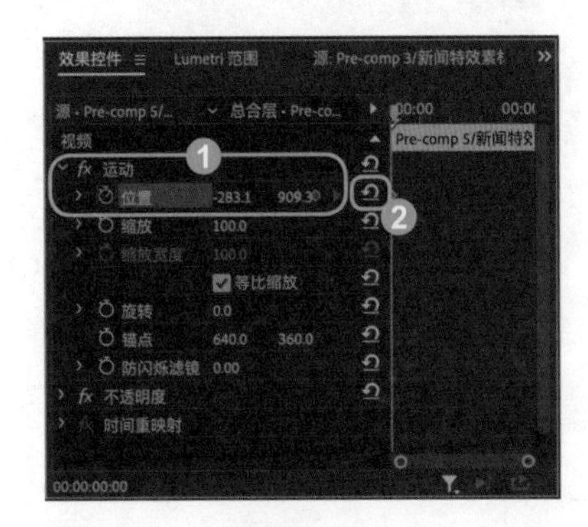

图10-36

Step31：❶将播放指示器拖至 00:00:01:00，❷在【效果控件】面板中，将【ƒx 运动】中的【位置】调整为 239.0、429.0，添加一个关键帧，效果如图 10-37 所示。

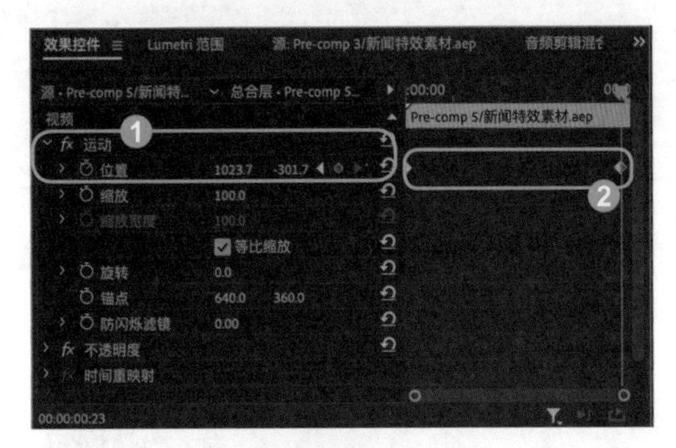

图10-37

Step32：按照【Step30】【Step31】的步骤，对合成素材 Pre-comp3、4 的位置进行调整，效果如图 10-38 所示。

图10-38

Step33：将背景音乐拖入时间轴【A1】，长度调整为 00:00:15:00，如图 10-39 所示。

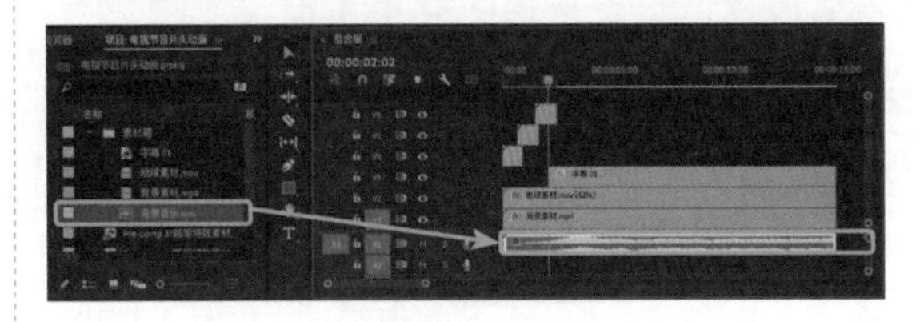

图10-39

Step34：❶单击【选择工具】，❷选择在音乐背景的结尾处单击右键，选择【应用默认过渡】，如图 10-40 所示。

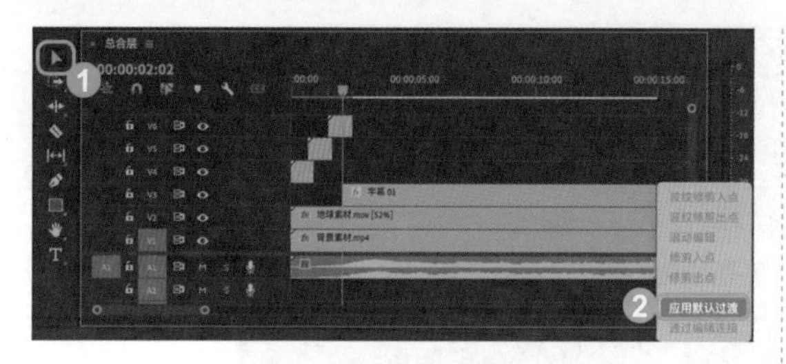

图10-40

Step35：向左拉动，调整【恒定功率】的长度，至此，本案例效果制作完成。效果如图 10-41 所示。

图10-41

Step36：❶单击【文件】菜单，在弹出的下拉菜单中❷选择【导出】命令，展开子菜单，❸选择【媒体】命令，如图 10-42 所示。

Step37：❶打开【导出设置】对话框，在【格式】列表框中选择【H.264】选项，❷在【预设】列表框中选择【匹配源 - 高比特率】选项，❸单击【输出名称】右侧的文本链接修改输出文件名，修改为【电视节目片头动画】，然后修改 MP4 视频文件的保存路径，如图 10-43 所示。

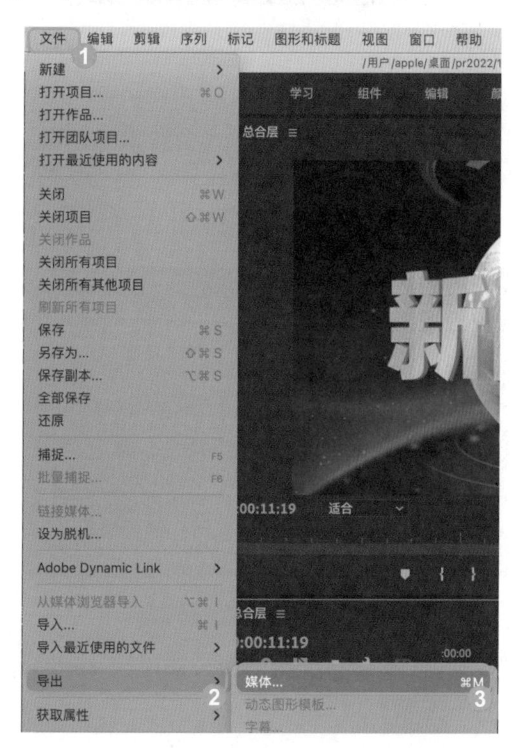

图10-42

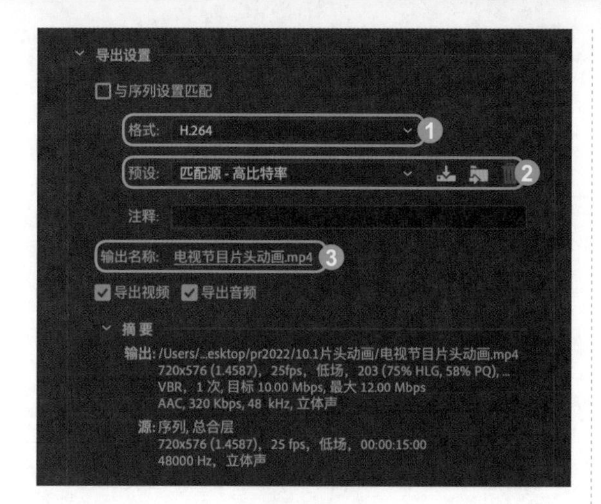

图10-43

Step38：在【导出设置】对话框的右下角单击【导出】按钮，打开【编码总合成】对话框，显示渲染进度，稍后将完成 MP4 视频文件的导出操作。

10.3 案例 2：企业宣传片片头动画

信息时代，越来越多的企业开始拍摄自己的企业宣传片，用视频的形式去宣传推广企业，扩大企业知名度，树立品牌形象，传递企业文化。这时视频的片头动画起到了很重要的作用，它可以通过文字的形式呈现内容，直观生动，且能反映宣传片的主题。本例将讲解使用 Premiere Pro 2022 制作企业宣传片片头动画的方法与步骤，完成效果如图 10-44 所示。

图10-44

制作步骤

Step01：打开 Premiere Pro 2022，新建一个名称为【企业宣传片片头动画】的项目文件，在【项目】面板的空白处单击鼠标右键，❶在弹出的快捷菜单中选择【新建】命令，❷展开子菜单，选择【序列】命令，如图 10-45 所示。

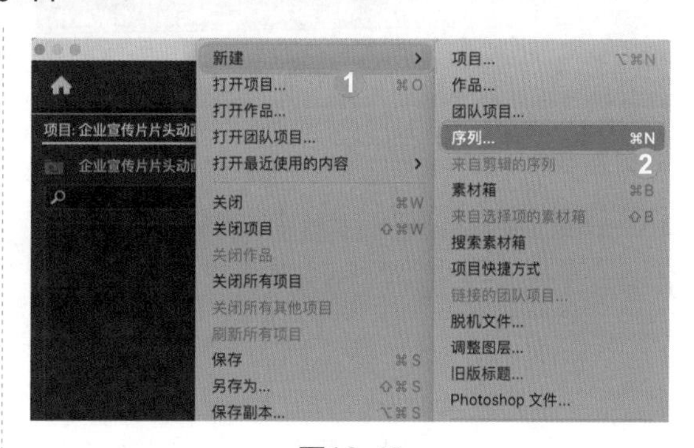

图10-45

Step02：打开【新建序列】对话框，❶在【可用预设】列表框中选择【宽屏48kHz】选项，❷在【序列名称】文本框中输入【总合层】，❸单击【确定】按钮，如图 10-46 所示。

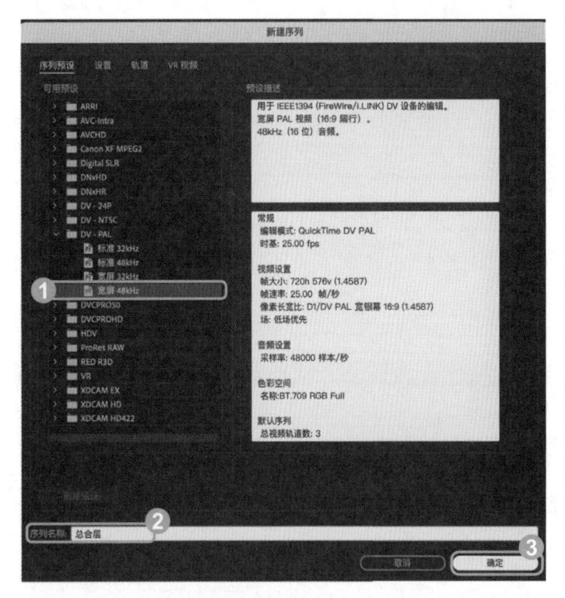

图10-46

Step03：完成序列文件的新建操作，并在【项目】面板中显示，画幅比例显示为方形屏幕 16:9，如图 10-47 所示。

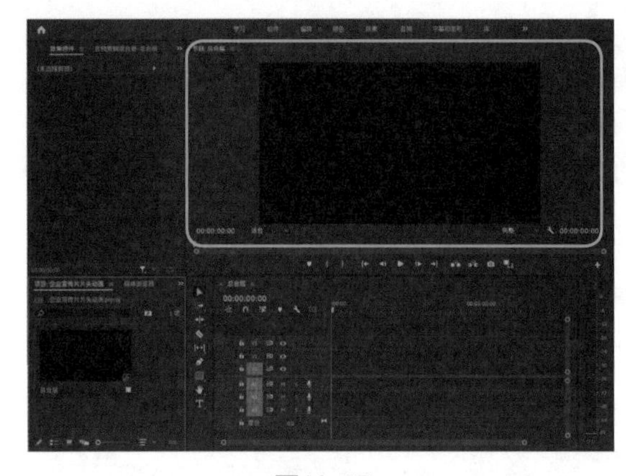

图10-47

Step04：在【项目】面板的空白处单击右键，选择【新建素材箱】选项，如图 10-48 所示。

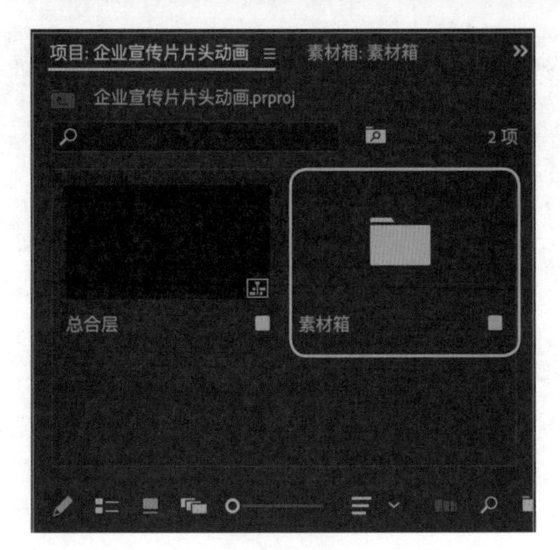

图10-48

Step05：在【项目】面板的【素材箱】面板的空白处双击鼠标左键，打开【导入】对话框，❶在素材文件夹中选择企业LOGO、背景音乐、背景素材、蓝色镜头光晕、光效素材、光环素材，❷单击【导入】按钮，如图 10-49 所示。

图10-49

Step06：在【素材箱】面板，再次打开【导入】对话框，❶在素材文件夹中选择二维海浪效果 AE 素材文件，❸单击【导入】按钮，如图 10-50 所示。

图10-50

Step07：❶显示【导入 After Effects 合成】面板，❷选择【总合层】固态层，❸单击【确定】按钮，如图 10-51 所示。

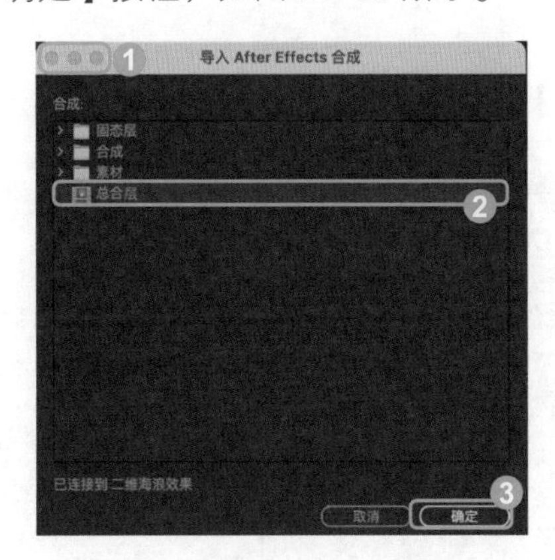

图10-51

Step08：在【素材箱】面板，再次打开【导入】对话框，❶在素材文件夹中选择企业文化标语 PSD 素材文件，❷单击【导入】按钮，如图 10-52 所示。

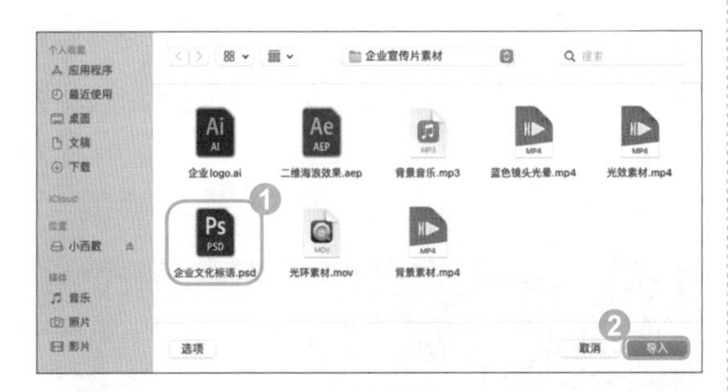

图10-52

Step09：❶显示【导入分层文件】面板，❷选择【合并所有图层】，❸单击【确定】按钮，如图 10-53 所示。

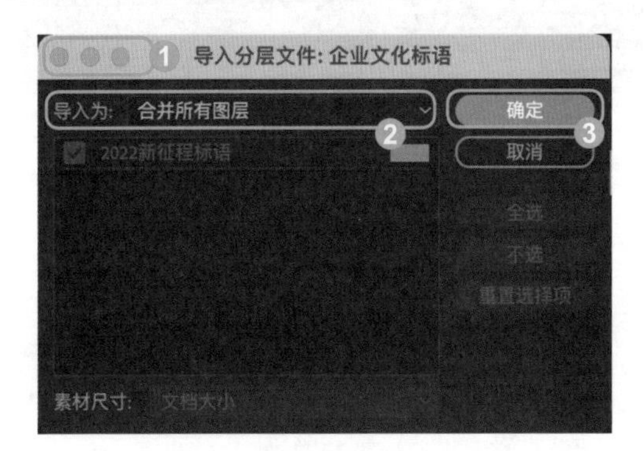

图10-53

Step10：现阶段，全部素材导入素材箱，效果如图 10-54 所示。

图10-54

Step11：将背景素材拖入时间轴【V1】轨道，如图 10-55 所示。

Step12：选中背景素材文件，❶在【效果控件】面板，❷选择【*fx* 缩放】中的【缩放】，将数值改为 28.0，如图 10-56 所示。

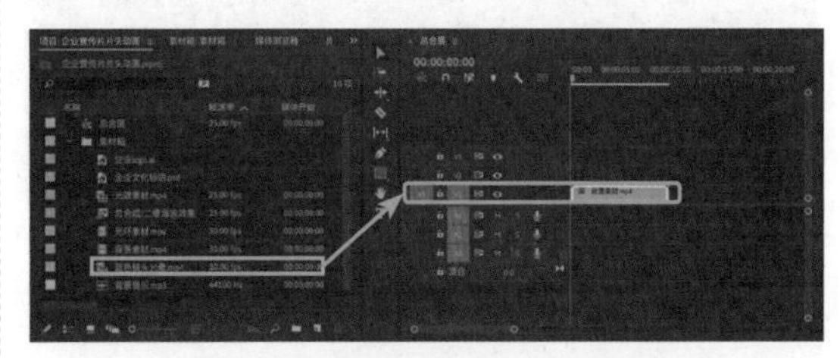

图10-55

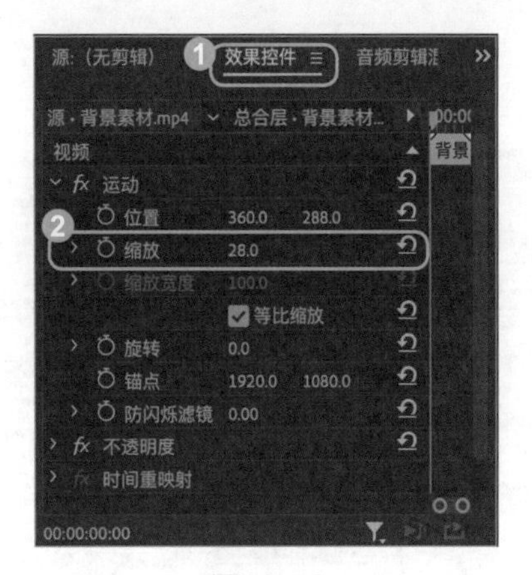

图10-56

Step13：❶将二维海浪效果 AE 素材、背景音乐素材分别拖入时间轴【V2】轨道、【A1】轨道，❷调整素材长度为 00:00:09:20，并按照【Step11】❸将二维海浪效果 AE 素材的缩放调整至 60.0，效果如图 10-57 所示。

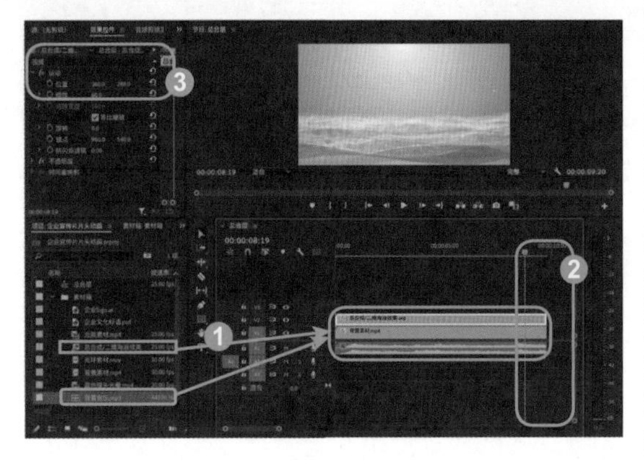

图10-57

Step14：❶将企业文化标语 PSD 素材拖入时间轴【V3】轨道，❷并将时长调整至 00:00:05:00 处，如图 10-58 所示。

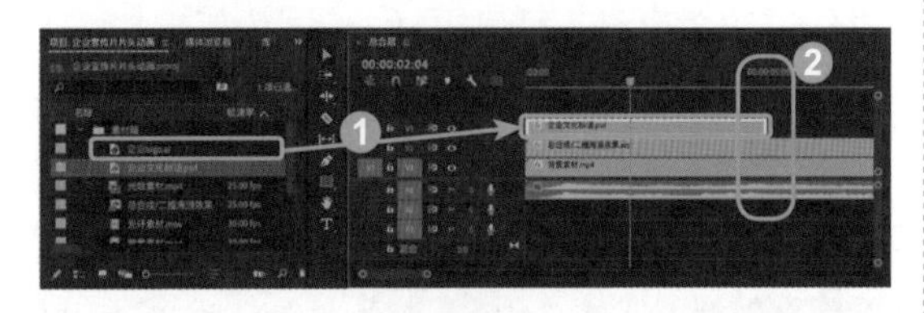

图10-58

Step15：为文字添加阴影，❶单击【效果】面板，❷选择【视频效果】，再选择【透视】中的【投影】效果，❸拖至背景素材文件上松开鼠标，效果如图 10-59 所示。

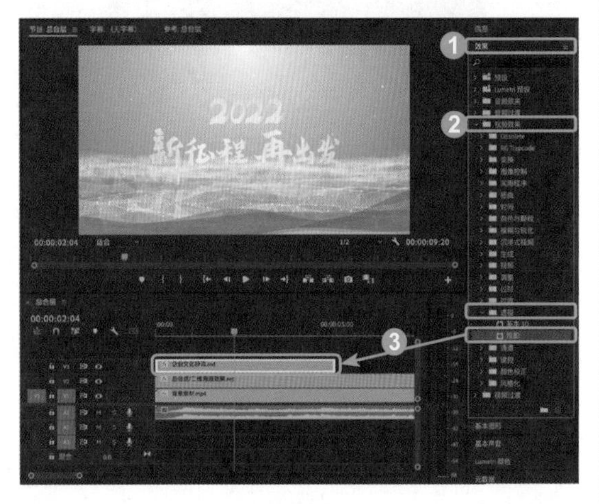

图10-59

Step16：❶选中企业文化标语素材，❷在【效果控件】面板中，将【*f*x 投影】中的【阴影颜色】选项调整为 R：1、G：38、B：95，【不透明度】调整为 100%，【方向】调整为 200.0°，【距离】调整为 12.0，【柔和度】调整为 20.0，如图 10-60 所示。

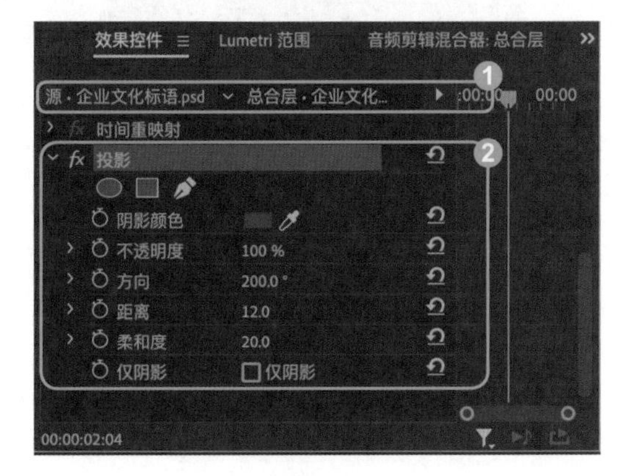

图10-60

Step17：将企业文化标语 PSD 素材再次拖入时间轴【V4】轨道，并将时长调整至 00:00:05:00 处，按照【Step14】，视频效果选择【过时】中的【RGB 曲线】效果，拖至背景素材文件上松开鼠标，效果如图 10-61 所示。

图10-61

Step18：❶选中调整时间轴【V4】轨道上素材中的企业文化标语，❷在【效果控件】面板上，将【*f*x RGB 曲线】的主要曲线拉至最高点，将文字调整为白色，效果如图 10-62 所示。

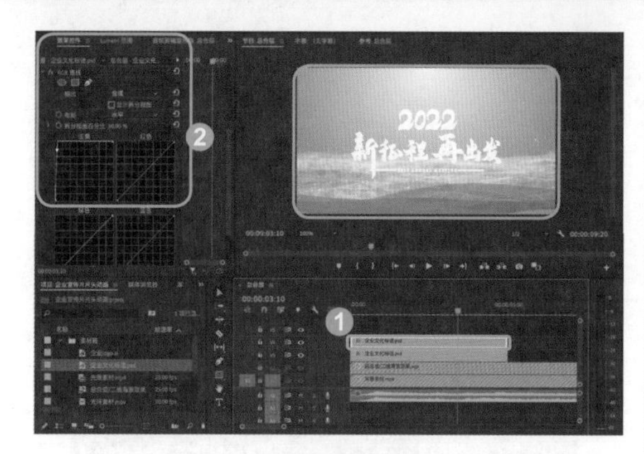

图10-62

Step19：为文字添加扫光效果，❶选中调整时间轴【V4】轨道上素材中的企业文化标语，❷单击【*f*x 不透明度】中的【创建椭圆形蒙版】，创建椭圆形蒙版，【蒙版羽化】调整为 170.0，【蒙版不透明度】调整为 100%，❸将播放指示器拖至 00:00:00:00，将蒙版位置放至文字左侧，在【蒙版路径】添加关键帧，效果如图 10-63 所示。

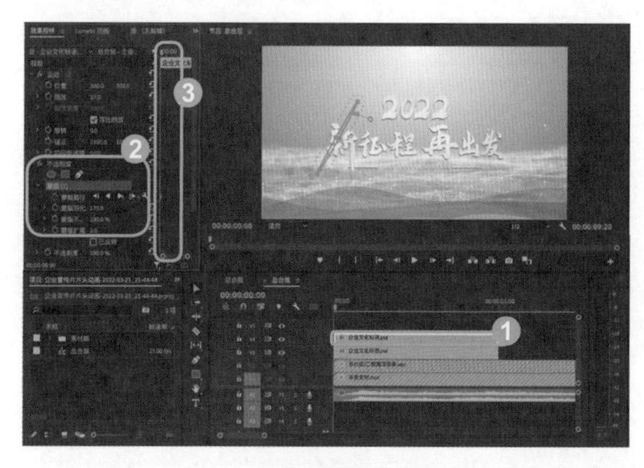

图10-63

Step20：❶将播放指示器拖至 00:00:05:00，❷调整蒙版位置至文字右侧尽头，在【蒙版路径】添加关键帧，效果如图 10-64 所示。

Step21：将企业 LOGO 素材拖入时间轴【V3】轨道，并调整长度至 00:00:09:20，如图 10-65 所示。

Step22：❶将光环素材拖入时间轴【V5】轨道，❷复制素材，并调整时间长度至 00:00:09:20，效果如图 10-66 所示。

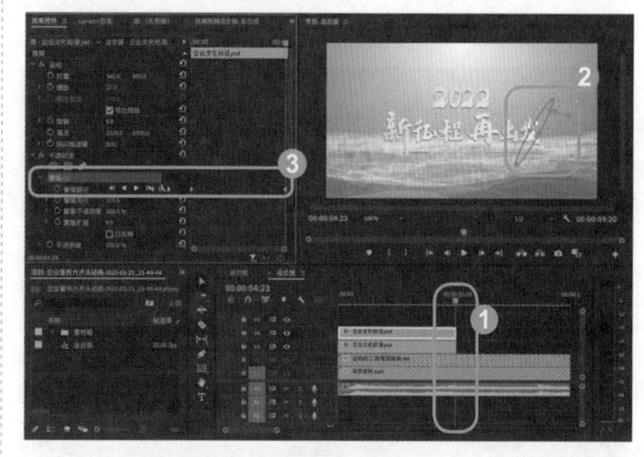

图10-64

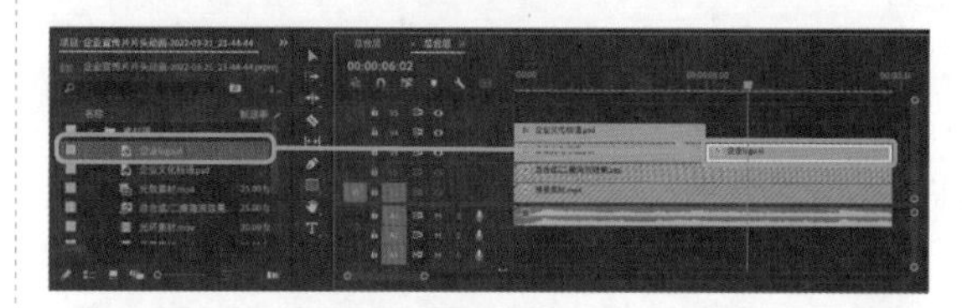

图10-65

图10-66

Step23：将光效素材和蓝色镜头光晕素材分别拖入时间轴【V6】和【V5】轨道，效果如图 10-67 所示。

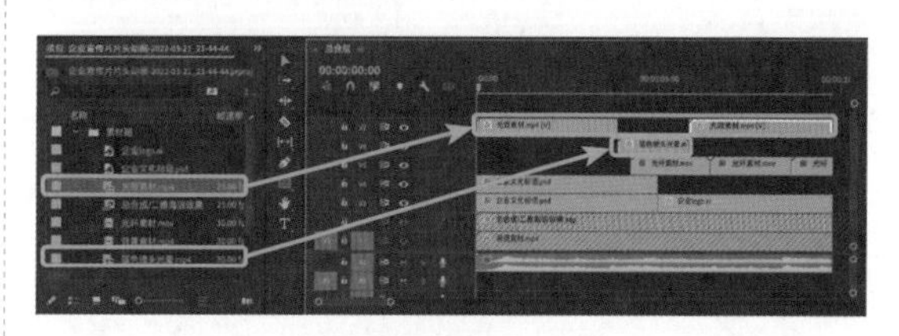

图10-67

Step24：❶分别选中光效素材和蓝色镜头光晕素材，❷在【效果控件】面板，❸将【*f*x

不透明度】中的【混合模式】修改为叠加。至此，本案例效果制作完成。效果如图 10-68 所示。

图10-68

Step25：❶单击【文件】菜单，在弹出的下拉菜单中❷选择【导出】命令，展开子菜单，❸选择【媒体】命令，如图 10-69 所示。

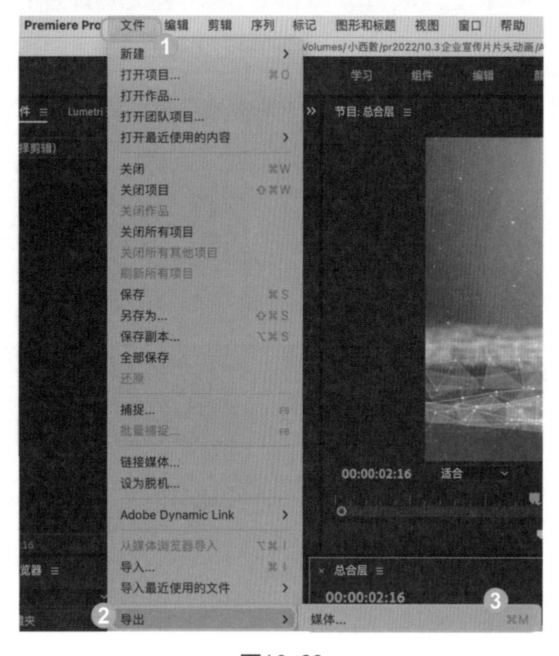

图10-69

Step26：❶打开【导出设置】对话框，在【格式】列表框中选择【H.264】选项，❷在【预设】列表框中选择【匹配源 - 高比特率】选项，❸单击【输出名称】右侧的文本链接修改输出文件名，修改为【宣传片片头动画】，然后修改 MP4 视频文件的保存路径，如图 10-70 所示。

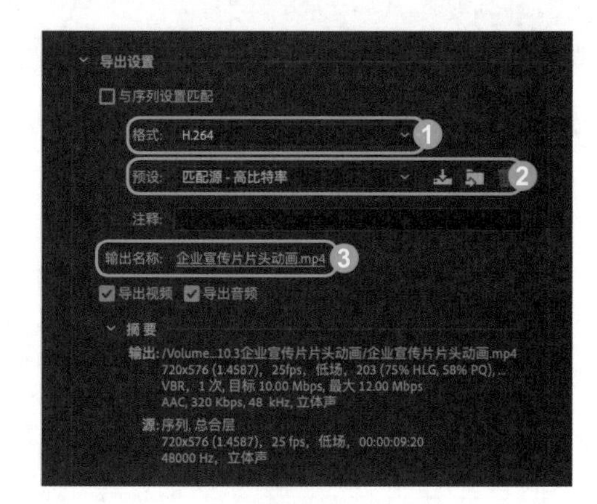

图10-70

Step27：在【导出设置】对话框的右下角单击【导出】按钮，打开【编码总合成】对话框，显示渲染进度，稍后将完成 MP4 视频文件的导出操作。

第11章 制作广告动画

- 广告动画的分类
- 广告动画的特点
- 案例1: 化妆品广告动画
- 案例2: 旅游宣传动画

广告动画是为了满足商业、宣传等不同需要，通过各种媒介向公众进行广泛传播的一种动画形式。好的广告动画是一种信息高度集中、内容高度浓缩的视听语言形式。本章将介绍广告动画的分类、特点、制作流程与注意事项，以及化妆品广告动画、旅游宣传动画的制作方法与技巧。

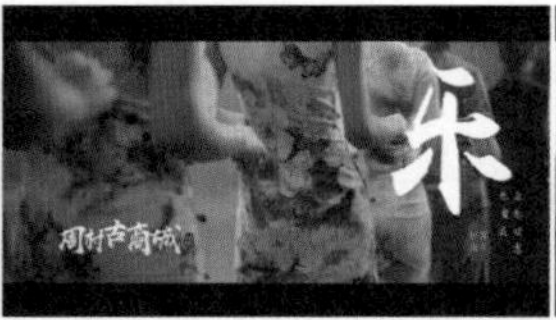

11.1 认识广告动画

广告动画是通过视频形式，在不同的媒介上进行传播，广泛地向公众传递商业、政治、文化等带有宣传信息的影片。广告动画属于视听觉的广告形式，以其声、像、色兼备，听、视、读并举的特点成为最现代化、最引人注目、传播速度最快、宣传效果最突出的广告形式。下面将介绍广告动画的分类和特点。

11.1.1 广告动画的分类

根据不同的分类标准，广告动画可以划分为不同的类型。

- 根据投放媒介形式划分

可分为电视广告、电影广告、网络广告、新媒体广告、信息流广告、户外广告、App广告、电梯广告、楼宇广告、地铁广告等。

- 根据是否以赢利为目的划分

可分为商业广告和非商业广告。以盈利为目的的广告称为商业广告，包括产品广告、服务广告、公关广告。而非商业广告是指不为获得收益，只为达到某种宣传目的而做的广告，包括政治广告、公益广告、个人广告等。

- 根据传播范围不同划分

可分为国际性广告、全国性广告、区域性广告和地区性广告等。国际性广告是为了在国际市场上进行推广、销售所制作的广告，要求了解各国的文化、政策，适应国际市场。全国性广告是指选择在全国性广告媒介上进行宣传推广的广告，从而使全国消费者对产生企业以及产品产生认知与购买。地区性广告是指选择在一定区域内的媒体上进行广告投放，从而扩大此区域消费者对产品的认知度和购买力。

- 根据商品生命周期不同划分

可分为开拓期广告、竞争期广告和维持期广告。

开拓期广告是新产品上市期间介绍研发的新产品的基本功能与使用方法，以引起消费者购买需求的广告。竞争期广告是商品已经拥有一定销量并且要保持稳定增长所做的广告，主要是介绍此产品与竞品相比的优势，开展竞争，获得更大的时常占有量。维持期是商品销量遇到瓶颈且有下滑趋势时推广的广告，主要针对企业建立品牌形象、维护消费者的信赖度，以维持销售量或防止销售量的下降。

近些年随着短视频的爆发，广告视频的类型和投放数量呈倍数增长，广告视频动画的迭代速度非常之快。越来越多的企业广告动画宣传制作的片头越来越简短，向突出产品宣传、文化宣传的单点宣传策略转变。

11.1.2 广告动画的特点

在互联网、新媒体冲击的当今时代，电视、电影等传统广告受到了巨大的冲击。为顺应时代的发展，广告动画也呈现出适应各种媒介传播的特点，这些特点主要表现在以下几个方面：

（1）广告动画具有创意性。创意性是广告动画基本的特点之一，只有有创意的广告动画才能给人留下深刻的印象，好的创意需要融入新时代的文化、艺术、潮流和思想等元素。

（2）广告动画具有广泛的传播渠道。随着智能设备的普及和无线互联网的迅猛发展，以及自媒体的广泛应用，极大地拓宽了广告动画的宣传渠道。

（3）制作更精良、更专业。随着制作广告动画的软件和硬件设备的升级，以及制作技术越来越先进，制作出来的广告动画效果更精美，更能吸引观众，也更能体现制作的专业性。

（4）广告动画具有宣传特性。宣传性是广告动画基本的特性，因此，广告动画的制作必须要明确广告的用途，比如商品宣传广告要与市场营销活动相结合，向目标消费者展示商品的性质、功用、优点等基本信息，打动和影响消费者的观念和行为，最终达到商品的销售与推广。而公益广告的宣传作用则是宣扬社会公共道德，提升公众的道德意识，规范公众社会行为，增加公众的社会责任感。

11.2 案例1：化妆品广告动画

化妆品广告动画是旨在通过视频元素向观众传达化妆品的产品功效、产品定位以及品牌形象的销售广告。化妆品广告动画通常分为彩妆和护肤两类产品广告。彩妆类广告动画色彩比较强烈，画面动感、视频节奏较快；而护肤类广告动画需要尽可能地使用比较干净、清爽的画面颜色，把控好视频素材的颜色，通常需要选择唯美的视频素材和合适的特效素材进行剪辑制作，用简洁的文字和人物形象去展现纯净感。本例讲解护肤类广告动画的制作方法，完成效果如图11-1所示。

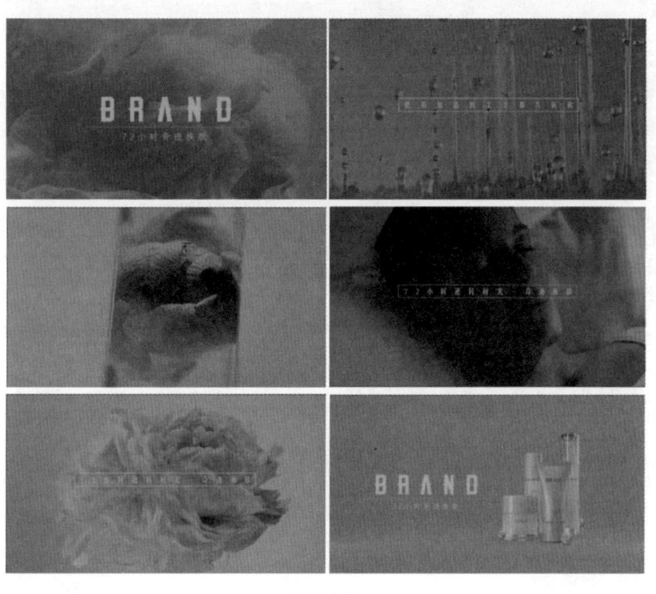

图11-1

制作步骤

Step01：打开 Premiere Pro 2022，新建一个名称为【化妆品广告】的项目文件，在【项目】面板的空白处单击鼠标右键，❶在弹出的快捷菜单中选择【新建】命令，❷展开子菜单，选择【序列】命令，如图 11-2 所示。

图11-2

Step02：打开【新建序列】对话框，❶在【可用预设】列表框中选择【宽屏 48kHz】选项，❷在【序列名称】文本框中输入【总合层】，❸单击【确定】按钮，如图 11-3 所示。

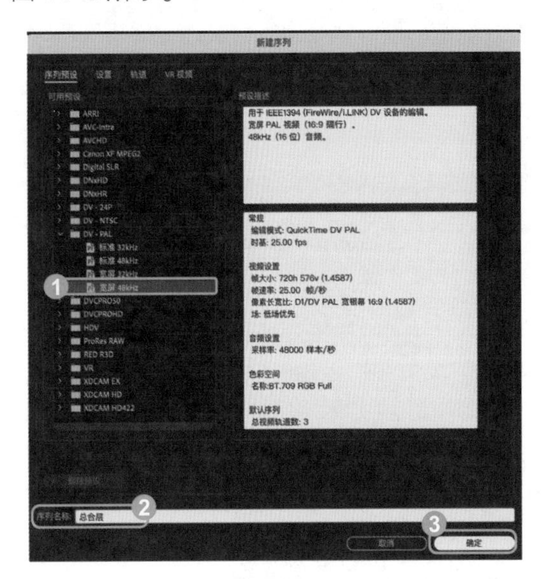

图11-3

Step03：完成序列文件的新建操作，并在【项目】面板中显示，画幅比例显示为方形屏幕 16:9，如图 11-4 所示。

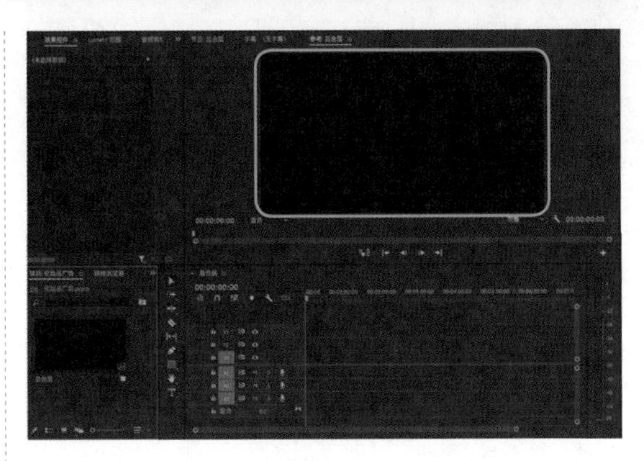

图11-4

Step04：在【项目】面板的空白处单击右键，选择【新建素材箱】选项，如图 11-5 所示。

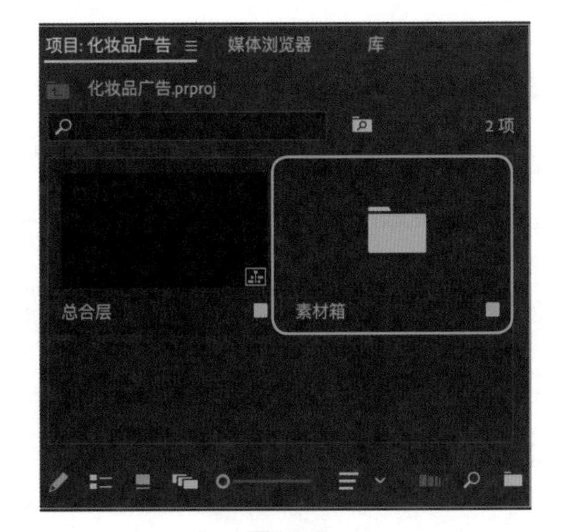

图11-5

Step05：在【项目】面板的【素材箱】面板中双击鼠标左键，打开【导入】对话框，❶在素材文件夹中选中需要的视频、音频、图片素材，❷单击【导入】按钮，如图 11-6 所示。

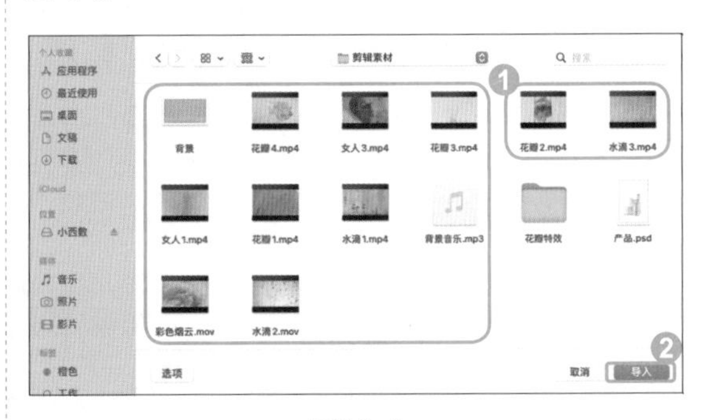

图11-6

Step06：在【素材箱】面板，再次打开【导入】对话框，❶在素材文件夹双击打开花瓣特效文件夹，选择 AE 素材文件，❷单击【导入】按钮，如图 11-7 所示。

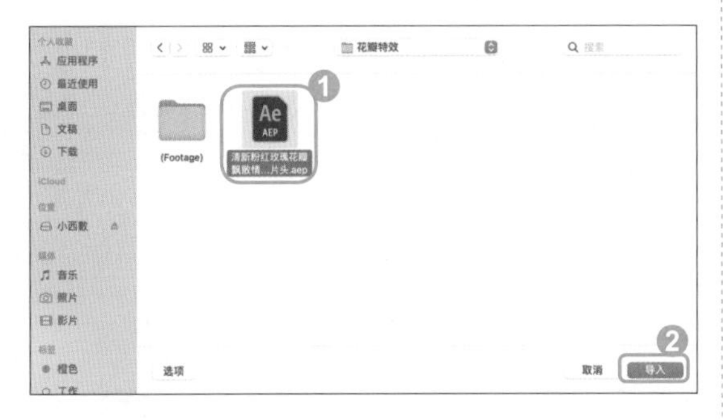

图11-7

Step07：❶显示【导入 After Effects 合成】面板，❷选择【总合层】固态层，❸单击【确定】按钮，如图 11-8 所示。

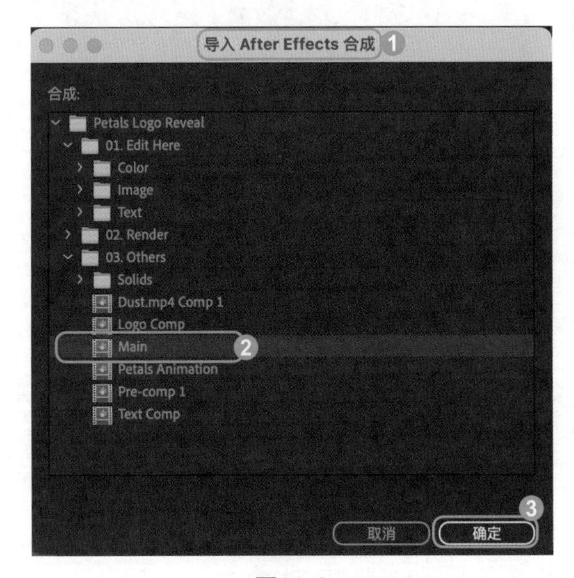

图11-8

Step08：在【素材箱】面板，再次打开【导入】对话框，❶在素材文件夹中选择产品 PSD 素材文件，❷单击【导入】按钮，如图 11-9 所示。

Step09：❶显示【导入分层文件】面板，❷选择【合并所有图层】，❸单击【确定】按钮，如图 11-10 所示。

Step10：现阶段，全部素材已导入素材箱，如图 11-11 所示。

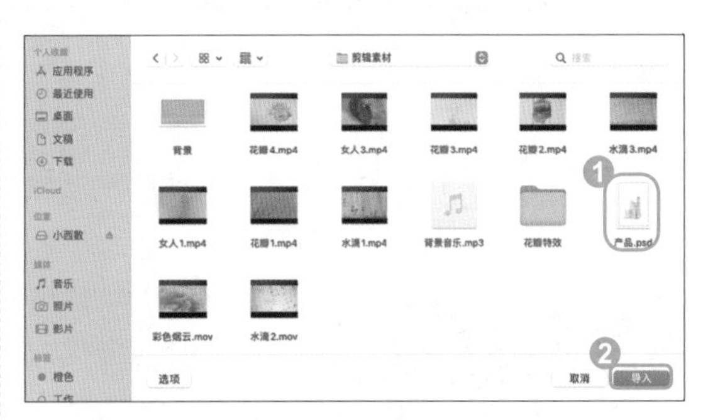

图11-9

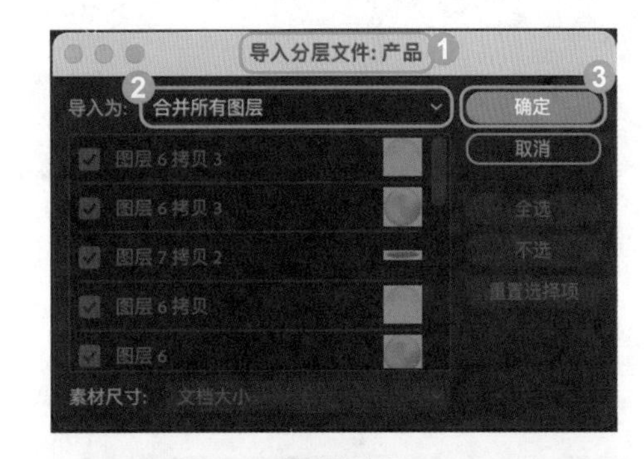

图11-10

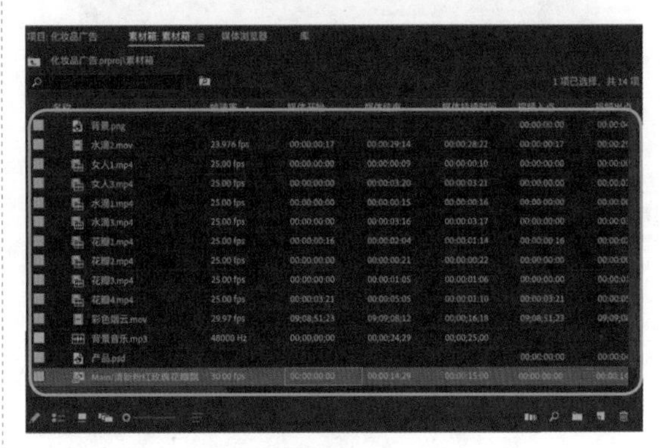

图11-11

Step11：将【素材箱】中的背景音频拖入时间轴【A1】轨道，如图 11-12 所示。

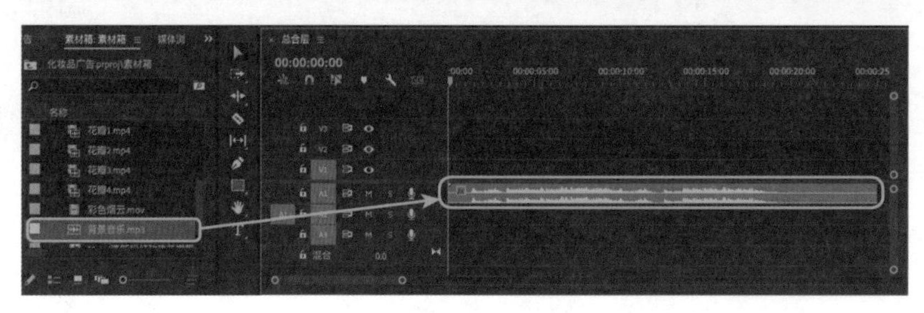

图11-12

Step12：❶在【素材箱】面板的空白处单击右键，选择【新建项目】，❷再选择【颜色遮罩】，如图 11-13 所示。

图11-13

Step13：在【新建颜色遮照】面板，单击【确定】按钮，如图 11-14 所示。

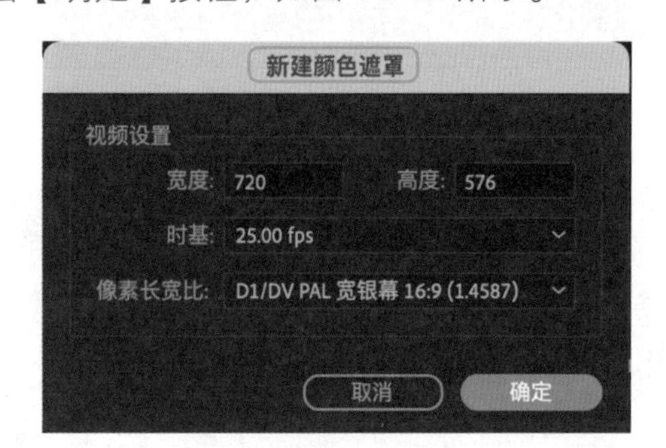

图11-14

Step14：❶在【拾色器】面板选择 R：247、G：198、B：198，❷单击【确定】按钮，如图 11-15 所示。

Step15：❶修改【选择新遮照的名称】为粉色遮照，❷单击【确定】按钮，如图 11-16 所示。

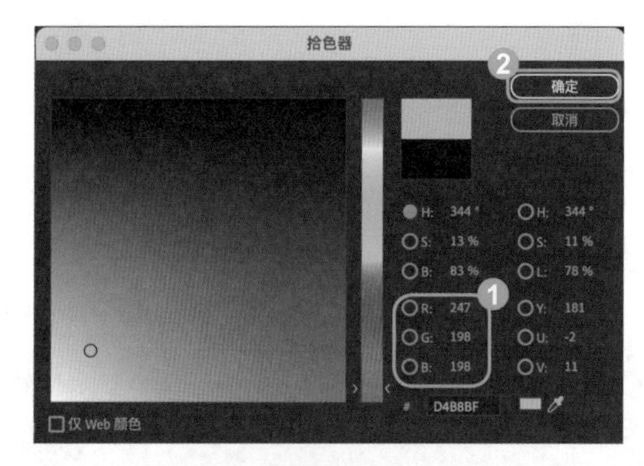

图11-15

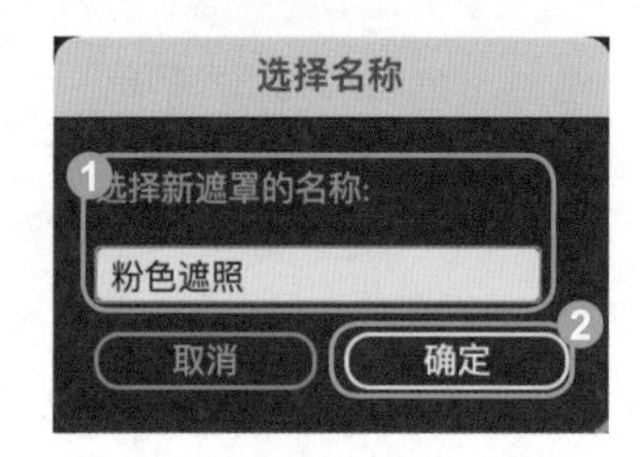

图11-16

Step16：将粉色遮照拖入时间轴【V1】，拉长至 00:00:01:10，如图 11-17 所示。

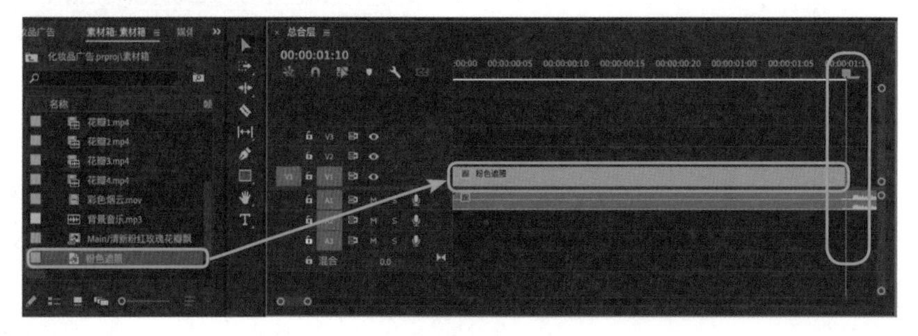

图11-17

Step17：将【素材箱】中的视频素材彩色烟云拖入时间轴【V1】轨道粉色遮照后面，如图 11-18 所示。

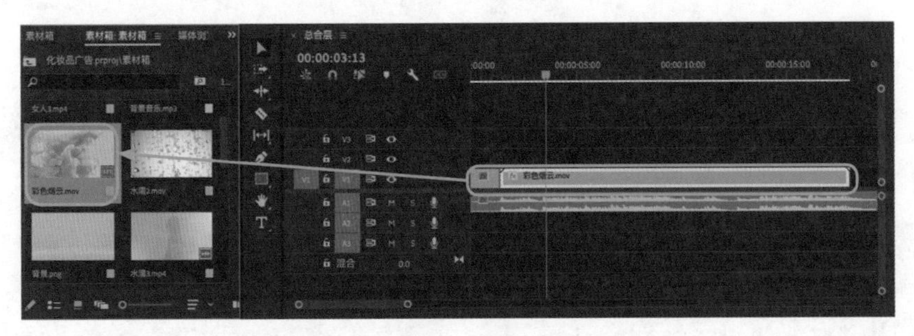

图11-18

Step18：❶选中彩色烟云素材，❷单击鼠标右键，选择【速度 / 持续时间】，如图 11-19 所示。

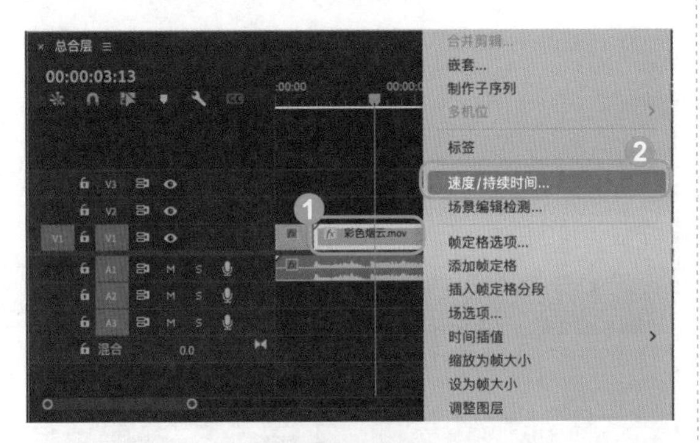

图11-19

Step19：❶在【剪辑速度 / 持续时间】面板，更改【速度】为 600%，❷单击【确定】按钮，如图 11-20 所示。

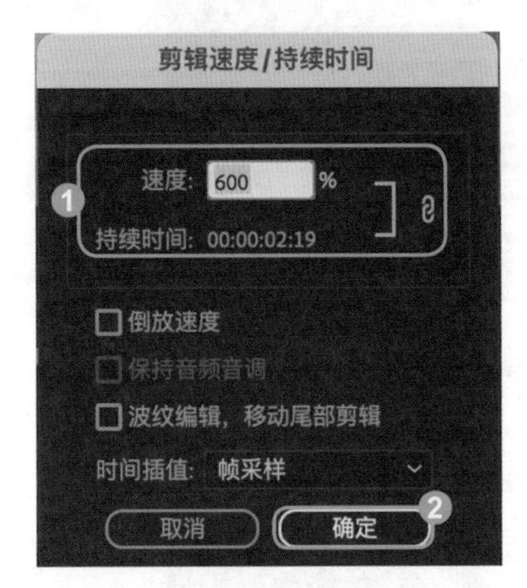

图11-20

Step20：❶单击【序列】面板，使工作范围框选在序列面板上，❷拖曳【长度条】放大序列上音乐文件的波形，寻找音乐峰值的低点，调整视频素材长度，如图 11-21 所示。

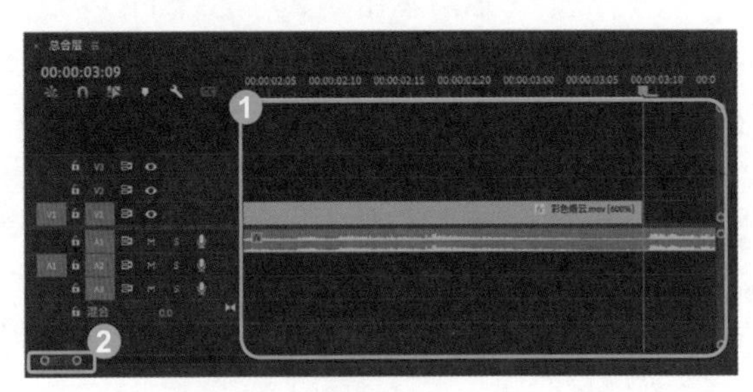

图11-21

Step21：❶将【素材箱】中的所有视频素材按照步骤【Step17】~【Step19】和脚本顺序拖入时间轴【V1】轨道，❷并按照音乐节奏调整每个素材的长度，然后重复播放检查画面与音乐之间的配合效果，进行细微调整，如图 11-22 所示。

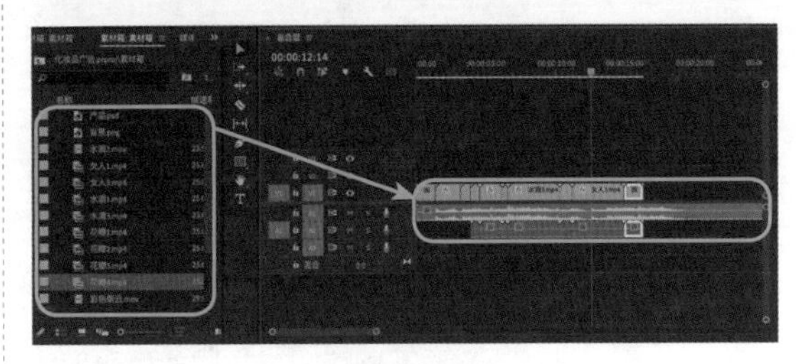

图11-22

Step22：❶将播放指示器拖至 00:00:00:00 处，❷单击【文字工具】，❸屏幕上出现输入文字光标，如图 11-23 所示。

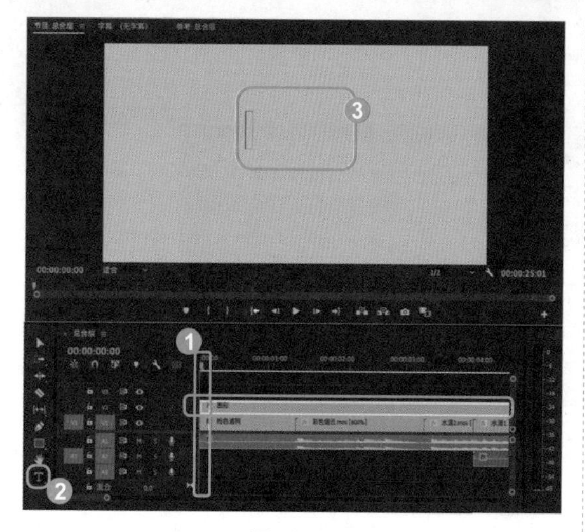

图11-23

图11-24

Step23：❶输入 LOGO“BRAND”，❷将文字素材长度调整至两段素材段长度 00:00:03:09，如图 11-24 所示。

Step24：❶选中文字 LOGO“BRAND”，❷在【基本图形】面板，在【对齐并变换】下单击垂直居中对齐，❸选择修改文本字体，调整文字大小为 110，如图 11-25 所示。

图11-25

Step25：❶选择【剃刀工具】，将 LOGO 文字在素材连接处剪断，❷在【效果】面板选择【视频过渡】，将【视频式沉浸】中的【VR 光线】拖入两段文字交界处，并调整效果长度，如图 11-26 所示。

图11-26

Step26：在素材箱【文字素材】面板中，❶选择【新建】，❷再选择【旧版标题】，如图 11-27 所示。

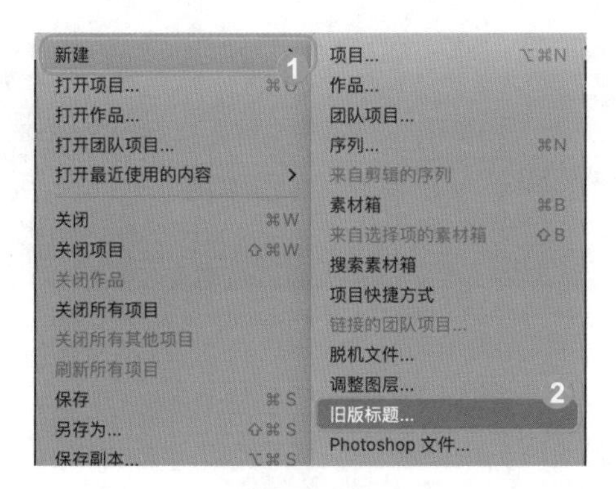

图11-27

Step27：❶单击【直线工具】，❷在视频需要的位置上单击鼠标左键后，❸划出直线，如图 11-28 所示。

图11-28

Step28：在面板右侧的【旧版标题属性】面板，修改【线宽】为 1.0，关闭旧版标题面板，效果如图 11-29 所示。

图11-29

Step29：将字幕 01 拖入时间线【V3】轨道中，放置在素材彩色烟云上方，并调整素材长度，效果如图 11-30 所示。

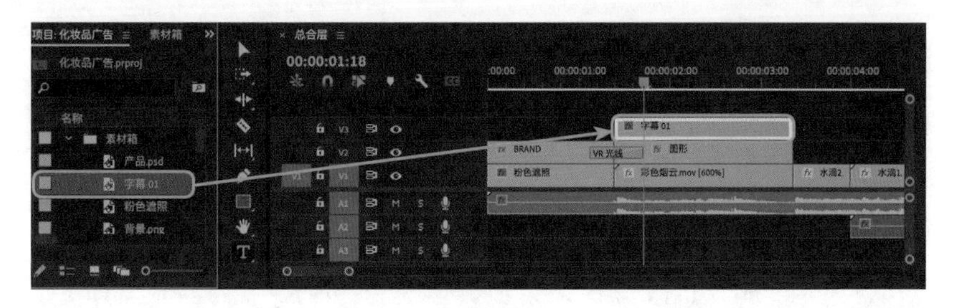

图11-30

Step30：按照步骤【Step22】~【Step24】，在【V4】轨道添加文字并调整长度，效果如图 11-31 所示。

Step31：按照步骤【Step22】~【Step29】，制作字幕所有文案字幕，效果如图 11-32 所示。

图11-31

图11-32

Step32：开始制作落版，将背景.png素材拖入时间线【V1】轨道中，放置在最后一个素材后面，效果如图11-33所示。

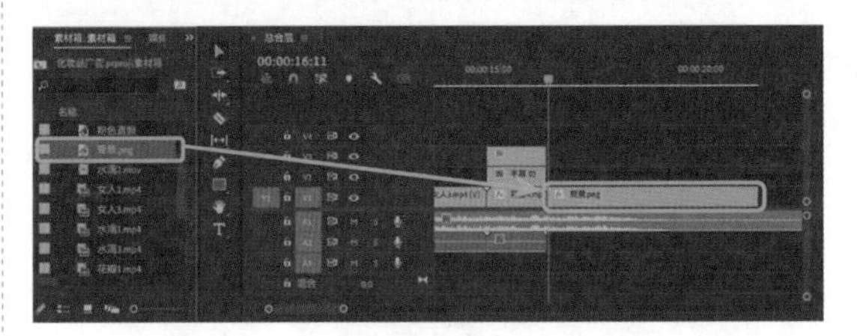

图11-33

Step33：在【效果】面板选择【视频过渡】，将【视频式沉浸】中的【VR球形模糊】拖入两段文字交界处，并调整效果长度，如图11-34所示。

图11-34

Step34：将Main/1.AE素材拖入时间线【V4】轨道中，放置在花瓣4素材上面，效果如图11-35所示。

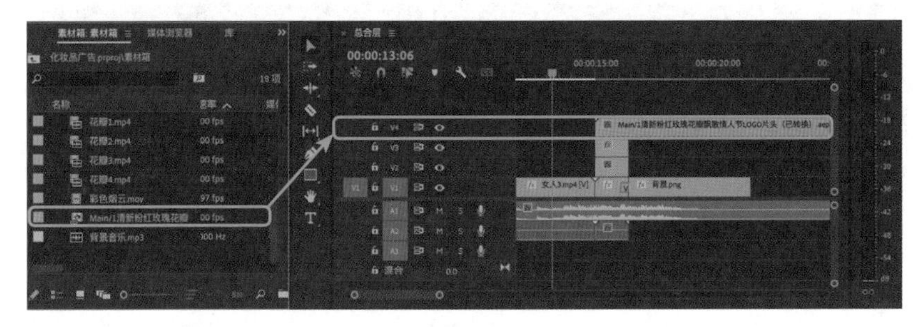

图11-35

Step35：选中Main/1.AE素材，按照步骤【Step17】【Step18】，缩短Main/1.AE素材时间，如图11-36所示。

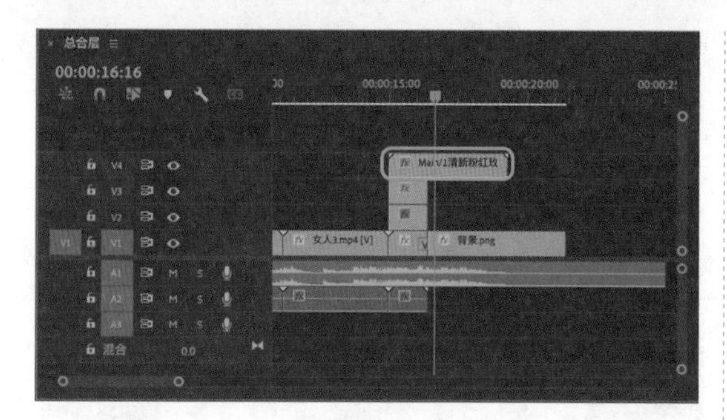

图11-36

Step36：将产品 .psd 素材拖入时间线【V2】轨道中，放置在背景 .png 素材上面对齐，效果如图 11-37 所示。

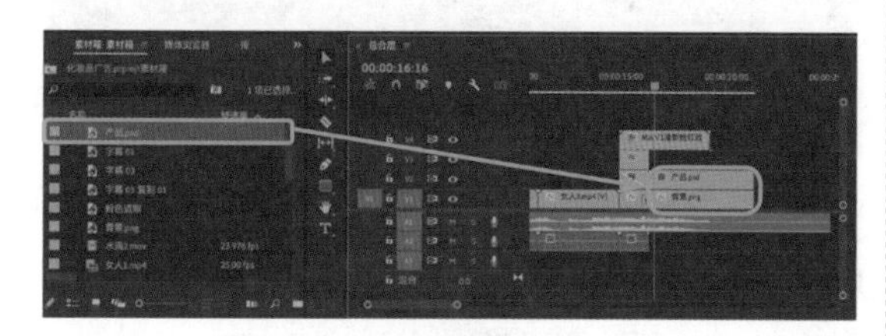

图11-37

Step37：❶在【效果】面板选择【视频过渡】，将【溶解】中的【交叉溶解】拖入产品 .psd 素材，❷并拉长效果长度，如图 11-38 所示。

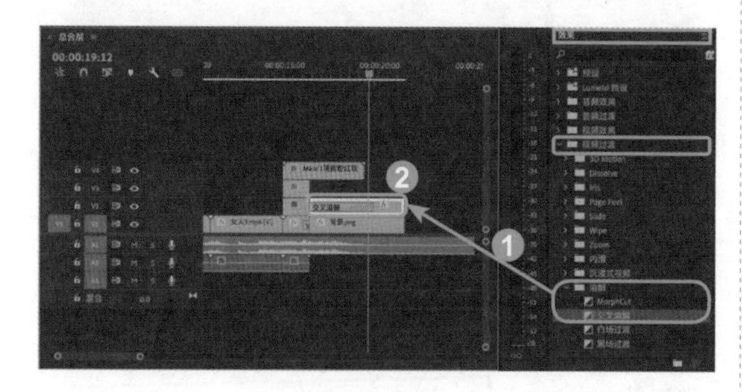

图11-38

Step38：❶选中产品 .psd 素材，❷在【效果控件】面板修改【fx 运动】中的【位置】为 487.0、242.0，【缩放】为 14.0，如图 11-39 所示。

Step39：❶选中视频片头制作的产品 LOGO 的三个素材文件，❷按住键盘上的 Alt 键，复制拖到落版画面位置，反复播放进行细微调整，如图 11-40 所示。

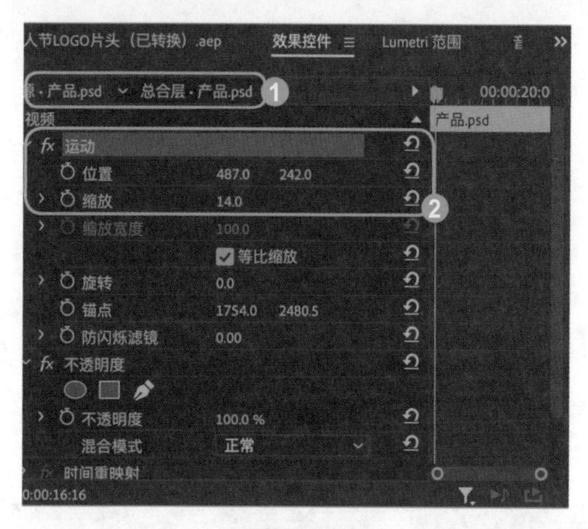

图11-39

图11-40

Step40：❶同时选中落版部分的产品 LOGO 的三个素材文件，❷单击鼠标右键，选择【嵌套】选项，如图 11-41 所示。

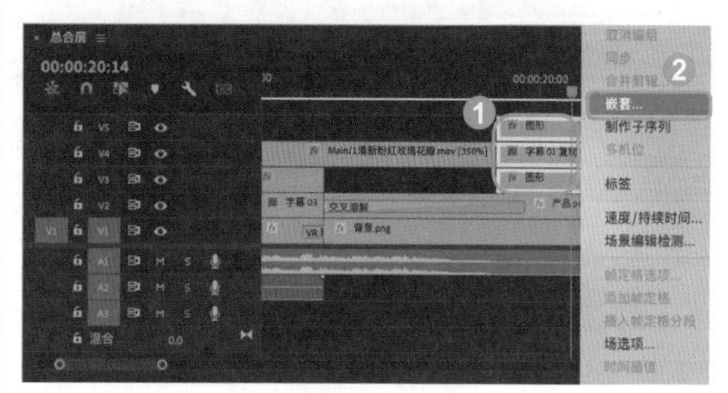

图11-41

Step41：❶在【嵌套序列名称】面板，修改嵌套序列的文件名为“落版 logo”，❷单击【确定】按钮，如图 11-42 所示。

图11-42

Step42：❶选择“落版 logo”嵌套序列，❷在【效果控件】面板修改【ƒx运动】中的【位置】为 220.0、288.0，【缩放】为 80.0，效果如图 11-43 所示。

图11-43

Step43：将时间轴上所有多余的音频素材对齐视频素材的剪辑长度，使用【剃刀工具】剪断并删除，如图 11-44 所示。

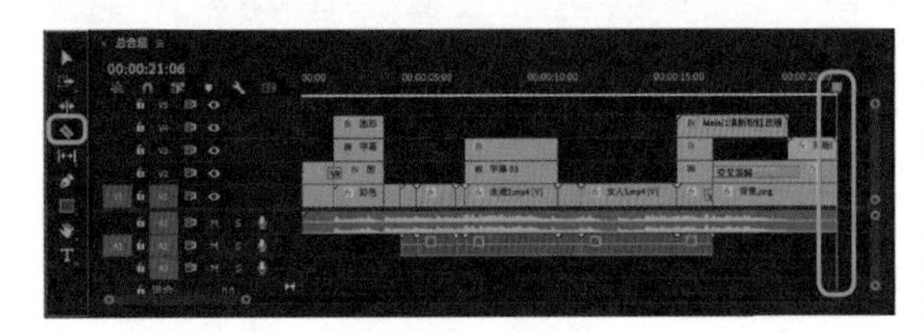

图11-44

Step44：❶使用【选择】工具将光标定位在音乐素材的末端，单击鼠标右键，❷选择【应用默认过渡】，并拉长过渡效果。至此，本案例效果制作完成。效果如图 11-45 所示。

Step45：❶单击【文件】菜单，在弹出的下拉菜单中❷选择【导出】命令，展开子菜单，❸选择【媒体】命令，如图 11-46 所示。

Step46：❶打开【导出设置】对话框，在【格式】列表框中选择【H.264】选项，❷在【预设】列表框中选择【匹配源 - 高比特率】选项，❸单击【输出名称】右侧的文本链接修改输出文件名，修改为【化妆品广告动画】，然后修改 MP4 视频文件的保存路径，如图 11-47 所示。

图11-45

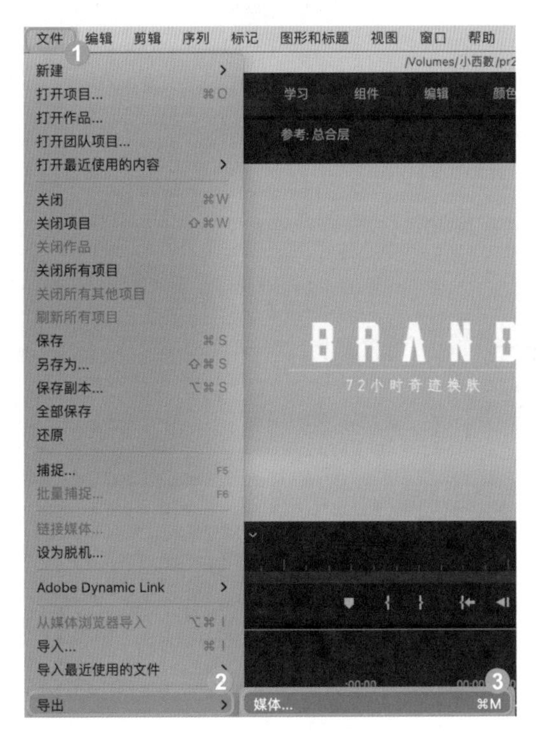

图11-46

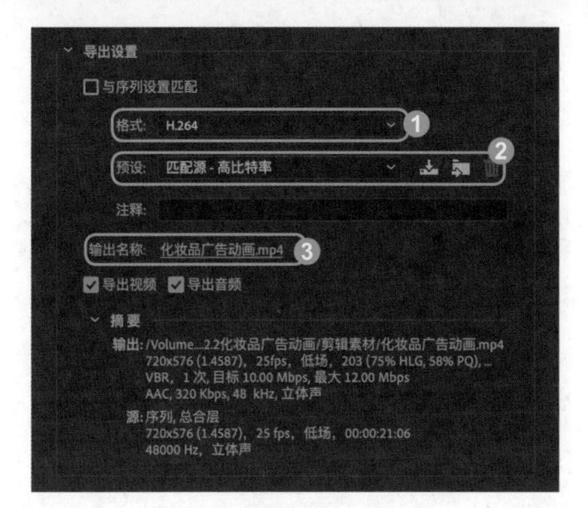

图11-47

Step47：在【导出设置】对话框的右下角单击【导出】按钮，打开【编码总合成】对话框，显示渲染进度，稍后将完成 MP4 视频文件的导出操作。

11.3 案例 2：旅游宣传动画

旅游宣传动画是对一个地区的地理风貌、人文风貌的展示和表现。我们通过影像的传播手段来提高旅游景地的知名度和曝光率。旅游宣传动画需要挖掘出景区特色的地域文化特征，准确地表达差异化的旅游景点定位，凝练旅游景点的独特人文，形成对旅游景点理念的诉求，通过行云流水的光影图像展现景点的独特魅力，让旅游宣传片更具魅力。本例将讲解某地区旅游宣传动画的制作方法与步骤，完成效果如图 11-48 所示。

图11-48

制作步骤

Step01：打开 Premiere Pro 2022，新建一个名称为【旅游宣传动画】的项目文件，在【项目】面板的空白处单击鼠标右键，❶在弹出的快捷菜单中，选择【新建】命令，❷展开子菜单，选择【序列】命令，如图 11-49 所示。

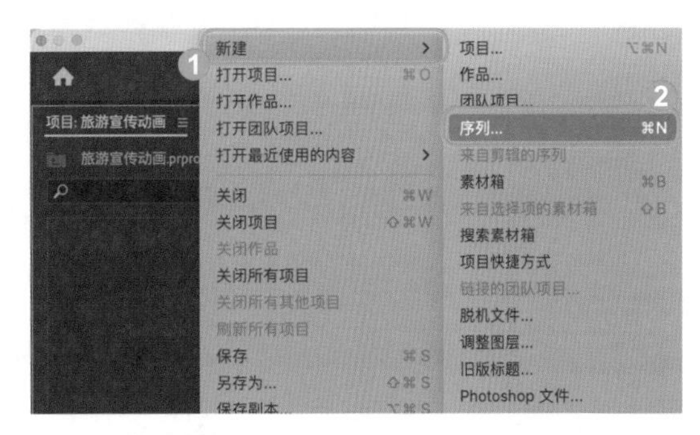

图11-49

Step02：打开【新建序列】对话框，❶在【可用预设】列表框中选择【宽屏 48kHz】选项，❷在【序列名称】文本框中输入【总合层】，❸单击【确定】按钮，如图 11-50 所示。

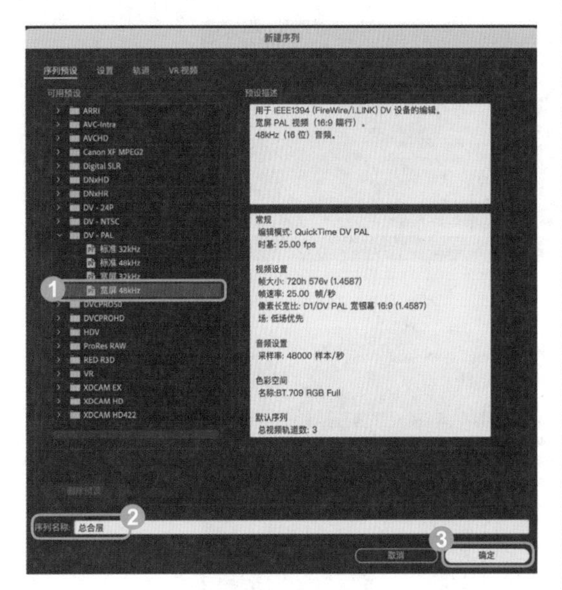

图11-50

Step03：完成序列文件的新建操作，并在【项目】面板中显示，画幅比例显示为方形屏幕 16:9，如图 11-51 所示。

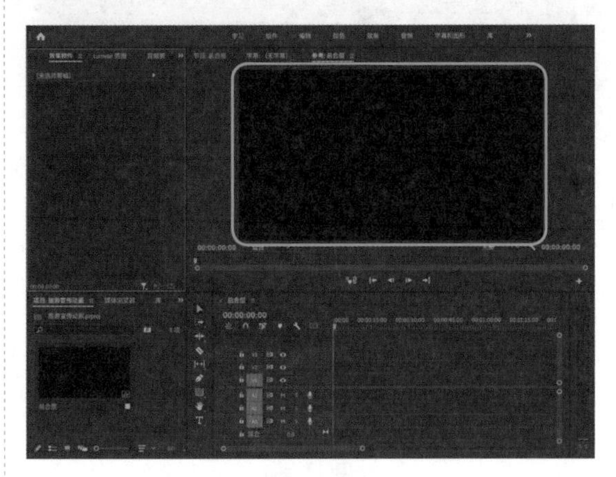

图11-51

Step04：在【项目】面板空白处单击右键，新建两个【素材箱】并分别重命名为视频素材、文字素材，如图 11-52 所示。

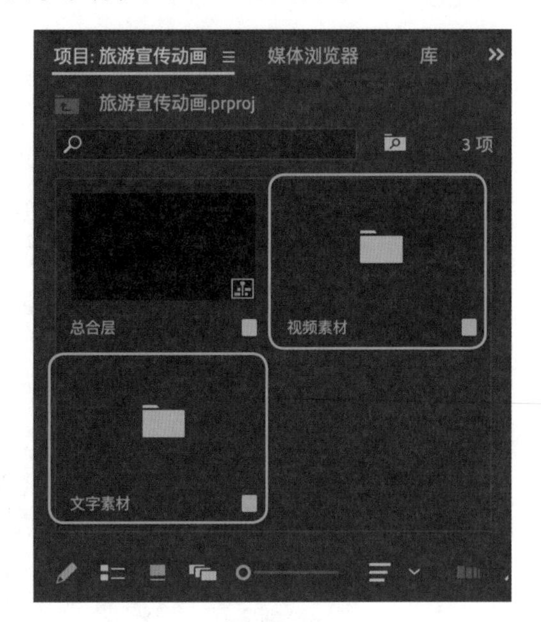

图11-52

Step05：在【项目】面板的【视频素材】素材箱面板中，双击鼠标左键，打开【导入】对话框，❶在素材文件夹中选中需要的视频、音频素材，❷单击【导入】按钮，如图 11-53 所示。

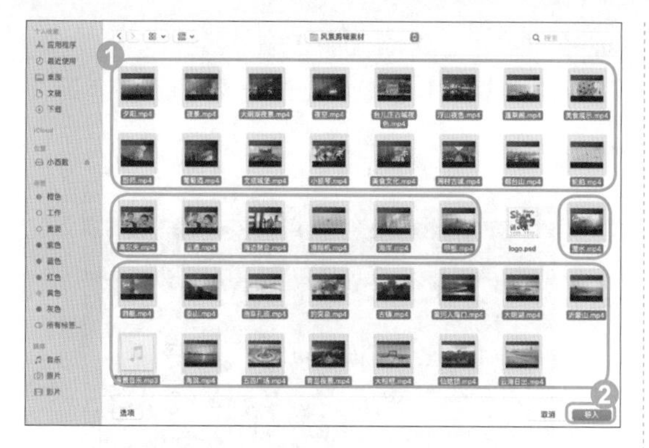

图11-53

Step06：在【项目】面板的【文字素材】素材箱面板中，再次打开【导入】对话框，❶在素材文件夹中选中产品 PSD 素材文件，❷单击【导入】按钮，如图 11-54 所示。

图11-54

Step07：❶显示【导入分层文件】面板，❷选择【各个图层】，❸单击【确定】按钮，如图 11-55 所示。

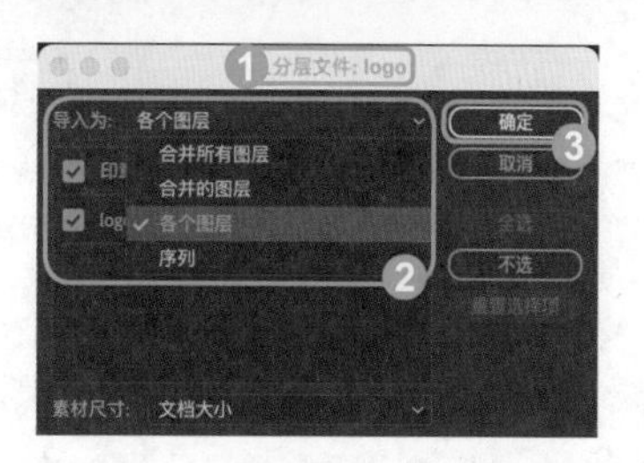

图11-55

Step08：现阶段，全部素材已导入素材箱，效果如图 11-56 所示。

图11-56

Step09：将【视频素材】素材箱中的背景音频拖入时间轴【A1】轨道，如图 11-57 所示。

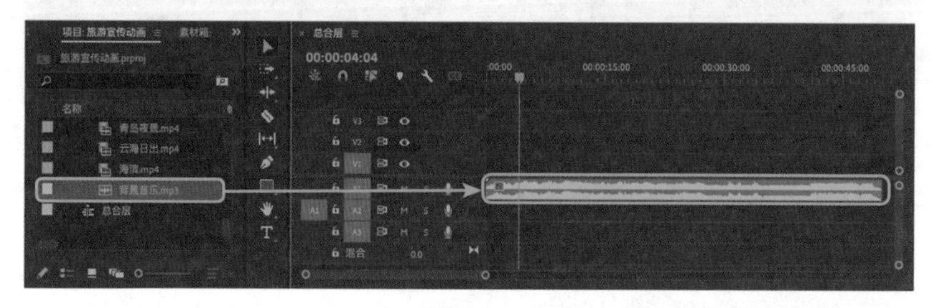

图11-57

Step10：制作视频遮照，❶在【文字素材】素材箱的空白处单击鼠标右键，❷选择【新建项目】中的【颜色遮照】，如图 11-58 所示。

图11-58

Step11：❶在【新建颜色遮照】面板❷单击【确定】按钮，如图 11-59 所示。

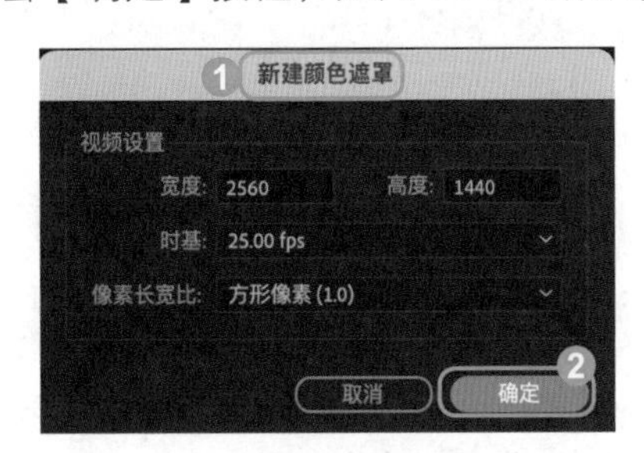

图11-59

Step12：❶在【拾色器】面板调整 R：0、G：0、B：0，❷单击【确定】按钮，如图 11-60 所示。

Step13：❶将【黑色遮照】分别拖入时间轴【V3】【V4】轨道，❷并调整【黑色遮照】素材长度与音乐素材一至，如图11-61 所示。

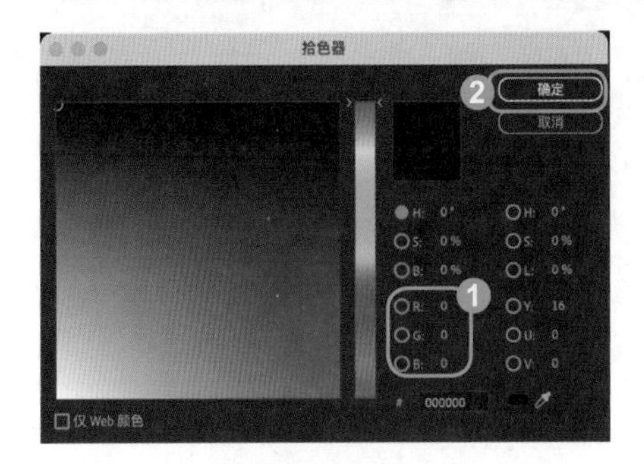

图11-60

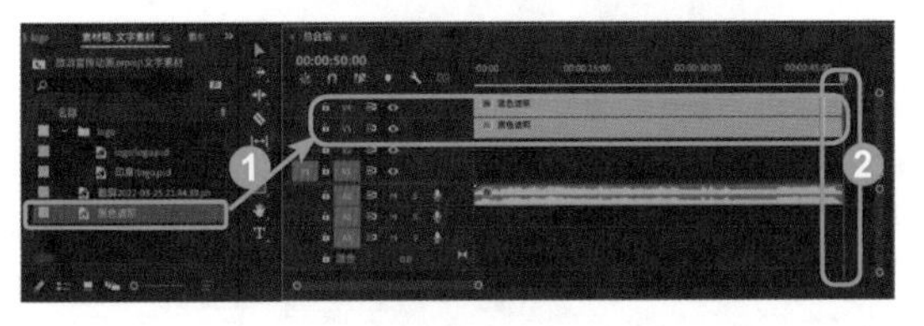

图11-61

Step14：❶在【效果】面板选择【视频效果】，选择【变换】中的【裁剪】，❷分别拖入时间轴【V3】【V4】轨道上的【黑色遮照】素材上，如图 11-62 所示。

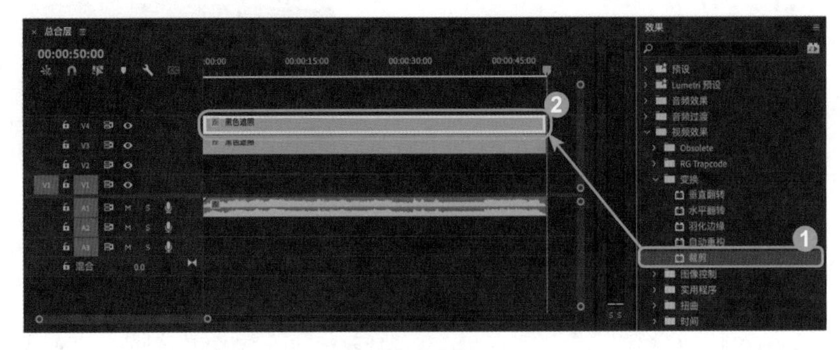

图11-62

Step15：❶选择【V3】轨道上的【黑色遮照】素材，❷在【效果控件】面板调整【*f*x 裁剪】的【底部】为 88.0%，如图 11-63 所示。

Step16：❶选择【V4】轨道上的【黑色遮照】素材，❷在【效果控件】面板调整【*f*x 裁剪】的【顶部】为 88.0%，如图 11-64 所示。

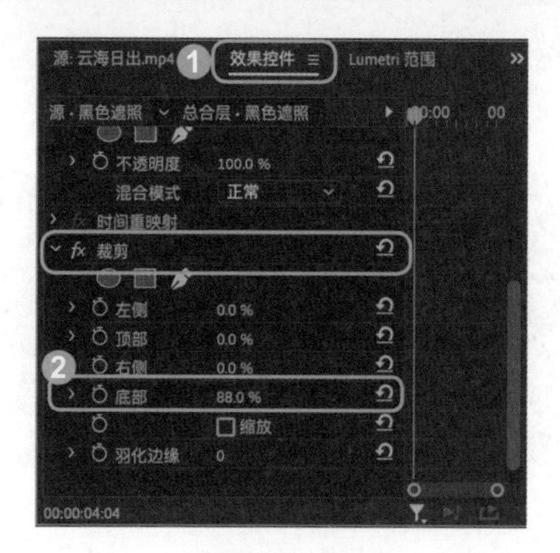

图11-63

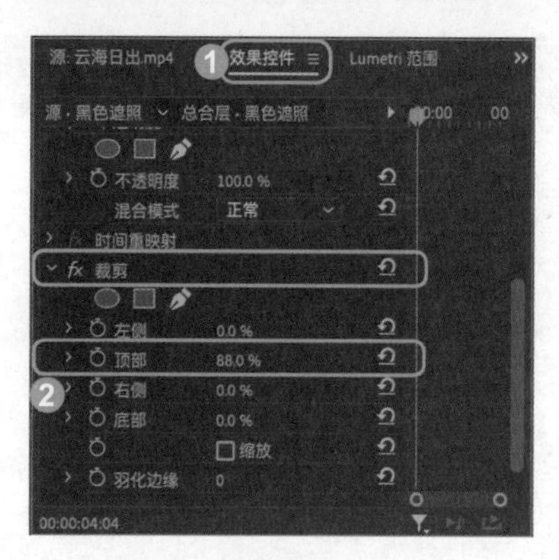

图11-64

Step17：将【视频素材】素材箱中的视频素材【云海日出】拖入时间轴【V1】轨道，如图 11-65 所示。

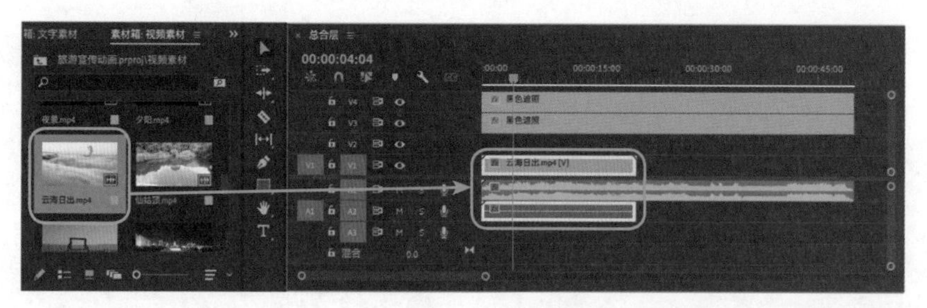

图11-65

Step18：❶拖曳【长度条】放大序列上音乐文件的波形，寻找音乐的峰值，根据音乐峰值❷将云海日出素材的长度调整至 00:00:01:15，如图 11-66 所示。

图11-66

Step19：❶选择云海日出素材，❷在【效果控件】面板调整【*fx* 运动】的【位置】为 128.0、860.0，【缩放】改为【134.0】，如图 11-67 所示。

图11-67

Step20：❶将【素材箱】中的所有视频素材按照步骤【Step18】【Step19】和脚本顺序拖入时间轴【V1】轨道，❷并按照音乐节奏调整每个素材的长度，然后重复播放检查画面与音乐之间的配合效果，进行细微调整，效果如图 11-68 所示。

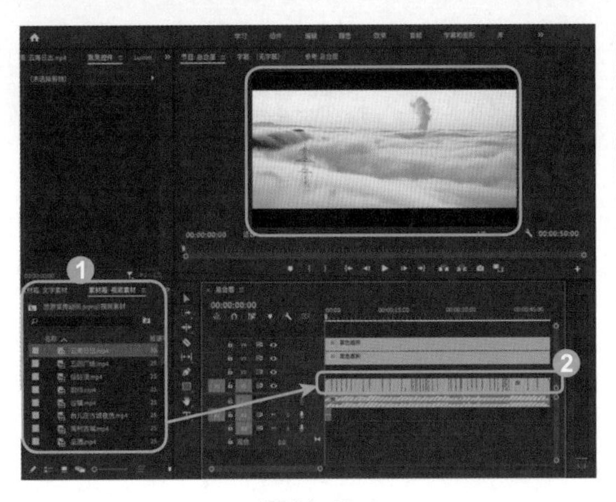

图11-68

Step21：在素材箱【文字素材】面板中，①选择【新建】，②再选择【旧版标题】，如图 11-69 所示。

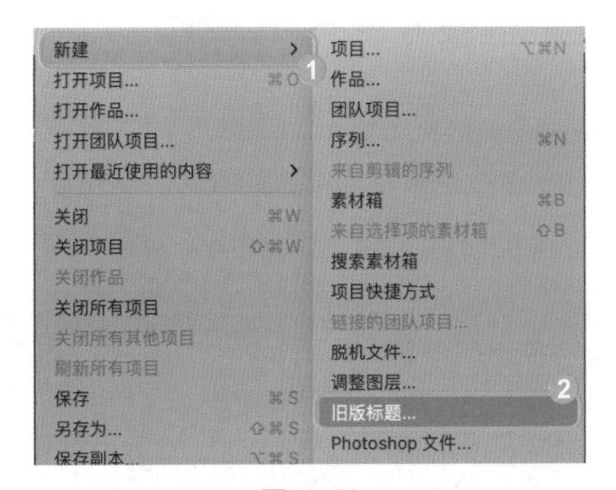

图11-69

Step22：①在【新建字幕】面板，②修改【名称】为云海日出，③单击【确定】按钮，如图 11-70 所示。

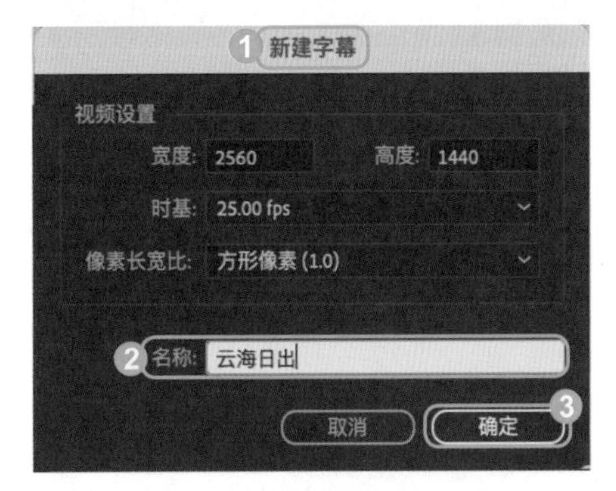

图11-70

Step23：①单击【文字工具】，②在视频所需要的位置上单击鼠标左键后，③输入文字“云海日出”，如图 11-71 所示。

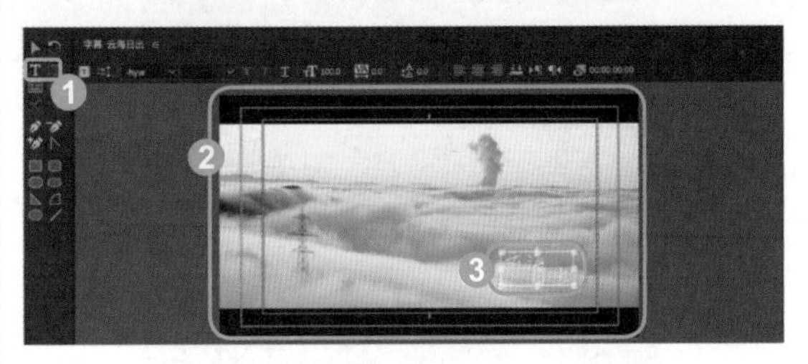

图11-71

Step24：在右侧的【旧版标题属性】面板，根据要求修改【属性】中的数值，关闭旧版标题面板，如图 11-72 所示。

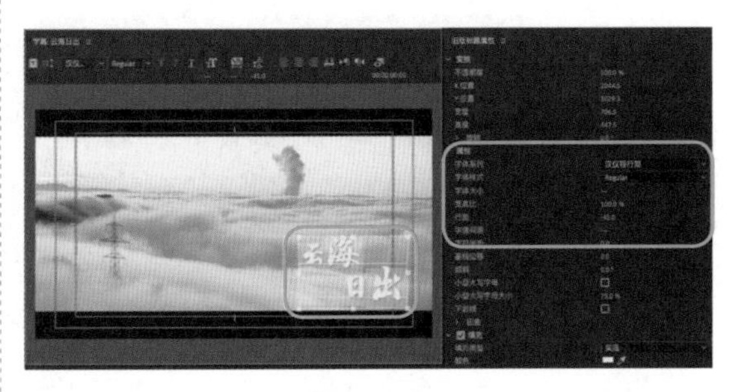

图11-72

Step25：①将字幕云海日出拖入时间线【V2】轨道中，放置在素材云海日出上方，②调整素材长度与云海日出一至，如图 11-73 所示。

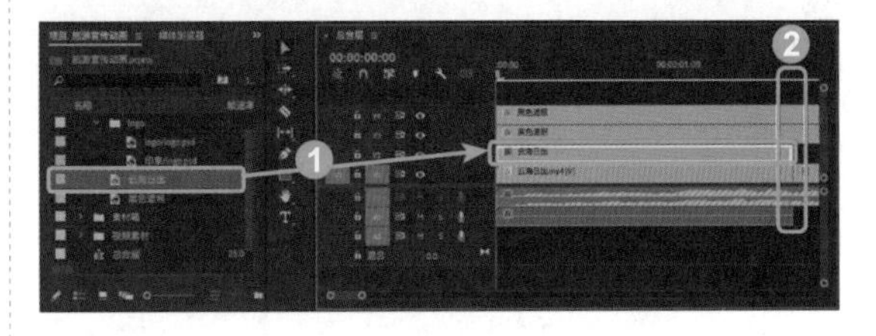

图11-73

Step26：①将印章 .psd 素材拖入时间线【V5】轨道中，②调整素材长度与云海日出一至，如图 11-74 所示。

Step27：①选择印章 .psd 素材，②在【效果控件】面板调整【ƒx 运动】的【位置】为 2165.0、910.0，将【缩放】调整为 17.0，如图 11-75 所示。

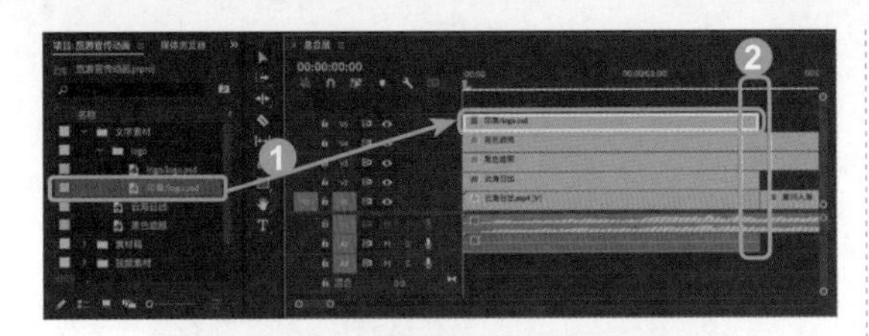

图11-74

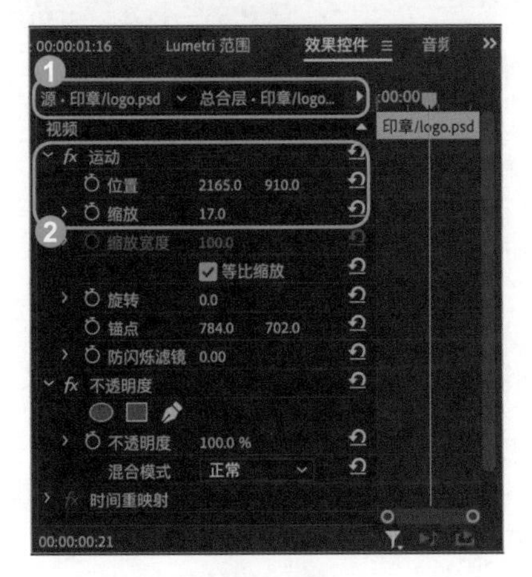

图11-75

Step28：将制作的所有字幕素材对应名称拖入时间线【V5】轨道中，并按对应长度调整文字素材长度，如图 11-76 所示。

Step29：制作落版，❶在【效果】面板搜索【模糊】，选择【视频效果】中的【过时】和【快速模糊】，❷拖入结尾素材青岛夜景，如图 11-77 所示。

图11-76

图11-77

Step30：❶选中青岛夜景素材，将播放指示器拖至 00:00:48:00，❷在【效果控件】面板，【快速模糊】中的【模糊度】0.0 位置处添加关键帧，如图 11-78 所示。

图11-78

Step31：❶将播放指示器拖至00:00:49:00，❷在【效果控件】面板，【*fx* 快速模糊】中的【模糊度】50.0位置处添加关键帧，如图11-79所示。

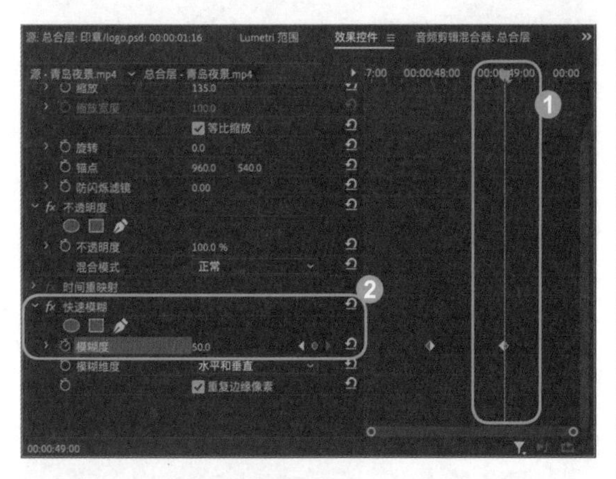

图11-79

Step32：❶将logo.psd素材拖入时间轴【V2】轨道，❷并调整素材长度与所有素材一致，如图11-80所示。

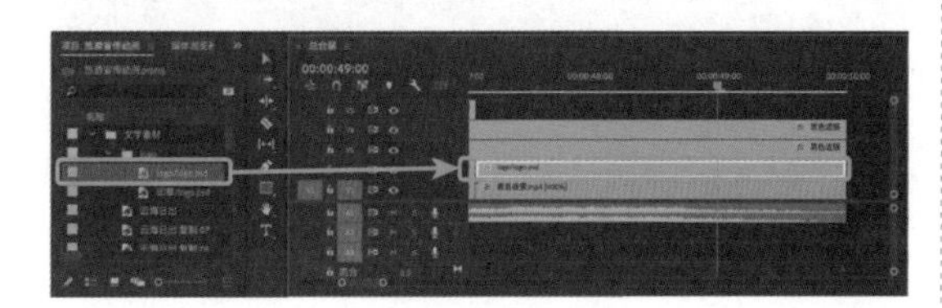

图11-80

Step33：选中logo.psd素材，在【效果控件】面板，调整【*fx* 运动】的【缩放】为65.0。至此，本案例效果制作完成。效果如图11-81所示。

图11-81

Step34：❶单击【文件】菜单，在弹出的下拉菜单中❷选择【导出】命令，展开子菜单，❸选择【媒体】命令，如图11-82所示。

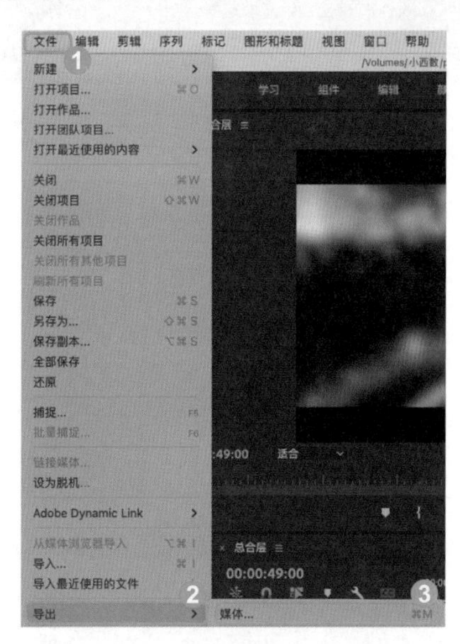

图11-82

Step35：❶打开【导出设置】对话框，在【格式】列表框中选择【H.264】选项，❷在【预设】列表框中选择【匹配源 - 高比特率】选项，❸单击【输出名称】右侧的文本链接修改输出文件名，修改为【旅游宣传片动画】，然后修改MP4视频文件的保存路径，如图11-83所示。

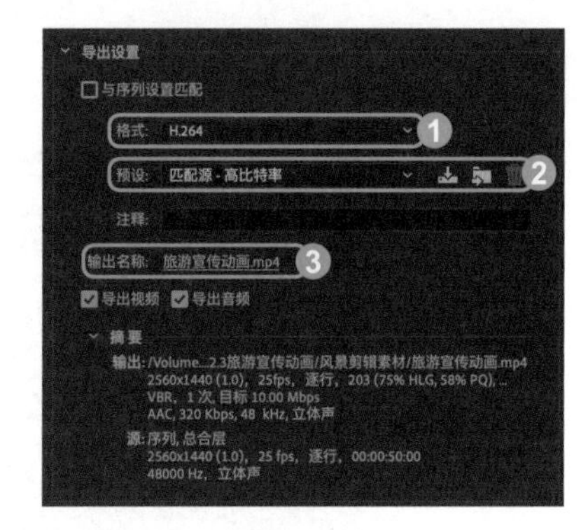

图11-83

Step36：在【导出设置】对话框的右下角单击【导出】按钮，打开【编码总合成】对话框，显示渲染进度，稍后将完成MP4视频文件的导出操作。

第12章

制作电子相册

- 电子相册的类型
- 电子相册的特点
- 制作电子相册的注意事项
- 案例1: 儿童成长电子相册
- 案例2: 夏日旅游电子相册

在视频、电影流行的时代，静态的相片展示已经无法满足人们的需求。制作电子相册是当下非常流行的方式。人们可以根据自己的创意制作不同主题和特效的电子相册。电子相册的制作始于对生活、记忆、旅游、玩乐的记录，是对曾经美好、感动瞬间的记忆定格。电子相册阅读体验好，易于保存和分享给朋友。另外，电子相册的制作也需要根据照片种类和用途进行设计。本章了解电子相册的类型、特点，制作电子相册的注意事项，以及儿童成长电子相册和夏日旅游电子相册的制作方法和技巧。

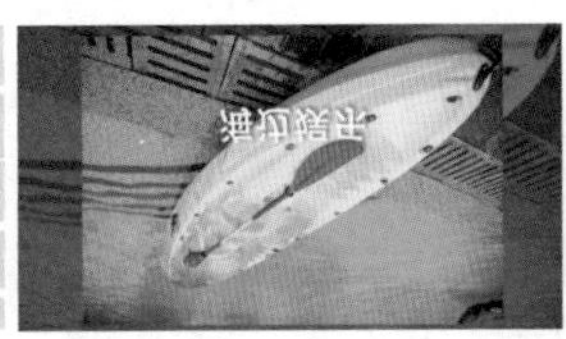

12.1 认识电子相册

Premiere 是一款优秀的电子相册编辑软件，使用 Premiere 制作电子相册不仅不会对高清照片产生压缩，还可以为电子相册添加转场特效。在进行电子相册的制作之前，我们先来了解电子相册的类型、特点以及制作时应注意的事项。

12.1.1 电子相册的类型

电子相册是指通过手机、计算机等载体观赏的动态图片集合文档，其内容包括生活照片、艺术创作、广告宣传图等各类图片。电子相册具有传统纸质相册无法比拟的优越性，它是集图、文、声、像为一体的表现手法，并具备随意修改和编辑、快速检索、时长不受限制、永久保存等特性。

（1）根据软硬件不同，电子相册可分为以下类型：

- 软件类电子相册

软件类电子相册是指使用专业软件对图片进行加工和美化编辑，形成视频格式文件，然后在计算机端、手机端进行浏览，也可使用互联网等方式进行交互查看。此类电子相册展示、传播、浏览、保存方便快捷。

- 硬件类电子相册

硬件类电子相册内置存储的装置可以直接将图片文件进行轮播展示，而不需要借助软件来制作成视频格式的电子相册文件。硬件类电子相册也可以直接读取外置硬盘（U盘、SD 卡、MMC 卡等）上的图片文件，进行图片轮播展示。另外，硬盘类电子相册可以进行音频、视频等的播放，但大多不支持格式转换等特殊要求。这种电子相册多作为商业用途进行广告展示，例如电梯、地铁、公交等公共设施的广告投屏。

（2）根据展示用途不同，电子相册可分为以下类型：

- 怀旧相册

使用家庭黑白照片、老旧照片，或配以近年的家庭生活彩色照片，用回忆的方式展现家庭成员在各个时期的形象。同时可以注上文字说明，旨在表现流金岁月、往事回忆、家庭变化、感怀思旧的相册主题。

- 旅游相册

使用自己、家庭、朋友、公司、同学游览旅游名胜古迹、风光时所拍摄的专题照片。除了人物照片外，同时也可以搭配相关的风景、花卉照片，搭配时间、文字说明，旨在表现旅游当下的内心感受、地点、情感的相册主题。

- 聚会相册

使用同学或朋友、同事、战友在一起聚会的照片和曾经的毕业照片、同学合影、录像片段，配以相关的背景与音乐，旨在表现怀念友情、风雨同舟、感慨人生、友谊长青的相册主题。

- 婚纱相册

将相恋日常照片、登记照片、婚纱照片等照片素材，使用电子相册的方式结合温馨的音乐和动画，制作成的回忆相册，可在婚礼现场进行播放展示。

- 儿童相册

用来记录儿童的成长经历，使用幼儿和儿童不同时期的照片搭配音乐制作。

- 写真相册

多使用个人、少女或情侣拍摄的主题系列的照片。

- 毕业相册

多使用学校班级毕业团体照片，同学照片，以及校园生活、校园景观等照片，配以校长、老师题词和学友赠言等相关资料合成制作。

- 求职相册

多用于个人简历、学历、资历、证件、成果材料、获奖证书等资料的编辑制作。求职时使用音像代言，干净利落、视角新鲜，便于观赏，也利于竞争。

12.1.2 电子相册的特点

随着数字化的不断发展，电子相册是时代发展的必然产物，与传统纸质相册相比，电子相册具有以下特点：

- 易于保存

传统相片易受潮湿、氧化等因素影响，时间长就会褪色、发黄，并且纸质相册数量多、体积大、重量大，不利于携带和保存；而电子相册不会褪色，易于携带、传播和保存，可存储在计算机硬盘、U盘、手机、光盘以及互联网的云盘上。

- 易于复制

传统照片复制成本高，复制过程麻烦；而电子相册易于复制，并且可以无限地复制、编辑及修改。

- 易于展示

电子相册可以在计算机、手机、互联网等媒介上进行播放展示，可以分享给朋友和同学，并且可以随时随地展示。

- 更具娱乐性

制作电子相册时，可以根据风格、类型不同加入符合主题的音乐、动画元素，将照片融入场景模板之中去表达主题思想，充分体现个人特色，增加可视性。

12.1.3 制作电子相册的注意事项

想要设计制作出更具有风格、更符合大众审美的电子相册，在制作电子相册时需要注意以下几点：

（1）选择适合主题风格的照片素材。

在电子相册的制作过程中，照片素材的准备是电子相册制作过程中最重要的环节。要尽量挑选高质量、高清晰度的照片进行制作。如果遇到泛黄、褪色等质量不高的老旧照片，则尽量将照片进行修复后使用。

（2）选择符合照片主题的模板。

在设计电子相册时，需要选择符合照片主题的模板，内容尽量多元化，不要把心思集中在某一个点上，注意全局的整体性。

（3）排版注意事项。

为图片设计边框时不要漏出底色，为图片添加运动轨迹时，在运动结束时图片尽量居中，以吸引观赏视线。

（4）色彩搭配注意事项。

注意图片与图片之间的颜色搭配，尤其是背景、边框的颜色不要过于丰富，容易产生眼花缭乱的感觉，注意图片与背景颜色之间的对比，避免喧宾夺主。

（5）配音和配乐注意事项。

在给电子相册配音、配乐时，要根据图片的主题与变化节奏来选择配音的节奏、卡点、风格，让画面与音乐节奏达到和谐统一。恰当的配乐可以增强可视性，让观赏者产生情感共鸣。

12.2 案例 1：儿童成长电子相册

儿童成长电子相册通常是父母为了记录孩子的成长过程而制作的电子相册。精美的儿童成长电子相册并不是将几张图片或短视频简单地拼凑在一起，而是考虑整体的风格、设计后经过不断地调整制作而成的。儿童类的电子相册整体风格一般会趋向于选择色彩风格明亮、添加大量卡通元素的风格模板。本例将详细讲解儿童成长电子相册的制作方法与步骤，完成效果如图 12-1 所示。

图12-1

制作步骤

Step01：打开 Premiere Pro 2022，新建名称为【儿童成长电子相册】的项目文件，在【项目】面板的空白处单击鼠标右键，在弹出的快捷菜单中❶选择【新建】命令，展开子菜单，❷选择【序列】命令，如图 12-2 所示。

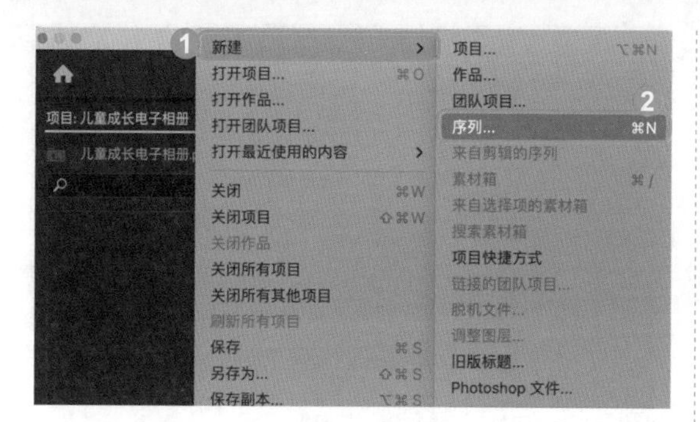

图12-2

Step02：打开【新建序列】对话框，❶在【可用预设】列表框中选择【宽屏 48kHz】选项，❷在【序列名称】文本框中输入【总合层】，❸单击【确定】按钮，如图 12-3 所示。

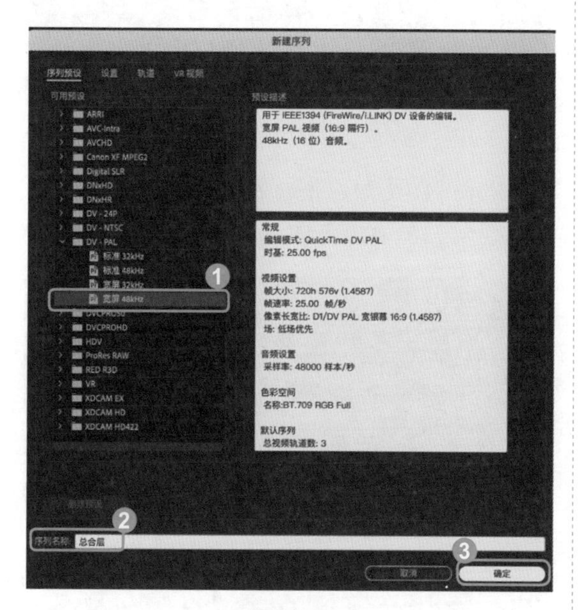

图12-3

Step03：完成序列文件的新建操作，并在【项目】面板中显示，画幅比例显示为方形屏幕 16:9，如图 12-4 所示。

Step04：在【项目】面板的空白处单击右键，选择【新建素材箱】选项，如图 12-5 所示。

Step05：在【素材箱】面板的空白处双击鼠标左键，打开【导入】对话框，❶在对应的素材文件夹中选择音乐素材、图片素材、GIF 动画素材、儿童照片素材，❷单击【导入】按钮，如图 12-6 所示。

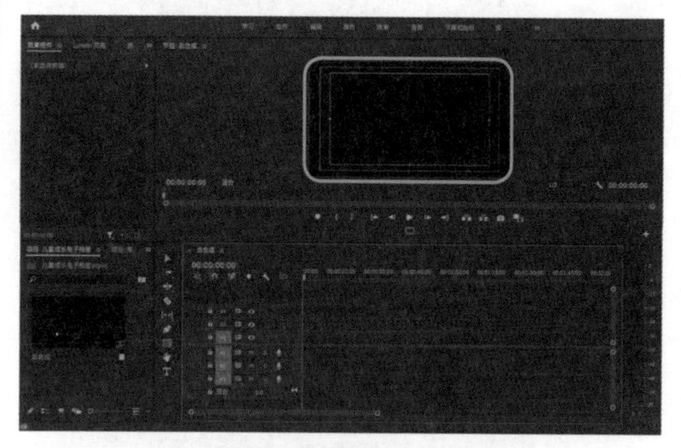

图12-4

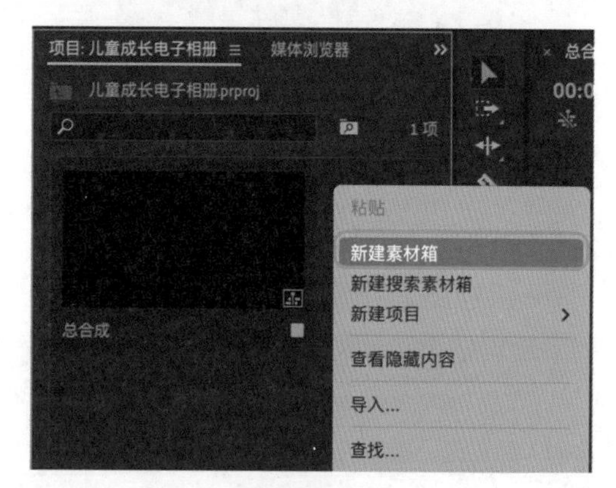

图12-5

图12-6

Step06：单击查看【素材箱】，所有素材文件已全部导入，效果如图 12-7 所示。

图12-7

Step07：将背景音乐素材单击按住，拖入时间线【A1】轨道，如图 12-8 所示。

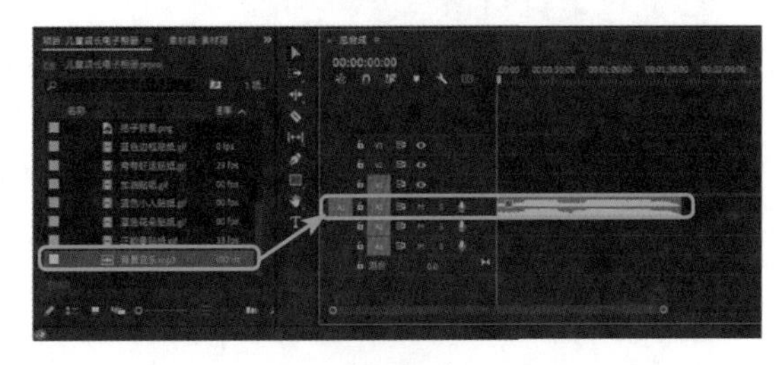

图12-8

Step08：单击【序列】面板，使工作范围框选在序列面板上，❶拖曳【长度条】放大序列上音乐文件的波形，❷将音乐素材最前端的空白部分使用【剃刀工具】剪断并删除，效果如图 12-9 所示。

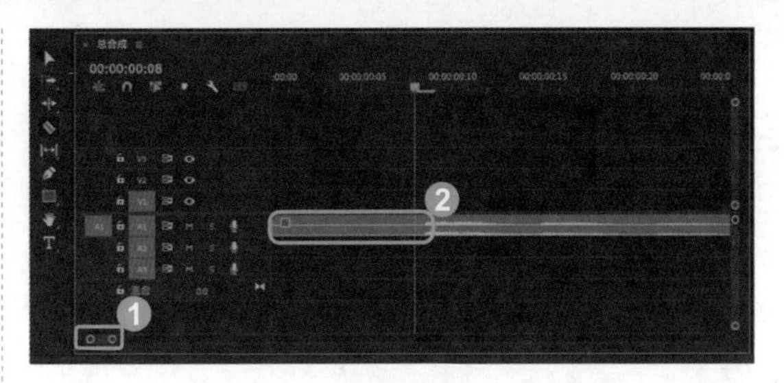

图12-9

Step09：❶使用【选择】工具将光标定位在音乐素材的开端，❷单击鼠标右键，选择【应用默认过渡】，如图 12-10 所示。

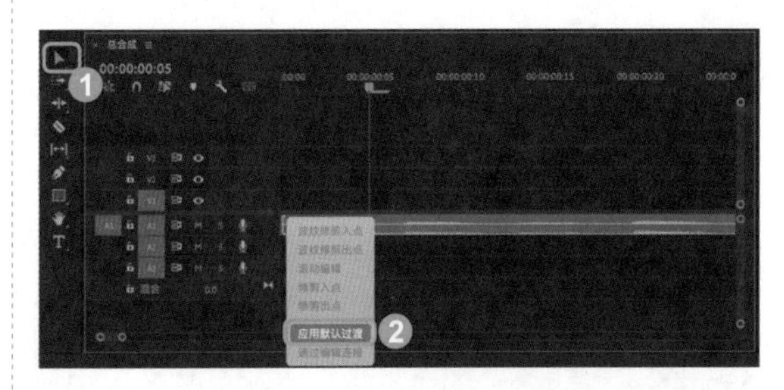

图12-10

Step10：向右拖曳拉长【恒定功率】至 00:00:02:00，如图 12-11 所示。

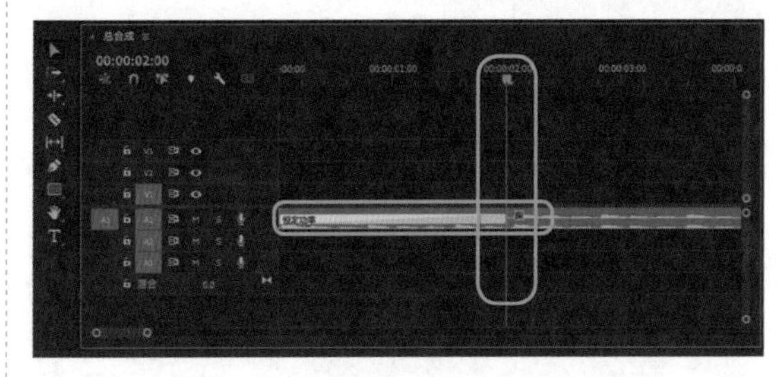

图12-11

Step11：将【格子背景】素材拖入时间轴【V1】轨道，并拉长至 35s，效果如图 12-12 所示。

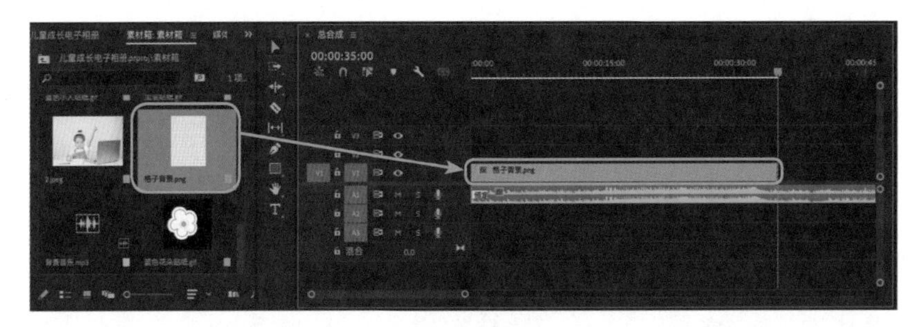

图12-12

Step12：❶选中素材【格子背景】，❷在【效果控件】面板将【ƒx 运动】中的【缩放】调整至 40.0，使格子以合适大小平铺整个画面，效果如图 12-13 所示。

Step13：❶将【蓝色边框贴纸】素材拖入时间轴【V3】轨道，单击选中轨道上的【蓝色边框贴纸】素材条，❷在【效果控件】面板将【缩放】调整至 50.0，使蓝色边框适合画面大小，效果如图 12-14 所示。

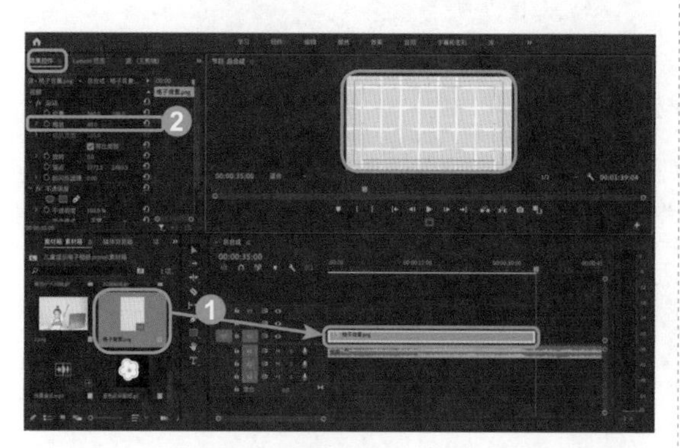

图12-13

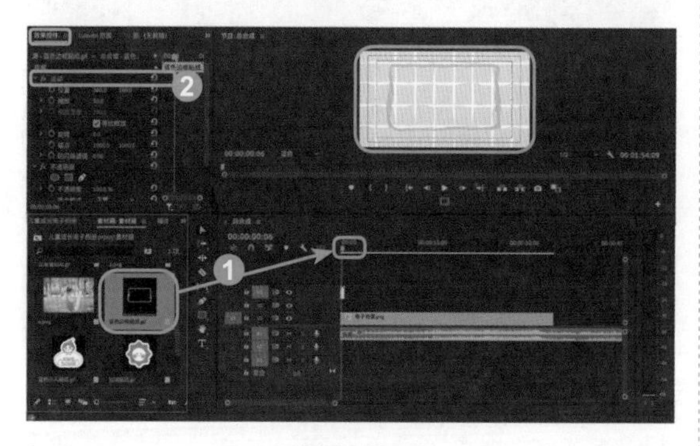

图12-14

Step14：❶将轨道左端的【V3】选中后，单击选中轨道上的【蓝色边框贴纸】素材条，❷按住键盘上的【Alt】键，拖曳轨道上的【蓝色边框贴纸】素材条，进行多次复制，直到拼接起来的素材长度和底下【V1】轨道的【格子背景】素材长度相近，并略微超过一些，效果如图 12-15 所示。

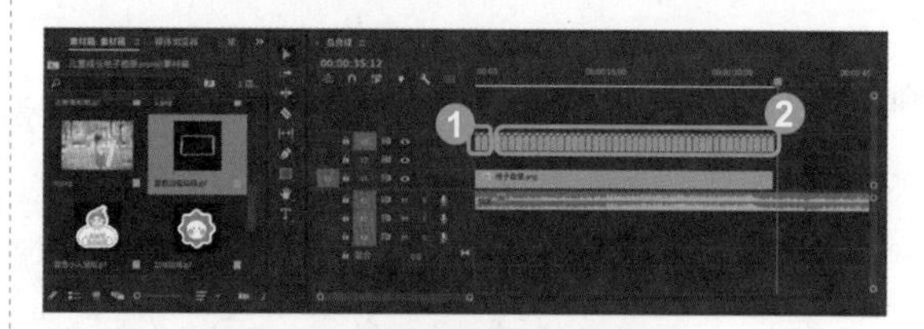

图12-15

Step15：❶将时间轴【V3】轨道上的所有【蓝色边框贴纸】素材框选中，❷单击鼠标右键，选择【嵌套】选项，将所有素材嵌套成一个序列，效果如图 12-16 所示。

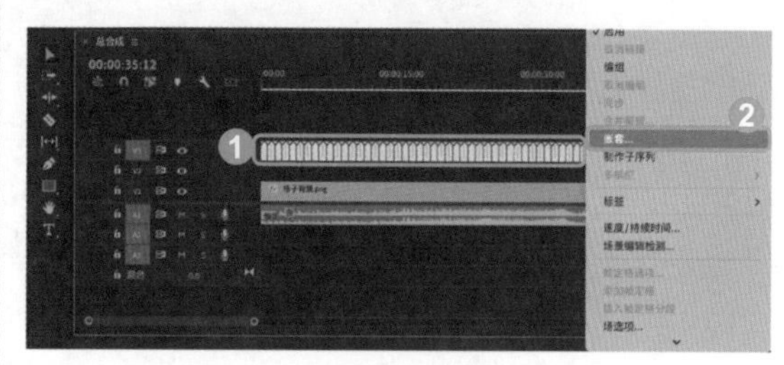

图12-16

Step16：❶将【嵌套序列名称】修改为【蓝色边框贴纸】，❷单击【确定】按钮，效果如图 12-17 所示。

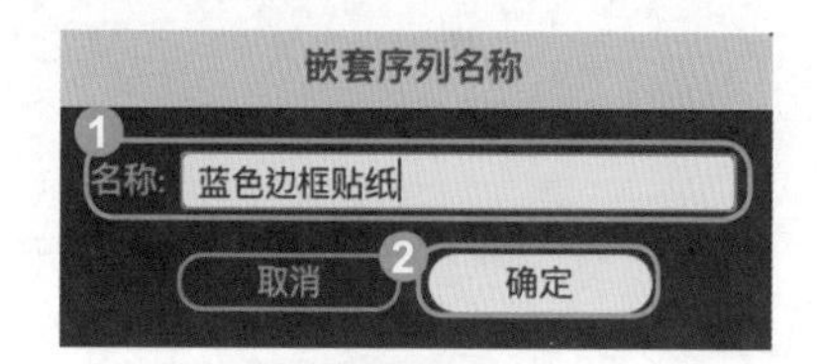

图12-17

Step17：❶选中嵌套后的【蓝色边框贴纸】序列素材，❷将【效果控件】面板的【ƒx 运动】中的【位置】调整为 360.0、300.0，【缩放】调整为 135.0，❸将播放指示器移动至 00:00:02:00，并各添加一个关键帧，效果如图 12-18 所示。

Step18：❶将播放指示器拖至 00:00:03:00，❷将【效果控件】面板的【*f*x 运动】中的【缩放】调整为 110.0，添加一个关键帧，效果如图 12-19 所示。

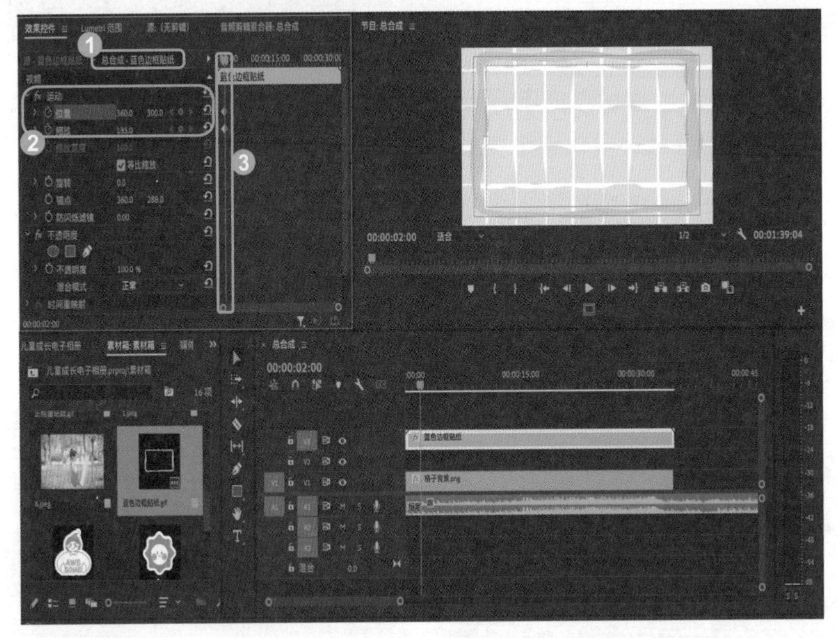

图12-18

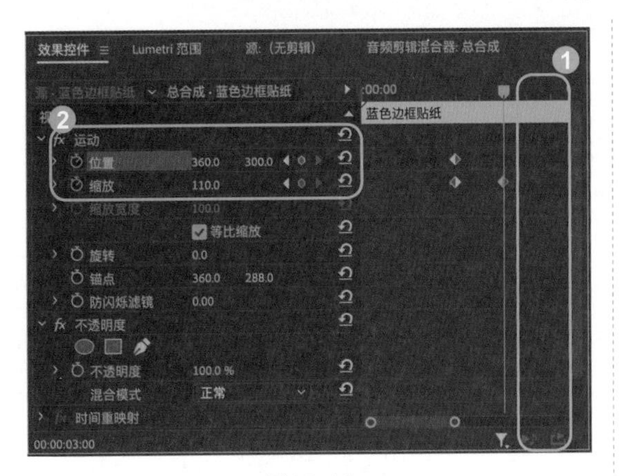

图12-19

Step19：将【正能量贴纸】素材拖入时间轴【V4】轨道，按照步骤【Step13】～【Step17】将调整为合适大小的【正能量贴纸】素材多次复制粘贴，并嵌套为一个新的【正能量贴纸】序列素材，效果如图 12-20 所示。

Step20：按照【Step17】和【Step18】将时间轴【V4】轨道上的【正能量贴纸】序列素材按照想要达成的效果制作关键帧，效果如图 12-21 所示。

图12-20

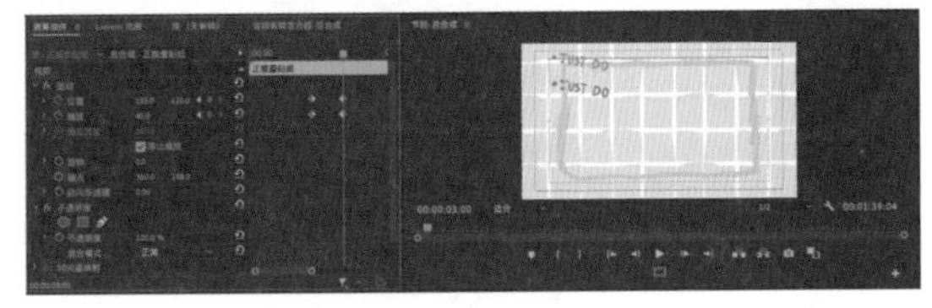

图12-21

Step21：❶将播放指示器拖至 00:00:02:00 处，❷将【蓝色花朵贴纸】素材拖入【V5】时间轴，使素材条开端紧贴播放指示器，并单击选中【蓝色花朵贴纸】素材条，❸将在【效果控件】面板的【*f*x 运动】中的【位置】调整为 460.0、288.0，【缩放】调整为 30.0，效果如图 12-22 所示。

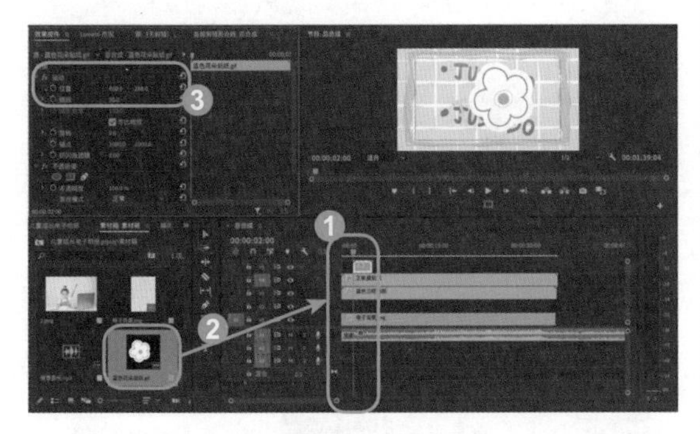

图12-22

Step22：参照【Step13】~【Step17】，将调整为合适大小的【蓝色花朵贴纸】素材多次复制粘贴，嵌套为一个新的【蓝色花朵贴纸】序列素材。接着按照【Step17】和【Step18】将【V5】轨道上的【蓝色花朵贴纸】序列素材按照想要达成的效果制作关键帧。效果如图 12-23 所示。

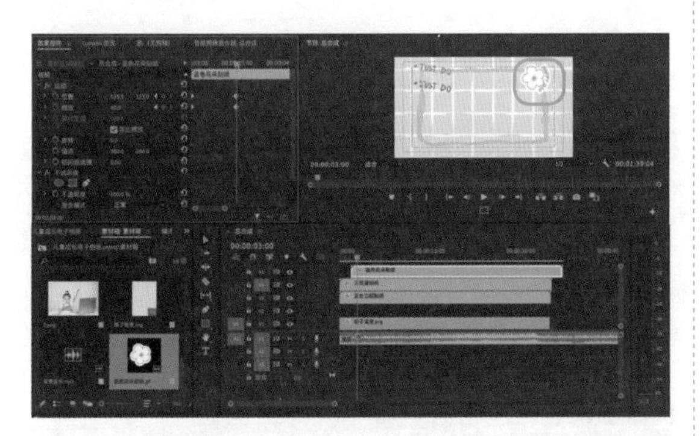

图12-23

Step23：参照【Step13】~【Step17】，将所有的贴纸素材制作嵌套序列，制作关键帧，效果如图 12-24 所示。

Step24：❶选择【剃刀工具】，将时间轴【V3】~【V8】轨道上的视频素材和【A1】的音乐素材全部对齐【V1】的背景素材长度，❷进行裁并删除，效果如图 12-25 所示。

Step25：❶将播放指示器拖至 00:00:04:23 处，❷并将素材箱中的照片素材全部选中，一起拖入【V2】时间轴，调整每张照片素材条的长度，❸使【V2】轨道上的素材总长度对齐【V1】轨道的背景素材，效果如图 12-26 所示。

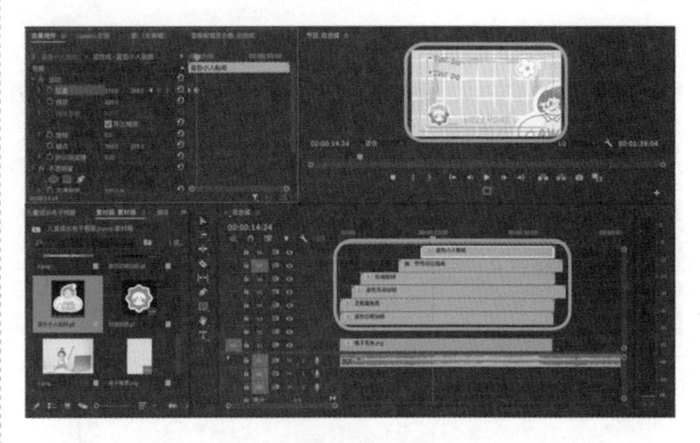

图12-24

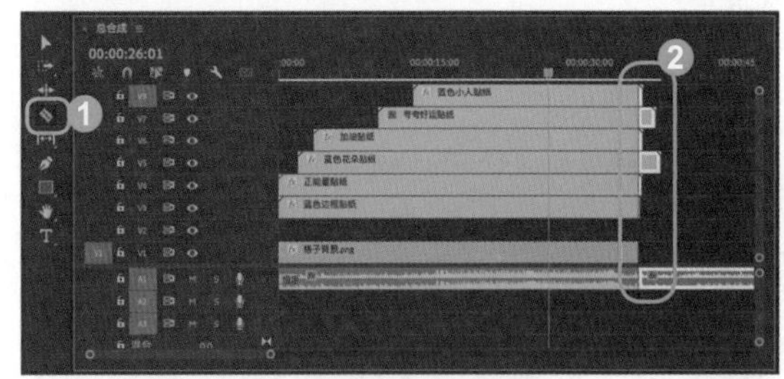

图12-25

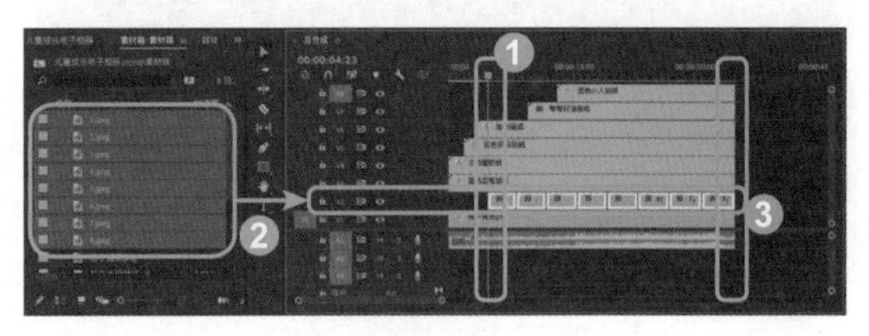

图12-26

Step26：❶单击选中【1】照片素材，❷将【效果控件】面板的【*ƒ*x 运动】中的【缩放】调整为 12.0，如图 12-27 所示。

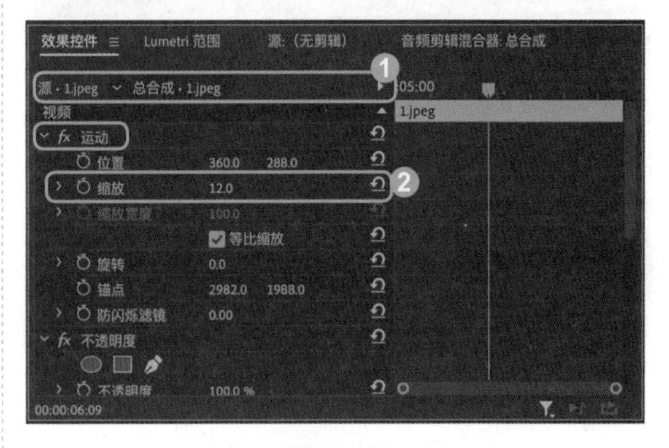

图12-27

Step27：❶在【效果】面板中，搜索【裁剪】效果，❷选中【视频效果】中的【变换】里的【裁剪】，拖入 1.jpeg 照片素材条中，如图 12-28 所示。

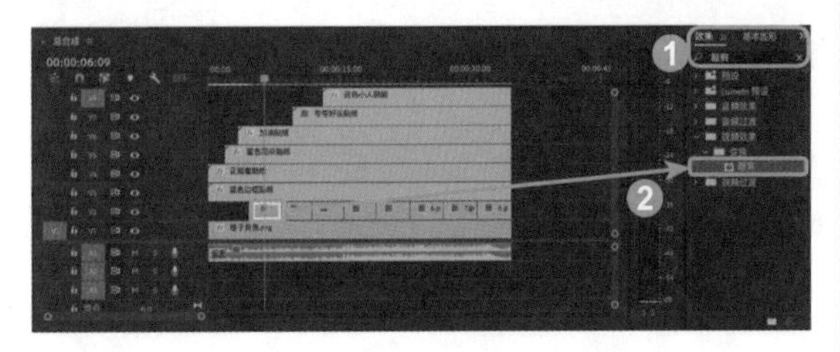

图12-28

Step28：❶选中 1.jpeg 照片素材，在【效果控件】面板中，❷单击【fx 裁剪】，将【顶部】调整为 6.0%，【底部】调整为 7.0%，如图 12-29 所示。

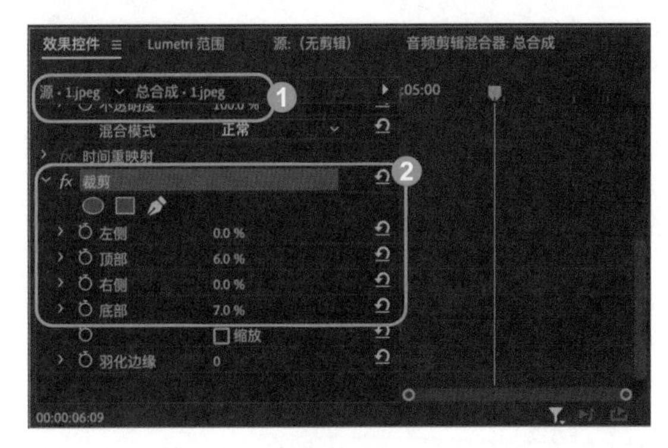

图12-29

Step29：根据【Step28】和【Step29】，将后面所有照片素材都进行大小裁剪处理至合适的程度。至此，本案例效果制作完成。效果如图 12-30 所示。

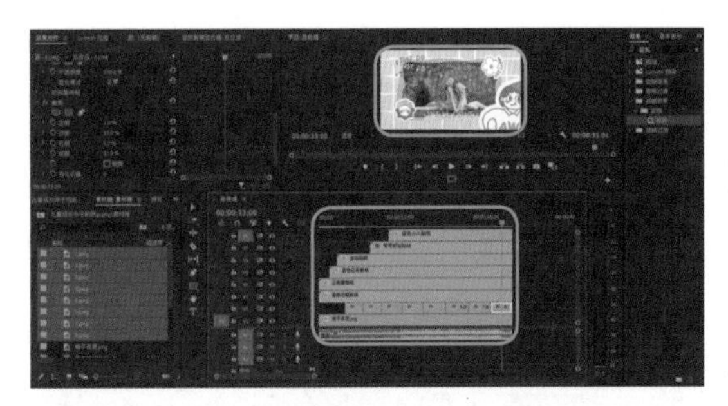

图12-30

Step30：❶单击【文件】菜单，在弹出的下拉菜单中❷选择【导出】命令，展开子菜单，❸选择【媒体】命令，如图 12-31 所示。

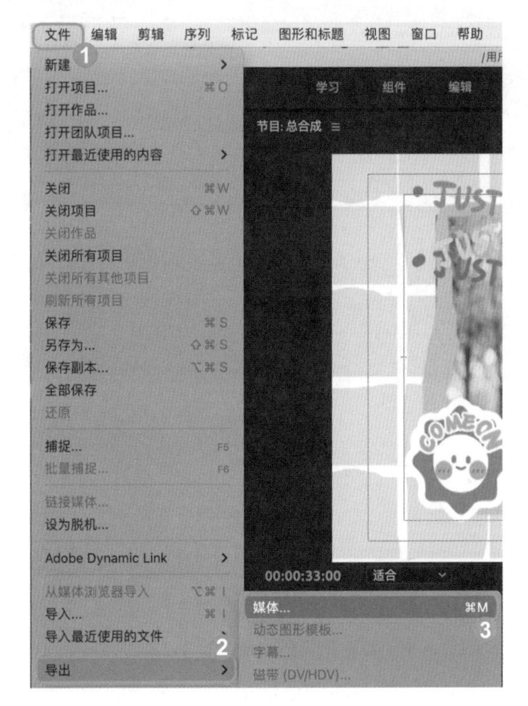

图12-31

Step31：❶打开【导出设置】对话框，在【格式】列表框中选择【H.264】选项，❷在【预设】列表框中选择【匹配源 - 高比特率】选项，❸单击【输出名称】右侧的文本链接修改输出文件名，修改为【儿童成长电子相册】，然后修改 MP4 视频文件的保存路径，如图 12-32 所示。

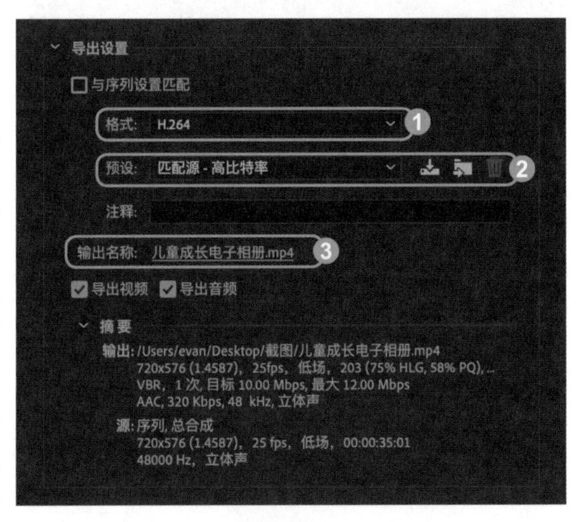

图12-32

Step32：在【导出设置】对话框的右下角单击【导出】按钮，打开【编码总合成】对话框，显示渲染进度，稍后将完成 MP4 视频文件的导出操作。

12.3 案例 2：夏日旅游电子相册

电子相册也是广告宣传营销的一种手段，夏日旅游广告是通过电子相册的展示方式宣传旅游风景、线路以及促销活动的一种视频广告形式。通过图片和文字的综合展示可以让消费者更直观地了解促销活动信息和旅游景点的风光，因此制作重点在于旅游景点图片的挑选与文案的策划。本例将详细讲解使用 Premiere Pro 2022 制作夏日旅游电子相册的方法与步骤，完成效果如图 12-33 所示。

图12-33

制作步骤

Step01：打开 Premiere Pro 2022，新建名称为【夏日旅游促销广告】的项目文件，在【项目】面板的空白处单击鼠标右键，在弹出的快捷菜单中❶选择【新建】命令，展开子菜单，❷选择【序列】命令，如图 12-34 所示。

图12-34

Step02：打开【新建序列】对话框，❶在【可用预设】列表框中选择【宽屏 48kHz】选项，❷在【序列名称】文本框中输入【总合层】，❸单击【确定】按钮，如图 12-35 所示。

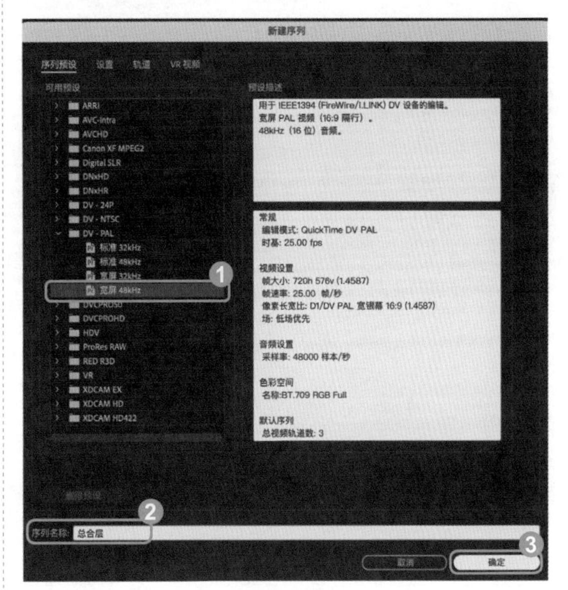

图12-35

Step03：完成序列文件的新建操作，并在【项目】面板中显示，画幅比例显示为方形屏幕 16:9，如图 12-36 所示。

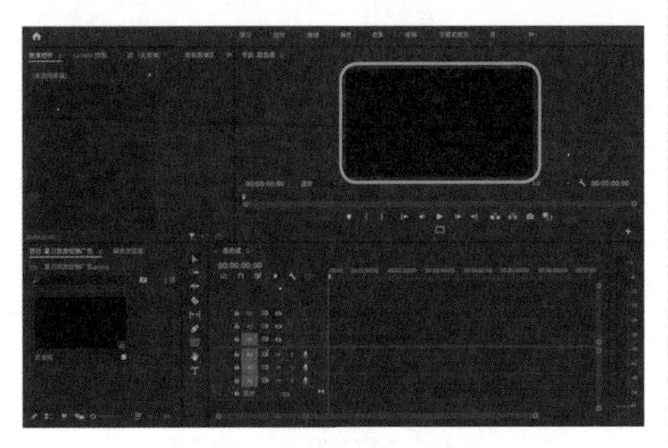

图12-36

Step04：在【项目】面板的空白处单击右键，选择【新建素材箱】选项，如图 12-37 所示。

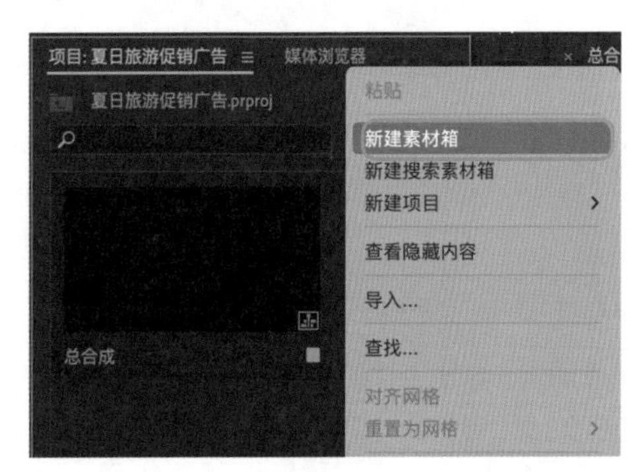

图12-37

Step05：在【素材箱】面板的空白处双击鼠标左键，打开【导入】对话框，❶在对应的素材文件夹中选择音乐素材、图片素材、轻快音乐素材和所有的图片素材，❷单击【导入】按钮，如图 12-38 所示。

图12-38

Step06：查看素材箱，所有素材文件已全部导入，效果如图 12-39 所示。

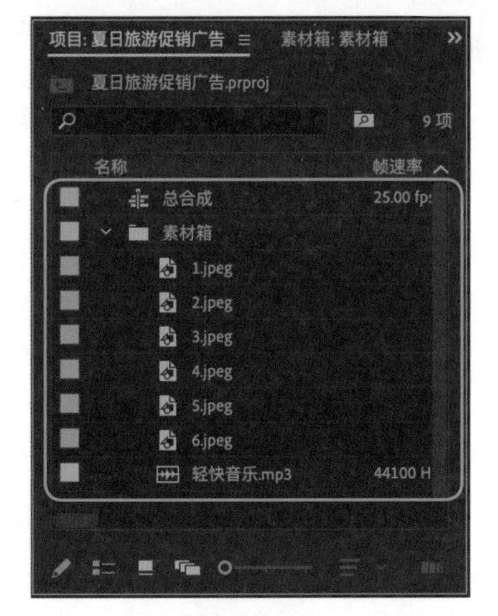

图12-39

Step07：将音乐素材单击按住，拖入时间线【A1】轨道，如图 12-40 所示。

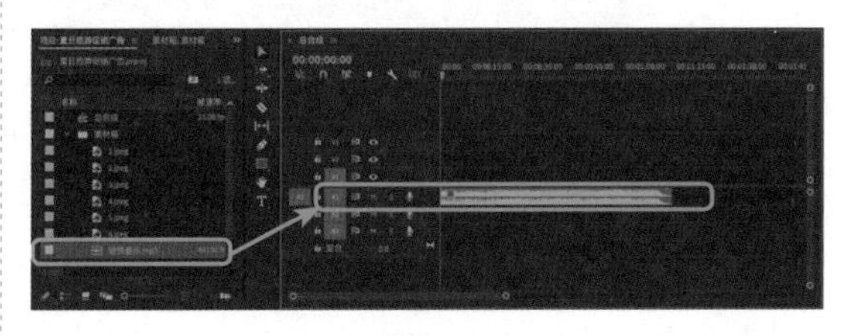

图12-40

Step08：❶单击【序列】面板，使工作范围框选在序列面板上，拖曳【长度条】放大序列上音乐文件的波形，将音乐素材最前端的空白部分❷使用【剃刀工具】剪断并删除，效果如图 12-41 所示。

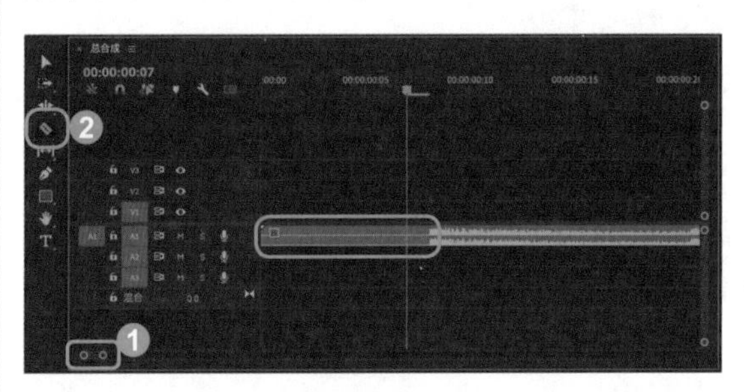

图12-41

Step09：❶使用【选择】工具将光标定

位在音乐素材的开端，❷单击鼠标右键，选择【应用默认过渡】，如图 12-42 所示。

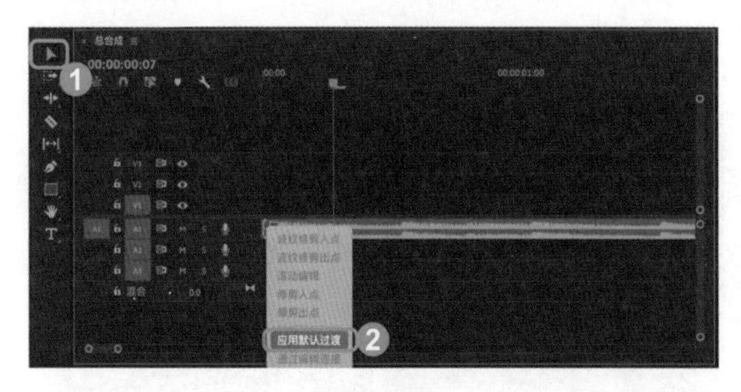

图12-42

Step10：向右拖曳拉长【恒定功率】至 00:00:02:00，如图 12-43 所示。

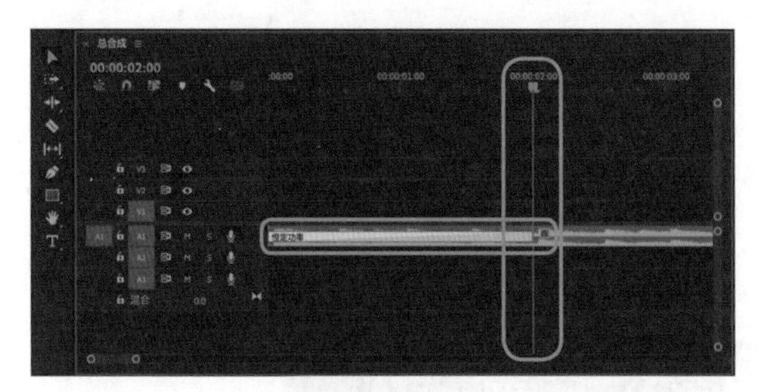

图12-43

Step11：把图片素材 1.jpeg 拖入时间轴【V1】轨道，如图 12-44 所示。

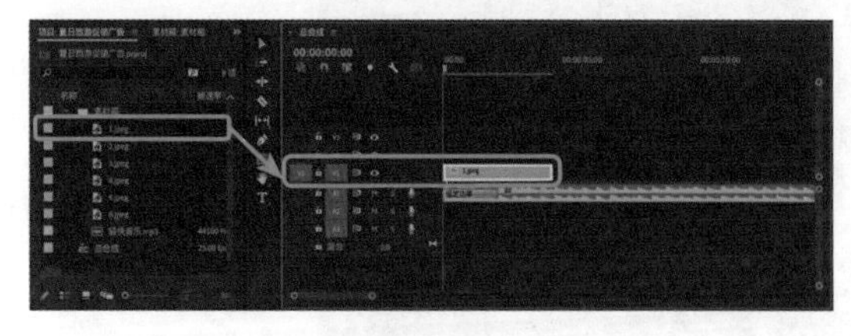

图12-44

Step12：制作视频遮照，选中【素材箱】面板，单击【文件】→❶【新建】→❷【颜色遮罩】，如图 12-45 所示。

Step13：在【新建颜色遮照】面板单击【确定】按钮，如图 12-46 所示。

Step14：❶拾色器选择偏深的蓝色（R：0、G：128、B：211），单击【确定】按钮，❷修改名称为【遮罩 1】，如图 12-47 所示。

Step15：❶素材箱中出现名称为【遮罩 1】 的颜色遮罩，拖入时间轴【V2】轨道，❷在【效果控件】中，将【*f*x 不透明度】 调整为 60%，并将时间轴【VI】【V2】轨道上的素材时长对齐，如图 12-48 所示。

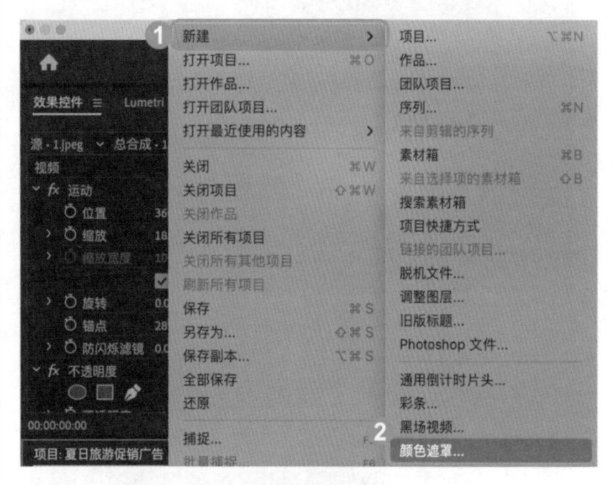

图12-45

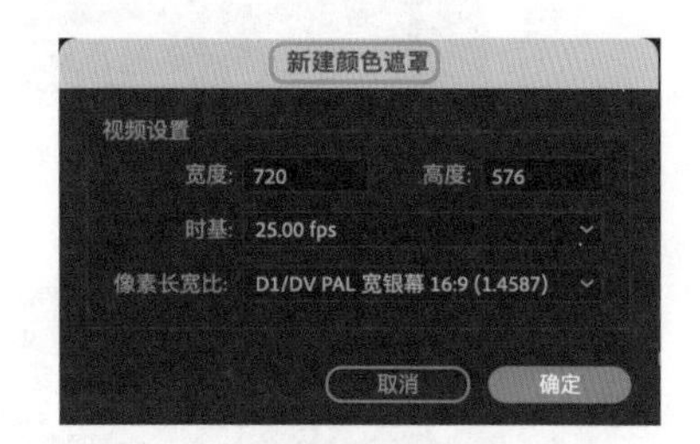

图12-46

图12-47

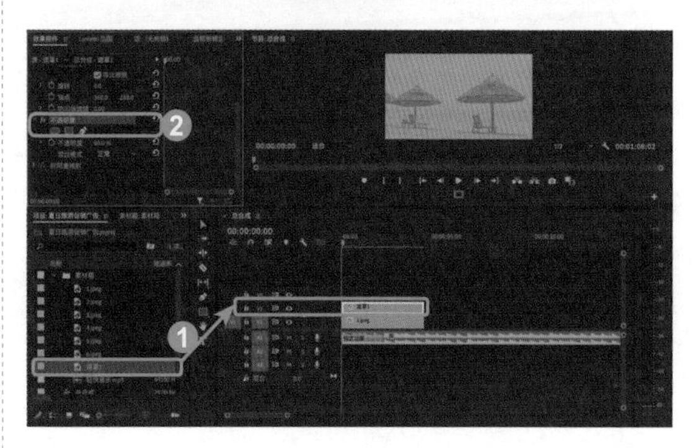

图12-48

Step16：❶选中两个素材条，❷单击鼠标右键，选择【嵌套】选项，如图 12-49 所示。

图12-49

Step17：❶在【嵌套序列名称】面板修改嵌套序列的文件名为【图 1】，❷单击【确定】按钮，如图 12-50 所示。

图12-50

Step18：将嵌套后的【图 1】序列，按住键盘上的【Alt】键复制到时间轴【V2】轨道，如图 12-51 所示。

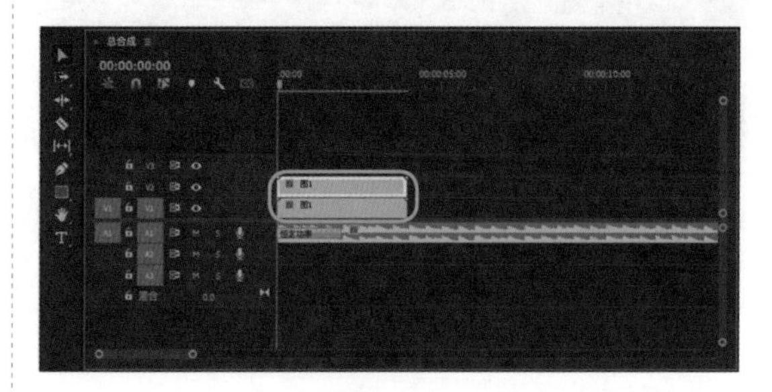

图12-51

Step19：❶单击选中时间轴【V1】轨道上的【图 1】序列，❷从【效果】→【视频效果】→【变换】中找到【裁剪】，将【裁剪】拖入【V1】的【图 1】中，❸在【效果控件】中，将【裁剪】的【顶部】调整为 50%，得到上半部分被裁剪的【图 1】，如图 12-52 所示。

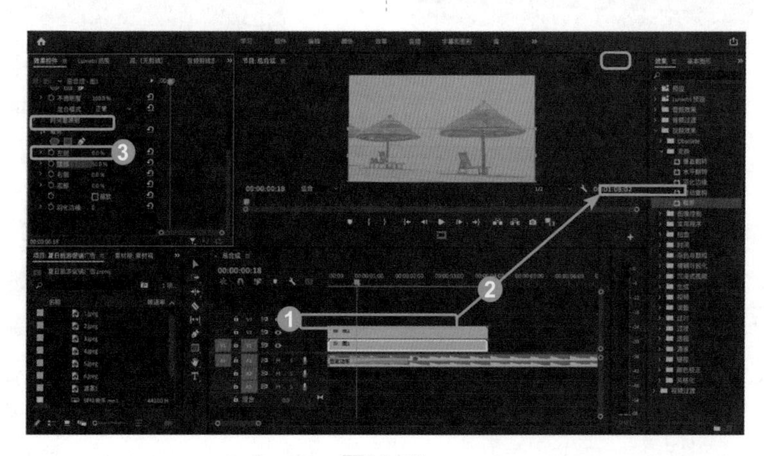

图12-52

Step20：❶选中时间轴【V1】轨道上的图 1 嵌套序列，❷将播放指示器拖至开端，❸在【效果控件】面板中，将【*f*x 运动】中的【位置】调整为 -360.0、288.0，并添加关键帧，如图 12-53 所示。

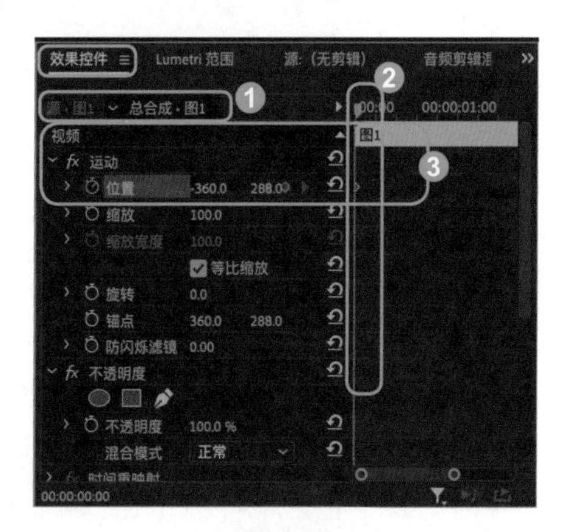

图12-53

Step21：❶将播放指示器拖至 00:00:01:00 处，❷在【效果控件】中，将【ƒx 运动】中的【位置】调整为 360.0、288.0，添加关键帧，如图 12-54 所示。

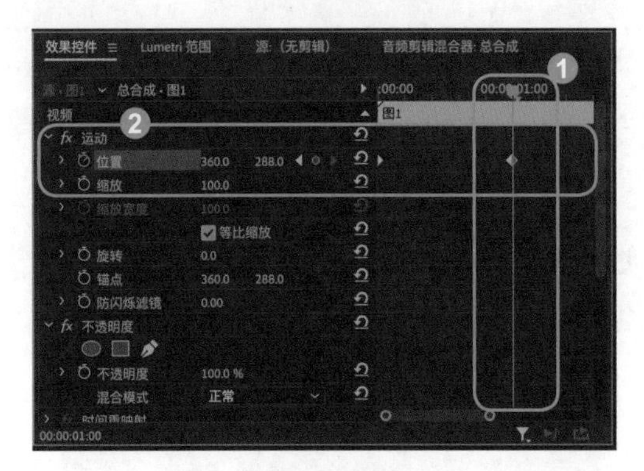

图12-54

Step22：❶调节【效果控件】处的【时间条】，放大时间轴，❷选中两个关键帧，❸单击鼠标右键，选择【临时差值】中的❹【贝塞尔曲线】，如图 12-55 所示。

Step23：单击【位置】左侧的展开箭头，在【效果控件】时间轴上，将贝塞尔曲线调节成抛物线，使图片移动更自然，如图 12-56 所示。

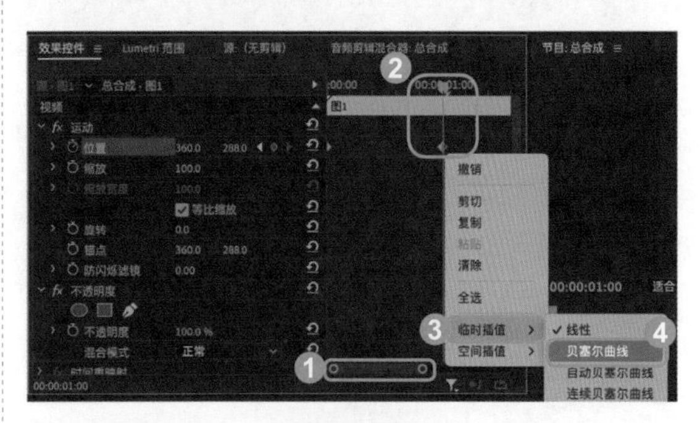

图12-55

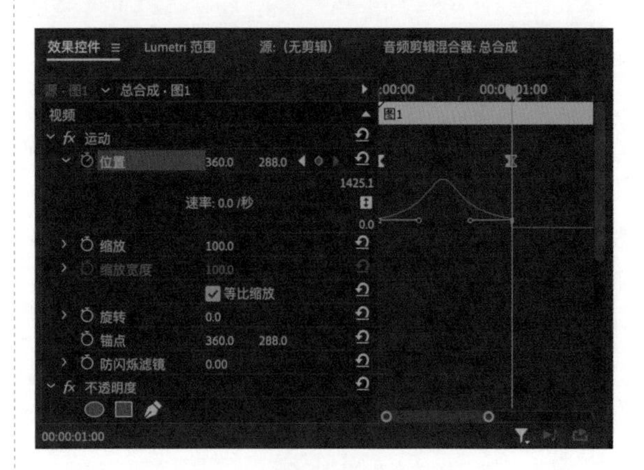

图12-56

Step24：❶选中时间轴【V2】轨道上的图 1 序列，❷在【效果】→【视频效果】→【变换】中找到【裁剪】并拖入时间轴【V2】轨道上的图 1 序列上，❸在【效果控件】中，将【ƒx 裁剪】的【底部】调整为 50%，得到下半部分被裁剪的图 1 序列，效果如图 12-57 所示。

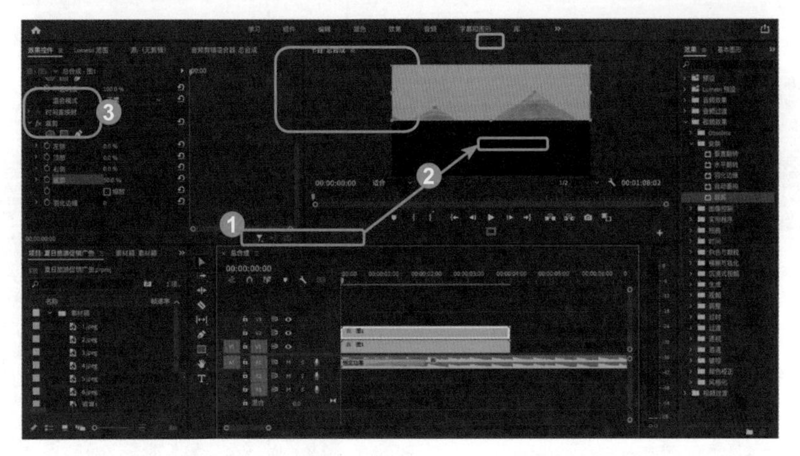

图12-57

Step25：根据步骤【Step17】~【Step20】，为时间轴【V2】轨道上的图 1 序列添加关键帧，使上半部分图片从右边飞入，如图 12-58 所示。

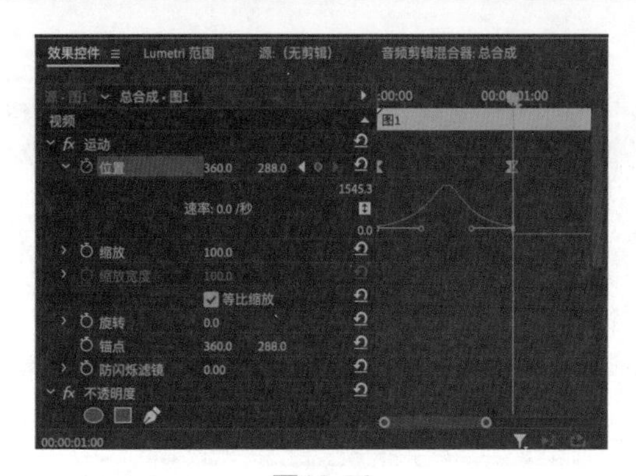

图12-58

Step26：选中时间轴【V1】【V2】上的两个图 1 序列，根据步骤【Step14】将两个序列嵌套成名为【图 1 底】的新序列，效果如图 12-59 所示。

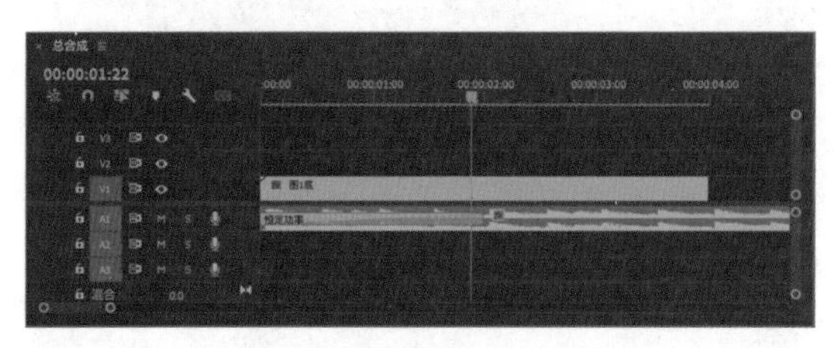

图12-59

Step27：❶将播放指示器拖至 00:00:01:00 处，并将素材箱中的 1.jpeg 图片素材拖入时间轴【V2】轨道，放置于图 1 底序列上层，❷开端对齐播放指示器，如图 12-60 所示。

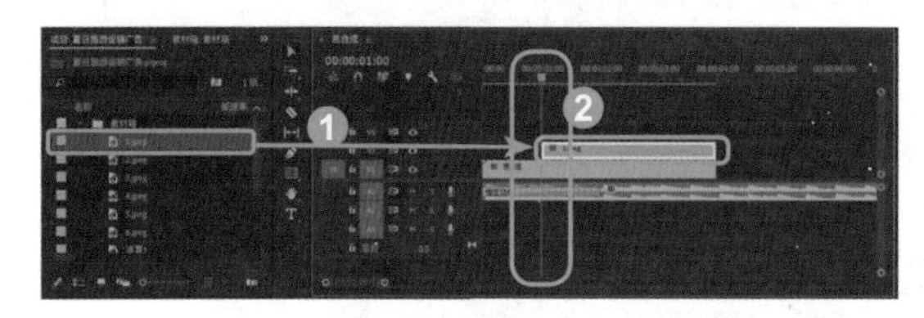

图12-60

Step28：❶选中时间轴【V2】轨道上的 1.jpeg 图片素材，❷在【效果控件】中，将【*ƒx* 运动】中的【缩放】调整为 12.0，再将【等比缩放】前的勾选取消，如图 12-61 所示。

Step29：❶将播放指示器拖至 00:00:01:00 处，❷将 1.jpeg 图片素材【*ƒx* 运动】中的【缩放高度】调整为 0.0，添加关键帧，如图 12-62 所示。

图12-61

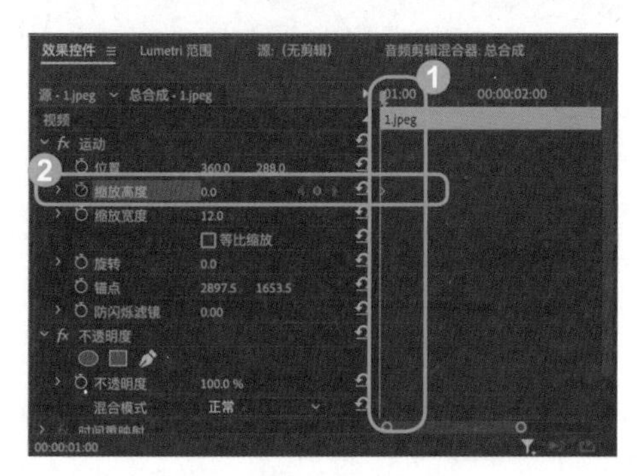

图12-62

Step30：❶将播放指示器拖至 00:00:01:15 处，❷将 1.jpeg 图片素材【*ƒx* 运动】中的【缩放高度】调整为 12.0，添加关键帧，❸并在【缩放宽度】处添加一个关键帧，得到 1.jpg 图片素材纵向展开的动画效果，如图 12-63 所示。

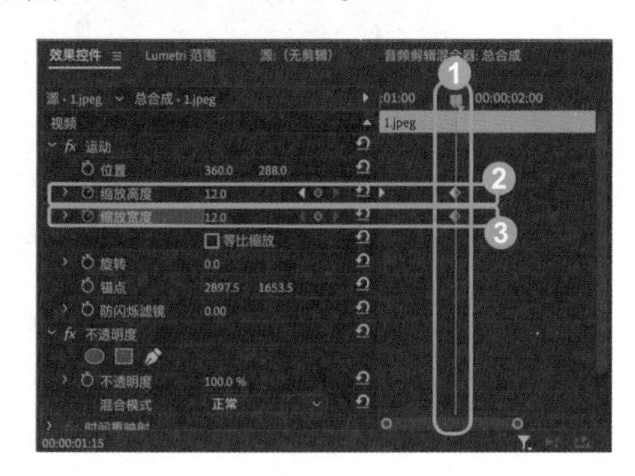

图12-63

Step31：❶将播放指示器拖至 00:00:04:00 处，❷将【缩放高度】和【缩放宽度】都调整为 15.0，各添加一个关键帧，便可得到 1.jpeg 图片素材缓慢放大的效果，如图 12-64 所示。

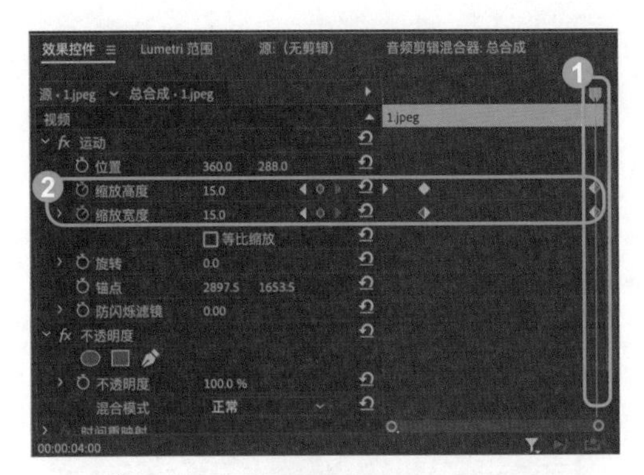

图12-64

Step32：❶将播放指示器拖至 00:00:01:15 处，单击【文字工具】，在面面上输入文字【三亚旅游促销】，❷在【效果控件】面板的【源文本】中，选择字体为【黑体】【加粗】，勾选【阴影】，【变换】调整为 360.0、415.0，【缩放】调整为 70.0，如图 12-65 所示。

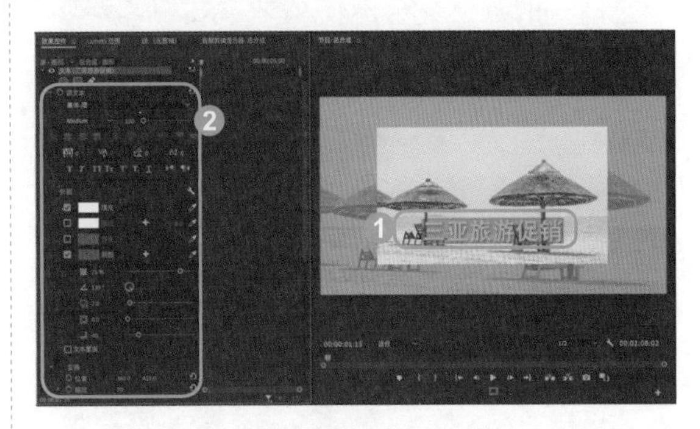

图12-65

Step33：❶在【效果】面板中找到【视频过渡】→【Wipe】→【Inset】效果，将其拖至【三亚旅游促销宣传】文本素材条上，❷将播放指示器拖至 00:00:02:15 处，将【Inset】效果条调节对齐播放指示器，如图 12-66 所示。

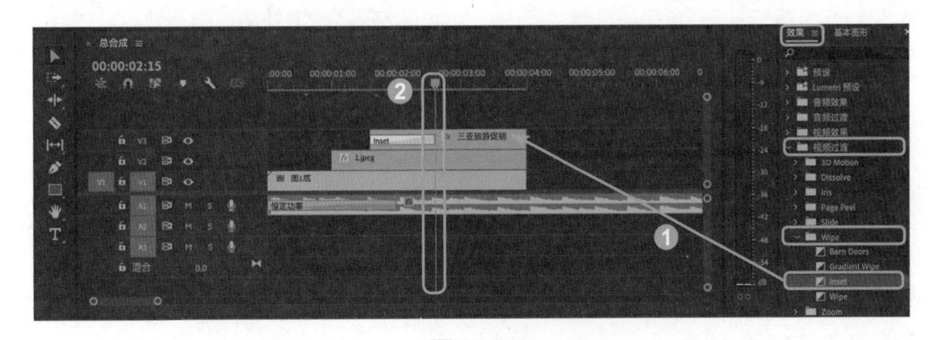

图12-66

Step34：按照步骤【Step11】~【Step30】对剩余图片素材进行效果制作，可根据效果需求随意改变素材的运动方向。至此，本案例效果制作完成。效果如图 12-67 所示。

Step35：❶单击【文件】菜单，在弹出的下拉菜单中❷选择【导出】命令，展开子菜单，❸选择【媒体】命令，如图 12-68 所示。

图12-67

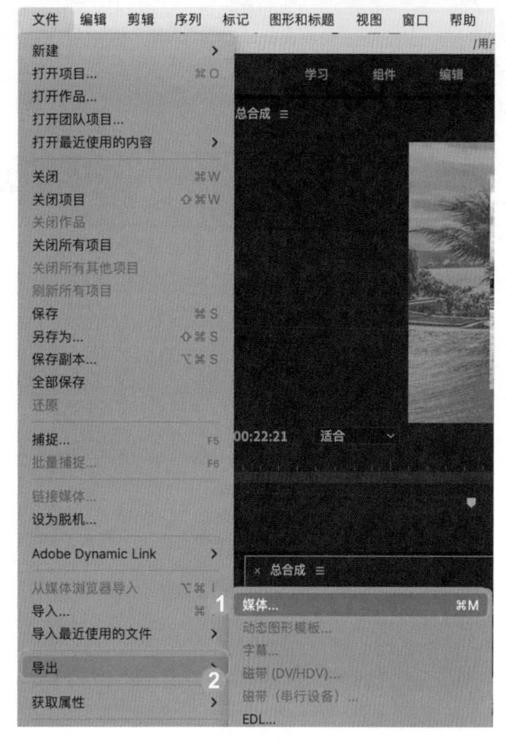

图12-68

Step36：❶打开【导出设置】对话框，在【格式】列表框中选择【H.264】选项，❷在【预设】列表框中选择【匹配源 - 高比特率】选项，❸单击【输出名称】右侧的文本链接修改输出文件名，修改为【夏日旅游促销广告】，然后修改 MP4 视频文件的保存路径，如图 12-69 所示。

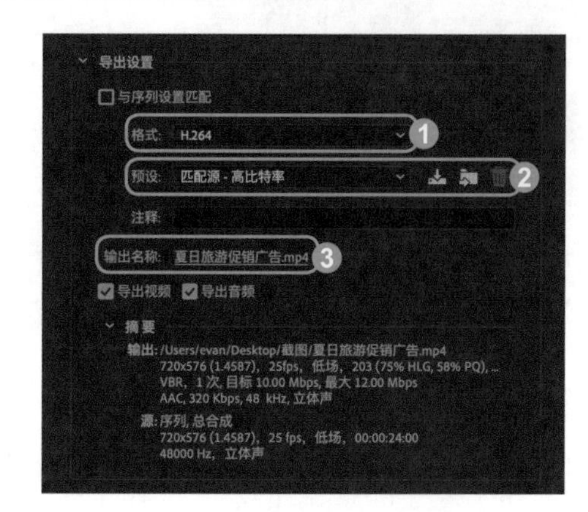

图12-69

Step37：在【导出设置】对话框的右下角单击【导出】按钮，打开【编码总合成】对话框，显示渲染进度，稍后将完成 MP4 视频文件的导出操作。

读/书/笔/记

Reading notes

读/书/笔/记

Reading notes